"十三五"国家重点图书出版规划项目
核能与核技术出版工程（第二期）
总主编 杨福家

先进粒子加速器系列（第二期）
主编 赵振堂

医用电子加速器原理与关键技术

Principles and Key Technologies of Medical Electron Accelerators

陈怀璧 李秀清 查 皓 编著
赵洪斌 主审

内容提要

本书为“核能与核技术出版工程·先进粒子加速器系列”之一。本书主要针对目前放射治疗设备的主流——电子直线加速器，阐述和介绍其原理、构成、应用以及前沿发展。主要内容包括电子直线加速器放射治疗设备的基本原理和常见类型、临床应用中发展的技术、放疗设备的相关控制软件、放射治疗设备的前沿技术——各类图像引导的电子直线加速器设备，以及电子直线加速器设备的常见质量控制方法。本书可供研制医用电子加速器的科研人员、加速器应用的从业人员以及加速器相关专业青年学者参考。

图书在版编目(CIP)数据

医用电子加速器原理与关键技术／陈怀璧，李秀清，查皓编著．—上海：上海交通大学出版社，2021.12

核能与核技术出版工程．先进粒子加速器系列

ISBN 978-7-313-25915-8

Ⅰ．①医…　Ⅱ．①陈…　②李…　③查…　Ⅲ．①医用电子感应加速器　Ⅳ．①TH774

中国版本图书馆CIP数据核字(2021)第233193号

医用电子加速器原理与关键技术

YIYONG DIANZI JIASUQI YUANLI YU GUANJIAN JISHU

编　　著：陈怀璧　李秀清　查　皓

出版发行：上海交通大学出版社　　地　　址：上海市番禺路951号

邮政编码：200030　　电　　话：021-64071208

印　　制：苏州市越洋印刷有限公司　　经　　销：全国新华书店

开　　本：710mm×1000mm　1/16　　印　　张：20

字　　数：329千字

版　　次：2021年12月第1版　　印　　次：2021年12月第1次印刷

书　　号：ISBN 978-7-313-25915-8

定　　价：159.00元

核能与核技术出版工程

丛书编委会

先进粒子加速器系列

编　委　会

本书编委会

主　编

陈怀璧　李秀清　查　皓

副主编

戴建荣　倪　成　徐慧军

主　审

赵洪斌

委　员（按姓氏笔画排序）

马　攀　王　理　王军良　王益峰　王慧亮　刘仁庆

刘佛诚　刘艳芳　李秀清　张富利　陈怀璧　林显彩

周婧劼　赵洪斌　查　皓　钟　铭　施嘉儒　倪　成

徐寿平　徐慧军　章　卫　解传滨　戴建荣

总　　序

1896年法国物理学家贝可勒尔对天然放射性现象的发现，标志着原子核物理学的开始，直接促成居里夫妇发现了镭，为后来核科学的发展开辟了道路。1942年人类历史上第一个核反应堆在芝加哥的建成被认为是原子核科学技术应用的开端，至今已经历了70多年的发展历程。核技术应用包括军用与民用两个方面，其中民用核技术又分为民用动力核技术（核电）与民用非动力核技术（即核技术在理、工、农、医方面的应用）。在核技术应用发展史上发生的两次核爆炸与三次重大核电站事故，成为人们长期挥之不去的阴影。然而全球能源匮乏及生态环境恶化问题日益严峻，迫切需要开发新能源，调整能源结构。核能作为清洁、高效、安全的绿色能源，还具有储量最丰富、高能量密度、低碳无污染等优点，受到了各国政府的极大重视。发展安全核能已成为当前各国解决能源不足和应对气候变化的重要战略。我国《国家中长期科学和技术发展规划纲要（2006—2020年）》明确指出“大力发展核能技术，形成核电系统技术自主开发能力”，并设立国家科技重大专项“大型先进压水堆及高温气冷堆核电站专项”，把“钍基熔盐堆”核能系统列为国家首项科技先导项目，投资25亿元，已在中国科学院上海应用物理研究所启动，以创建具有自主知识产权的中国核电技术品牌。

从世界范围来看，核能应用范围正不断扩大。据国际原子能机构数据显示：截至2019年底，核能发电量美国排名第一，中国排名第三；不过在核能发电的占比方面，法国占比约为70.6%，排名第一，中国仅约4.9%。但是中国在建、拟建的反应堆数比任何国家都多，相比而言，未来中国核电有很大的发展空间。截至2020年6月，中国大陆投入商业运行的核电机组共47台，总装机容量约为4 875万千瓦。值此核电发展的历史机遇期，中国应大力推广自主开发的第三代及第四代的“快堆”“高温气冷堆”“钍基熔盐堆”核电技术，努力使中国核电走出去，带动中国由核电大国向核电强国跨越。

随着先进核技术的应用发展，核能将成为逐步代替化石能源的重要能源。受控核聚变技术有望从实验室走向实用，为人类提供取之不尽的干净能源；威力巨大的核爆炸将为工程建设、改造环境和开发资源服务；核动力将在交通运输及星际航行等方面发挥更大的作用。核技术几乎在国民经济的所有领域得到应用。原子核结构的揭示，核能、核技术的开发利用，是 20 世纪人类征服自然的重大突破，具有划时代的意义。然而，日本大海啸导致的福岛核电站危机，使得发展安全级别更高的核能系统更加急迫，核能技术与核安全成为先进核电技术产业化追求的核心目标，在国家核心利益中的地位愈加显著。

在 21 世纪的尖端科学中，核科学技术作为战略性高科技，已成为标志国家经济发展实力和国防力量的关键学科之一。通过学科间的交叉、融合，核科学技术已形成了多个分支学科并得到了广泛应用，诸如核物理与原子物理、核天体物理、核反应堆工程技术、加速器工程技术、辐射工艺与辐射加工、同步辐射技术、放射化学、放射性同位素及示踪技术、辐射生物等，以及核技术在农学、医学、环境、国防安全等领域的应用。随着核科学技术的稳步发展，我国已经形成了较为完整的核工业体系。核科学技术已走进各行各业，为人类造福。

无论是科学研究方面，还是产业化进程方面，我国的核能与核技术研究与应用都积累了丰富的成果和宝贵的经验，应该系统整理、总结一下。另外，在大力发展核电的新时期，也亟需一套系统而实用的、汇集前沿成果的技术丛书做指导。在此鼓舞下，上海交通大学出版社联合上海市核学会，召集了国内核领域的权威专家组成高水平编委会，经过多次策划、研讨，召开编委会商讨大纲、遴选书目，最终编写了这套“核能与核技术出版工程”丛书。本丛书的出版旨在培养核科技人才，推动核科学研究和学科发展，为核技术应用提供决策参考和智力支持，为核科学研究与交流搭建一个学术平台，鼓励创新与科学精神的传承。

本丛书的编委及作者都是活跃在核科学前沿领域的优秀学者，如核反应堆工程及核安全专家王大中院士、核武器专家胡思得院士、实验核物理专家沈文庆院士、核动力专家于俊崇院士、核材料专家周邦新院士、核电设备专家潘健生院士，还有“国家杰出青年”科学家、“973”项目首席科学家等一批有影响力的科研工作者。他们都来自各大高校及研究单位，如清华大学、复旦大学、上海交通大学、浙江大学、上海大学、中国科学院上海应用物理研究所、中国科学院近代物理研究所、中国原子能科学研究院、中国核动力研究设计院、中国工程物理研究院、上海核工程研究设计院、上海市辐射环境监督站等。本丛书是他们最新研究成果的荟萃，其中多项研究成果获国家级或省部级奖励，代表了国内乃至国际先进水平。丛书涵盖军用核技术、民用动力核技术、民用非动力核技术及其在理、工、农、医方面的应用。内容系统而全面且极具实用性与指导性，例如，《应用核物理》就阐述了当今国内外核物理研究与应用的全貌，有助于读者对核物理的应用领域及实验技术有全面的了解；其他图书也都力求做到了这一点，极具可读性。

由于良好的立意和高品质的学术成果，本丛书第一期于2013年成功入选"十二五"国家重点图书出版规划项目，同时也得到上海市新闻出版局的高度肯定，入选了"上海高校服务国家重大战略出版工程"。第一期（12本）已于2016年初全部出版，在业内引起了良好反响，国际著名出版集团Elsevier对本丛书很感兴趣，在2016年5月的美国书展上，就"核能与核技术出版工程（英文版）"与上海交通大学出版社签订了版权输出框架协议。丛书第二期于2016年初成功入选了"十三五"国家重点图书出版规划项目。

在丛书出版的过程中，我们本着追求卓越的精神，力争把丛书从内容到形式做到最好。希望这套丛书的出版能为我国大力发展核能技术提供上游的思想、理论、方法，能为核科技人才的培养与科创中心建设贡献一份力量，能成为不断汇集核能与核技术科研成果的平台，推动我国核科学事业不断向前发展。

2020年6月

序

粒子加速器作为国之重器，在科技兴国、创新发展中起着重要作用，已成为人类科技进步和社会经济发展不可或缺的装备。粒子加速器的发展始于人类对原子核的探究。从诞生至今，粒子加速器帮助人类探索物质世界并揭示了一个又一个自然奥秘，因而也被誉为科学发现之引擎。据统计，它对 25 项诺贝尔物理学奖的工作做出了直接贡献，基于储存环加速器的同步辐射光源还直接支持了 5 项诺贝尔化学奖的实验工作。不仅如此，粒子加速器还与人类社会发展及大众生活息息相关，因其在核分析、辐照、无损检测、放疗和放射性药物等方面优势突出，所以在医疗健康、环境与能源等领域得以广泛应用并发挥着不可替代的重要作用。

1919 年，英国科学家 E. 卢瑟福(E. Rutherford)用天然放射性元素放射出来的 α 粒子轰击氮核，打出了质子，实现了人类历史上第一个人工核反应。这一发现使人们认识到，利用高能量粒子束轰击原子核可以研究原子核的内部结构。随着核物理与粒子物理研究的深入，天然的粒子源已不能满足研究对粒子种类、能量、束流强度等提出的要求，研制人造高能粒子源——粒子加速器成为支撑进一步研究物质结构的重大前沿需求。20 世纪 30 年代初，为将带电粒子加速到高能量，静电加速器、回旋加速器、倍压加速器等应运而生。其中，英国科学家 J. D. 考克饶夫(J. D. Cockcroft)和爱尔兰科学家 E. T. S. 瓦耳顿(E. T. S. Walton)成功建造了世界上第一台直流高压加速器；美国科学家 R. J. 范德格拉夫(R. J. van de Graaff)发明了采用另一种原理产生高压的静电加速器；在瑞典科学家 G. 伊辛(G. Ising)和德国科学家 R. 维德罗(R. Wideröe)分别独立发明漂移管上加高频电压的直线加速器之后，美国科学家 E. O. 劳伦斯(E. O. Lawrence)研制成功世界上第一台回旋加速器，并用它产生了人工放射性同位素和稳定同位素，因此获得 1939 年的诺贝尔物理学奖。

1945 年，美国科学家 E. M. 麦克米伦（E. M. McMillan）和苏联科学家 V. I. 韦克斯勒（V. I. Veksler）分别独立发现了自动稳相原理；20 世纪 50 年代初期，美国工程师 N. C. 克里斯托菲洛斯（N. C. Christofilos）与美国科学家 E. D. 库兰特（E. D. Courant）、M. S. 利文斯顿（M. S. Livingston）和 H. S. 施奈德（H. S. Schneider）发现了强聚焦原理。这两个重要原理的发现奠定了现代高能加速器的物理基础。另外，第二次世界大战中发展起来的雷达技术又推动了射频加速的跨越发展。自此，基于高压、射频、磁感应电场加速的各种类型粒子加速器开始蓬勃发展，从直线加速器、环形加速器到粒子对撞机，成为人类观测微观世界的重要工具，极大地提高了人类认识世界和改造世界的能力。人类利用电子加速器产生的同步辐射研究物质的内部结构和动态过程，特别是解析原子、分子的结构和工作机制，打开了了解微观世界的一扇窗户。

人类利用粒子加速器发现了绝大部分新的超铀元素，合成了上千种新的人工放射性核素，发现了包括重子、介子、轻子和各种共振态粒子在内的几百种粒子。2012 年 7 月，利用欧洲核子研究中心（CERN）27 千米周长的大型强子对撞机，物理学家发现了希格斯玻色子——“上帝粒子”，让 40 多年前的基本粒子预言成为现实，又一次展示了粒子加速器在科学研究中的超强力量。比利时物理学家 F. 恩格勒特（F. Englert）和英国物理学家 P. W. 希格斯（P. W. Higgs）因预言希格斯玻色子的存在而被授予 2013 年度的诺贝尔物理学奖。

随着粒子加速器的发展，其应用范围不断扩展，除了应用于物理、化学及生物等领域的基础科学研究外，还广泛应用在工农业生产、医疗卫生、环境保护、材料科学、生命科学、国防等各个领域，如辐照电缆、辐射消毒灭菌、高分子材料辐射改性、食品辐照保鲜、辐射育种、生产放射性药物、肿瘤放射治疗与影像诊断等。目前，全球仅作为放疗应用的医用直线加速器就有近 2 万台。

粒子加速器的研制及应用属于典型的高新科技，受到世界各发达国家的高度重视并将其放在国家战略的高度予以优先支持。粒子加速器的研制能力也是衡量一个国家综合科技实力的重要标志。我国的粒子加速器事业起步于 20 世纪 50 年代，经过 60 多年的发展，我国的粒子加速器研究与应用水平已步入国际先进行列。我国各类研究型及应用型加速器不断发展，多个加速器大科学装置和应用平台相继建成，如兰州重离子加速器、北京正负电子对撞机、合肥光源（第二代光源）、北京放射性核束设施、上海光源（第三代光源）、大连相干光源、中国散裂中子源等；还有大量应用型的粒子加速器，包括医用电子直线加速器、质子治疗加速器和碳离子治疗加速器，工业辐照和探伤加速器、集装箱检测加速器等在过去几十年中从无到有、快速发展。另外，我国基于激光等离子体尾场的新原理加速器也取得了令人瞩目的进展，向加速器的小型化目标迈出了重要一步。我国基于加速器的超快电子衍射与超快电镜装置发展迅猛，在刚刚兴起的兆伏特能级超快电子衍射与超快电子透镜相关技术及应用方面不断向前沿冲击。

近年来，面向科学、医学和工业应用的重大需求，我国粒子加速器的研究和装置及平台研制呈现出强劲的发展态势，正在建设中的有上海软 X 射线自由电子激光用户装置、上海硬 X 射线自由电子激光装置、北京高能光源（第四代光源）、重离子加速器实验装置、北京拍瓦激光加速器装置、兰州碳离子治疗加速器装置、上海和北京及合肥质子治疗加速器装置；此外，在预研关键技术阶段的和提出研制计划的各种加速器装置和平台还有十多个。面对这一发展需求，我国在技术研发和设备制造能力等方面还有待提高，亟需进一步加强技术积累和人才队伍培养。

粒子加速器的持续发展、技术突破、人才培养、国际交流都需要学术积累与文化传承。为此，上海交通大学出版社与上海市核学会及国内多家单位的加速器专家和学者沟通、研讨，策划了这套学术丛书——“先进粒子加速器系列”。这套丛书主要面向我国研制、运行和使用粒子加速器的科研人员及研究生，介绍一部分典型粒子加速器的基本原理和关键技术以及发展动态，助力我国粒子加速器的科研创新、技术进步与产业应用。为保证丛书的高品质，我们遴选了长期从事粒子加速器研究和装置研制的科技骨干组成编委会，他们来自中国科学院上海高等研究院、中国科学院上海应用物理研究所、中国科学院近代物理研究所、中国科学院高能物理研究所、中国原子能科学研究院、清华大学、上海交通大学等单位。编委会选取代表性研究成果作为丛书内容的框架，并召开多次编写会议，讨论大纲内容、样章编写与统稿细节等，旨在打磨一套有实用价值的粒子加速器丛书，为广大科技工作者和产业从业者服务，为决策提供技术支持。

科技前行的路上要善于撷英拾萃。“先进粒子加速器系列”力求将我国加速器领域积累的一部分学术精要集中出版，从而凝聚一批我国加速器领域的优秀专家，形成一个互动交流平台，共同为我国加速器与核科技事业的发展提供文献、贡献智慧，成为助推我国粒子加速器这个“大国重器”迈向新高度的“加速器”，为使我国真正成为加速器研制与核科学技术应用的强国尽一份绵薄之力。

赵振堂

2020 年 6 月

前　言

放射治疗是治疗癌症的主要手段之一。早在19世纪末X射线以及放射性同位素被发现时，人们就观察到电离辐射对肿瘤的消退作用。随着技术的发展，放射治疗的精确性越来越高，且提高疗效的同时显著减少了不良反应。早期的放射治疗通常采用镭、钴等放射性同位素；20世纪60年代以后，电子直线加速器有了显著发展，逐渐成为体外远距离治疗的主流设备。据统计，目前全球正在运行的粒子加速器装置约有4万台，其中用于放射治疗的医用电子直线加速器约占30%，数量上在各类加速器中是最多的。这些医用电子直线加速器装置支撑了每年近1 000万名恶性肿瘤患者的治疗；按照5年生存率的统计，每年直接或间接挽回了超过300万患者的生命。可以说，医用电子直线加速器已经成为守护人类健康的重要工具。

电子直线加速器的发展与高功率射频技术密切相关。20世纪中叶，磁控管、速调管等大功率射频功率源相继出现，结合盘荷波导结构技术，可产生足够强的电磁场将带电粒子加速到较高能量，称为直线加速技术，最初在粒子对撞机上得到应用。随着功率水平与电磁波频率的提升，直线加速器横向与纵向的尺寸都显著缩小。对于长度较短、能量不高的直线加速器，甚至可以省去聚焦磁铁等元件，大幅降低设备运行和维护的技术复杂度。直线加速器技术的发展让原本在实验室建设的大型科学装置简化到可在工业与医疗中广泛应用。在放射治疗中，电子直线加速器通常用加速后的电子轰击重金属靶，产生高能X射线进行剂量投照；对于部分肿瘤位置位于浅表部位的病例，还可以直接利用电子束流进行照射。电子直线加速器具有关机后无辐射、剂量易于控制等优势，已经成为现代放射治疗的主力军。

近30年来，医用电子直线加速器的重要技术进步基于机载图像引导、多叶准直器等技术的精确治疗。在CT等影像设备普及之前，放射治疗通常采用体表标记等方法进行定位，随机误差较大。此时为了确保治疗覆盖肿瘤组织，临床勾画的靶区通常需要外扩较多距离，这样就导致较大范围的正常组织受到高剂量照射，因此，靶区获得治疗剂量受到很大限制以避免造成严重放疗毒性，却同时制约了实际治疗的效果。影像技术的进步让放疗设备出现革命性变化，图像引导治疗技术与器官运动管理技术的出现使得靶区在治疗过程中可以得到准确定位；配合基于多叶准直器的适形技术，实现肿瘤靶区的高剂量治疗，而靶区外的剂量迅速跌落。在此基础上，研发人员开发了各类调强治疗、立体定向治疗和自适应治疗等技术，显著提升了肿瘤的局部控制率，同时大幅减少了不良反应。目前图像引导已经成为现代放疗设备不可缺少的一部分，常见的放疗设备都配置了机载图像引导系统，包括锥形束 CT、诊断 CT、核磁共振以及尚处于临床研究阶段的 PET 引导设备等；根据其影像技术的不同，这些设备具备相应的特点与适用范围。

随着技术发展，放射治疗的复杂性也在不断增加，信息技术的运用则在很大程度上缓解了这个问题，使得放射治疗可以更顺利地应用并惠及更多人群。其中典型的就是放射治疗计划系统和放射治疗信息管理系统。放射治疗计划系统的核心是通过计算机模拟仿真肿瘤与各处正常组织的剂量分布，协助医生与物理师制订治疗的具体计划，包括靶区勾画与确定处方剂量、确定照射野分解的参数，以及对计划进行评估与预测等；放射治疗信息管理系统的功能则更宽泛，可对病人的治疗全过程、设备的运行等信息进行有效管理，并协助设备进行质量控制，保证治疗实施的准确性与安全性。

放射治疗技术近年来快速发展，在技术深度和广度上都有显著提升，并涉及粒子加速器、辐射剂量学、临床医学、影像技术、信息技术、电气工程、机械工程等多学科的融合，从事放疗设备与应用的相关人员的学习成本也不断增加。目前，随着我国对公共卫生事业的投入力度加大，放射治疗的普及率正在快速追赶发达国家，设备数量和相关专业人员数量快速增长。鉴于此，我们深感国内需要一本与现代放射治疗主流设备——医用电子直线加速器密切相关的普及型专业书，以供目前或未来想要从事放射治疗的专业人员参考。本书包含与医用电子直线加速器相关的基础知识，同时也介绍了现代放射治疗应用中的核心技术，包括图像引导与治疗技术、质量控制和信息技术等，侧重实用性和指导性。在本书的撰写过程中，我们一直努力寻求技术基础与实际应用的平衡，旨在让读者对现代医用直线加速器的技术与应用都有全面的了解。希望本书的内容有助于读者更好地理解与掌握医用电子直线加速器的技术知识。

本书由陈怀璧、李秀清、查皓主持撰写，由赵洪斌负责主审。各章的主要撰写人员如下：第 1 章，钟铭、刘佛诚、林显彩、查皓、施嘉儒；第 2 章，戴建荣、徐慧军、马攀、王军良；第 3 章，徐慧军、张富利；第 4 章，倪成、周婧劼、刘艳芳、王益峰；第 5 章，王慧亮、钟铭、倪成、王理、徐慧军、刘仁庆、章卫；第 6 章，徐寿平、解传滨。另外，高强、刘佛诚、林显彩、柳嘉阳、周流源、蒋雨良、李岸、高渐、胡方俊等也贡献了部分文字、图例或参与校稿等工作。

本书涉及的专业面较广，内容较多，由于作者的专业方向及水平的局限，书中的论述可能存在不够完整、不够准确的地方，敬请读者不吝批评指正。

目　　录

第 1 章
医用电子直线加速器概述

放射治疗是治疗癌症的主要手段之一。从 20 世纪 90 年代以来，放射治疗的精度与效率取得了明显的进步，显著地提高了很多类型癌症的治疗效果，减少不良反应。医用电子直线加速器在放射治疗设备中占据主要地位，其技术的发展很大程度上推动了放射治疗手段的进步。本章将简单回顾医用电子直线加速器的发展历史，介绍目前主流医用电子直线加速器的技术情况，以及医用电子直线加速器的最新发展。

1.1 医用电子直线加速器技术发展历史

1895 年 11 月，德国科学家威廉·康拉德·伦琴(Wilhelm Conrad Röntgen)发现了 X 射线。在伦琴宣布他的发现后，一些医生就建议用 X 射线治疗疾病。第一次使用电离辐射治疗癌症发生在 1899 年，此后逐渐形成了一股放射治疗的热潮，但放射治疗带来的放射损伤也越来越频繁。科学家们认识到，为了更好地利用放射治疗，需要研究放射治疗设备，研究电离辐射的质和量及其测量方法，还要规范放射治疗工作。1913 年，美国威廉·柯立芝(William Coolidge)成功研制了 140 keV X 射线机，此后 X 射线机的能量不断提高。但是这些 keV 级的 X 射线的最大剂量在皮肤表面，用于治疗深部肿瘤时会引发很严重的皮肤放射损伤。1950 年，加拿大科学家利用人工核素钴-60(^{60}Co)制成远距离治疗机。^{60}Co 产生的 γ 射线具有较强的穿透力，深处剂量高，皮肤处剂量低，对深部恶性肿瘤的放射治疗具有十分重要的意义[1]。

1949 年，美国使用电子感应加速器进行放射治疗，但由于 X 射线的剂量率低且不稳定，该类型医用加速器逐渐被淘汰。1953 年，英国哈默史密斯(Hammersmith)医院首次使用一台 8 MeV 行波医用加速器进行放射治疗。

1956 年，加速器物理学家谢家麟先生在美国带领团队建成了能量最高为 45 MeV 的行波医用电子直线加速器。1970 年，美国科学家开发出 4 MeV 驻波医用直线加速器。1972 年，瑞典科学家研制成功了医用电子回旋加速器，并于 1976 年研制成功了 50 MeV 跑道式医用电子回旋加速器。医用电子直线加速器能产生电子线和 MV 级 X 射线①，既具有 X 射线机可控的特点，也具有^{60}Co 治疗机深度治疗的优势，极大地推动了放射治疗的发展。在各种医用加速器中，电子直线加速器因其体积小、质量轻、维护简单，成为现代放射治疗中使用最多的装置。中国在 1975 年引进了第一台医用电子直线加速器，在两年后研制成功了第一台国产医用电子直线加速器并投入使用。随着对医用加速器的投入越来越多，国内的放射治疗也发展得越来越快。

放疗技术的发展也对医用加速器提出了更高的要求。20 世纪 50 年代，学者提出了三维适形的概念，在 80 年代出现了更为精确的调强放射治疗(intensity-modulated radiation therapy, IMRT)，放射治疗逐渐向精准治疗发展。精准治疗对机架的运动、多叶光栅准直器的控制和加速器的紧凑性都有很高的要求。进入 21 世纪后，影像引导放射治疗得到了越来越多的重视，业界提出并研制成功了一种同源双能加速器(低能 X 射线用于成像，高能 X 射线用于治疗)。2014 年，科研工作者发现，超高剂量率放射治疗具有独特的放射生物学效应，有望应用于快速放疗中。但这种放疗技术需要的剂量率比常规放疗高 2～3 个数量级，因此对医用加速器的平均流强提出了很高的要求。

1.1.1 回旋加速器

最早的圆形加速器由 E. O. 劳伦斯(E. O. Lawrence)和 M. S. 李文斯顿(M. S. Livingston)发明，命名为回旋加速器(cyclotron)，用于加速质子和重离子。图 1-1 是回旋加速器主要部件示意图[2]。

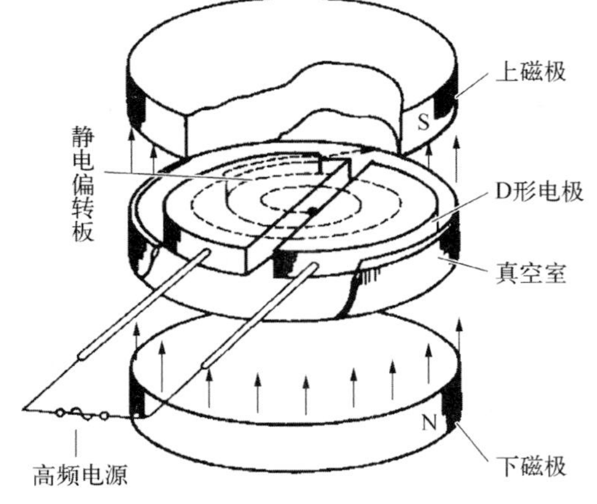

图 1-1 回旋加速器主要部件示意图

① 医用和工业加速器中，对于 X 射线的能量，如果采用 MV 为单位，在没有特别说明的情况下，则其能量是指产生 X 射线的源头——打靶电子束的能量，也称为“标称能量”，并非 X 射线本身的平均能量。

如图 1-1 所示，回旋加速器由上、下两个磁极提供磁场，中间的真空室内部有两个 D 形盒，分别与高频电源两端的两个电极相连，形成 D 形电极。两个 D 形盒之间的间隙能提供加速所用的电场。当被加速粒子从中心的离子源出来后，经过 D 形盒间隙的加速后在磁场中做圆周运动。粒子做回旋运动的周期 $T_c=\frac{2\pi m}{ZeB}$，对于非相对论粒子而言，这个时间近似为常数。回旋加速器的同步条件为粒子回旋运动的周期 T_c 与高频电源的周期 T_{rf} 相等，或前者是后者的奇数倍。同步条件能确保粒子旋转半周回到 D 形盒间隙时，高频电源由于极性的转换又继续为粒子提供加速电场。因此，粒子能一直沿着螺旋轨迹被加速，最后运动到磁场边缘由静电偏转板引出。

由于相对论效应，粒子回旋运动的周期会随着能量的增大而增大，使得同步条件不再满足。对于质子而言，这个能量的上限约为 12 MeV。等时性回旋加速器使用特殊形状的磁极，使磁场随着半径的增大而增大，能进一步提高这个能量上限。但对于质量很小的电子而言(能量为 0.511 MeV)，由于电子在能量很低时就被加速到接近光速，因此这种回旋加速器并不适用。

1944 年，苏联学者 V. I. 维克斯列尔(V. I. Veksler)针对相对论粒子的加速提出了电子回旋加速器的概念。1948 年，加拿大科学家建成了第一台电子回旋加速器并命名为 Microtron。在电子回旋加速器中，电子在磁场的作用下反复穿过谐振加速腔或驻波加速管而被加速，其回旋周期随着能量的增加不断增大，但始终是射频场周期的整数倍。目前，医用电子回旋加速器产品主要是瑞典的圆形电子回旋加速器 MM22(22 MeV)和跑道式电子回旋加速器 MM50(50 MeV)。我国在 1984 年建成了一台 25 MeV 电子回旋加速器，用于确定辐射剂量标准。

1.1.2　感应加速器

电子感应加速器(betatron)是一种圆形的感应加速器，使用随时间变化的磁场产生的环形感应电场来加速电子。1932 年，J. 斯莱皮恩就提出利用感应电场加速电子的想法。直到 1940 年，D. W. 克斯特解决了电子轨道的稳定问题以后，才建成了第一台电子感应加速器，把电子加速到 2.3 MeV。随后在 1942 年建成了 20 MeV 的电子感应加速器，在 1950 年建成了 340 MeV 的电子感应加速器。通常用于放疗的电子感应加速器能量为 25～30 MeV[1]。

直线感应加速器是另一种感应加速器，使用随时间变化的环形磁场产生轴向的电场加速电子，如图 1-2 所示。直线感应加速器能加速流强为 10^2～

10^5 A 的强流带电粒子束，可应用于闪光 X 射线照相、自由电子激光、重离子聚变和高功率微波等[3]。中国工程物理研究院于 1988 年建成了一台电子束能量为 1.5 MeV 的直线感应加速器作为注入器，并于 1991 年建成了“神龙一号”直线感应加速器。直线感应加速器由于加速电场场强较低，设备的体积较大，造价很高，目前只在实验室中使用，还未能形成工业产品。

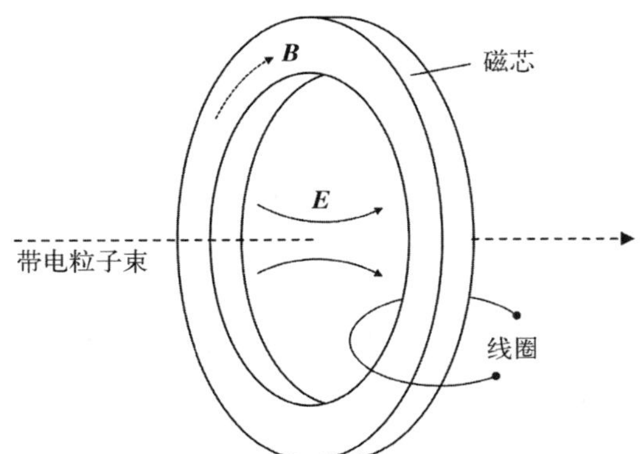

图 1-2　直线感应加速器原理图

1.1.3　直线加速器

1928 年，德国科学家 R. 维德罗(R. Wideröe)建成了第一台直线谐振加速器。图 1-3 是这种加速器的原理图。该加速器由一系列圆筒电极组成，被加速粒子在圆筒内部运动的时间是高频电源周期的一半，这使得被加速粒子在每个圆筒电极之间都能被加速。由于当时功率源的频率很低，漂移管的长度需要做得很长，这种加速器没有进一步发展。

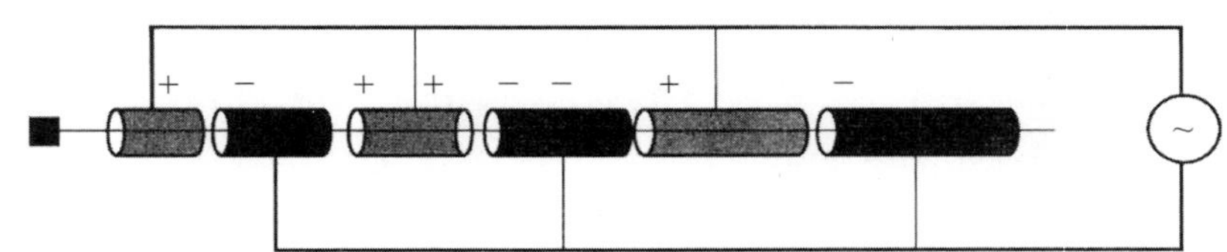

图 1-3　早期直线谐振加速器原理图[4]

随着功率源技术的发展，电子直线加速器也不断得到了发展。电子直线加速器根据微波类型可分为行波电子直线加速器和驻波电子直线加速器。行波电子直线加速器采用与被加速电子同步运动的电磁场对电子进行加速。早期的行波电子直线加速结构是在圆波导内部周期性地装入中心带圆孔的金属盘片，称为盘荷波导结构。这种结构由于简单、耐用而一直沿用至今。驻波电子直线加速器采用谐振腔室内部的场对电子进行加速。20 世纪 60 年代后期，科研工作者提出了双周期结构、边耦合结构等效率高、稳定性好的驻波电子加速结构，推动了驻波电子直线加速器的迅速发展。

电子直线加速器的流强高，结构小，而且束流的注入和引出十分方便。这些特点使得电子直线加速器成了应用最广泛的医用加速器。

1.1.4　激光等离子体加速器

激光等离子体加速器的原理最初由 T. 田岛（T. Tajima）和 J. M. 道森（J. M. Dawson）于 1979 年提出。当激光脉冲打在等离子体上时，激光的有质动力会将等离子体中较轻的电子推开，激光脉冲的后面会由于电荷分离而形成电子密度调制，然后这些电子在离子的电场力作用下不断振荡，形成等离子体尾波，跟随激光以接近光速向前传输，如图 1 - 4 所示[5]。由于等离子体中没有电离击穿的限制，激光等离子体加速器可以实现超高的加速梯度。激光等离子体加速器具有十分广阔的应用前景，如利用电子自振荡产生 X 射线实现高精度成像，利用高加速梯度的特点实现十分紧凑的超高能电子束治疗设备[6]。但由于激光等离子体加速器产生的电荷量很低，且存在激光重复性差、等离子体喷嘴不稳定等工程问题，故激光等离子体加速器在医疗方面的应用还处于比较初级的研究阶段。

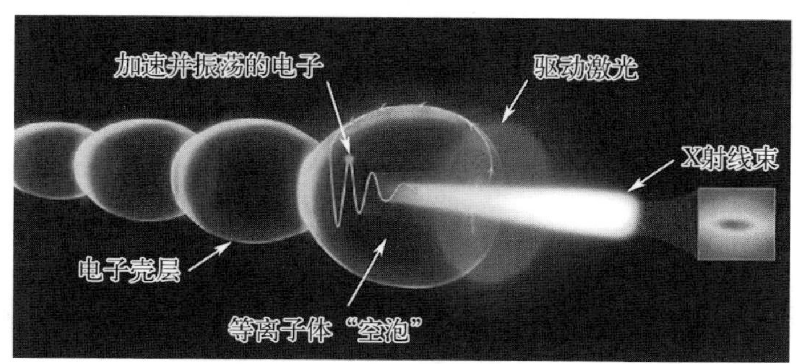

图 1 - 4　激光等离子体加速器产生 X 射线示意图（彩图见附录）[5]

1.2　电子直线加速器主要部件与工作原理

1.1 节介绍的多种电子加速器，经过多年的发展，综合它们在体积、功耗、性能指标等方面的表现，电子直线加速器被认为是最适合的医用加速器，也因此成为医用加速器主要的加速结构。医用电子直线加速器从早期的单一照射功能，发展为具有多种结构形式，集成多种辅助定位功能，逐渐从以性能为主的工业化设备进化到以患者和医护人员为中心，以满足多种放射治疗模式为目标，不断融合新技术的特异化医用设备。图 1－5 所示是几种具有代表性的医用电子直线加速器的外形。

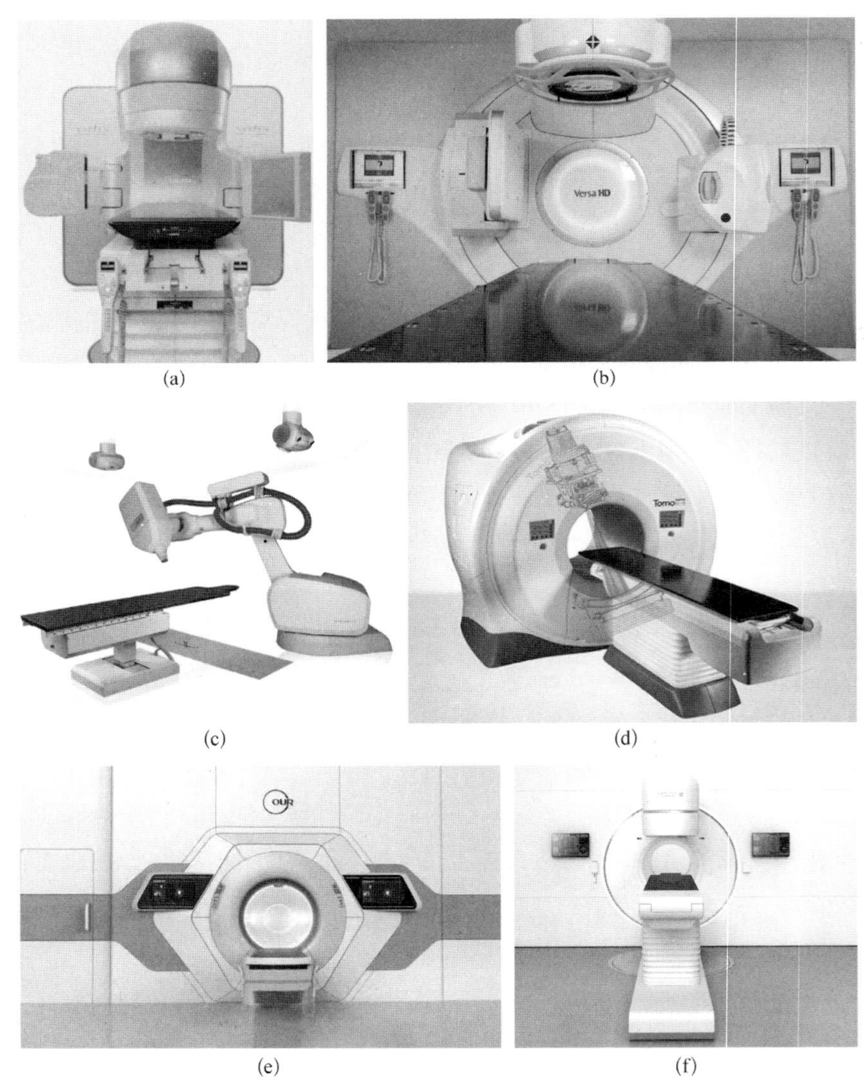

(a) (b) (c) (d) (e) (f)

图 1－5　形态各异的医用电子直线加速器

(a) Varian TrueBeam；(b) Elekta VersaHD；(c) Accuray CyberKnife；(d) Accuray Tomotherapy；(e) OUR TaiChi；(f) 联影 uRT

医用电子直线加速器可以定义为一种为放射治疗提供符合临床治疗要求的 X 射线或电子线辐射束的医用治疗装置，典型的高能医用加速器基本结构如图 1－6 所示。

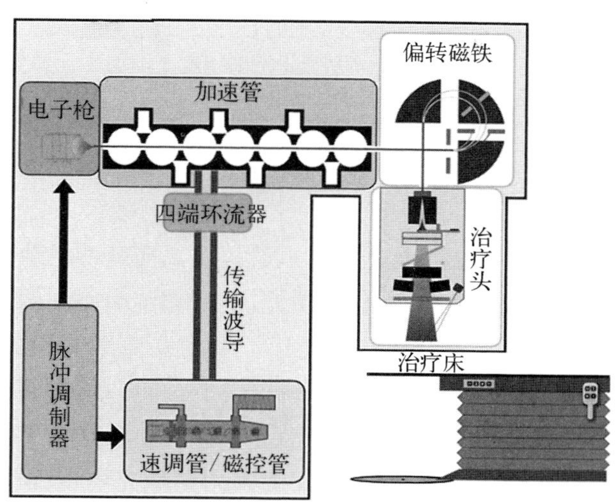

图 1－6　典型的高能医用加速器基本结构

医用电子直线加速器的基本原理如下：三相动力电通过电源系统和控制系统驱动脉冲调制器，脉冲调制器将得到的直流高压转变为大功率脉冲高压供给速调管/磁控管，产生符合规定频率（如 S 波段或者 X 波段）的微波，经微波传输系统馈入加速管，在加速管中建立起加速电场。加速管电子枪阴极表面发射的电子被阴极与阳极间的电场加速后，注入加速管的加速腔。处于合适相位的电子受到加速腔中微波电磁场的加速，能量不断增加，在加速管末端轰击重金属靶，发生轫致辐射，产生 X 射线。X 射线经过射野成形系统形成治疗计划系统根据肿瘤形状所规划出的射野形状，即形成符合临床治疗要求的有效辐射场。在机架和治疗床的运动配合下，将有效辐射场施加到患者的肿瘤靶区，并在肿瘤靶区形成符合处方剂量要求的累积剂量。

按输出能量高低，医用电子直线加速器的分类如表 1－1 所示。

表 1－1　医用电子直线加速器的分类

类别	输出能量范围（光子）	输出射线类型	加速管安装方式
低能	4～10 MV，一般为 6 MV	一般为一挡 X 射线	多数为竖向、垂直安置，无对中和偏转系统

（续表）

类别	输出能量范围(光子)	输出射线类型	加速管安装方式
中能	4～15 MV，可提供双挡 X 射线，低能量挡一般为 6 MV	双光子+多挡电子线输出	加速管横置，有对中和偏转系统
高能	4～25 MV，可提供多挡 X 射线，低能量挡一般为 6 MV	多挡光子+多挡电子线输出	加速管横置，有对中和偏转系统

1.2.1 高压脉冲调制器

高压脉冲调制器是为磁控管或者速调管提供高压脉冲的装置。高压脉冲调制器主要由高压直流电源单元、充电单元、能量储存单元和脉冲形成单元组成。常用的能量储存器件是电容器或人工线（也称仿真线），大多采用等电感、等电容链型网络，通过集中参数来仿真传输线的分布参量，起到储存能量和形成脉冲的双重作用。实际使用时，通过连接于直流电源单元与能量储存部分之间的充电单元进行充电。充电单元一般采用谐振充电电路设计和 De－Q 电路稳压设计。其中 De－Q 电路的作用是稳定仿真线上的充电电压，从而达到稳定调制器输出的高压脉冲的目的。高压直流电源单元一般包括三相四线 380 V 调压变压器、高压变压器和高压整流二极管组件。谐振充电电路和 De－Q 电路一般由充电电感组件、充电硅堆组件（高压二极管组件）和控保电路组成。图 1－7 是线性调制器的外观及原理图。

随着固态大功率高速开关器件的发展，固态脉冲调制器在医用电子直线加速器中的应用成为热点。固态脉冲调试器通常使用绝缘栅双极型晶体管

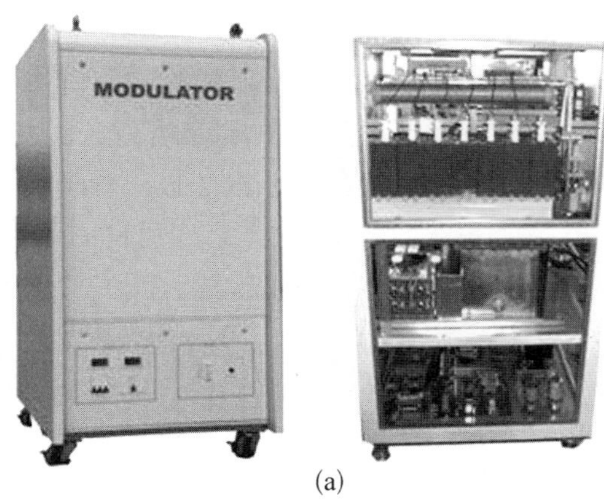

(a)

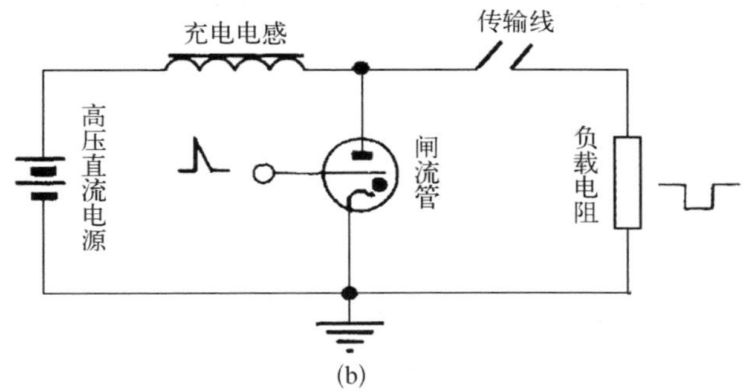

(b)

图 1－7　线性调制器的外观及原理图

(a) 外观；(b) 原理图

(insulated gate bipolar transistor，IGBT)开关等大功率开关器件，对电容充电后，IGBT 开关放电形成 kV 级脉冲，再经过高变比脉冲变压器将电压提高到几十千伏，从而形成符合磁控管或者速调管工作要求的高压脉冲。固态脉冲调制器电路简单，体积大大减小，设计合理且接线方便，使用效果好，能有效解决现有医用加速器的脉冲调制器存在的结构较复杂、体积较大、充电精度较低等问题，在医用加速器领域正在形成取代常规线性调制器的趋势。

固态脉冲调制器的供应商，国外主要有瑞典的 ScandiNova 公司和英国的 E2V 公司，国内主要有国睿兆伏公司和英杰电气公司等几家。

ScandiNova 公司的固态脉冲调制器[7]采用了固态开关配合脉冲变压器的方式，其分为脉冲单元和变压器单元，两者均为标准 19 英寸①(in)宽度机箱，如图 1－8(a)所示。其基本工作原理如图 1－8(b)所示，千伏级直流电源向电容充电，脉冲单元中的 IGBT 作为固态开关被触发后，储能电容放电形成千伏级脉冲，再通过高变比的脉冲变压器器件(特殊设计的高变比脉冲变压器)升压后输出几十千伏级高压脉冲给磁控管。

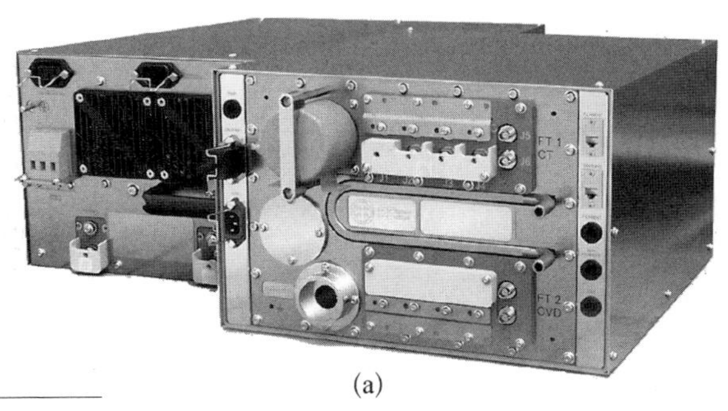

(a)

① 1 英寸＝2.54 厘米。

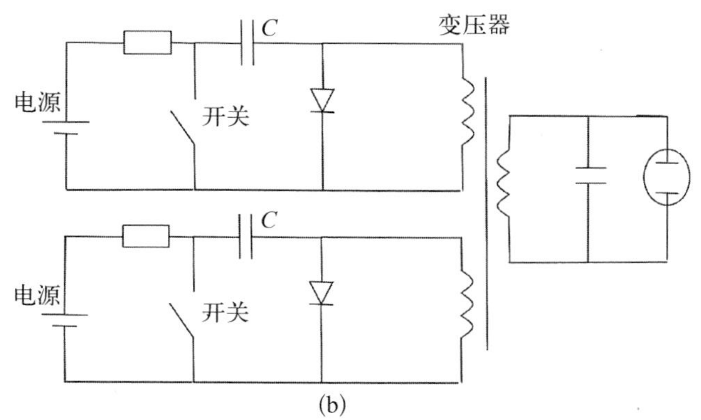

(b)

图 1-8 ScandiNova 公司的 M100-i 型固态脉冲调制器外观及原理图

(a) 外观;(b) 原理图

E2V 公司的 AMM 系列固态调制器[8]采用了直接固态开关串联驱动的方式,省却了脉冲变压器组件,由 19 英寸宽度的高压和控制单元以及调制单元组成,其外观如图 1-9(a)所示。其工作原理如图 1-9(b)所示,由高压电源直接对调制单元中的储能电容进行充电,并由串联固态开关[AMM1 由 75 组金属-氧化物半导体场效应晶体管(metal-oxide-semiconductor field-effect transistor, MOSFET)串联组成,AMM2 由 22 组 IGBT 串联组成]同步触发,储能电容进行放电直接输出高压脉冲给磁控管。

国产固态调制器的研发近几年也有了长足进步,国睿兆伏公司、英杰电气公司等都推出了各自的国产固态调制器产品。如图 1-10 所示,国睿兆伏公司的固态调制器同样使用固态器件 IGBT 作为脉冲开关,配合集成的脉冲变压器提供了与国外产品类似的性能。

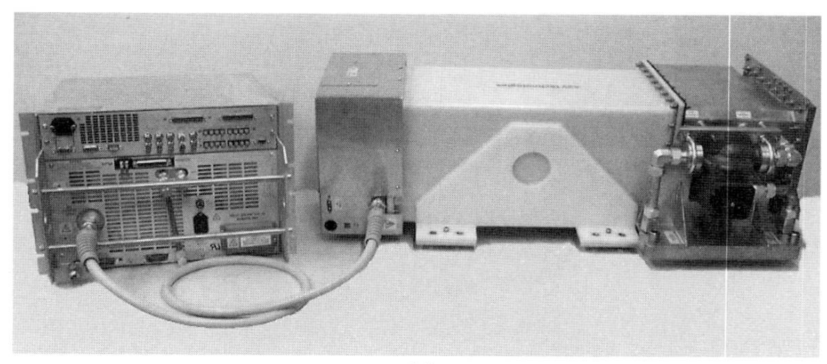

(a)

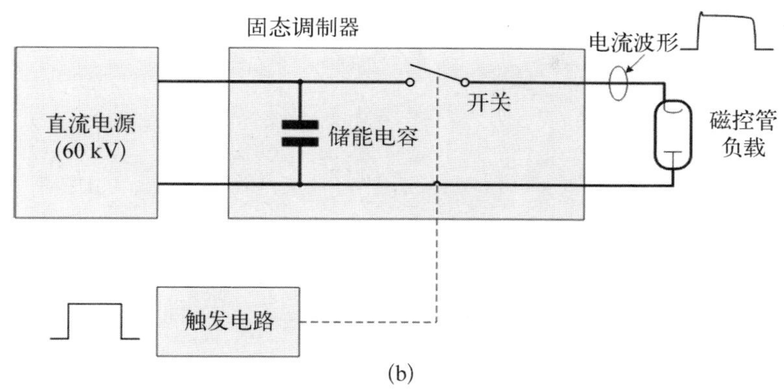

(b)

图 1 - 9　E2V 公司的 AMM 系列固态调制器外观及原理图

(a) 外观;(b) 原理图

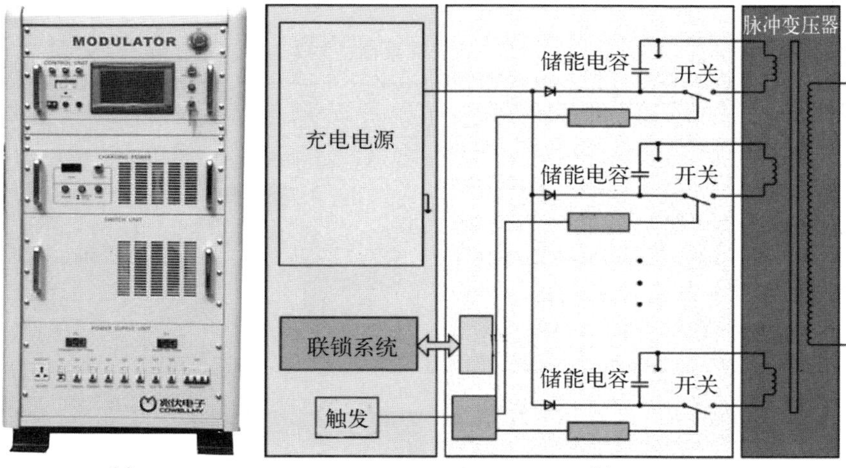

(a)　　(b)

图 1 - 10　国睿兆伏公司的固态调制器外观及原理图

(a) 外观;(b) 原理图

1.2.2　微波系统

微波系统是医用电子直线加速器的关键系统之一,其性能将直接影响医用电子直线加速器的工作性能和稳定性。图 1 - 11 是一种电子直线加速器的微波系统的布置。

微波系统的主要器件如表 1 - 2 所示。

图 1-11 微波系统的布置图

表 1-2 微波系统主要器件列表

器件名称	主要功能	实物图	关键参数
波导管	通常为矩形波导，分硬波导和软波导两种，主要功能为兆瓦级微波传输		频带、插入损耗
环行器	也称为环流器，分四端和三端器件两种，主要功能为隔离从加速管端反射回来的微波，防止微波功率反馈至磁控管/速调管		工作频率、传输功率、插入损耗、隔离度
微波负载	按吸收的微波功率大小分为大功率吸收负载和小功率吸收负载两种，大功率吸收负载一般采用水吸收负载或铁氧体吸收负载，主要功能是吸收从加速管端反射回来的微波		工作频率、输入功率、驻波比

（续表）

器件名称	主 要 功 能	实 物 图	关键参数
模式转换器	也称为方圆过渡波导，主要功能为将功率源输出口的圆形波导 TM_{01} 模式转换为矩形波导 TE_{10} 模式		工作频率、插入损耗
取样波导	通常为带一个或两个定向耦合器的波导管		工作频率、耦合度、隔离度
AFC 鉴相器	通过比较进入加速管的入射功率的相位与从加速管反射回来的反射功率的相位差来对功率源的频率进行反馈调节		工作频率、工作带宽、脉冲宽度
磁控管	兆瓦级微波脉冲功率源，管内电子在相互垂直的恒定磁场和恒定电场的控制下，与高频电磁场发生相互作用，把从恒定电场中获得的能量转变成微波能量，从而达到产生微波能的目的		工作频率、输出脉冲功率、平均功率、工作磁场
速调管	兆瓦级微波脉冲功率源，利用周期性调制电子注速度以实现振荡或放大的一种微波电子管；通过输入腔对电子注进行速度调制，经漂移后转变为密度调制，然后群聚的电子块与输出腔隙缝的微波场交换能量，电子将动能交给微波场，完成振荡或放大		工作频率、输出脉冲功率、平均功率

医用电子直线加速器按加速管加速结构不同可分为驻波型和行波型两大类。

典型的驻波型低能 6 MV 机的微波系统实际构成如图 1 - 12 所示。6 MeV 加速管的长度约为 450 mm,均采用加速管与射野成形系统同轴垂直安装在机架上的布置方案。微波功率源均选用磁控管方案,出于结构紧凑的设计考量,微波系统的所有器件都布置在可旋转机架上。

典型的驻波型中高能机微波系统实际构成如图 1 - 13 所示。中高能加速管由于长度过长(约 1.5 m),无法像低能机那样垂直放置在可旋转机架上,只能采取水平放置设计方案。为了把加速终了的电子束调整到与射野成形系

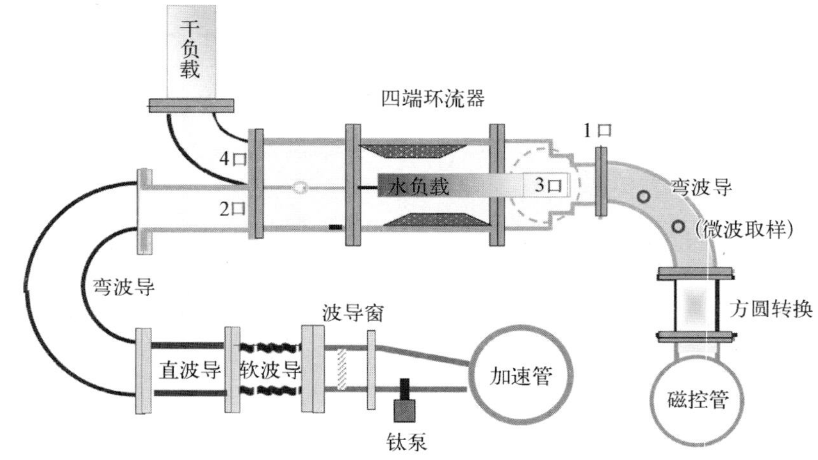

图 1 - 12　低能驻波加速器的微波系统结构

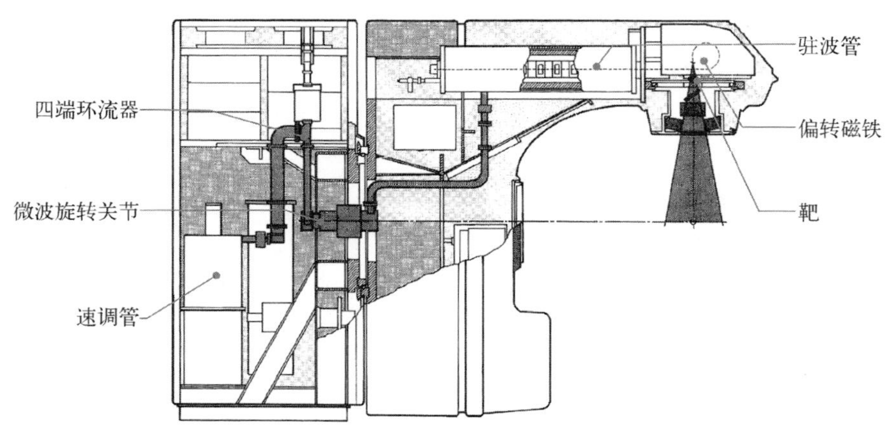

图 1 - 13　中高能驻波加速器的微波系统结构

统同轴的垂直方向，需要在加速管终端增加消色差束流偏转系统。中高能机一般要输出X射线和电子束两种束流种类，而且还要多能量挡输出，因此，中高能机的微波系统相对低能机要复杂许多。

行波型医用电子直线加速器通常都是中高能机，如图1－14所示。与驻波型设备相比，鉴于行波加速管宽带宽的工作特性，其微波系统中，用单向隔离器替代了四端环流器，但增加了加速管末端的微波功率回收再利用组件。

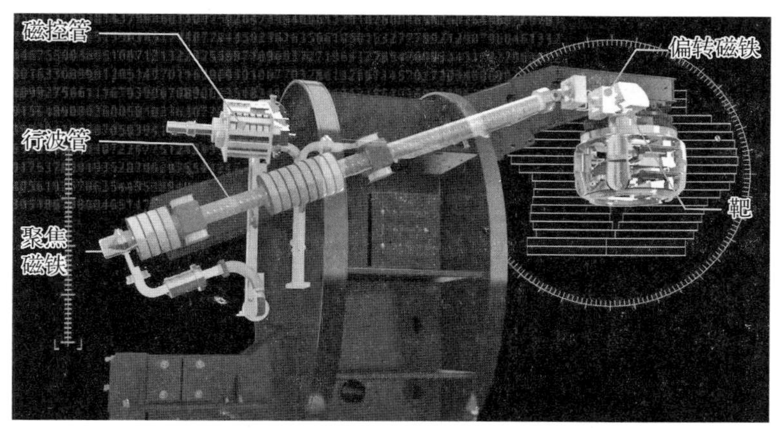

图1－14　中高能行波加速器的微波系统结构

1）功率源

磁控管是在一定磁场和外加阳极电压作用下产生振荡的微波管，用来产生微波电磁场，常见的频率为S波段(2 998/2 856 MHz)。图1－15和图1－16是各种功率源的实物图。

图1－15　E2V公司的MG5193磁控管

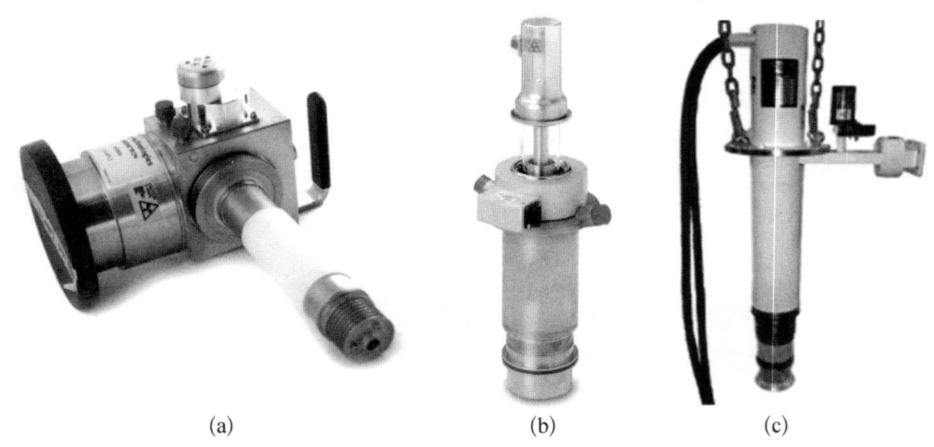

(a) (b) (c)

图 1-16 各类磁控管产品

(a) E2V 公司的 MG6090 磁控管；(b) E2V 公司的 MG6028 磁控管；(c) CPI 公司的 829001 速调管[9]

磁控管由管芯和永磁体(或电磁铁)组成。管芯的结构包括阳极、阴极及其引线、能量输出器和磁路系统四部分。磁控管内部保持高真空状态。下面分别介绍各部分的结构及作用。

(1) 阳极。阳极是磁控管的主要组成之一，它与阴极一起构成电子与高频电磁场相互作用的空间。在恒定磁场和恒定电场的作用下，电子在此空间内完成能量转换的任务。磁控管的阳极除与普通极管的阳极一样收集电子外，还对高频电磁场的振荡频率起着决定性的作用。

阳极由导电良好的金属材料(如无氧铜)制成，并设有多个谐振腔，谐振腔的数目必须是偶数，磁控管的工作频率越高，腔数越多。阳极谐振腔的形式常为孔槽形、扇形和槽扇形，阳极上的每一个小谐振腔相当于一个并联的 LC 振荡回路。以槽扇形腔为例，可以认为腔的槽部分主要构成振荡回路的电容，而其扇形部分主要构成振荡回路的电感。

磁控管的阳极由许多谐振腔耦合在一起，形成一个复杂的谐振系统。这个系统的谐振腔频率主要取决于每个小谐振腔的谐振频率，我们也可以根据小谐振腔的大小来估计磁控管的工作频段。磁控管的阳极谐振系统除能产生所需要的微波模式外，还能产生其他高阶模式。为使磁控管稳定地工作在所需的模式上，常用隔型带来隔离干扰模式。隔型带把阳极翼片一个间隔一个地连接起来，以增加工作模式与相邻干扰模式之间的频率间隔。

另外，由于经能量交换后的电子还具有一定的能量，这些电子打在阳极上，使阳极温度升高，阳极收集的电子越多（即电流越大），或电子的能量越大（能量转换率越低），阳极温度越高，因此，阳极需有良好的散热能力。一般功率的磁控管采用强迫风冷，阳极带有散热片。大功率磁控管则多用水冷，阳极上有冷却水套。

（2）阴极及其引线。磁控管的阴极即电子的发射体，也是相互作用空间的一个组成部分。阴极的性能对磁控管的工作特性和寿命影响极大，被视为整个磁控管的心脏。

阴极通电加热到规定温度后就具有发射电子的能力。大功率磁控管的阴极工作时温度很高，常用强迫风冷散热。磁控管工作时阴极接负高压，因此引线部分应有良好的绝缘性能并能满足真空密封的要求。为防止因电子回轰而使阳极过热，磁控管工作稳定后应按规定降低阴极电流以延长使用寿命。

（3）能量输出器。能量输出器是把相互作用空间中所产生的微波能输送到负载的装置。其要求是使微波无损耗、无击穿地通过，保证磁控管的真空密封，同时还要做到便于与外部系统相连接。

大功率磁控管常用轴向能量输出器，其输出天线通过极靴孔洞连接到阳极翼片。天线一般做成条或圆棒，也可为锥体。整个天线由微波窗密封。

微波窗常用低损耗特性的玻璃或陶瓷制成。它必须保证微波能量无损耗地通过并具有良好的真空气密性。大功率磁控管的输出窗常用强迫风冷来降低由于介质损耗所产生的热量。

（4）磁路系统。磁控管正常工作时要求有很强的恒定磁场，其磁感应强度一般为数千高斯（Gs，$1\ \mathrm{Gs}=1\times10^{-4}\ \mathrm{T}$）。工作频率越高，所加磁场越强。

磁控管的磁路系统就是产生恒定磁场的装置。磁路系统分为永磁和电磁两大类。大功率磁控管多用电磁铁产生磁场，管芯和电磁铁配合使用，管芯内有上、下极靴，以固定磁隙的距离。磁控管工作时，可以很方便地通过改变磁感应强度的大小来调整输出功率。

速调管是一种通过电子注与高频场的相互作用将直流电能转换成高频微波能量的微波放大器件。如图 1－17 所示，速调管的核心部件包括电子枪、输入腔、漂移管、输出腔和收集极。速调管工作时，外部激励源通过耦合孔或耦合环给输入腔馈入微波功率（通常为百瓦量级），从而建立高频电场。电子枪发射的电子注内部的电子在不同时刻经过输入腔时会受到不同的力，电子的速度变得有快有慢，即在速度上产生了调制。被调制的电子注经过漂移管时，会发生群聚现象。群聚之后的电子注经过输出腔时会减速，从而把自身动能转化为微波能量,并通过输出波导进行输出。减速后的电子会轰击收集极壁,将动能转化为热能。由于电子的群聚与馈入微波的频率是相关的,因此输出的高频微波与输入微波信号的频率是一致的。由此可见,与磁控管自发振荡输出功率不同,速调管以电子注作为能量载体,把百瓦量级的输入能量放大为兆瓦量级的高功率微波。整个速调管的组成还包括维持电子注不发散的聚焦系统、维持管体温度及带走多余热量的冷却系统,以及维持速调管内部真空的真空系统。

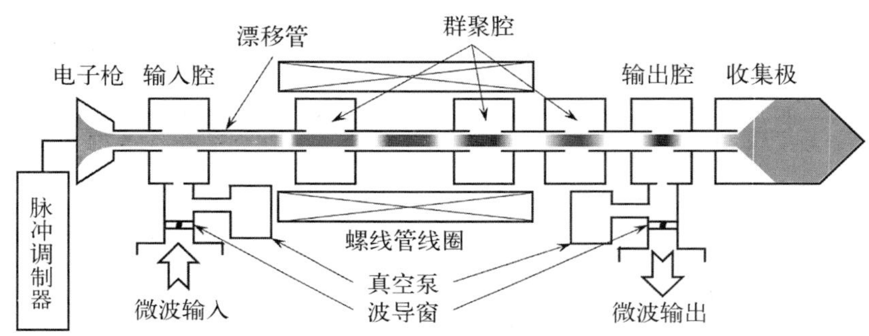

图 1-17　速调管的基本结构

与磁控管相比,速调管具有输出功率大、寿命长及稳定性好等特点,因此高能医用电子直线加速器多采用速调管作为微波功率源。但由于电压比磁控管高,一般需要油箱绝缘,因此设备更为庞大和昂贵。近年来,随着多注速调管的发展,速调管向着小型化、轻量化的趋势发展,未来有望应用到旋转机架中为医用直线加速器提供微波功率。

2) 环流器

环流器(circulator)是一种使入射波和反射波按特定方向传输的元件,防止加速管的微波反射功率进入功率源(磁控管或速调管)而影响其工作稳定性和安全性。环流器的核心材料为铁氧体,通常有三端或四端两种类型。铁氧体是微波技术中一种常用的各向异性的磁性材料,是由氧化铁和其他金属氧化物烧结而成的黑褐色陶瓷,质地硬而脆,电阻率很高,电磁波能够穿入其中。铁氧体具有铁磁谐振效应,在外加磁场作用下具有各向异性的特点。

如图 1-18 所示,三端环流器的特点是微波从端口 1 输入,只能耦合到端口 2;端口 2 的微波只耦合到端口 3,不会从端口 1 输出;依次类推。

四端环流器由两个魔 T 和一个回相器构成。回相器是一种特殊的移相器,只在一个传播方向上产生 180°的相移,而在另一方向不产生相移。与三端环流器类似，四端环流器的微波功率只能从端口 1 输入，从端口 2 输出；从端口 2 输入的微波只耦合到端口 3；依次类推。

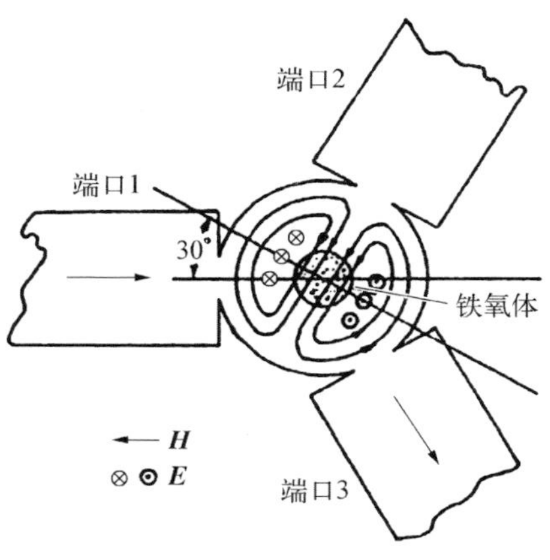

图 1－18　三端环流器原理图

四端环流器的铁氧体的体积比三端环流器的体积大得多，因而四端环流器的功率比三端环流器的高得多。通常来说，在微波系统中，端口 1 接功率源；端口 2 接加速管；端口 3 接大功率微波负载，吸收从加速管反射回来的功率。对于三端环流器，端口 3 还需要接移相器用来调整吸收负载的相位。对于四端环流器，端口 4 接小功率微波负载，用来吸收端口 3 未完全吸收的微波功率。

三端环流器上可变的移相器通常称为“相位棒”，其作用是将加速管反射回来的功率的一小部分通过三端环流器反馈到磁控管。这部分反馈功率作用于磁控管，通过所谓的“频率推拉效应”，使磁控管的频率接近加速管的频率。这种技术只有当磁控管的频率在加速管的半功率带宽范围内才起作用。

3）波导元件

图 1－19 为微波系统中常用的波导类型。为满足机械结构总体设计的要求，微波系统需要使用弯波导来改变微波的传播方向。电场方向改变使用 E

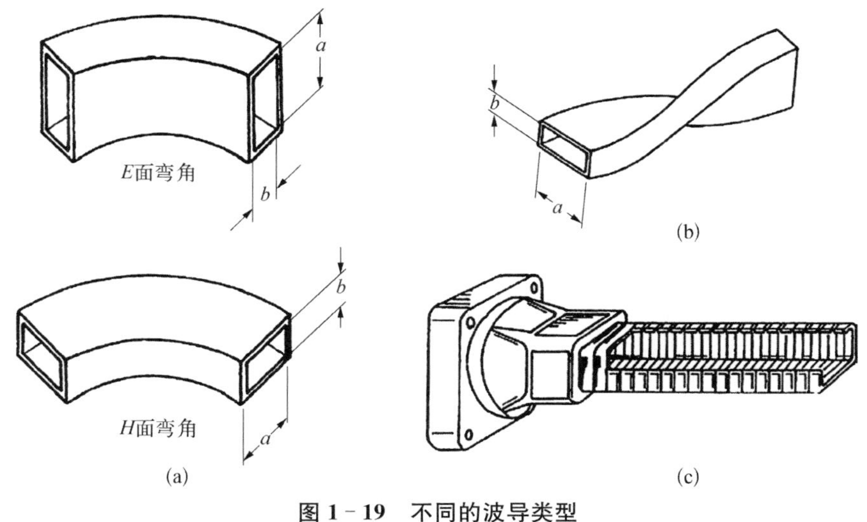

图 1－19　不同的波导类型

(a) 弯波导；(b) 扭波导；(c) 软波导

面波导弯角，磁场方向改变使用 H 面波导弯角。为了避免过多的反射，波导弯角的横截面必须均匀一致，曲率较大。

微波系统中通常还有一段软波导(flexible waveguide)。软波导可以提供微小的弯度和曲度，通常用于刚性微波元件之间微小偏差的补偿。柔性的软波导同时可减小微波系统与加速管之间的机械应力。

定向耦合器(directional coupler)是一种具有方向性的功率分配四端器件，由主波导和副波导构成，用于将微波功率从一条主传输线传到另一个方向的副传输系统，并防止它们反向传输。直线加速器常用的是 60 dB 波导型(0.000 1%的输入功率被耦合)和四分混合同轴耦合器。

4) 自动频率控制稳相系统

加速管的谐振频率随温度、输入功率、射束负载和加速腔的机械和电特性的改变而改变，如果输入的微波频率和加速管的谐振频率不同，输出的电子能量将会降低，电子能谱将会变差，进而引起剂量率降低和照射野变坏。为了使功率源(速调管或磁控管)频率保持与加速管谐振频率一致，需要采用频率反馈稳相系统，称为自动频率控制(automatic frequency control, AFC)稳相系统，在自动频率控制稳相系统中要用到前面所讲的许多微波元件。磁控管与速调管驱动的加速管的控制方法有一些不同，但均需要获取谐振频率和功率源频率的偏差。

AFC 原理如图 1－20 所示。功率源与加速管频率的分离点可以通过比较进入加速管的入射功率的相位与从加速管反射回来的功率的相位差来确定。用 3 dB 混合耦合器作为相位差的比较器件，用晶体检测器对两个输出端的微波频率信号进行整流，并输出差分信号。如果功率源是磁控管，由电机驱动电路对脉冲差分信号进行放大并采样保持，驱动磁控管调谐电机，将磁控管输出频率保持在加速管谐振频率上。如果功率源是速调管，可以直接调整 RF 驱动器的频率，使速调管输出频率保持加速管的谐振频率。

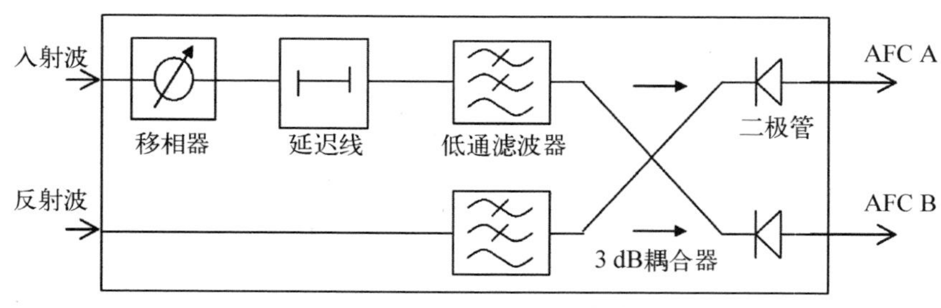

图 1－20 AFC 原理图[10]

1.2.3　加速管

加速管是加速器的心脏，它利用微波传输系统输送过来的微波功率加速电子，产生所需要的射线束。

加速管由电子枪、管体、波导窗、离子泵、靶部件、冷却水套等组成。电子由电子枪产生，然后射入加速管。加速管根据电磁场形式的不同，分为行波加速管和驻波加速管[11]。

1）电子枪

电子枪的工作原理与二极管类似，二极管中的电流是通过电子运动来实现的。在电子枪中，阴极和阳极组成一个二极管，只是阳极中间有一个束流孔供电子从中通过。灯丝通过灯丝电源供电加热，当加热到一定温度时，阴极开始发射电子，此时通过在阴、阳极之间外加脉冲电压（通常为十几千伏），电子在此加速电压的作用下，向阳极加速运动，通过束流孔进入加速管的内部。常见的电子枪为皮尔斯（Pierce）型球面聚焦电子枪。枪电流与阳极电压存在二分之三次方定律，其系数 P 是几何形状参数，称为导流系数（perveance）。导流系数反映了从电子枪取出电子的能力，不随电气参数变化。在空间电荷限制下，不论电极形状如何，二分之三次方定律普遍适用，电极形状的不同只影响导流系数。当电极形状一定时，导流系数是一个常数，与温度无关，在阳极电压一定的情况下不能依靠加大阴极温度来提高发射电流。导流系数的典型值在 1×10^{5}～6×10^{5} 的范围内。

常见的电子枪分为二极枪和三极枪两种，如图 1－21 所示。二极枪只能

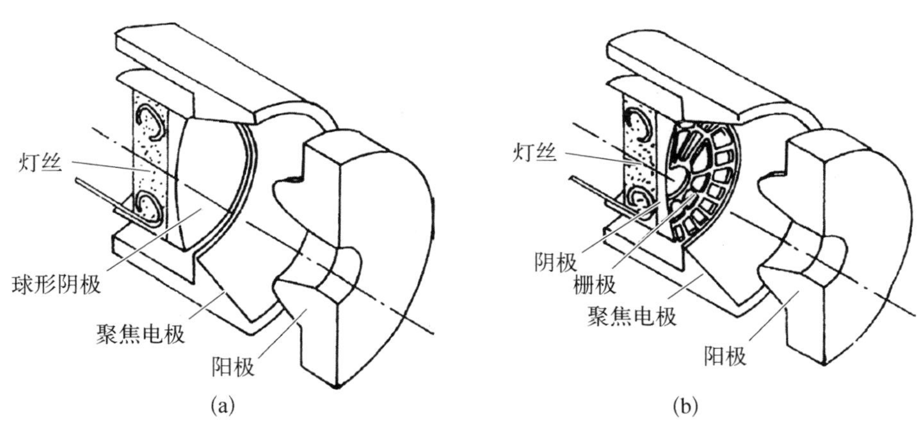

图 1－21　电子枪结构图

（a）二极电子枪剖面图；（b）三极电子枪剖面图

通过调节阴、阳极电压来调节发射电流；三极枪在阴、阳极之间增加了一个栅极，通过调节栅极电压，可以在不改变阴、阳极电压的情况下，在较大范围调节发射电流[12]。

2）行波加速管

行波加速管利用行波场来加速电子，行波加速管的加速段是在圆形波导中周期性地放置中心开孔的圆盘盘片。圆盘盘片中心孔提供了电子束的通道和电磁波传播通道。圆盘盘片可以看成是对圆形波导施加负载，故称盘荷波导，它是一种慢波结构，如图 1－22 所示。在盘荷波导中，高频电磁波沿轴线向前传播，行波场在轴线上有轴向分量，如果相位合适，电子就可以不断得到加速，把电磁能转化为电子的动能。行波场要维持对电子不断加速必须具备一定的条件，包括同步加速条件和相位稳定条件等。

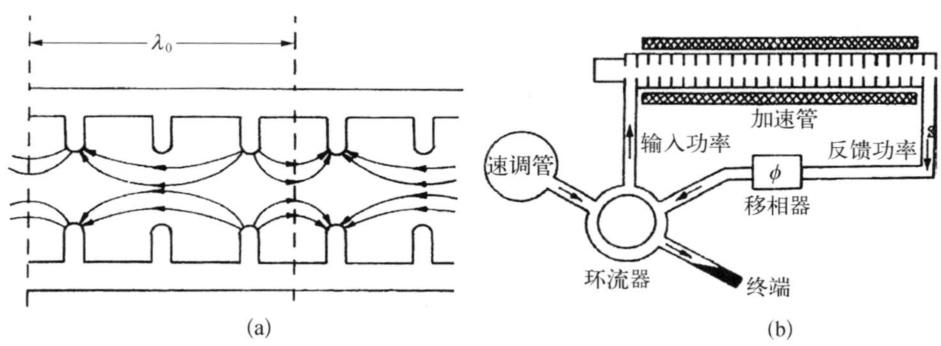

图 1－22　行波加速管结构和系统示意图

（a）盘荷波导结构及其中的电场分布；（b）使用环形器的行波加速管系统

同步加速条件如下：行波是按一定方向传播的电磁波，行波场的方向在时间和空间上是交变的。加速管中的电子也在不断向前运动。在这种动态过程中，电子可能处在行波的加速场相位，也可能处于减速场相位。要使电子持续受到行波场的加速作用，必须要求行波场的前进速度与电子运动速度保持同步增加。

稳相原理如下：在一个脉冲期间，电子注入加速管是连续的，不可能在波峰上同时注入，而且所注入的电子具有一定的初速度，所以严格满足同步条件的电子是很少的。即使在波峰上的电子，也会由于偶然的扰动（例如加速场振幅、相速度的微小变化）而偏离平衡位置，使电子相对于波的相位产生滑动，称为滑相。这种滑相运动称为相运动或相振荡。相运动必须控制在加速相位的范围内，这是电子得到持续加速的前提。苏联的维克斯列尔和美国的麦克米伦在研究同步加速器时，各自独立发现了自动相位稳定的现象。如果同步电子在单位距离上的能量增益不取在峰值上，则在 0～90°存在一个平衡相位 ϕ，该相位上电子速度的增加等于波相速度的增加。当电子注入的相位相对于平衡相位 ϕ 的偏移值 $\Delta\phi$ 在一定范围内时（也称为俘获区间），这些电子可以围绕平衡相位做稳定的相运动，实现准同步加速，这就是自动相位稳定原理（简称稳相原理）。

3）驻波加速管

在驻波加速管中，波腹和波节的位置不随时间变化，而每个腔内的场强大小和方向随时间变化。假设在 t_1 时刻，1 号腔处于加速半周，2 号腔处于减速半周；在 t_2 时刻，1 号腔变成减速半周，2 号腔处于加速半周。如果电子在 t_1 时刻进入 1 号腔，电子将从加速场中获得能量，得到加速，向前运动。在 t_2 时刻，电子进入 2 号腔，这时 2 号腔处于加速半周，电子不断获得能量，得到加速。如果电子进入每个腔时都处于加速半周，则电子可以不断得到加速。为了在驻波加速管内有效地加速电子，谐振腔的长度通常设计为波长的 1/4，即 π/2 工作模式。由于谐振腔有一半场强恒为 0，在加速时不起任何作用，这些谐振腔可以做得特别短，或者采用边耦合腔，如图 1－23 所示。这种类型的驻波加速管称为双周期驻波加速管，分为轴耦合加速管和边耦合加速管。

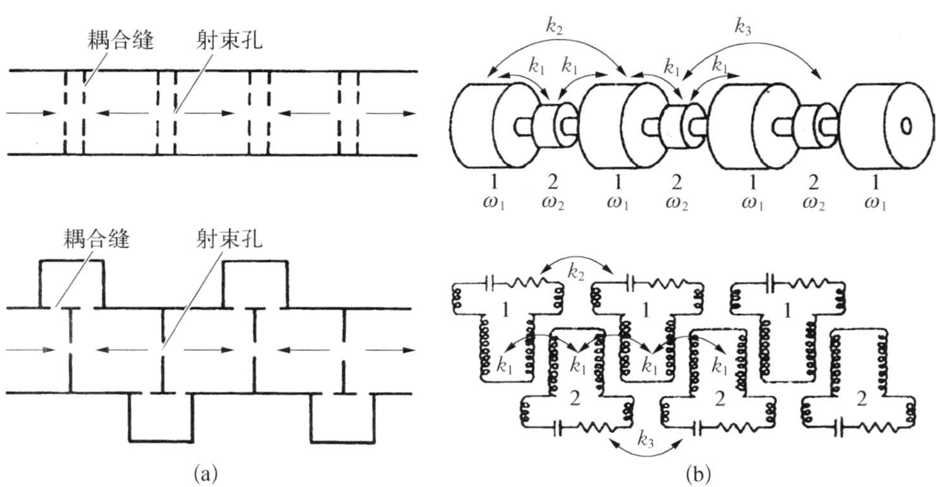

图 1－23　双周期驻波加速管结构与原理图

（a）双周期驻波加速管磁耦合结构；（b）双周期谐振腔链

驻波加速管可以提供比行波加速管更高的特征阻抗和加速梯度，因此通常对真空度的要求也更高，电子枪、波导窗、靶结构均为焊接密封。图 1-24 是轴耦合驻波加速管的结构剖面图和边耦合驻波加速管剖面图。

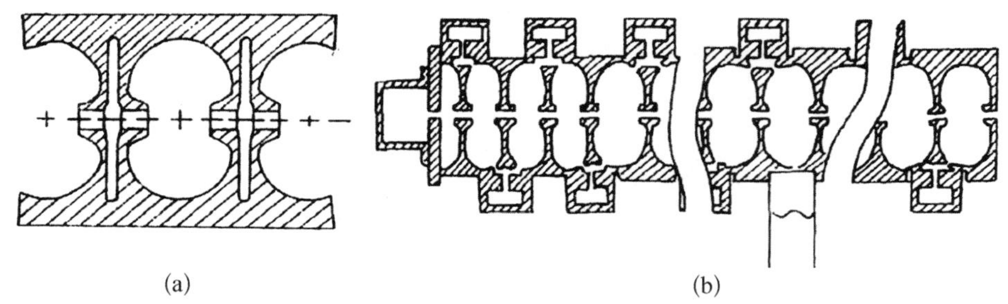

(a) (b)

图 1-24 双周期驻波加速管耦合结构示意图

(a) 轴耦合驻波加速管结构剖面图；(b) 边耦合驻波加速管剖面图

4）行波加速管与驻波加速管的比较

行波加速管和驻波加速管都由一系列的加速腔和耦合腔组成。在每个腔中，电磁能量以加速管的谐振频率做正弦振荡，当电子到达每个腔的中间时，电场幅度最大。但是在行波加速管中，电磁波的传播只有一个方向，从输入到输出，电子注骑在波峰上连续运动。而在驻波加速管中，电磁波在入端和终端之间以每毫秒几十次的频率来回反射。驻波加速管中微波功率转化为电子能量增益的效率约为行波加速管的两倍。其原因主要有两个：

（1）在医用电子直线加速器中最常用的驻波加速管是双周期结构加速管，加速管每个波长只包含两个腔；而行波加速管最佳的加速模式是 2π/3 模式，每个波长包含三个腔。因此，驻波加速管每个波长只有四个径向腔壁消耗微波功率，以建立电磁场。对每个波长只有两个腔的驻波加速管，它不能沿轴向反馈微波功率，因为这在通频带截止频率之外。腔数增加会吸收更多的微波功率，对每个波长有三个腔的行波加速管，径向壁上有 50％以上的微波激励功率浪费了。

（2）驻波加速管通过耦合孔将微波功率从一个腔感应耦合到相邻两个腔，使轴区可以做成最佳形状。通过使用鼻锥和小束流孔结构，微波电场可以在时间和空间上同时集中到电子注。而前向行波加速管的微波功率主要通过轴向束流孔电耦合。为了得到足够大的微波功率，束流孔径必须大而薄，约为谐振腔直径的 1/5，以确保有足够的微波功率从一个腔耦合到下一个腔，这样，射频电场就从中轴偏向孔的周围，使电子聚束效果变差。所以，行波加速管电场对电子注的空间汇聚效果也比驻波加速管差，电场对电子注的时间汇聚效果在一定程度上也比驻波加速管差。在反向行波加速管中虽然可以使用离轴感应耦合使轴区的形状变佳，但这种方法还是没有驻波加速管的效率高。

因为驻波腔效率较高(高 Q 值)，电磁场能量填充时间较长，填充时间约为 1.0 μs，而行波加速管的填充时间约为 0.8 μs，所以必须采用长脉冲的微波功率源，对 4 μs 的微波输入脉冲来说，驻波加速管的有用射束脉冲比行波加速管的有用射束脉冲短 5%，从而减少了相应的有效平均射束功率。驻波加速管的填充时间较长，群聚过程不充分，因此电子能谱远差于行波加速管。为了避免束流偏转后靶点面积太大，一般采用 270°消色差磁偏转系统。

5) 能量调变的实现

近年来，随着精准放疗的发展，科学家提出了一种新型的图像引导放射治疗系统。该系统使用的电子直线加速器既能输出放疗所需的电子束能量，又能输出成像所需的电子束能量，这对电子直线加速器的能量调变提出了很高的要求。电子直线加速器的能量调变对于治疗不同深度的肿瘤也具有十分重要的意义。目前电子直线加速器常用的能量调变方法主要有以下 4 种：① 调节馈入的微波功率；② 调节束流负载；③ 使用两段加速器；④ 使用能量开关。前两种方法改变了加速管整体场分布，为了保证聚束段的俘获效率和束流能谱，场强变化不能太大，因而能量调节范围有限。第三种方法使用两段加速器，通过调节第二段加速器的馈入功率幅值和相位，使电子在第二段加速器中能受到不同的加速或减速作用，从而在较大的范围调节电子输出能量。第四种方法用在边耦合驻波加速结构中，通过调节某个边耦合腔的频率，能改变该耦合腔后面加速管的场幅值，从而调节加速管的输出能量，如图 1-25 所示。后两种方法能获得比较大的能量调节范围，但微波馈入系统或加速器的结构比较复杂。除了这 4 种方法之外，清华大学还开发了一种通过改变功率源频率，分别使用双周期驻波结构的两个本征模式对电子进行加速，从而实现双能输出的方法。

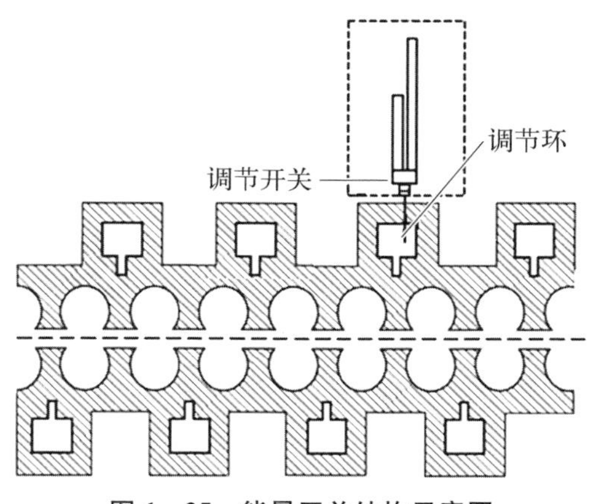

图 1-25　能量开关结构示意图

6）同源双束

医用加速器为了实现影像定位系统，锥形束 CT 技术常采用 kV 级 X 射线管。kV 级锥形束 CT 的结构除了增加成本外，在非同轴影像所反映的治疗靶区运动变化情况方面也有先天的致命缺陷。Siemens MVision 与 Tomotherapy 公司的 Hi－ART 都是利用治疗用的 MV 级射线成像，但由于射线能量高，无法得到高质量图像。目前国外放疗加速器厂商的图像引导放射治疗设备还没有做到 kV/MV 同源双束。清华大学与同方威视、中山大学附属肿瘤医院等协作单位组成的产学研队伍于 2006 年 12 月承担了“十一五”科技支撑计划“放射治疗及与影像定位一体化装置”，历经两年多的技术攻关，发明了 kV/MV 同源双束加速管，并完成了能够稳定出束、快速切换高能和低能的 kV/MV 同源双束加速器样机的制造，束流指标为高能 6 MV、低能 700 kV。

kV/MV 同源双束加速器实现的束流技术指标如下：

（1）MV 挡：电子束能量为 6 MeV，距离源 1 m 处的剂量率大于 800 cGy/min（cGy 为业内常用剂量单位，1 cGy＝10^{-2} Gy），靶点小于 2 mm。

（2）kV 挡：能量约为 700 keV，距离源 1 m 处的剂量率为 2～3 cGy/min。

1.2.4 偏转系统

偏转系统为横置加速管的设计所独有，通常为了实现高能量，加速管长度较长，从整机结构设计上考虑必须横向放置，因此需要偏转系统将束流偏转为垂直方向。

为了减小加速器能谱平均能量改变对照射野均整度的影响，偏转束加速器采用了消色差偏转系统。考虑到物像的放大因素，组成束流的单个电子射线通过偏转后的特性必须与偏转前的一样，与它们的动量大小无关。放大倍数为 1 时，这种效果相当于直接将加速管输出端放在 X 射线靶上，且与 X 射线束中轴重合。

Brown 等[13]提出的对称 270°三叶均匀极间隙、中央轨迹两次交叉偏转系统（symmetrical 270° three sector uniform pole gap, two cross-overs）用于 Varian Clinac 18 系列治疗机，所以称为 Varian 型偏转系统，如图 1－26 所示。

Philips 型偏转系统是 SL25 加速器使用的偏转系统，也称为非对称 112.5°三叶均匀极间隙偏转系统（asymmetric 112.5° three sector uniform pole gap），如图 1－27 所示。该机器采用鼓形机架，它比机座式的机架有更多的水

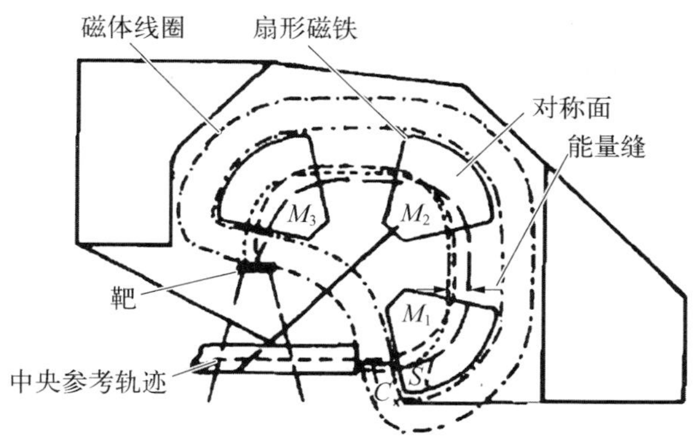

图 1－26　Varian 型偏转系统结构示意图

平空间。加速管波导可以通过治疗室墙壁附近的机架支撑轴承伸展回来，而不受机座的限制。这样就有更多的空间使得扇形磁铁可以沿轴向安放并使用较长的加速管。它通过 90°而不是 270°偏转就可以得到消色差的效果，这样可以减小中央轨迹 X 射线靶上的高度，从而减小等中心的高度。

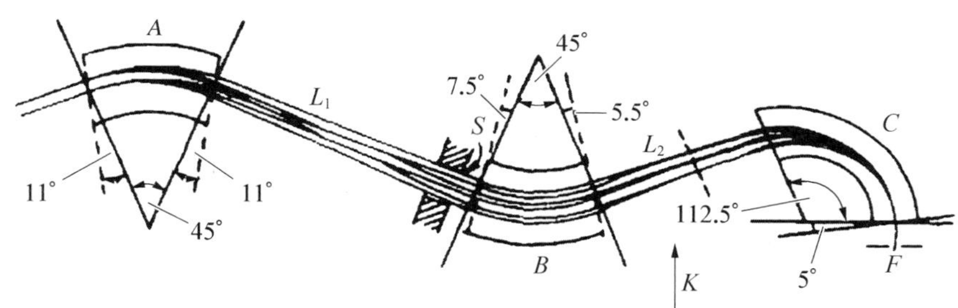

图 1－27　Philips 型偏转系统结构示意图

1.2.5　治疗头束流路径

多挡能量治疗设备需要采用均整器旋转托盘和 X 射线靶驱动机构。均整器旋转托盘上安装有每种能量电子线或 X 射线对应的散射箔或均整过滤器，X 射线靶驱动机构在 X 射线治疗模式时将靶放到适当位置。这些机构增大了治疗头的中间部分，从而增加了源轴距(source-axis distance, SAD)。有些机器采用滑动式机构而不是均整器旋转托盘来实现电子线与 X 射线之间的转换。在一些高能机中，采用低密度的氢氧化物材料，通常加入硼，对中子进行屏蔽，这进一步增加了治疗头的体积。选择合适的射束线上的材料以及使射束精确配准和聚焦，可以减少中子的产生，从而降低屏蔽的要求。

X 射线靶到光阑末端的距离必须足够大，以确保可以在这个空间加入各种干涉装置并限制几何半影。同时，为满足等中心旋转治疗的需要，该距离又必须足够小，以确保可以在外面装配 X 射线楔形块、附件及其托盘，或外挂式多叶准直器，并使其与患者及治疗床之间有足够的空间。图 1－28 为 X 射线和电子线的束流路径示意图，表 1－3 所示为 X 射线和电子线治疗头器件。

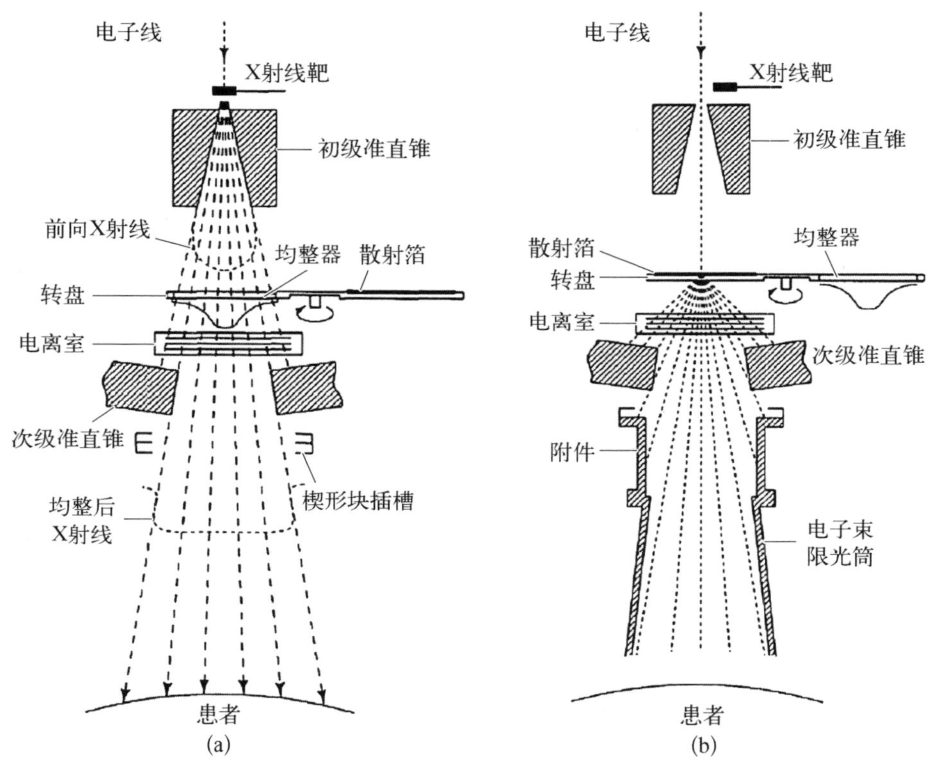

图 1－28　X 射线和电子线的束流路径示意图

(a) X 射线束流路径；(b) 电子线束流路径

表 1－3　X 射线和电子线治疗头器件

X 射线治疗头器件	电子线治疗头器件
靶	靶
初级准直锥	初级准直锥
均整器	散射箔

（续表）

X 射线治疗头器件	电子线治疗头器件
电离室	电离室
次级准直锥/光阑	次级准直锥
多叶准直器	电子束限光筒

1.2.6　剂量监测系统

电子直线加速器一般采用充气透射电离室，如图 1－29 所示。射线与电离室中的气体相互作用产生离子对(正离子和电子)，它们在外加电场的作用下被收集板收集。气体中产生的电子向正极板运动，正离子向负极板运动，达到电极板的百分率取决于收集极的电压、板间距离、气体的种类和密度。收集极电流的大小反映了电离的程度，经过适当处理之后就可以得到剂量率和累积剂量。

图 1－29　充气透射电离室结构图

根据安全性要求，医用电子直线加速器必须配备两个独立的剂量通道和一个时间保护通道，在设计上，通常每个电离室的极板还会被分割成不同形状和方向的区域，用以测量射束的对称性信号。

图 1－30 所示是 Varian 加速器集成了射束偏转系统的剂量系统，实现了 Clinac 18 照射野的均匀性。径向面和横向面在射束中轴线和 X 射线均整器中轴处相交。由图 1－30 可见，伺服反馈系统由两组各四个导向线圈组成，利用电离室扇区的信号控制和限制电子束的发散角、径向和横向偏离中轴线的

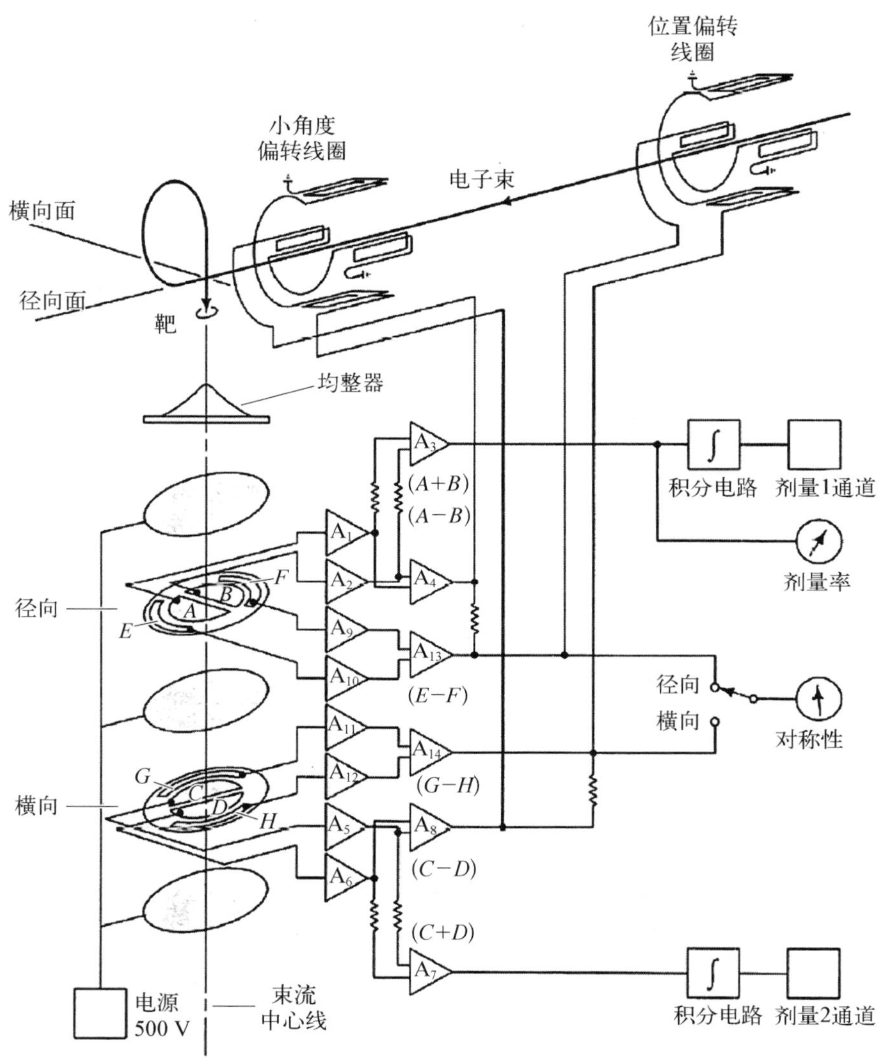

图 1－30　剂量监测系统集成束流伺服反馈系统

大小。两组导向线圈使电子束的角度偏移减小。

图 1－30 右上角所示的位置偏转线圈位于加速管的输出端，与偏转磁铁入口有一定距离。两个位置偏转线圈连接起来控制径向位置，另两个控制电子束偏离射束中轴线的横向位置。小角度偏转线圈的主要作用是提供偏转磁铁入口处的侧向位移校正。小角度误差接着由角度伺服系统进行校正。根据两个电离室检测到的信号，如果发现电子束打到 X 射线靶或散射器的角度或

位置将引起 X 射线或电子线分布不对称时，系统会产生误差信号来控制小角度偏转线圈的磁场。在 Clinac 18 直线加速器中，在加速管群聚腔周围附加第三个四组线圈。这些没有伺服的群聚线圈控制射束的径向和横向位置，使离开电子枪的不同能量的电子向加速管的中轴线偏移。外围电极板 E 和 F 的信号由 A_9 和 A_{10} 放大。从 A 门出来的差模信号($E-F$)送到采样-保持电路，并由它提供径向位置偏转线圈的 DC 信号。径向位置偏转信号控制电子束相对均整过滤器中心的径向平移。从半圆电极板 A 和 B 来的信号由 A_4 进行差分放大，送到采样-保持电路，并由它提供径向角度偏转线圈的信号。径向角度偏转信号控制电子束相对于 X 射线靶和均整器中心的径向发散角度。A_4 和 A_{11} 及其采样-保持电路输出的角度与位置非对称性信号比较后在控制台输出径向面射束非对称信息。当径向非对称性超过设定的范围时就中止出束。

1.2.7　射野成形系统

射野成形系统由初级准直器和次级准直器组成。部分设备在射野成形系统中装有均整块。其中次级准直器主要用于形成具体的射野形状，旧式设备常采用垂直方向的两对钨门，形成大小可调的方形射野；目前多数设备均采用多叶准直器，以实现更多的射野形状。图 1－31 是射野成形系统的剖面图。

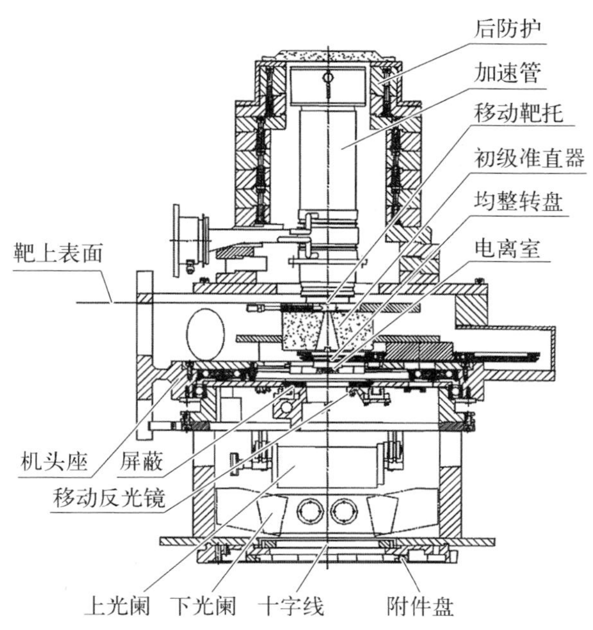

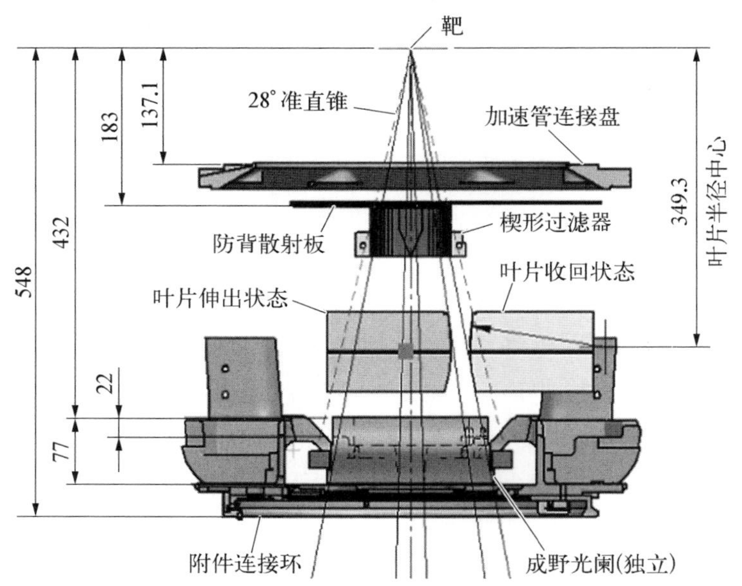

图 1－31　射野成形系统剖面图(单位：mm)

1）初级准直器

为了保证射野仅辐照到患者身上需要的部分，即辐射野外的剂量尽可能低，加速器通常在靠近辐射源处设置一个位于电子引出窗或靶下方的具有圆锥形孔的初级准直器（primary collimator）。初级准直器的作用有两方面：① 它决定了加速器所能提供的最大辐射野范围；② 它阻挡了最大辐射野范围外的由辐射源产生的初级辐射。例如，为获得距源 100 cm 处直径为 50 cm 的圆形辐射野，需要初级准直器的半锥角约为 14°，该圆形区域称为 M 区域。通常，这个圆的直径小于最大方野的对角线，使得方野的角被切掉，变成圆角野。例如，在瑞典医科达公司的加速器中，距源 100 cm 处的边长为 400 mm 的方野对角线为 565 mm，但其初级准直器形成的最大圆直径为 500 mm；而美国瓦里安公司的加速器中，这个圆的直径为 495 mm；其他厂家的也基本类似。

2）均整块

高能电子束轰击靶产生的 X 射线辐射的分布集中在电子入射方向很小的角度范围内。这种通量的分布不能满足临床上对离开轰击靶点一定距离处和一定辐射野大小对射线强度均匀分布的要求。因此需要对 X 射线辐射强度的初始分布使用均整过滤器进行“均整”。设计的原则是根据电子轰击靶产生的 X 射线辐射能量范围、辐射野的大小，对均整后 X 射线辐射强度的分布及均整块所用的金属材料，利用蒙特卡罗（Monte Carlo，MC）方法计算出均整块的厚度和形状，并在实际测量中加以修正。低能加速器常用单均整器，即用一块由高原子序数材料制成的锥形圆盘，较薄、所占空间小。

3）多叶准直器

多叶准直器是实现治疗头功能的主要装置之一。多叶准直器主要包括多个叶片、支撑装置、叶片小车、驱动器、控制器和控制软件，如图 1－32 所示。

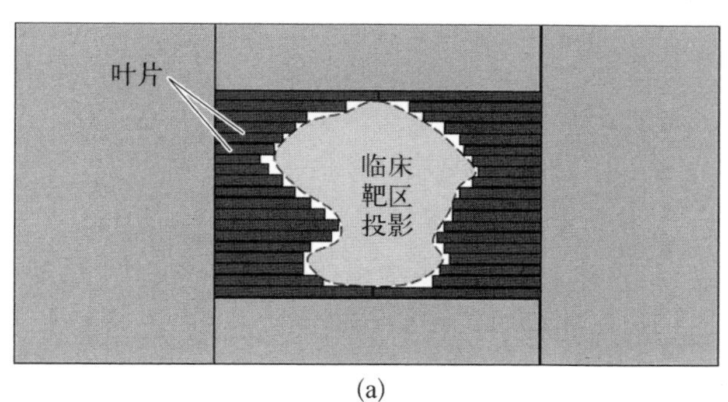

(a)

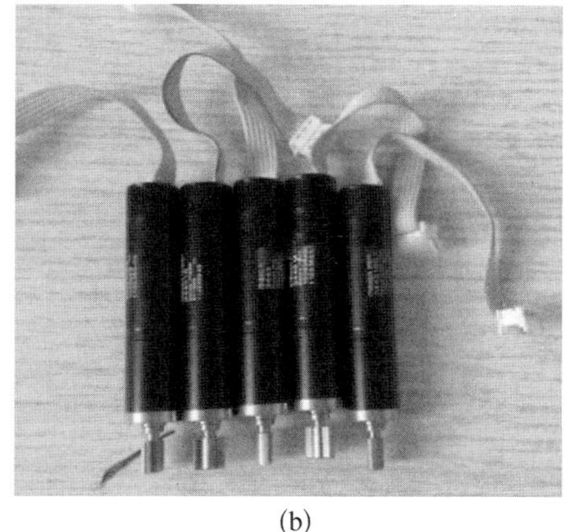

(b)

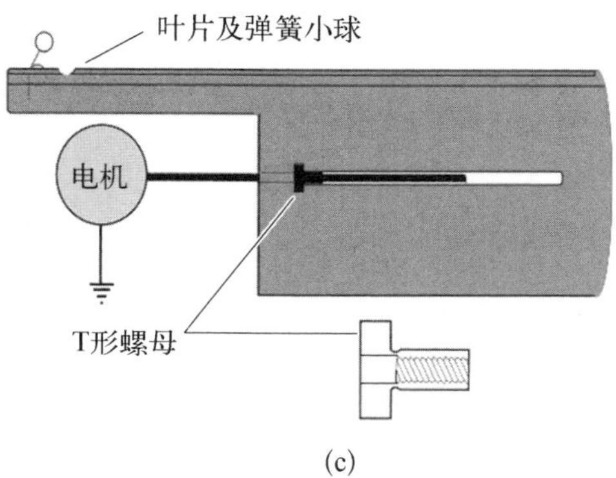

(c)

图 1－32　多叶准直器

(a) 外形图；(b) 叶片驱动电机；(c) 结构示意图

作为调强放射治疗剂量控制与实施的主要机构，多叶光栅的设计必须以能够产生良好的剂量控制效果作为目标，对多叶光栅的剂量控制要求主要有如下两个方面：① 叶片本身必须具有良好的射线阻挡能力，多叶光栅对射线的漏射指标需要符合有关标准的要求；② 每个叶片的运动对剂量分布产生影响的区域要尽可能小，以方便剂量控制的精确实施，叶片运动过程中所产生的剂量分布要精确描述。

根据上述②的要求，在多叶光栅的设计中应使多叶光栅的叶片产生的剂量分布具有陡峭的边缘，这样一来可减少对相邻区域的剂量影响，便于剂量精确控制的实施。

满足上述条件的多叶光栅形成的开口边缘附近区域的剂量分布具有陡峭的边缘，可产生如“刀切”一般的效果，从而可实现开口边缘附近区域的剂量精确控制，使能实施的剂量分布形状与治疗计划系统定义的照射区域形状一致，避免了对肿瘤周边组织的放射损伤[14]。

多叶准直器通常采用的聚焦方式为单聚焦，即叶片直线运动，端面为弧形。主要厂商的新产品如 Agility 和 HD - MLC 都采用了这种形式，即使原有的西门子的 120 - MLC 也改变了既往的双聚焦而采用单聚焦。这种方式的特点是运动比较简单，束流方向占用空间小，叶片设计也比较简单，而端面半影仍可以接受或可通过端面形状的设计进行优化。在实际使用中，叶片高度决定了其对射线的阻挡能力，高度的选择需使叶片对射线的屏蔽性能满足国际辐射防护委员会的推荐标准。

叶片的宽度关系到多叶组合光栅对各种射野形状的逼近程度，宽度越小，适形的效果越好。对于 6 MV 的 X 射线，2.5～3 mm 是一个优选的多叶准直器叶片宽度，如果进一步减小宽度，不仅无益，而且会使叶片间隙与叶片宽度的比值更小，导致漏射线的比重增加。通常的商用多叶准直器叶片宽度仍以 5 mm 和 10 mm 居多。实际上，如果完全按照投影线来设计，则所有叶片的宽度和形状都有所不同。因此，有厂家提出可将叶片设计成相同形状，并将其放置在弧线形导轨槽内，这样投影出的叶片宽度相差很小，但加工就会非常简单。

为了减小叶片端面对射野半影的影响，叶片端面形状的设计尤为重要。采用弧形端面设计后，在叶片沿垂直于射线中心轴方向运动的任何位置，都能使源射线与端面相切。叶片的端面设计成圆弧状以减少半影大小随叶片位置的变化，这种设计形式虽然没有消除端面所产生的半影，但通过合理选择端面的曲率半径，可在叶片的全部直线运动行程中，使射线与端面的切弦长度近似保持不变，从而使叶片在运动过程中与放射治疗机等中心平面上各点处所产生的半影大小趋于一致。

多叶组合光栅的叶片侧面之间存在着频繁的相对运动，为使每个叶片独立运动灵活，相邻叶片侧面之间的配合需要留有一定的间隙，以避免叶片形变以及在运动中发生卡滞，该间隙的存在将导致射线的泄漏。叶片间距应在减少漏射的同时，减少叶片间的摩擦，以保证叶片的运动速度和移动精度。为减少漏射，在叶片的侧面上设计一个榫槽结构，相邻叶片间通过榫和槽配合。

1.2.8　患者定位系统

患者定位系统的主要作用如下：形成符合临床要求的辐射场；患者支撑和体位固定；通过机械运动部件的运动和位置锁定完成患者治疗摆位。图 1－33 所示为患者定位系统的基本结构。

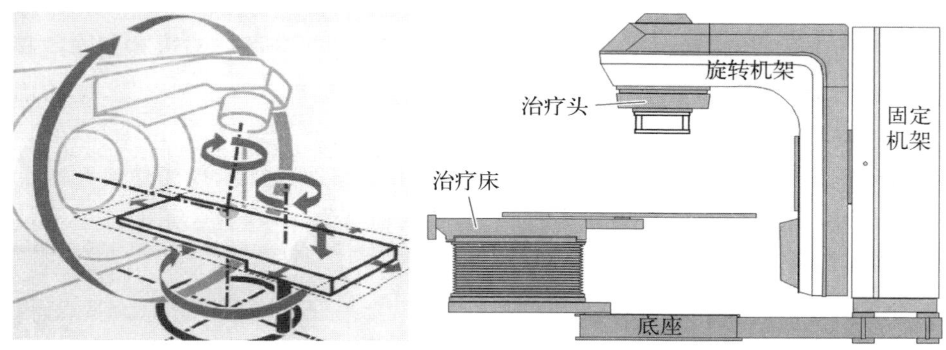

图 1－33　患者定位系统基本结构示意图

医用电子直线加速器中用于患者治疗摆位的机械运动主要包括机架的旋转、辐射头旋转和次级准直器(上下光阑)的开合、治疗床公转和治疗床面的升降以及横纵向直线运动。可以发现，各种运动的基准轴线围绕一个公共中心点运动，辐射轴从以此点为中心的最小球体内通过，这个点即等中心点(isocenter)。等中心点定义了放射治疗坐标系的原点，患者定位系统的作用就是将患者的标记点移动到等中心点。

现代医用电子直线加速器通常还配备影像引导系统，用于提供更精确的定位信息，辅助患者定位，将在本书第 5 章进行介绍。

1) 三维治疗床

剪叉式治疗床的机械结构主要由双剪式升降结构床体、支撑面和旋转固定支座组成。该治疗床的床体具有 3 个自由度，可以实现床面本身的横向运动、升降运动、纵向运动，还可以实现床面旋转和床体的等中心旋转。其机械结构成熟，基本满足放射治疗的需要。但由于其传动复杂，传动关节多，存在着定位精度不够高，不够灵活等缺点。因此，对于精确放射治疗，难以满足临床要求与高精度要求。

2）六维治疗床

近年来，许多精准放射治疗技术，尤其是立体定向放射外科（stereotactic radiosurgery，SRS）治疗及立体定向体部放疗（stereotactic body radiotherapy，SBRT）技术已广泛应用于临床，而确保治疗位置的精度成为治疗的关键。图像引导下的精准放射治疗需要对患者体位进行多个方向或角度的在线误差修正，基于此，可实现6个自由度运动的治疗床——六维治疗床应运而生，且已逐渐成为高档医用直线加速器的标准配置。六维治疗床与图像引导设备密不可分，其调整参数均来自图像引导设备。六维治疗床根据X射线图像配准结果，快速修正调整位置，放射治疗床的运动性能与运动精度的高低直接影响放射治疗区域的精确定位。并且从患者的心理角度出发，放射治疗床运动平稳，能有效减少肿瘤患者在治疗中产生的恐惧感。

六维治疗床大致可以分成两种，即三维治疗床加六维治疗床模块和机器人治疗床。六维治疗床监测系统主要由六维放射治疗床、MPC（machine performance check）软件、MV级及kV级成像系统、模体及托架等组成，坐标、运动与刻度等均遵循国际标准IEC 61217。六维治疗床以等中心点为基点，可实现侧向±24.5 cm、纵向−51.5～93.5 cm及升降63～170 cm范围内的运动，公转旋转角度为±95°，俯仰（pitch）角和翻滚（roll）角达到±3°，床体承重为227 kg。六维治疗床在临床治疗模式和维修模式下运动，参数校准在维修模式下进行。需要注意的是，在pitch和roll旋转调整时，会影响床升降、侧向或纵向的参数值，为保证治疗床在等中心位置不发生改变，床升降、侧向或纵向通常需要同时进行运动调整。

医科达公司六维治疗床包括HexaPOD™ evo治疗床和IGUIDE软件控制系统两部分，具有x、y、z平移和绕x、y、z轴旋转的6个自由度进行误差自动校正的功能，可实现6个自由度的亚毫米级定位。HexaPOD™ evo治疗床采用的是6-UPS并联机构，是属于多自由度的空间多环机构，它的机械本体部分由动平台和静平台以及6个可伸缩的驱动杆组成，其中，伸缩支链杆与动平台端采用球铰副连接，伸缩支链杆与静平台采用胡克铰副连接，伸缩支链杆中间有移动副（即实现平面内相对运动、自由度为1的机械结构）。移动副采用螺杆驱动，由菱形升降驱动单元实现。驱动部件推动6个移动副实现相对移动，通过改变6根伸缩支链杆各自的伸缩长度，实现动平台在空间的位置和姿态的变化，最终达到使用要求。

机械臂式治疗床(又称“机器人治疗床”)作为放射治疗过程中的患者支撑装置,机械结构主要包括承载机构、举升机构、机械臂三大部分,具有 5 个转动轴和 1 个线性轴,可以实现空间 6 个自由度的运动,如图 1－34 所示。

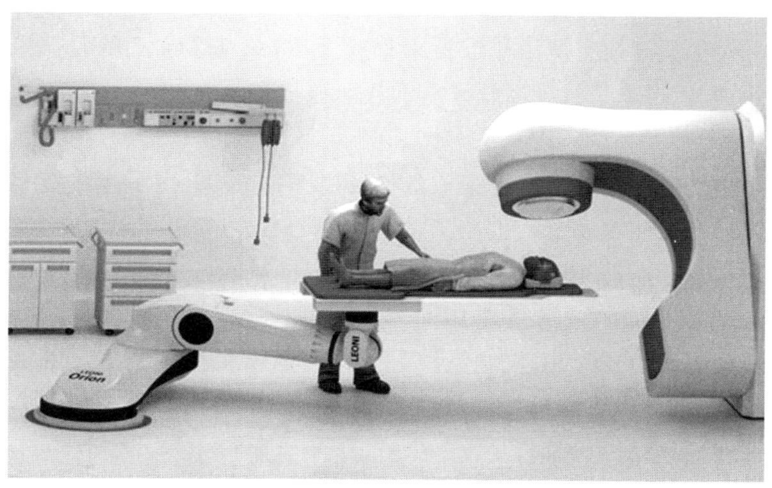

图 1－34　机器人治疗床

1.2.9　控制系统

随着自动化控制技术的发展和进步,控制系统作为医用直线加速器的灵魂系统,也在不断演进和发展。图 1－35 所示为控制系统的控制台外观。

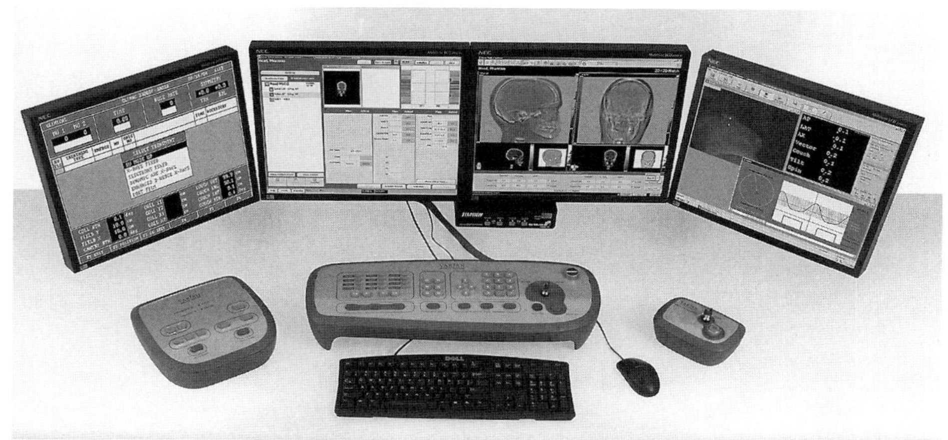

图 1－35　控制系统的控制台外观

早期的控制系统基于工业可编程逻辑控制器(programmable logic controller, PLC),由逻辑控制器对模拟量信号进行采集、逻辑处理,并通过控制台显示出来,由操作者通过组态软件进行控制。

后期随着工业计算机的发展,逐渐由工业计算机控制器替代 PLC,由 IO 采集卡对模拟量和数字量信号进行采集或通信,由基于 x86 的计算机平台进行逻辑处理,通过上位机界面软件显示数据和状态,由操作者通过上位机软件进行交互控制。

近年来医用直线加速器上集成的功能越来越多,出现了越来越多的基于模块化设计方法和现场总线控制架构的控制系统。在这种系统上,底层的控制系统(下位机)通常使用现场可编程门阵列(field programmable gate array, FPGA)或者高性能的现场总线 PLC,通过各种通信总线获取信号量,并进行底层逻辑控制;用户界面的控制系统(上位机)通常仍使用基于 x86 的计算机平台,由操作者通过上位机软件进行交互控制。上位机和下位机通常采用以太网高速通信接口进行通信及数据(如治疗计划数据)传递。

图 1-36 是西安大医集团股份有限公司(简称西安大医公司)TaiChi 加速器控制系统的典型平面布置示意图,上位机位于控制室中,带有两个或多个显示屏,通常在其中一个显示屏上提供系统状态的显示界面,在另一个显示屏上

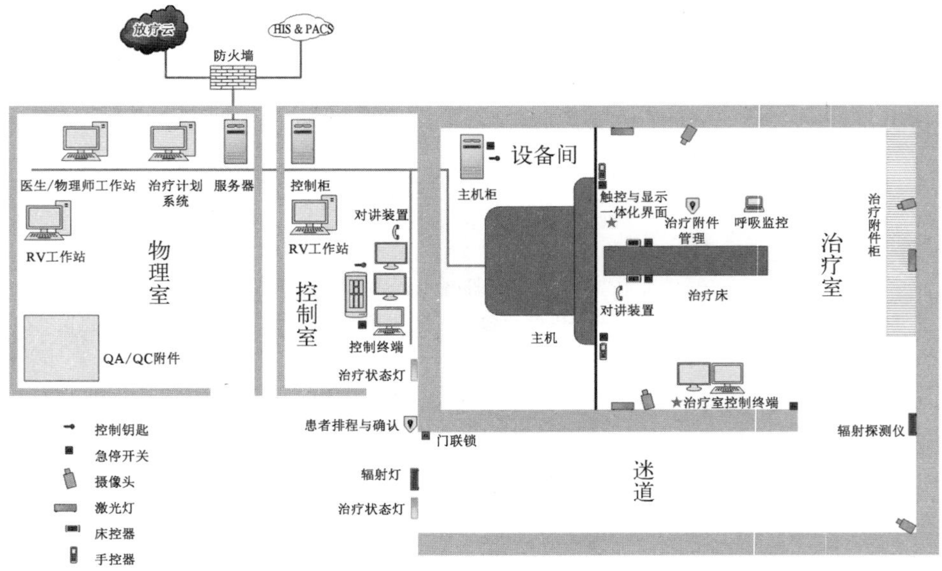

图 1-36 西安大医公司 TaiChi 加速器控制系统典型平面布置示意图

提供摆位影像的显示界面。同时，上位机还提供了符合安全法规要求的功能键盘(FKP)，功能键盘上提供了硬线联锁的出束使能信号、出束停止信号、急停按钮、运动使能按钮以及第二剂量监视器。

上位机同时连接到医院信息系统(hospital information system, HIS)中，提供 DICOM - RT 接口，从肿瘤信息系统(oncology information system, OIS)接收放射治疗计划系统(treatment planning system, TPS)传输来的患者治疗计划，并回传治疗过程数据记录。

医学数字成像和通信(digital imaging and communications in medicine, DICOM)标准，是医学图像和相关信息的国际标准(ISO 12052)。它定义了质量能满足临床需要的可用于数据交换的医学图像格式。DICOM 3.0 中对放疗领域的补充标准，即 DICOM - RT 中包含了放射治疗领域所需要的相关数据集，如射束参数、治疗计划和剂量等。

图 1 - 37 所示为典型的现代控制系统架构。

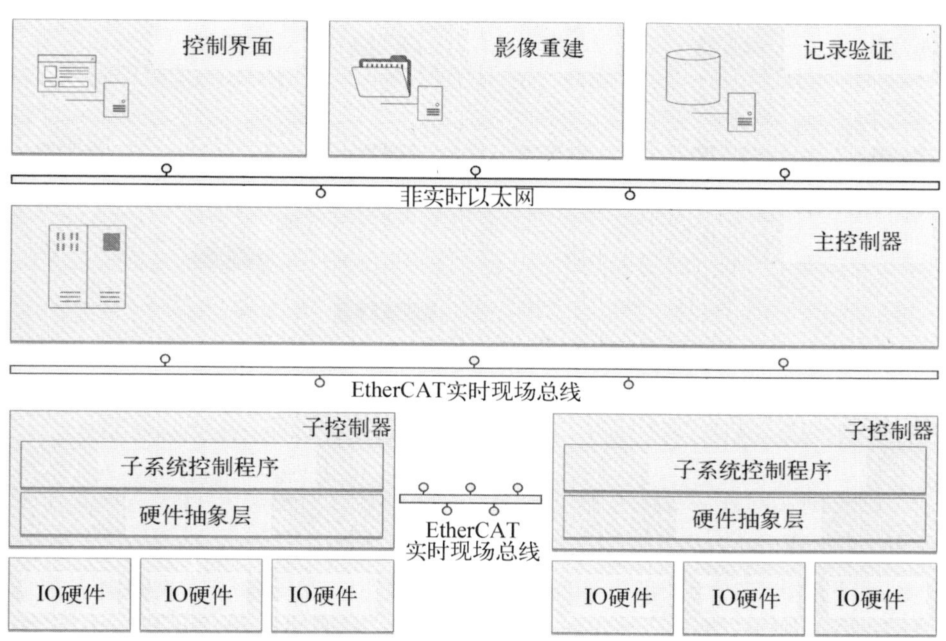

图 1 - 37　典型的现代控制系统架构

顶层代表上位机及人机界面，上位机通过非实时以太网(如基于普通千兆网络的 TCP/IP 协议)与下位机进行控制指令的发送和显示数据的接收。非实时的含义在于，上位机主要负责与用户的人机交互，所有数据的显示只需要满足用户的响应时间即可。与出束安全相关的联锁，均由硬线逻辑控制，不经过非实时通信总线。

中间层代表实时主控制器，主控制器接收上位机发送来的控制指令和治疗计划数据，对数据进行拆分，并通过实时现场总线发送到子系统的控制器，同时接收子系统控制器回传的状态数据。主控制器最重要的程序逻辑是维持系统的状态机（见图 1－38）。主控制器通过将系统状态保持在预先定义的有限多个状态中，并根据输入的指令及反馈信号来完成在有限多个状态之间的跳转，以保证系统处于一个可控的稳定状态，并能够及时处理故障和异常。

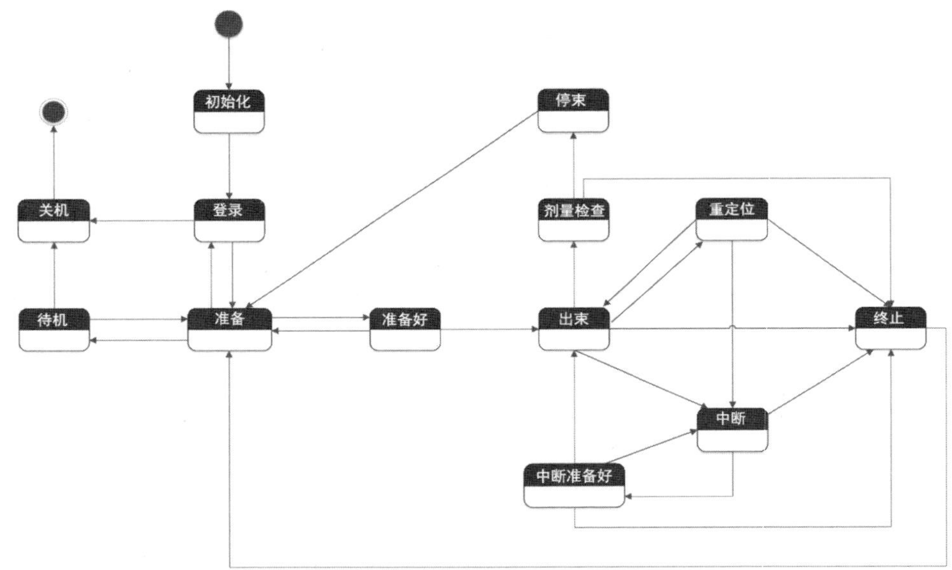

图 1－38　控制系统的状态机

常见的实时现场总线有西门子的 PROFINET、倍福的 EtherCAT、贝加莱的 Powerlink 等。

最下层代表各个子部件或子系统，其通过实时现场总线接收来自主控制器的指令和数据，完成对应的功能，如多叶准直器控制器控制叶片的运动，治疗头控制加速管出束，机架控制器控制机架的转动，床控制器控制患者支撑系统的移动等。

除了由运行在处理器之上的软件组成的控制系统程序（在 IEC 60601－2－1 及 GB 9706.201－2020 标准中称为可编程电气医疗系统 PEMS[15]）之外，控制系统的重要组成部分是联锁系统。医用电子直线加速器中通常存在两类联锁系统。一类是设备底层联锁，如水冷系统的流量联锁、水温联锁，微波系统的气压联锁，机械运动部件的限位联锁，加速管电子枪的灯丝电压、电流联锁等，这些联锁的主要目的是保护硬件设备，防止在某一个硬件出现故障或者错误操作时造成更多硬件的损坏。如水流量出现故障时，控制系统将禁止出束，防止加速管出束时的热量无法及时被水流带走，造成靶部件过热而损坏。另一类联锁是安全联锁，如床的碰撞联锁/使能、治疗头的剂量联锁/出束使能、多叶准直器叶片运动的位置联锁等，此类联锁的主要目的是保护患者或用户的人身安全，防止运动部件造成的碰撞风险、过剂量照射造成的辐射风险、高压部件造成的电击风险等。此类联锁根据 IEC 60601 标准的要求，必须有独立于控制系统软件的硬线电路信号来参与控制，并且对于照射剂量相关的传感器部件，要求有两路独立的传感器，如多叶准直器叶片的位置反馈，每个叶片都具有双路位置反馈信息。治疗头的剂量系统也设计有双通道剂量监测系统，并且在出束时需要实时检测两个通道的反馈值是否超过一定的偏差，如果出现双反馈超差的情况，控制系统将及时中止束流，防止对患者产生过照射。

同时，由于联锁系统的硬线及控制电缆需要从旋转机架上贯穿到控制台，因此通过机架旋转关节时，需要采用多圈拖链结构或者旋转滑环结构。这两种结构各有优点，同时也与控制系统的整体设计紧密耦合。多圈拖链结构较为常见，电缆不需要转接，稳定性高，电缆数量可以较多，但缺点是限制了机架旋转的范围。旋转滑环结构是较新的设计形式，机架可以连续旋转，能够提供更高的旋转速度，但缺点是限制了信道的数量，对整个控制系统的设计提出了更高的要求。

1.2.10　辅助系统

辅助系统包括波导充气装置、温控水冷系统、网电稳压装置、对讲监视系统等。

波导充气装置向微波传输波导中充入一定气压的惰性气体，通常为六氟化硫（SF_6），以防止高功率微波在传输波导内发生电场击穿，如图 1－39 所示。由于微波系统并非是完全封闭的结构，波导法兰处的细微缝隙会造成六氟化硫的缓慢泄漏，因此波导充气系统通常会带有一小罐补充气瓶，用于补充波导系统中的六氟化硫。充气系统中还有气压计和泄压阀，气压计作为控制系统联锁的一部分，对充气的气压进行实时监控，若气压过低或者过高都会阻止出束。气压过低会造成微波系统的打火现象，降低剂量率；气压过高时，微波系统产生的热量会加热六氟化硫，进一步增大气压，最终导致超过波导机械结构的可承受应力而产生不可逆的损坏。充气系统中的泄压阀则是硬件保护，防止维护人员在充气操作时失误至使气压过大，损坏微波系统的硬件。

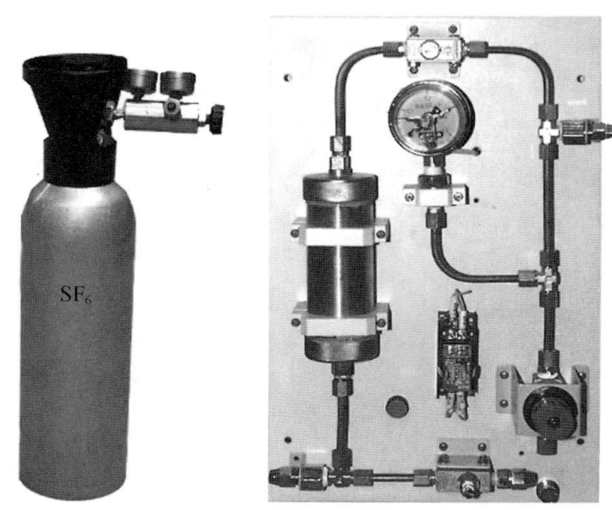

图 1-39　六氟化硫充气及气压监测装置

温控水冷系统提供一定扬程和流量且温度基本恒定的循环水用于维持加速管腔链的恒温工作条件，并带走磁控管、微波大功率吸收负载、聚焦或偏转线圈等功率部件在工作时产生的热量，如图 1-40 所示。由于温控水冷系统通常带有制冷压缩机和风扇，为了降低风扇噪声对用户的干扰，通常将水冷系统放置在设备间，通过水冷管路为机架上的微波系统提供冷却水。此外，有些加速器通过定制的背负式温控水冷系统将温控水冷系统集成在机架上，从而省却水冷管路，达到机架连续旋转的目的。

绝大多数水冷系统的冷却剂是去离子水，因此需要额外注意，加速器运输时要放空冷却水，加速器使用时要保证环境温度，防止冷却水结冰后体积膨胀，造成冷却管路的损坏，严重的甚至会造成微波系统金属零件的损坏。

网电稳压装置能够自动跟踪网电电压的变化，保持其输出的三相电压基本恒定。调制器等核心器件比较容易受到输入电压的影响，从而导致微波功率的波动和剂量率的波动，因此需要通过对输入网电增加三相稳压装置（见图 1-41），稳定输入电压，从而减小剂量率受到的影响。

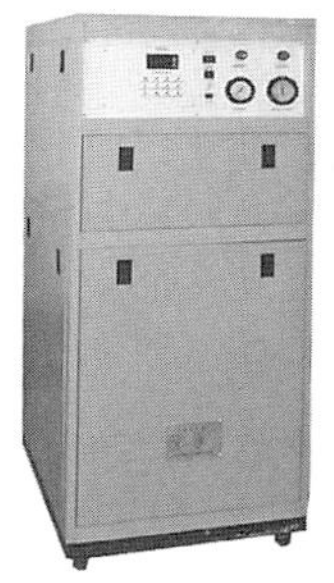

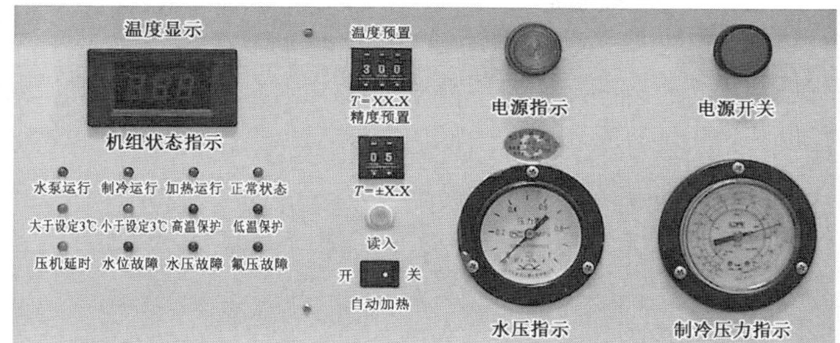

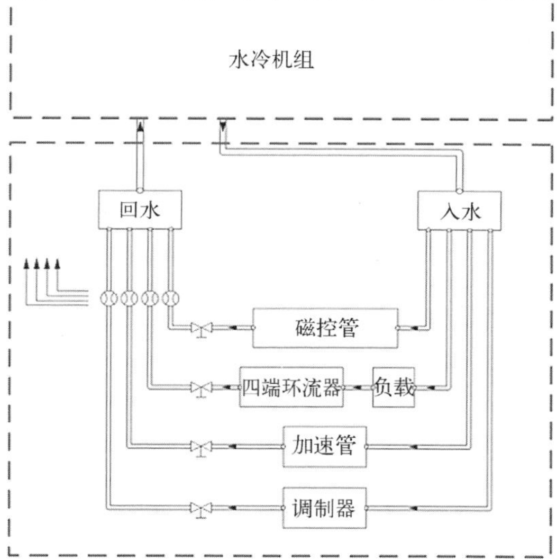

图 1－40　温控水冷系统

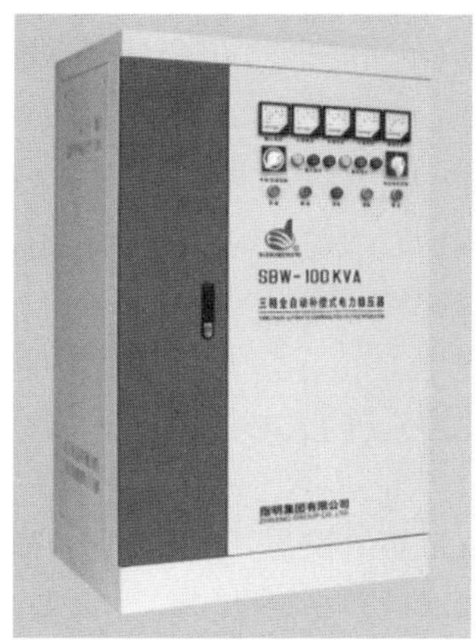

图 1－41　三相稳压装置

加速器机房通常为了满足辐射屏蔽要求，设置为迷道进出机房。此外，机房在出束之前需要清场并进行巡检，因此医用加速器还设置了对讲监视系统：在控制室布置视频监视屏幕，在迷道和机房角落布置监控摄像头，在机房墙面或机架上布置患者摄像头和对讲系统，如图 1－42 所示。对讲监视系统使加速器操作人员可以在控制室有效观察治疗室内的情况，可以及时发现无关人员，防止误照射；也可以在治疗过程中观察患者状态，与患者进行对话。

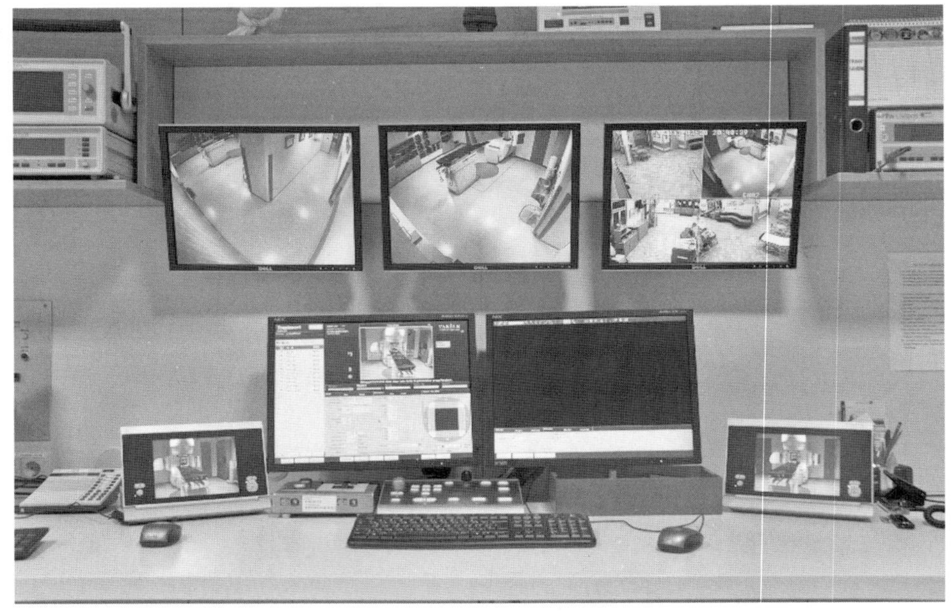

图 1－42 对讲监视系统

对讲监视系统通常采用成熟的第三方商用产品，并在控制室放置外置显示器。患者观察和对讲系统因为与治疗工作流相关，会集成到加速器的控制系统，并在加速器的上位机控制界面显示。

1.3 电子直线加速器先进技术

放射治疗技术经过数十年的发展，相关技术的参数要求和规章制度逐渐完善、规范，医用电子直线加速器系统已经趋于成熟。近年来，小型化、高剂量率等新的放疗设备需求的出现，为医用电子直线加速器的发展指明了前进方向，注入了新的活力。本节将聚焦于多注速调管、静态放疗设备和闪光放疗，介绍部分医用电子直线加速器的先进技术。

1.3.1　多注速调管

速调管是一种产生微波功率的电真空器件，主要由电子枪、高频系统、聚焦系统、输能系统以及收集极组成。速调管的基本原理是电子枪产生具有初始动能的电子，在输入的低功率微波的作用下发生速度调制，速度不同的电子在漂移管中发生群聚，即密度调制，最终形成的高密度电子注通过输出腔间隙被电场减速，实现将电子束动能转换成电场能量。多注速调管原理与单注速调管原理相似，都是利用群聚后的束团经过输出腔时输出微波功率，区别在于，多注速调管将单个大电流电子注分为多个小电流电子注，一般为几个到几十个不等，以获得更高的效率。多注速调管的结构如图 1 - 43 所示[16]。

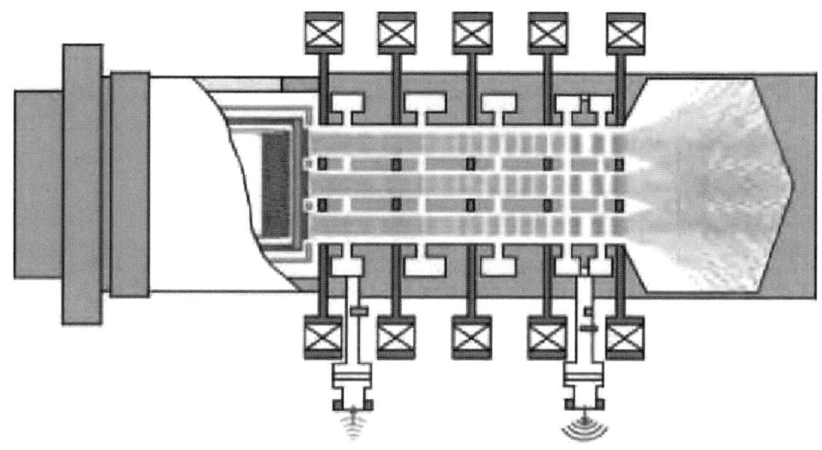

图 1 - 43　多注速调管结构

1）多注速调管优势

多注速调管与包括单注速调管在内的其他微波功率源相比，拥有独特优势。首先，多注速调管功率高。速调管与其他微波器件相比本身就可以承受更高的电压与更大的电流。与单注速调管相比，在电压相同、总电流相同的条件下，多注速调管的每注导流系数更低，于是微波效率更高，所以总功率要高于单注速调管。其次，多注速调管寿命长。电真空微波器件的寿命主要取决于阴极寿命，而多注速调管的阴极几乎没有反轰电子，这个特点使得多注速调管的寿命高于其他高功率微波器件。在阴极电流密度不高于 10 A/cm^2 的情况下，多注速调管的平均寿命可超过 50 000 h[17]。

2）多注速调管的应用前景

多注速调管在未来加速器领域中也会扮演重要角色，预计在高能和高剂量率等方向都会得到广泛的应用。首先，为了探索更高能量的物理规律，未来大型加速器都在朝着更高粒子能量的方向发展。而要获得更高的粒子能量，就需要更多的微波功率。多注速调管凭借其多个电子注的特点，能够提供更多功率，有助于获得更高的粒子能量。所以未来大型加速器极有可能普遍使用多注速调管。其次，工业和医疗加速器越来越需要在短时间内提供大剂量的辐射源。提高束流能量是获得高剂量率的有效途径。使用更高功率的微波源可以更容易地提高束流能量，从而获得高剂量率。考虑到多注速调管的高功率与长寿命，其在高剂量率的应用场景中潜力巨大。

在医用电子直线加速器中，往往需要将微波功率源放进旋转机架中一起运动。磁控管凭借尺寸小、质量小的特点而广泛应用。然而，磁控管能够提供的功率却远小于速调管。如果多注速调管能够在提供高功率的同时减小尺寸、减轻质量，满足放进旋转机架的要求，就可以大大提升这类医用电子直线加速器的性能。

3）多注速调管技术发展现状

当前多注速调管技术进展飞速，研制单位主要包括欧洲核子研究中心(CERN)、俄罗斯科研生产联合体 ISTOK 和 Toriy、俄罗斯 VDBT 公司、法国 TED 公司、日本 Canon 公司、美国 CPI 公司、中国科学院电子学研究所(简称中科院电子所)、中国电子科技集团公司第十二研究所(简称中国电科十二所)等单位。

多注速调管想要取代磁控管放进滚筒式旋转机架，首先功率应不低于磁控管，其次尺寸要足够小，且质量足够小。目前工作在 S、C 和 X 波段的磁控管功率最高能达到 3.1 MW、2.5 MW 和 2.0 MW，且各个波段的质量接近，一般为 20 kg。滚筒式旋转机架的高度空间只有 40 cm，横向空间较大，直径达到 1 m。虽然目前的多注速调管从功率水平到工作波段多种多样，但是如果要求工作频率在 S、C 和 X 波段，且功率高于同波段的磁控管，那么可选择的范围就很小了。表 1－4 列出了几个典型的输出功率高于所在波段磁控管的多注速调管的主要参数[18-24]。

表 1－4　输出功率高于所在波段磁控管的多注速调管主要参数

厂家	频率/GHz	峰值功率/MW	平均功率/kW	电压/kV	电流/A	注数	效率/%	长度/m	尺寸/mm	质量/kg	聚焦系统
Toriy	2.450	6	6	50	267	40	45	0.85	174×539	80	永磁
Toriy	2.450	5	25	50	222	40	45	0.85	174×539	85	永磁
Toriy	2.856	6	6	52	256	40	45	0.9	270×350	80	永磁
Toriy	2.856	6	25	53	252	40	45	0.9	270×400	90	永磁
Toriy	5.712	3.4	25	47	132	30	55	0.64	325×538	56	永磁
VDBT	2.998	6	30	52	192	40	64	0.8	ϕ265	95	永磁
NELSON	2.856	6	30	54	220	—	>60	≈0.9	×	≈100	永磁
NELSON	2.998	3.5	25	42	170	—	>50	≈0.7	≈ϕ230	≈70	永磁
NELSON	5.712	4	10	45	130	—	>50	≈0.8	≈ϕ250	≈85	永磁
NELSON	9.300	2.5	10	56	130	—	>50	≈0.77	≈ϕ270	≈95	永磁
中国电科十二所	5.712	3.17	6	50	150	48	>40	0.442	297×206	33	永磁
中国电科十二所	9.300	3.1	6	70	96	6	>45	0.4	ϕ200	25	电磁

表 1－4 所列出的多注速调管工作电压几乎都在 60 kV 以下，这样就可以省去油缸，极大地节省了空间。此外，这些速调管几乎都使用了永磁聚焦，省去了螺线管或线包，减轻了质量。然而大多数多注速调管长度大于 0.8 m，质量在 80 kg 以上，依然不符合放进旋转机架的要求。这也是目前旋转机架尚未使用多注速调管的原因。

近几年新发展的多注速调管有着小型化、轻量化的趋势，如表 1－4 中列出的 Toriy 研制的 C 波段速调管（频率为 5.712 GHz）、中国电科十二所研制的 C 波段（频率为 5.712 GHz）和 X 波段速调管（频率为 9.300 GHz），尤其是中国电科十二所研制的 X 波段速调管，几乎可以放进旋转机架，不过其电压较高，且相比于磁控管依然略重。

相信未来随着技术的发展，多注速调管会进一步小型化与轻量化，最终可以突破技术瓶颈，实现在旋转机架上的广泛应用。

1.3.2　静态放疗设备

静态放疗设备指治疗头中部分或全部器件在放疗过程中是静止的放疗设

备。最早期的放疗设备基本都是静态的，随着三维适形放疗概念的提出，放疗设备逐渐从静态转换成动态。动态治疗头从不同角度照射靶区，从而减少了正常组织的剂量。治疗头照射的角度越多，靶区的适形度越好，但照射野数量多于 10 个后，适形度的增长逐渐趋于饱和[25-26]。

由于机架的旋转以及多叶光栅准直器的控制需要一定的时间，照射的角度越多，治疗的时间也越长。近年来，科研工作者提出了超高剂量率放疗的概念，相关的研究也取得了重要的进展。但这种治疗方式要求在 1 s 内完成对靶区的照射，传统放疗设备对机架和多叶光栅准直器的控制无法满足这样的需求。静态、多治疗头的放疗设备可以完成这样的目标，因此近年来此类设备又重新得到重视。

1）三源调强放射治疗装置

最早的静态放疗一般只有一个照射方向。伽马刀使用了球面分布的多个^{60}Co 放射源，实现了非共面的三维适形放疗，在头部肿瘤治疗中得到了很成功的应用。这种治疗方式能有效保护头部的正常组织，而且治疗时间比较短。但由于伽马刀的放射源是放射性同位素，设备在操作和维护方面都有很大的不便。

胡逸民[27]在 2000 年提出了一种多源放疗设备——三源 X(γ)线调强治疗装置，如图 1－44 所示。该设备采用三个放射源成 120°共面分布，配置三组彼此独立的准直器，并装有三组彼此独立的探头矩阵用于监测射野形状和患者

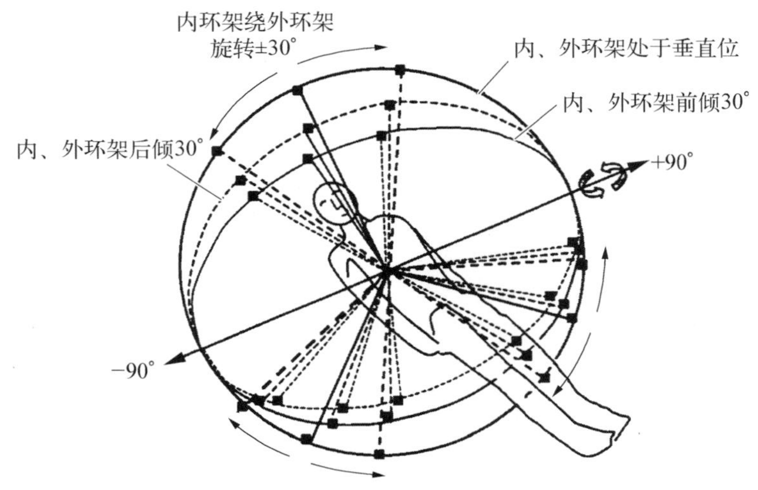

图 1－44　三源 X(γ)线调强治疗装置示意图

的剂量。整个装置分内、外两个环架，可以做旋转运动和倾斜运动，从而实现精确的三维适形治疗。这个装置并非严格意义上的静态治疗设备，但多治疗头的结构特点使得每个治疗头只需在较小角度范围内（如±30°）运动即可实现精确的适形放疗。这种设备最早是为了实现低分次大剂量的快速精准治疗，对近年来超高剂量率放疗设备的实验也具有重要的启发意义，如美国 TibaRay 公司提出的 PHASER 放疗装置拟采用 16 根固定的加速管以实现全方位的超高剂量率精准放疗。

2）非耦合式准直器的环形旋转放疗装置

动态放疗设备主要受限于多叶光栅准直器的运动速度（等中心处的典型值小于 5 cm/s），无法满足快速、高剂量率照射的要求。

为了解决上述问题，将动态放疗设备多角度照射的优势应用于闪光（FLASH）放疗中，2020 年 Lyu 等[28]提出了基于容积旋转调强放疗（volumetric modulated arc therapy，VMAT）的一种非耦合式准直器的环形旋转放疗设备（rotational direct aperture optimization with a decoupled ring-collimator，ROAD）。该设备的工作原理如图 1－45 所示。VMAT 的多叶准直器包含在机头之中，会随着机头在弧形上的运动而移动，如图 1－45(a)所示。ROAD 的设想是多叶准直器不在机头之中，而是在内环安装若干个多叶准直器，放疗照射前各多叶准直器已调整为合适形状，在照射过程中不运动。机头在外环上旋转，当移动到某一个多叶准直器上方时出束照射，其余时间不出束。他们设想的参数如下：距源点为 100 cm，多叶准直器到等中心的距离为 70 cm，射野大小为 15 cm×20 cm；内环一圈安装 75 组多叶准直器，每组包含 60 片叶片；机头在外环的转速为 1 r/s。

图 1－45　非耦合式准直器的环形旋转放疗设备工作原理

(a) VMAT；(b) ROAD

目前，ROAD 的设想距离实现还有一定的距离。一方面，设想中假设加速器可以产生达到剂量率要求的束流，并未实际讨论加速器方面的难点；另一方面，该方案使用的多叶准直器的数量相当多，这对于工程实现以及控制整体造价都会造成不小的困难。但是，除建造成本外，ROAD 的结构和运行方式与传统的 VMAT 相近，不失为一种十分具有启发性的方案。

1.3.3 闪光放疗技术

闪光放疗技术（或称 FLASH 放疗技术）是一种超高剂量率的放射治疗技术。相比于常规放疗，FLASH 放疗要求的剂量率提高了 2～3 个数量级，照射时间缩短至百毫秒量级，单次照射的总剂量也更高。FLASH 放疗和常规放疗的典型参数值对比如表 1－5 所示。

表 1－5 FLASH 放疗和常规放疗的典型参数值对比

参 数 名 称	常规放疗	FLASH 放疗
剂量率/(Gy/s)	0.03	＞40
照射时间/s	60～600	＜0.5
单次照射总剂量/Gy	2～3	＞10

1）FLASH 放疗简介

近几年的生物实验表明，FLASH 放疗具有优于常规放疗的放射生物学效应，主要表现为与总剂量相同的常规放疗相比，FLASH 放疗对于正常组织细胞的损伤效果减弱，而对于肿瘤细胞的杀伤效果不变[29-30]。目前，FLASH 放疗生物学效应已在小鼠、斑马鱼、猪和猫等多种动物的肺部、皮肤、肠和大脑等多种模型的实验中得到验证[31-34]。此外，2019 年已有一名患有 T 细胞皮肤淋巴瘤的患者接受了 FLASH 放疗，后续仅在肿瘤附近的软组织上观察到 1 级炎症和 1 级水肿等轻微放疗并发症[35]。根据目前的动物实验结果，FLASH 放疗效应具有较高的可靠性。

FLASH 放疗效应研究成果一经发表，迅速凭借着其独特的优点成为放疗学界和放疗设备厂商关注的重点之一。FLASH 放疗技术的主要优点如下：① 能有效降低正常组织的损伤，可以适当提高单次分割的总剂量，减少分割次数，缩短治疗周期。② 照射时间短，能大幅提高单次分割治疗的效率，并且患者在照射期间的器官位移和变形较小，对呼吸门控等技术要求不高。以上两点大大提高了放疗的整体效率，在我国人口基数大的基本国情下更突显其重要性。③ FLASH 放疗能扩大正常细胞和癌症细胞对射线反应的差异，从而扩大了放射治疗适应证的范围，如不宜手术且对常规放疗具有一定抗拒的癌症患者，未来也有望使用 FLASH 放疗技术进行治疗。

FLASH 放疗技术具有广阔的应用前景，但是目前距离临床应用还较远。一方面，FLASH 放疗内在的机理尚不明确；另一方面，FLASH 放疗要求的参数远超常规医用加速器的性能。这两点将会在本章后续内容中继续讨论。

2）FLASH 放疗机理

相对于常规放疗，FLASH 放疗的剂量率增大了 2～3 个数量级，照射时间缩短至 0.5 s 以内，照射过程中基本仅处于物理、化学响应阶段，如图 1－46 所示[29]。目前现有的放射生物学理论并不能完全适用于 FLASH 放疗，如放射生物学中解释生物学效应的 5－Rs 理论。5－Rs 理论包括放射生物学中的 5 种主要效应：DNA 修复（repair）、细胞再氧合（reoxygenation）、细胞周期再分布（redistribution）、细胞再增殖（repopulation）以及不同细胞的放射敏感性（radiosensitivity）差异。由于 FLASH 放疗作用时间短，往往小于 0.5 s，其中细胞再氧合、细胞周期再分布以及细胞再增殖在 FLASH 放疗照射过程中是不起作用的。FLASH 放疗效应需要新的理论进行解释。

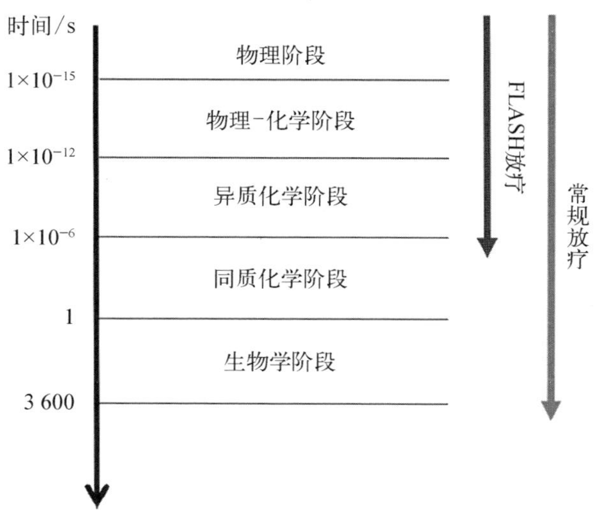

图 1－46　放射生物学时间尺度表

目前有两种不同的假说，分别从物化过程和生化过程的差异对 FLASH 放疗效应的机理进行解释。两种假说均有较多学者进行研究，并都有一定的实验数据支持，但目前还没有证据直接证实或证伪两种假说，机理性的研究仍需深入探索。下面将分别介绍目前主流的两种假说。

（1）氧消耗假说。目前已发现某些物理性质（如温度变化）、化学物质和药物可以改变细胞对于电离辐射的敏感性，氧气是其中最常见并且最有效的增敏剂：有氧细胞比乏氧细胞对射线更加敏感，达到相同生物效应所需的剂量更低。

氧消耗假说主要关注 FLASH 放疗中的物理、化学过程。该假说认为，超高剂量率的 FLASH 放疗射线会迅速消耗正常细胞以及周围组织中的氧气，使之转换为乏氧细胞，降低其对于射线的敏感性，从而保护正常细胞；而癌变组织或肿瘤本身就是由内层的乏氧细胞和表层的有氧细胞构成的，癌变组织或肿瘤整体对射线的敏感性受氧气浓度变化的影响不明显，故宏观表现为癌症细胞的抑制效果对剂量率的变化不敏感，只与总剂量相关。

结合生物体内氧扩散方程、电离辐射对应的氧消耗方程以及不同氧浓度下氧增强比的变化曲线，可以建立起氧消耗假说的数学模型[36]。通过氧消耗假说，可以对射线剂量率、照射时间、总剂量以及脉冲时间结构等 FLASH 放疗中的关键参数存在的阈值进行解释和预测。

（2）生物化学层面对于 FLASH 放疗效应的机理假说。体外细胞实验的结果与氧消耗假说符合较好，但生物体内的介质环境以及生物化学过程更加复杂多变，体外实验的结果可能并不适用于生物体，这也是提出在生物化学层面对 FLASH 放疗效应进行机理性解释假说的初衷。Favaudon 等[31]研究指出，在小鼠胸腔照射实验中，实验对象为氧气含量较高的支气管、毛细血管细胞，在当时的总剂量和剂量率的水平下，未观察到明显的氧效应变化导致的细胞敏感性变化。

生物化学过程的研究相对而言更加复杂，目前没有开展关于生化过程的细致的 FLASH 放疗机理性研究。基于放射治疗近一个世纪以来的研究成果，有三种可能由剂量率引起的生物化学差异可作为研究的突破口：① 剂量率的差异可能使细胞内 DNA 的损伤以及修复机制不同；② 剂量率的差异可能使细胞的损伤过程不同（如纤维化的形成过程）；③ 剂量率的差异可能引起免疫系统的不同响应，如促炎和抗炎激素的分泌水平，以及淋巴细胞对射线的响应。

生物化学过程的研究需要 FLASH 放疗照射中及照射后的肿瘤信号通路生信分析。由于 FLASH 放疗照射时间短，这对于生信分析将是很大的挑战。

3）FLASH 放疗的技术难点

FLASH 放疗技术对于剂量率提出了 2～3 个数量级提升的要求，如图 1－47 所示[37]，其中 ProBeam 是瓦里安公司的质子治疗系统，TrueBeam 和 Clinac 是瓦里安公司的 X 射线治疗系统。如此大跨度的提升对医用加速器提出了很大的挑战，但也为它的发展注入了新的动力。对医用加速器技术来说，超高剂量率要求加速器能够提供高流强的束流。流强提高之后，对于其他系统的负荷也会增加，如何将整个系统做到紧凑从而满足实际放疗的要求，也是一大挑战。此外，短作用时间的高流强束流对功率源以及控制系统的精度也提出了较高的要求。

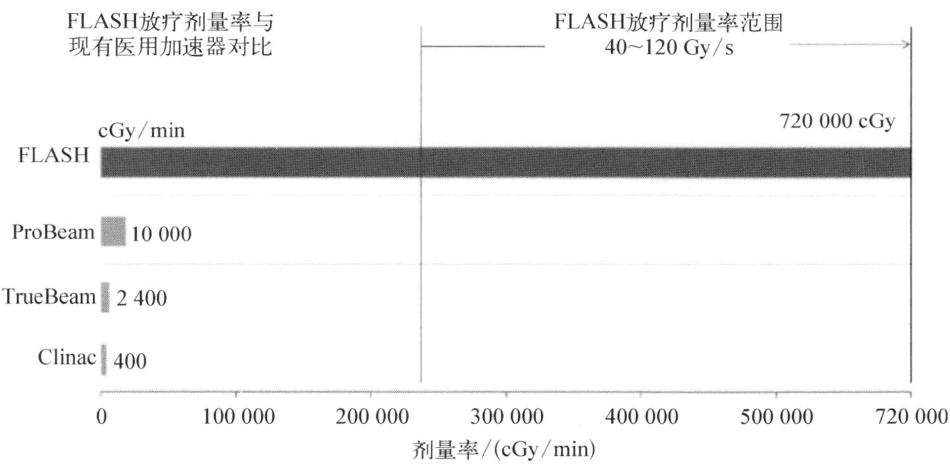

图 1－47　FLASH 放疗技术与临床放疗仪器的每分钟剂量率对比

同时，FLASH 放疗还需要与精确放疗结合起来，以达到更好的生物学效应。这就要求 FLASH 放疗具有多个方向的照射野。FLASH 放疗照射时间短，目前单机头机械移动的方法可能无法胜任。将单一加速器加速的束流通过不同的束流管道进行多角度照射，或者使用安置于不同角度的多个加速器的阵列直接产生角度不同的束流，可能是 FLASH 适形放疗的一种选择。

目前，常规放射治疗最为常用的是 X 射线，此外，电子在皮肤和浅表照射中也有一定的应用，质子、重离子放疗也有很快的发展。目前，医用加速器的性能与 FLASH 放疗的要求还有一定的差距。对于电子束放疗，剂量率是足够的，但是目前电子束能量低，无法适用于深层肿瘤治疗，故 FLASH 放疗需要高能电子束；对于 X 射线放疗，需要电子束打靶产生 X 射线，但是这一过程的能量转换率不高，X 射线剂量率的提升有一定难度；对于质子束和重离子放疗，其最大的优势是布拉格峰导致的表面剂量降低，但是对于较大的肿瘤，需要对束流的能量进行调制，形成具有一定平顶的拓展布拉格峰，但是能量调制的过程需要数秒的时间，超过了 FLASH 放疗要求的亚秒级照射时间。

本章后续内容将会进一步介绍医用电子直线加速器相关的电子束和 X 射线 FLASH 放疗技术。质子 FLASH 放疗不在本书的讨论范围之内。

4）超高能电子束 FLASH 放疗

常规的电子束放疗使用 6～20 MeV 的低能电子束，只能治疗表皮和浅层的肿瘤。要治疗深层的肿瘤，必须使用更高能量的电子束。图 1-48 所示为不同能量的电子束随深度的剂量分布。超高能电子束（very high energy electron，VHEE）FLASH 放疗（VHEE-FLASH）是指使用能量范围为 50～250 MeV 的电子束对肿瘤进行超高剂量率的放射治疗技术。2000 年，VHEE 放疗作为一种放疗手段被提出[38]。科研人员用蒙特卡罗模拟的方法对 50～250 MeV 的电子束治疗人体深层肿瘤进行研究，发现 VHEE 放疗在靶区适形性方面优于 X 射线调强治疗，介于 X 射线和质子调强治疗之间[39]。而且，VHEE 放疗还可以使用扫描电磁铁调强技术，相比于传统 X 射线调强放疗用的多叶准直器，能大大缩短治疗所需时间。但使用更高能量的电子束对放疗设备的建造成本和占地面积提出了更高的要求。而与之对应，X 射线放疗只需要用较低能量的电子束进行打靶，相关的技术比较成熟。因此，早期 VHEE 放疗没有得到重视和研究。近些年，由于高梯度加速器技术的发展，生产超高能电子束所需的加速器造价不断降低，作为实现 FLASH 放疗的一种方案，VHEE 放疗得到了越来越多的重视。

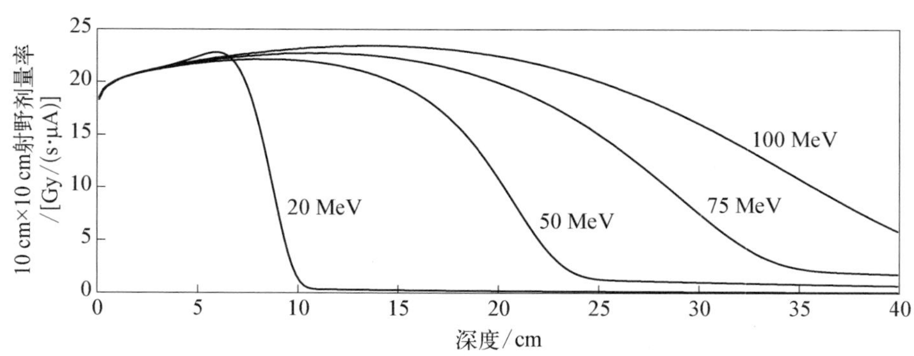

图 1-48　不同能量的电子束随深度的剂量分布

2015 年到 2017 年，斯坦福大学放射肿瘤系发表了用于超高能电子束放疗的治疗计划研究成果，开发了自动优化治疗计划的算法[40-42]。在不同临床病例中，VHEE 笔形束扫描在剂量分布上具有与容积旋转调强放疗（VMAT）可比拟或更优的剂量分布，可以作为一种优秀的快速放疗方案。2019 年，英国思克莱德大学研究人员提出了一种基于聚焦高能电子束的治疗方法，使电子束在一个方向就具有类似于调强放射治疗的效果，能有效保护正常组织[43]。2020 年以来，研究人员在欧洲核子中心的 CLEAR 装置上进行了 VHEE 剂量测量实验和生物学效应实验，为 VHEE 放疗的进一步应用化提供支持。

现有或筹建的超高能电子束放疗装置可以划分为科研装置和医用装置。其中，科研装置是用于多种科学研究的大型或中型装置，VHEE - FLASH 只是多种科学研究中的一个。而医用装置是专门针对医院放疗场景设计的紧凑型装置。现有的科研装置主要有依托于欧洲核子研究中心的电子直线加速器用户装置（CERN linear accelerator for research, CLEAR）[44] 和英国 Daresbury 实验室的紧凑直线加速器研究与应用装置（compact linear accelerator for research and application, CLARA）[45]。筹建的科研装置主要有法国 LAL 实验室的电子束研究与应用平台（platform for research and applications with electrons, PRAE）[46]。医用装置均在研发当中，主要有美国斯坦福大学研发的多体层精确扫描高能电子束放疗（pluridirectional high-energy agile scanning electronic radiotherapy, PHASER）[47] 装置以及欧洲核子研究中心 CLIC 实验组与洛桑大学附属医院（CHUV）合作的医用项目。

CLEAR 用户装置采用光阴极电子枪和工作频率为 3 GHz 的直线电子加速器，能提供 60～220 MeV、最大平均电流为 300 nA 的超高能电子束团。该装置于 2017 年建成投入使用，已经并持续开展众多关于 VHEE 放疗的研究。

CLARA 装置当前能提供最高能量为 50 MeV 的电子束，并已经开展该能量范围的电子束放疗实验。该装置在下一个阶段计划把电子束能量提高至 250 MeV。

PRAE 装置目前正在筹备中，预计将在第一阶段和第二阶段分别提供 70 MeV 和 140 MeV 的电子束。

正在研发的 PHASER 装置计划采用圆周分布的 16 根加速管，如图 1 - 49 所示。该系统使用 16 个低功率的速调管和一个 16 进 16 出的微波网络进行功率合成，通过相位调制可以使 16 个速调管的功率合成到一个指定的输出口，从而实现不同方向的照射。CLIC 和 CHUV 合作的项目将采用 X 波段高梯度高流强加速管，具体方案未进一步披露。

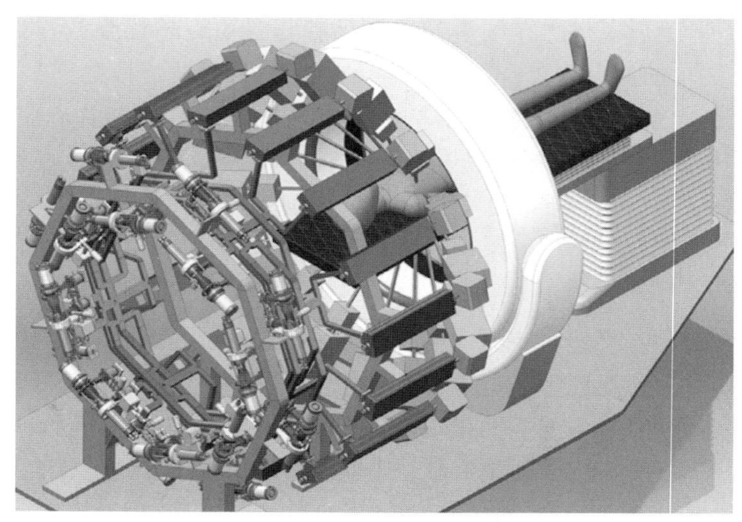

图 1-49 PHASER 装置概念图

5）X 射线 FLASH 放疗

X 射线 FLASH 放疗是常规放疗中发展最为成熟的技术，也是 FLASH 放疗技术的首选技术路线之一。相比于超高能电子束，能量相对较低的电子束打靶就可产生穿透力足够强的 X 射线。但是由于转换靶上的 X 射线能量转换效率的限制，X 射线剂量率的提升更为困难。同时，大部分能量以热量的形式沉积于转换靶，要求更高效率的靶冷却系统。

由于上述技术难点，目前大部分的 FLASH 生物实验使用的是容易获取的低能电子束线。为了验证 X 射线也存在 FLASH 放疗效应，目前已有利用 X 射线管[48]和同步辐射光源[49-50]产生高剂量率 X 射线进行的实验，如表 1-6 所示。

表 1-6 FLASH 放疗和常规放疗的典型参数值对比

X 射线源	X 射线能量范围/keV	参考文献
X 射线管	50～250	[46]
同步辐射光源	50～600	[47-48]

X 射线管和同步辐射光源产生的 X 射线能量低于直线加速器打靶产生的 X 射线能量，剂量深度分布有限，同时受限于装置产生的射线尺寸，不适合用于深部肿瘤的放射治疗。利用直线加速器获取大流强的电子束，打靶产生满

足 FLASH 放疗剂量率要求的 X 射线将是未来发展的主流。

相比于常规 X 射线放疗加速器，X 射线 FLASH 放疗所需的剂量率提高了约 3 个数量级，这就要求加速器有很高的平均功率，能产生大流强束流。这样的束流参数是现有医用加速器无法达到的。目前，人们将目光投在科研加速器和工业辐照加速器上，希望能够进行一定程度的适配改装，实现 FLASH 放疗照射所需要的 X 射线剂量率，进一步推动 FLASH 放疗的临床前研究。

中国工程物理研究院太赫兹自由电子激光（CTFEL）装置使用超导电子加速器提供高功率稳定电子束，最高平均功率为 40 kW，微脉冲内部瞬时功率达 0.3 MW，电子能量为 6～8 MeV 可调[51]。基于 CTFEL 装置，相关课题组在束线上建设了先进放疗研究平台（platform for advanced radiotherapy research，PARTER），用于 X 射线 FLASH 放疗的相关研究，如图 1－50 所示。该装置的剂量率预计可在离靶 10 cm 处达到 1 440 Gy/s，在离靶 30 cm 处达到 100 Gy/s。

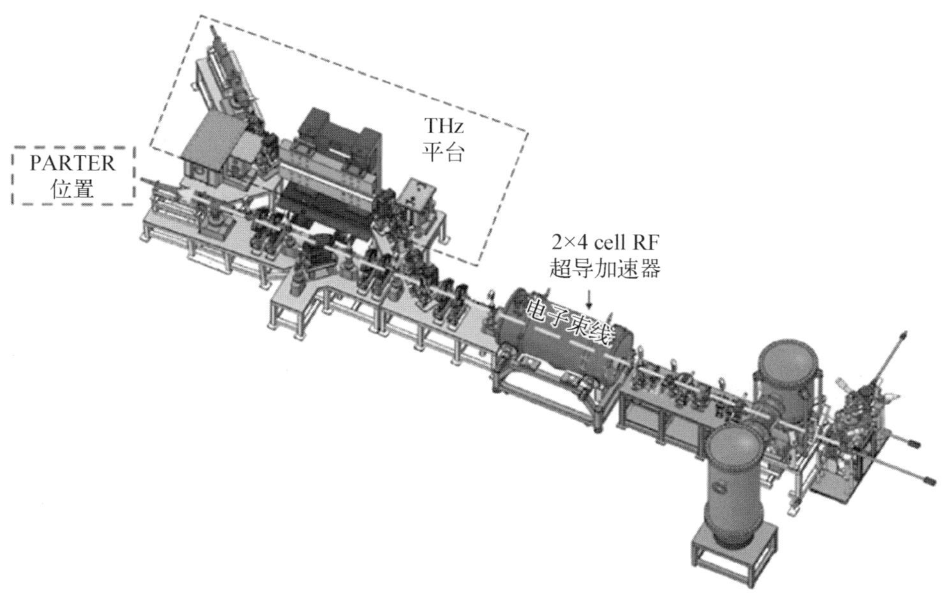

图 1－50　CTFEL 装置结构及 PARTER 示意图

IBA 公司计划基于一台梅花瓣型工业辐照加速器（Rhodotron）建设 FLASH 放疗研究平台。该加速器能将电子束加速到 10 MeV，平均功率为 100 kW[52]。目前预计建设两条束线实验平台，一条提供 10 MeV 电子束，另一条提供 5～7 MV 的 X 射线，如图 1－51 所示。

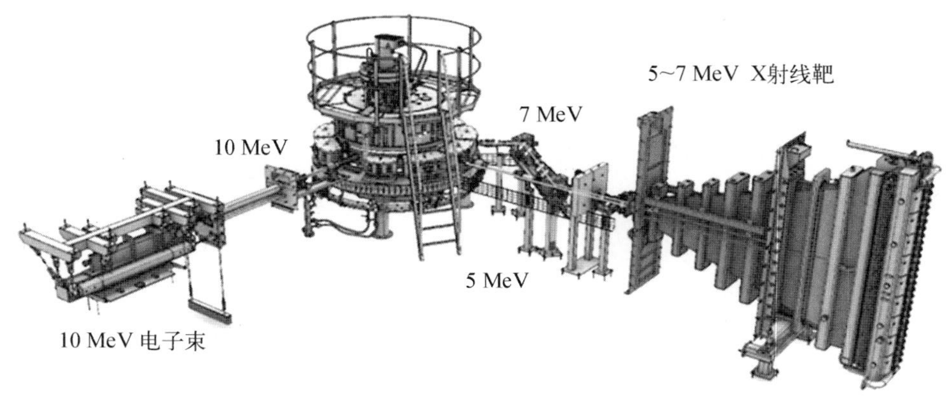

图 1-51　IBA 公司基于 Rhodotron 加速器的 FLASH 放疗研究平台

以上装置大部分采用单一束线照射，用于进行 FLASH 放疗的研究。美国 SLAC 实验室提出的 PHASER 放疗装置则将 FLASH 放疗技术在临床化应用的道路上推进了一步，提出使用加速器阵列的方式，产生多方向、多照射野的 FLASH 放疗束线，实现适形放疗。PHASER 不仅规划了电子束 FLASH 放疗装置，同时也规划了 X 射线 FLASH 放疗装置[47]。目前，PHASER 方案中提出的技术离实际应用还较远，需要做进一步研究。

参考文献

[1] 顾本广. 医用加速器[M]. 北京：科学出版社，2003.
[2] 谢家麟. 加速器与科技创新[M]. 北京：清华大学出版社，2000.
[3] 邓建军. 直线感应电子加速器[M]. 北京：国防工业出版社，2006.
[4] 裴元吉. 电子直线加速器设计基础[M]. 北京：科学出版社，2013.
[5] Albert F, Thomas A G R, Mangles S P D, et al. Laser wakefield accelerator based light sources: potential applications and requirements[J]. Plasma Physics and Controlled Fusion, 2014, 56(8): 084015.
[6] Nakajima K, Yuan J, Chen L, et al. Laser-driven very high energy electron/photon beam radiation therapy in conjunction with a robotic system[J]. Applied Sciences, 2014, 5(1): 1-20.
[7] ScandiNova. M-series magnetron modulator[EB/OL]. [2021-12-03]. https://scandinovasystems. com/pulse-modulator/m-series/m100-i-m100d-i/.
[8] Teledyne E2V. Modulators[EB/OL]. [2021-12-03]. https://www. teledyne-e2v. com/products/rf-power/medical-modulators/.
[9] Teledyne E2V. Magnetron technologies[EB/OL]. [2021-12-03]. https://www. teledyne-e2v. com/products/rf-power/medical-magnetrons/magnetron-technologies/.
[10] Well C. Data sheet mAFC-2998-01[R/OL]. Backnang: AFT microwave, 2016

[2021－12－03]. https://www.aft-microwave.com/fileadmin/user_upload/mikrowelle-aft/user_upload/mAFC-2998-01.PDF.

[11] 姚充国.电子直线加速器[M].北京：科学出版社，1994.

[12] Karzmark C J, Nunan C S, Tanabe E. Medical electron accelerators[M]. New York: McGraw-Hill Companies, 1993.

[13] Brown K L, Turnbull W G. Achromatic magnetic beam deflection system: US, 3867635[P]. 1975－02－18.

[14] 侯建华.多叶光栅放射治疗系统中若干关键技术研究[D].大连：大连理工大学，2006.

[15] 国家市场监督管理总局.医用电气设备　第2－1部分：能量为1 MeV至50 MeV电子加速器基本安全和基本性能专用要求：GB 9706.201—2020[S].北京：中国标准出版社，2020.

[16] 丁耀根.大功率速调管的技术现状和最新进展[J].真空电子技术，2020(1)：1－25.

[17] Phillips R M, Sprehn D W. High-power klystrons for the next linear collider[J]. Proceedings of the IEEE, 1999, 87(5): 738－751.

[18] Frejdovich I A, Nevsky P V, Sakharov V P, et al. Multi-beam klystrons with reverse permanent magnet focusing system as the universal RF power sources for the compact electron accelerators[C]//Russian Particle Accelerator Conference 2006, Novosibirsk, Russia, 2006.

[19] Toriy. Products of pulse-klystrons[EB/OL]. [2021－12－03]. https://toriy.ru/products/klystrons/Pulse-klystrons/.

[20] Komarov D A, Yakushkin E P, Paramonov Y N, et al. Development of a C-band high effiency klystron[C]//2019 International Vacuum Electronics Conference (IVEC), Busan, Korea, 2019.

[21] Guzilov O, Maslennikov R, Egorov, et al. Comparison of 6 MW S-band pulsed BAC MBK with the existing SBKs[C]//2017 Eighteenth International Vacuum Electronics Conference (IVEC), London, UK, 2017.

[22] NELSON. NELSON products[EB/OL]. [2021－12－03]. https://www.nelsoncreated.com/services.

[23] 左向华，万知之，崔萌，等.反转永磁聚焦C波段高功率多注速调管[J].强激光与粒子束，2020，32(10)：5.

[24] 崔萌，万知之，左向华，等.小型化加速器用X波段多注速调管[J].强激光与粒子束，2020，32(10)：107－112.

[25] Webb S. Optimization by simulated annealing of three-dimensional, conformal treatment planning for radiation fields defined by a multileaf collimator: Ⅱ. inclusion of two-dimensional modulation of the X-ray intensity[J]. Physics in Medicine & Biology, 1992, 37(8): 1689－1704.

[26] Stein J, Mohan R, Wang X H, et al. Number and orientations of beams in intensity-modulated radiation treatments[J]. Medical Physics, 1997, 24(2): 149－160.

[27] 胡逸民.X(γ)射线调强治疗装置：中国，1160134C[P].2002－06－26.

[28] Lyu Q, Neph R, O'Connor D, et al. ROAD: ROtational direct aperture optimization with a decoupled ring-collimator for FLASH radiotherapy[J]. Physics in Medicine and Biology, 2020, 66(3): 1－16.

[29] Vozenin M C, Hendry J H, Limoli C L. Biological benefits of ultra-high dose rate FLASH radiotherapy: sleeping beauty awoken[J]. Clinical Oncology, 2019, 31(7): 407－415.

[30] Wilson J D, Hammond E M, Higgins G S, et al. Ultra-high dose rate (FLASH) radiotherapy: silver bullet or fool's gold? [J]. Frontiers in Oncology, 2020, 10: 1563.

[31] Favaudon V, Caplier L, Monceau V, et al. Ultrahigh dose-rate FLASH irradiation increases the differential re-sponse between normal and tumor tissue in mice[J]. Science Translational Medicine, 2014, 6(245): 93.

[32] Montay-Gruel P, Petersson K, Jaccard M, et al. Irradiation in a flash: Unique sparing of memory in mice after whole brain irradiation with dose rates above 100 Gy/s[J]. Radiotherapy and Oncology, 2017, 124(3): 365－369.

[33] Beyreuther E, Brand M, Hans S, et al. Feasibility of proton FLASH effect tested by zebrafish embryo irradiation[J]. Radiotherapy and Oncology, 2019, 139: 46－50.

[34] Vozenin M C, De Fornel P, Petersson K, et al. The advantage of FLASH radiotherapy confirmed in mini-pig and cat-cancer patients[J]. Clinical Cancer Research, 2019, 25(1): 35－42.

[35] Bourhis J, Sozzi W J, Jorge P G, et al. Treatment of a first patient with FLASH-radiotherapy[J]. Radiotherapy and Oncology, 2019, 139: 18－22.

[36] Pratx G, Kapp D S. A computational model of radiolytic oxygen depletion during FLASH irradiation and its effect on the oxygen enhancement ratio[J]. Physics in Medicine and Biology, 2019, 64(18): 1－18.

[37] Varian. FlashForward consortium[EB/OL]. [2021－12－03]. https://www.varian.com/about-varian/research/flashforward-consortium.

[38] Desrosiers C, Moskvin V, Bielajew A F, et al. 150～250 MeV electron beams in radiation therapy[J]. Physics in Medicine and Biology, 2000, 45(7): 1781－1805.

[39] Yeboah C, Sandison G A. Optimized treatment planning for prostate cancer comparing IMPT, VHEET and 15 MV IMXT[J]. Physics in Medicine and Biology, 2002, 47(13): 2247－2261.

[40] Bazalova-Carter M, Qu B, Palma B, et al. Treatment planning for radiotherapy with very high-energy electron beams and comparison of VHEE and VMAT plans[J]. Medical Physics, 2015, 42(5): 2615－2625.

[41] Palma B, Bazalova-Carter M, Hårdemark B R, et al. Assessment of the quality of very high-energy electron radiotherapy planning[J]. Radiotherapy and Oncology, 2016, 119(1): 154－158.

[42] Schüler E, Eriksson K, Hynning E, et al. Very high-energy electron (VHEE)

beams in radiation therapy; Treatment plan comparison between VHEE, VMAT, and PPBS[J]. Medical Physics, 2017, 44(6): 2544 - 2555.

[43] Kokurewicz K, Brunetti E, Welsh G H, et al. Focused very high-energy electron beams as a novel radiotherapy modality for producing high-dose volumetric elements [J]. Scientific Reports, 2019, 9(1): 10837.

[44] Gamba D, Corsini R, Curt S, et al. The CLEAR user facility at CERN[J]. Nuclear Instruments & Methods in Physics Research Section A, 2017, 909: 480 - 483.

[45] Angal-Kalinin D, Bainbridge A, Brynes A D, et al. Design, specifications, and first beam measurements of the compact linear accelerator for research and applications front end[J]. Physical Review Accelerators and Beams, 2020, 23(4): 044801.

[46] Han Y, Angeles F-G, Vallerand C, et al. Optics design and beam dynamics simulation for a VHEE radiobiology beam line at PRAE accelerator[J]. Journal of Physics Conference Series, 2019, 1350(1): 012200.

[47] Maxim P G, Tantawi S G, Loo B W. PHASER: a platform for clinical translation of FLASH cancer radiotherapy[J]. Radiotherapy and Oncology, 2019, 139: 28 - 33.

[48] Bazalova-Carter M, Esplen N. On the capabilities of conventional X-ray tubes to deliver ultra-high (FLASH) dose rates[J]. Medical Physics, 2019, 46(12): 31600830.

[49] Montay-Gruel P, Bouchet A, Jaccard M, et al. X-rays can trigger the FLASH effect: ultra-high dose-rate synchrotron light source prevents normal brain injury after whole brain irradiation in mice[J]. Radiotherapy and Oncology: Journal of the European Society for Therapeutic Radiology and Oncology, 2018.

[50] Smyth L, Donoghue J F, Ventura J A, et al. Comparative toxicity of synchrotron and conventional radiation therapy based on total and partial body irradiation in a murine model[J]. Scientific Reports, 2018, 8(1): 12044.

[51] 高峰,羊奕伟,杜小波,等. 基于 PARTER 开展肿瘤 Flash - RT 研究：设计及计算[J]. 中国医学物理学杂志,2020,37(9): 1081 - 1087.

[52] Brison J, Vander Stappen F, Kuntz F. Progress status for the 40 MeV Rhodotron and the new dose rate 10 MeV FLASH platform at Aerial[C]//Very High Energy Electron Radiotherapy Workshop (VHEE 2020), IBA Corporate, online, 2020.

第 2 章
常见类型的放疗用电子直线加速器

本章主要介绍目前常见的基于电子直线加速器的放疗设备，包括外照射设备、术中放疗设备与介入式电子照射设备。目前绝大多数放疗设备均为外照射设备，射束从患者体外入射，不需要外科手段配合。术中放疗则是一种不同的治疗手段，设备在外科手术过程中使用，在创口缝合前利用射束对残余病灶进行清扫。介入式设备则是利用穿刺等微创外科手段，将电子束引入体内照射病灶区。不同的治疗方式对设备技术带来显著的差别，本章将主要针对这些技术进行讨论。

2.1　外照射设备

射束从患者外部入射的放射治疗技术称为外照射放射治疗，也称为远距放射治疗。有两种主要的外部放射治疗装置：同位素放射治疗设备和加速器。前者是利用同位素核衰变放出的射线治疗疾病，后者是用电场对带电粒子加速产生辐射束。医用电子直线加速器是目前最常用的放射治疗设备。医用电子直线加速器是指用于肿瘤放射治疗的电子直线加速器。按照机架结构形式，医用电子直线加速器分为 C 形臂加速器、滚筒式加速器、机械臂式加速器、O 形环加速器和滑环式加速器等。

2.1.1　C 形臂加速器

C 形臂加速器因其机架结构外形类似英文字母 C 而得名。这种类型的机架结构设计也称为支臂式机架[1]。机架通过主轴与安装在机座上的轴承相连，旋转机架的驱动组件安装在机座内，主要由驱动电机、减速机和链传动组成。机座和旋转机架上的结构安装有许多电气设备。C 形臂加速器的结构特点是大多数电气设备和主机都安装在治疗室内，便于维修和调试。目前医用电子直线加速器大多采用C形臂结构，具有代表性的国外公司有瓦里安公司和医科达公司；国内品牌有山东新华、东软和利尼科。

机架可以绕机架中心轴旋转，在治疗时可以对治疗床上的患者进行旋转照射。准直器可以沿着射束中心轴旋转（见图2-1）。治疗床可以上、下、前、后、左、右移动，还可以绕垂直轴旋转。治疗床、机架旋转轴和射束中心轴在空间中的一点相交，该点称为等中心。

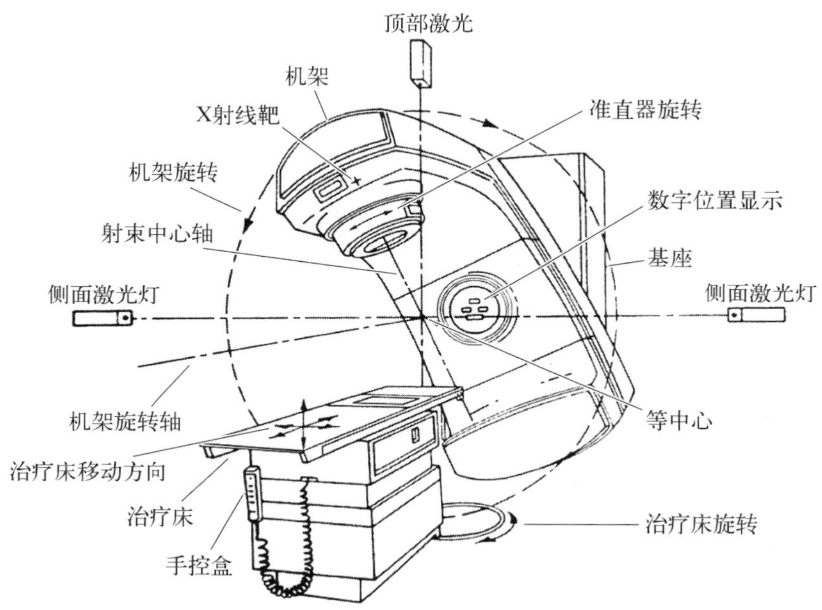

图2-1　C形臂直线加速器的主要组成和运动示意图

机座包含产生射束所需高功率射频的组件，同时内含供水系统、气体加压系统、供气系统及附件电源。机架是加速器上包含放射治疗束投照系统的大段弯曲部分，包括加速管、偏转磁铁、电离室及治疗头。同时，机架还是影像系统（kV级、MV级）的支撑臂。用于放射治疗的X射线或电子线从治疗头产生。从加速管输出端出来的射束不能直接用于治疗患者，必须先经过治疗头和各种附件修整，形成剂量分布均匀、射野大小合适的治疗束。治疗头的设计结构对射线的特性影响很大。治疗头对治疗束的影响通常用射野大小、射线质及射野的平坦度和对称性来评价。

Varian公司的TrueBeam是一种典型的C形臂加速器，能够开展图像引导放疗和放射外科治疗[2]。该系统采用了重新设计的控制系统 Maestro，能够实现动态同步成像、患者定位、运动管理、射野形成和治疗输出。该系统也可执行带有门控的 RapidArc 放射治疗计划，在围绕患者持续旋转的过程中通过同步成像和剂量输出对肿瘤运动进行补偿。在该型号直线加速器中有许多重要组件，包括波导系统、传输系统以及射束产生和监测控制系统，可使用两种类型的光子束：标准的均整滤过射束和无均整滤过（flatten-filter free，FFF）射束。传输系统经过修改，允许使用多个光子能量。它有一个偏转磁铁和一个置于空气中的靶，后者代替之前型号的置于真空的靶。与之前的产品型号相比，TrueBeam 还配置一个更厚的初级准直器，同时 TrueBeam 采用一个反逆向散射的滤过器，可以减少剂量对射野大小的依赖。用于立体定向放射外科（stereotactic radiosurgery，SRS）的 TureBeam STx 系统（见图 2－2）配备了 Varian 公司的新型 120 片多叶准直器，并由于使用了非均整射束而增加了剂量率（6 MV 无均整模式为 1 400 MU/min①，10 MV 无均整模式为 2 400 MU/min）。

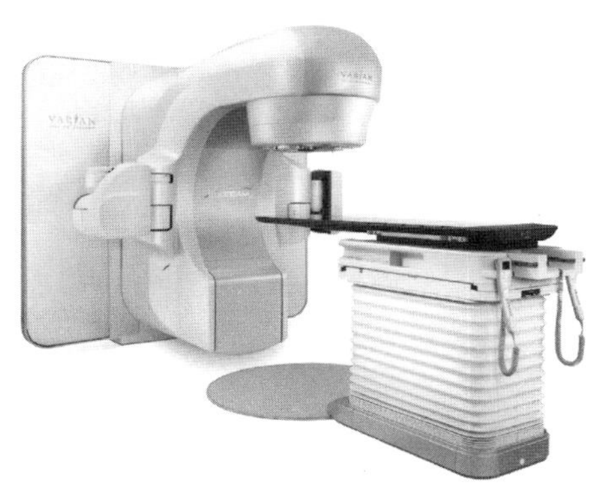

图 2－2　Varian 公司的 TrueBeam STx 系统

2.1.2　滚筒式加速器

滚筒式加速器的旋转驱动部件和电气设备都安排在假墙后面，治疗头安装在支臂的末端，加速管沿支臂方向卧式固定在支臂上（行波加速器）或沿治疗头竖直安装（驻波加速器）。滚筒式加速器结构如图 2－3 和图 2－4 所示[3]。支臂与旋转滚筒连接。滚筒由两对摩擦轮支撑，其中一对摩擦轮由一套电机减速装置驱动。摩擦轮转动时，利用摩擦力使滚筒旋转。摩擦轮和电机减速装置都固定在底座上。在机架滚筒内部和后面安装有配重和电子器件。滚筒的后面有一个电缆卷筒，旁边固定了一个电缆支撑柱，电缆从支撑柱引到电缆卷筒上。滚筒加速器机架磨损小，等中心变化小。

① MU 是 monitor unit 的简称，表示跳数。

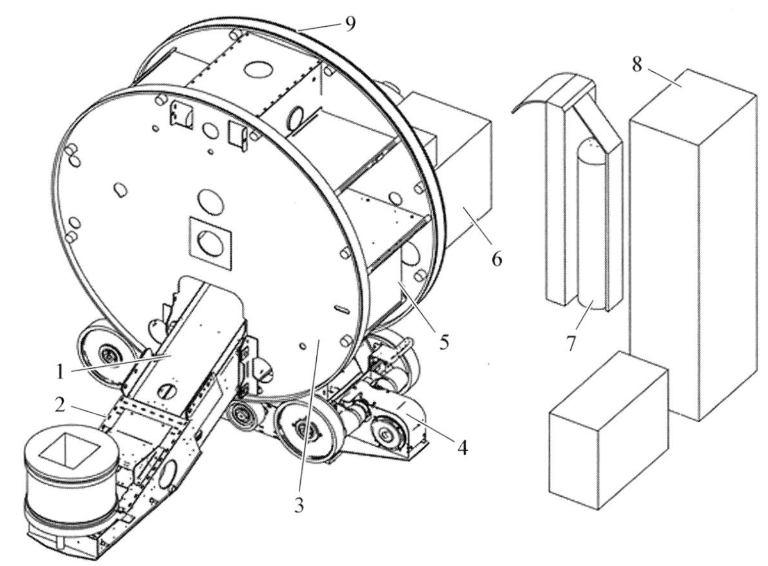

1—波导；2—RF 负载(无反馈型设备)；3—滚筒式机架；4—基座；5—油浸式变压器；6—油浸式电容器；7—气瓶；8—接口柜；9—RF 负载(反馈型设备)。

图 2-3　滚筒式加速器结构(前视图)

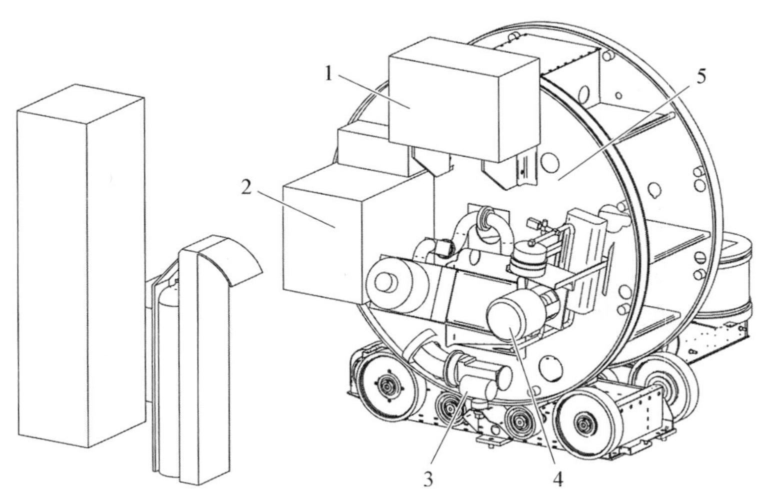

1—平衡配重；2—RF 隔离器；3—调制器(磁控管)；4—水冷系统；5—RF 负载。

图 2-4　滚筒式加速器结构(后视图)

医科达公司的加速器是采用滚筒结构的典型代表。Elekta Versa HD 直线加速器是由瑞典 Elekta 公司研发的第七代数字化双模四维直线加速器，于 2014 年在国内推出，配备新一代的 Agility™ 多叶准直器，具有 160 片叶片，可以开展容积旋转调强放疗（VMAT）、立体定向放射外科、立体定向放射治疗（stereotactic radiation therapy, SRT）等。2015 年 3 月，国内推出 Infinity 系统，用于开展立体定向放射手术和立体定向放射治疗，采用数字化控制，引入高速高精度多叶准直器及先进的影像引导技术（见图 2-5）。Infinity 系统加速器配备的多叶准直器系统是新一代的高速、高分辨率的 Agility™ 多叶准直器系统。该系统也具有 160 片叶片，每片叶片在加速器等中心处的投影宽度都为 5 mm，叶片的最大运动速度达到 6.5 cm/s，多叶准直器叶片漏射率低于 0.5%，半影小于 5.5 mm。整个射野范围内所有的多叶准直器叶片宽度都为 5 mm，这对于一个射野中包含多个病灶或肿瘤范围较大的情况有优势。多叶准直器叶片运动速度的提高，也使得无均整高剂量率能量模式的临床优势更加明显。叶片高速运动结合加速器剂量率的提高，可以改善治疗计划质量和进一步缩短立体定向体部放疗/立体定向放射外科治疗时间。

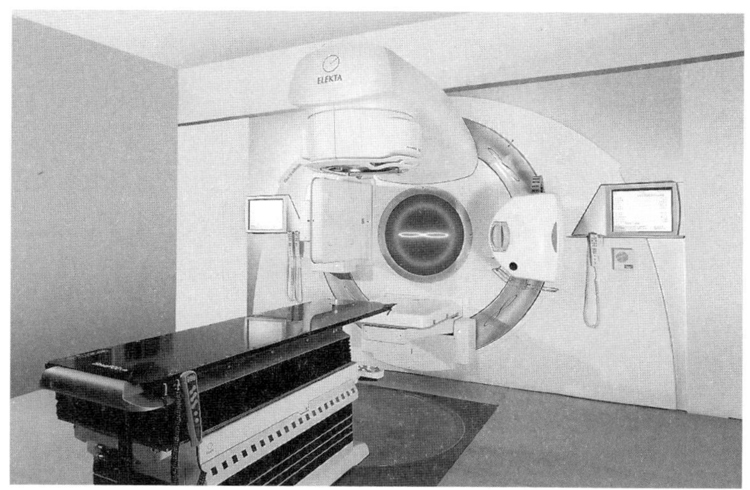

图 2-5　Elekta Infinity 系统

在影像引导放疗方面，除了常规的成像技术之外，Infinity 系统还配备四维影像引导模块和分次内实时影像引导放疗模块。目前，这两个功能只有在新型号的加速器中才配备，例如瓦里安公司的 Edge、TrueBeam 和医科达公司的 Infinity、Versa HD。Infinity 加速器所配备的 X 射线体成像（X-ray volume imaging, XVI)系统能够根据不同部位肿瘤生理学特点进行在线的 kV 级二维、三维和四维影像引导放疗。在最新的 Infinity 加速器中,分次内影像引导模块在患者接受 MV 级射线出束治疗时,可以实时地采集二维平片、三维或四维锥形束 CT(cone beam CT, CBCT)影像,可以评价和控制分次内肿瘤靶区运动,用于开展容积旋转调强放疗、立体定向体部放疗等放疗技术的研究。

2.1.3 机械臂式加速器

机械臂式加速器的特征是加速器由机械臂携带到达指定位置,其中典型的代表是射波刀(CyberKnife)。CyberKnife 机器人放射外科治疗系统的原理最早由 Guthrie 和 Adler 于 1991 年提出,它综合了许多与众不同的技术,如图像引导实时定位、机器人执行照射、紧凑型 X 波段直线加速器和呼吸运动的动态补偿等[4]。CyberKnife 于 1999 年经美国食品药品管理局(Food and Drug Administration, FDA)批准上市,2001 年治疗范围扩展至全身各部位实体肿瘤。2004 年呼吸追踪技术应用于临床,它可以在治疗过程中进行实时追踪,同时进行六维摆位的修正。

CyberKnife 系统通过安装在 6 关节工业机器人上的一套紧凑型 X 波段 6 MV 直线加速器,对患者从多个角度实施精准照射。该系统有两个正交 X 射线成像系统提供治疗过程中的图像引导。机械臂和患者治疗床的运动全部由计算机系统直接控制,而该计算机系统由放射治疗师在治疗患者时或在医学物理师实施质控时进行操作。直线加速器为 X 波段(9.3 GHz)紧凑型直线加速器,可产生 6 MV 的 X 射线。直线加速器无均整器,可配置固定式准直器、可变孔径准直器(如型号 G4、VSI)和多叶准直器(如型号 M6、S7)。剂量率因型号而异,G4 为 800 MU/min, VSI、M6 和 S7 为 1 000 MU/min。

M6 CyberKnife 配备了 InCise™ 多叶准直器,叶片数量为 52 片,叶宽为 3.85 mm,源轴距(SAD)为 80 cm 时,最大射野为 11.5 cm×10 cm(见图 2-6)。M6 CyberKnife 采用多叶准直器实施治疗,头部准直器有 171 个节点,体部有 102 个节点。对于全身各部位肿瘤(包括受呼吸运动影响的肿瘤),M6 CyberKnife 的照射精度均优于 0.95 mm。

CyberKnife 系统主要由直线加速器、靶区定位系统(target locating system, TLS)、机械臂、治疗控制系统、准直器、治疗床、呼吸追踪系统、数据管理系统和治疗计划系统等部分组成。靶区定位系统也称为 X 射线影像引导系统,提供治疗过程中治疗靶区的位置信息。靶区定位系统采用 2 套 kV 级 X

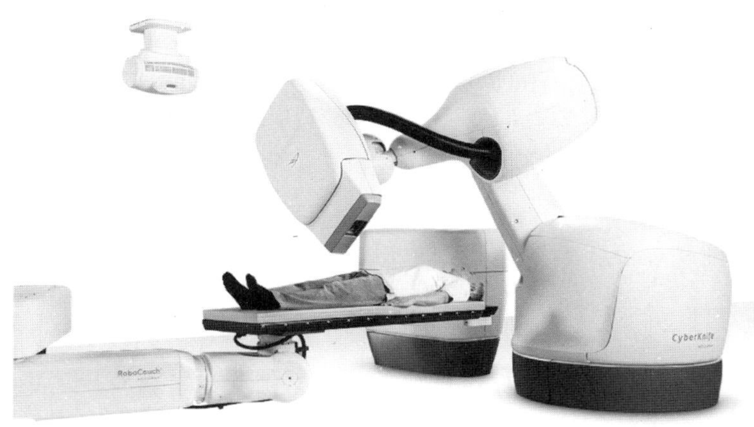

图 2-6　M6 CyberKnife(中核安科瑞公司)

射线源，分别安装于治疗床两侧上方的天花板上。X射线源是添加了2.5 mm或更厚铝滤过器的传统旋转阳极X线球管。靶区定位系统可提供一对正交的X射线影像，影像经过数字重建后与从患者CT影像重建的参考数字重建放射影像(digitally reconstructed radiograph, DRR)进行比较。两组X射线束互相垂直，每组X射线与水平面成45°，每次成像获取患者的一对正交影像。

CyberKnife大多数治疗是非等中心的，但是充当坐标系原点的参考点定义在治疗室内，机械臂和成像系统校准都使用这个治疗室中的参考点或几何等中心。射束的方向偏离几何等中心，经过优化后使剂量分布尽量与表面形状和体积高度不规则的靶区相适形。在单个等中心或不同大小准直器的多个等中心照射重叠的情况下，几何中心有别于治疗中心。

CyberKnife是第一个应用于人体治疗的机器人装置。考虑到安全保护措施，FDA对机械臂的运动速度进行了限制，且规定机械臂只能沿预先设定好的路径运动，并必须在治疗节点处暂停。在每个暂停点处，机器人可以在一定范围内改变直线加速器射束的角度，可实现12个甚至更多的射束方向。在最初的设计中，机械臂按顺序依次通过所有节点，在某些节点并无出束治疗，这在一定程度上导致整个治疗时间较长。经过十余年对患者安全性和库卡机器人操作可靠性的临床经验分析，FDA已对相应规定进行了更新。在确保安全的前提下，优化治疗路径将有助于缩短机械臂的运动路径和整个治疗时间。那么运动路径优化系统是如何工作的呢？一个完整的运动路径包括120个或160个节点，但是大多数计划仅用到其中的一部分。对于每一个计划，系统为每一个节点在计划中使用到的所有后续节点创建一组运动路径。此外,系统中设有“障碍文件”,其内含有机器人不能通过的所有空间区域,如治疗床、影像板区及患者安全区域等。根据“障碍文件”,所有通过所列障碍的路径被去除,只有安全的路径才得以保留。例如,如果在节点 5 和 6 处无出束照射,那么机械臂或将直接从节点 4 移动至节点 7,但仅发生于存在安全路径的情况下,否则不能跳过节点。基于安全的原因,可能需要在路径中包括一些无实际剂量的节点[2]。总之,现在的系统中,机械臂将尽可能在有剂量节点间选择最短的安全路径。此外,如果治疗因任何原因被中断,继续治疗时将跳过已经治疗的节点,直接从中断处开始。路径优化过程显著减少了机器运动的时间,而且根据已有治疗计划的效率水平,整个治疗可以缩短 20%～30% 的时间。

2.1.4 O 形环加速器

O 形环加速器又称为环形机架加速器,其特征是加速器安装在一个环形机架上。与 TomoTherapy 360°连续旋转不同,其运动方式与 C 形臂加速器类似。采用这种结构的加速器有 Brainlab(博医来)的 Vero 系统、瓦里安公司的 Halcyon(速锐)系统等。

Vero 系统是由 Brainlab AG(德国慕尼黑)和三菱重工公司共同开发的一种新型图像引导放射治疗(image-guided radiation therapy, IGRT)设备,在日本也被称为 MHI - TM2000 系统。该系统内置一个直列式 6 MV、C 波段、38 cm 长的驻波直线加速器,带有射束阻挡器(152 mm 厚的铅板覆盖 18 mm 厚的铜)以降低屏蔽要求[5]。加速器与一个 60 片的多叶准直器一起安装在两个正交框架上,形成了一个 O 形环,这种设计可以提供很高的结构稳定性(见图 2 - 7)。为了代替治疗床旋转,该环可以沿着垂直轴进行±60°的旋转(倾斜方向),以消除非共面治疗过程中患者的运动。该系统最大剂量率为 500 cGy/min,最小和最大射野分别为 0.25 cm×0.5 cm 和 15 cm×15 cm。多叶准直器的钨合金叶片采用单聚焦设计,厚度为 11 cm,等中心处的宽度为 5 mm。

Vero 系统的最大创新是采用万向直线加速器治疗头的结构设计。万向结构使整个治疗头能够在平移和倾斜方向最大旋转 2.4°,允许 MV 级射束以 6 cm/s 的最大速度在等中心平面内任意一个方向上平移±4.2 cm。静态和动态出束模式都能使用万向支架。静态模式中,万向机构可用来补偿 O 形环机架中出现的几何偏差,使机械等中心在 360°旋转中的重复精度优于 0.1 mm。

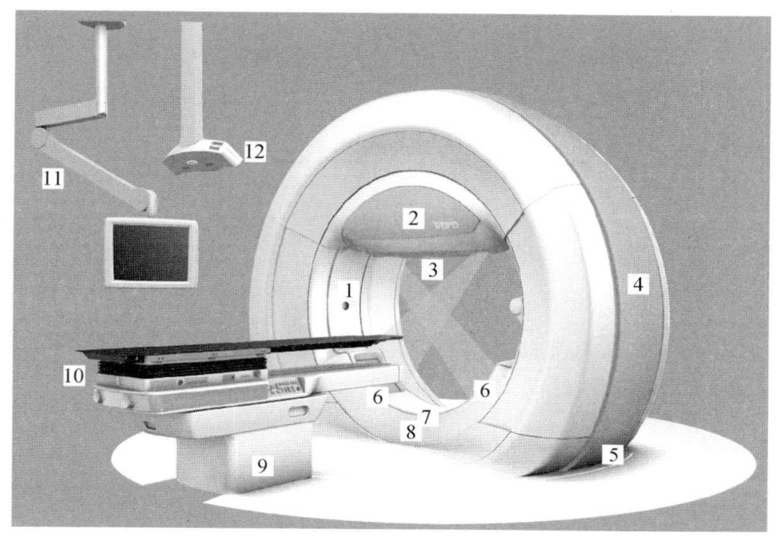

1—患者预摆位激光；2—等中心校准和肿瘤追踪万向支架机构；3—动态微型多叶准直器；4—环形机架；5—环形机架支撑和旋转系统；6—kV 级患者定位成像系统；7—MV 级成像系统；8—射束阻挡器；9—五维治疗床；10—机器人床面；11—室内监视器；12—红外实时监测系统。

图 2－7　Vero 系统

在动态模式中，万向机架允许对运动肿瘤进行动态追踪，例如追踪呼吸运动中的肺部肿瘤。系统有约 50 ms 的时间延迟，将这个时间延迟考虑到预测算法中，可用来精确追踪运动。研究表明，E 90%（剩余误差分布的 90%）对简单的正弦曲线和实际患者呼吸轨迹来说都小于 1 mm。

患者成像、定位和追踪有若干个选择，如激光、红外线、立体 X 射线成像、锥形束 CT 与电子射野影像系统（electronic portal imaging device，EPID）。Vero 系统将 Brainlab ExacTrac X 射线成像系统直接内置于环形机架上，环内有两个带平板探测器的 kV 级成像设备和一个 MV 级射野成像的电子射野影像系统，kV 级 X 射线源互成 90°安装。立体定向红外摄像机系统用于实时监测患者的位置。正交 kV 级系统也可以用于锥形束成像，为基于软组织的摆位验证提供三维体积成像。两套 kV 级 X 射线系统可在双锥形束模式中同时使用，提高数据采集效率。Vero 系统配有一个机器人治疗床，允许平移和旋转的六维摆位修正。治疗床本身可以俯仰和旋转以修正探测出的俯仰（pitch）和翻滚（roll）方向上的偏差，而钟摆（yaw）方向上的偏差修正可通过 O 形环机架沿着治疗床旋转解决。万向治疗射束、二维和三维成像功能、追踪和实时反馈功能共同构成了专用立体定向体部放疗设备的独有特点。同时，系统带有一套 Brainlab 应用软件，包括自动影像融合、自动分割、计划工具和 MC 剂量计算，这使得该系统能够进行实时自适应放疗。

Vero 系统图像引导放射治疗功能的最终精度取决于成像子系统、电子直线加速器和机器人治疗床的精确几何校准。2009 年，得克萨斯大学西南医学中心利用 Lucy 三维模体进行最初的端到端(end to end, E2E)性能分析，以执行靶区照射精度测试。该研究表明，成像系统能够在最大剩余位移 0.4 mm 内修正摆位误差。另一项关于 Vero 系统的端到端定位精度检测的研究表明，成像(立体和锥形束)、自动配准和机器人治疗床系统可以使辐射束等中心与靶的一致性偏差控制在 0.5 mm 内。

瓦里安公司的 Halcyon(速锐)系统采用与 CT 系统相似的滑环机架设计，但不能像 CT 那样 360°连续旋转(见图 2-8)。Halcyon 系统主要由加速器系统、多叶准直器、机架、影像板、三维治疗床、射线阻挡装置、激光灯、控制台和摄像头等组成，大部分设备集成到机架内，安全性更高(见图 2-9)。机架的孔径为 100 cm，机架运动范围为±185°，最大运行速度为 8 r/min，在图像引导放射治疗模式下为 4 r/min，在容积旋转调强放疗模式下为 2 r/min。在源轴距 100 cm、无均整器、无均整模式下的剂量率为 800 cGy/min。多叶准直器采用双层设计，近辐射源端为 29 对，远端为 28 对，可形成的最大射野为 28 cm×28 cm。叶片高度为 7.7 cm，最大运行速度为 5 cm/s，全射野交错式强度调制，多叶准直器完全关闭与多叶准直器完全打开时的剂量率之比(穿射因子)

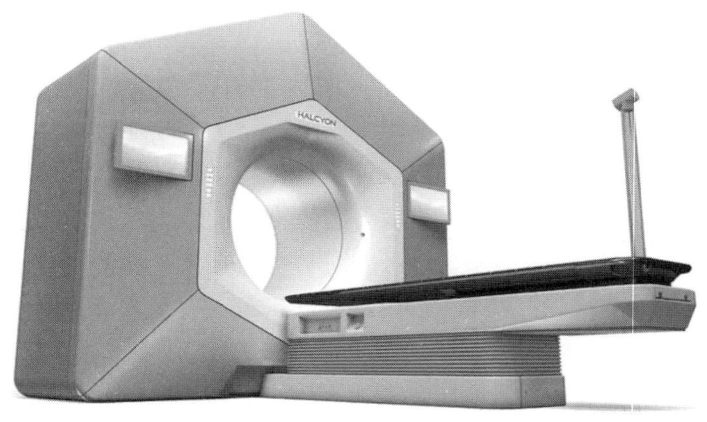

图 2-8 Halcyon 系统

为0.01%。在MV级射束的对侧，安装了一台43 cm×43 cm的影像板，用于锥形束CT的引导摆位。射线阻挡装置与射束轴垂直，厚度为19.2 cm，由铅合金和钢板组成，减小了机房主防护的厚度。Halcyon系统在设计时也考虑了如何使患者感到更加舒服，它的治疗床更低，便于患者上下，操作也十分安静。在设备端还有一个显示患者姓名、照片和ID号的触摸屏，方便核对患者信息。

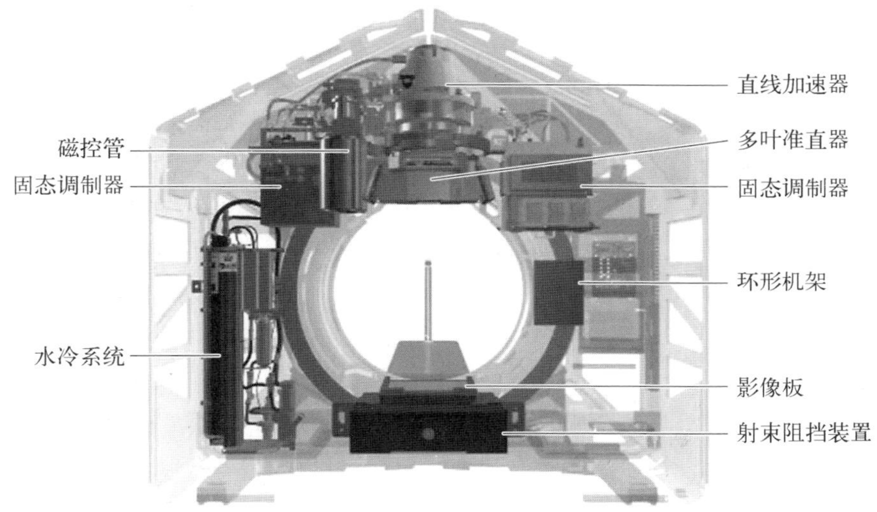

图2-9　Halcyon系统的主要组件

2.1.5　滑环式加速器

目前，采用滑环式设计的加速器有中核安科瑞公司的螺旋断层放疗系统(TomoTherapy系统)和西安大医的多模式引导立体定向与旋转调强一体化放射治疗系统(TaiChi系统)，技术上各有特色，如下所述。

1) TomoTherapy系统

TomoTherapy系统实现了CT影像引导和调强放射治疗技术的有机融合(见图2-10)。TomoTherapy系统包含一台6 MV的直线加速器，安装在CT机架的滑环上，在患者随治疗床移动的同时围绕患者进行旋转治疗。扇形束射野的最大开度为40 cm，钨门可以实现1.0 cm、2.5 cm、5.0 cm三种宽度，配合64片二元气动多叶准直器，具备了较强的射束调制能力，其连续的螺旋照射方式有效地避免了层与层衔接处冷、热点的出现[6]。其治疗床移动的最大距离为160 cm，实现了可治疗的最大靶区范围直径为60 cm，纵向长度为160 cm。因此，TomoTherapy系统可以在较大的范围内对体积大、形状复杂的肿瘤实施高度适形的照射，并有效避免危及器官的照射。同时，其同源的 MV 级 CT 设计真正做到了每次对患者进行摆位验证，确保了对肿瘤靶区的精确照射。

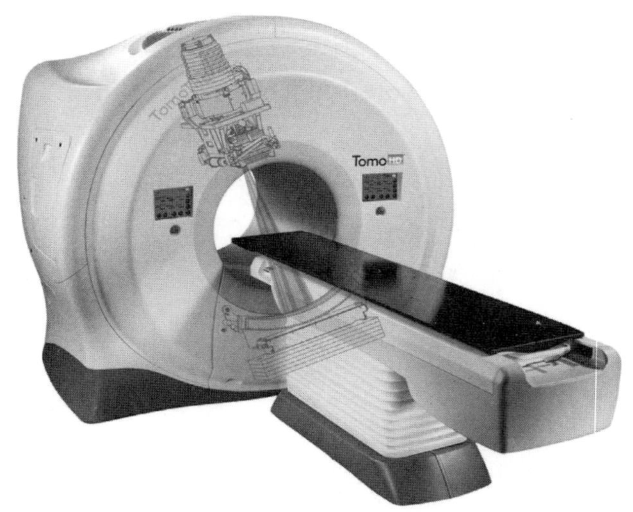

图 2－10　TomoTherapy 系统

TomoTherapy 系统包括计划工作站、优化服务器、数据服务器和照射执行系统。其中，照射执行系统主要由直线加速器、次级准直器、多叶准直器、探测器和主射野挡铅等硬件组成。不同于常规加速器的激光定位系统，TomoTherapy 系统设有两套激光定位系统：固定激光灯定位系统和可移动激光灯定位系统。固定激光灯定位系统标示机架等中心的空间坐标系，并将其在 y 方向上外推 70 cm 作为机器的虚拟等中心，主要用于质量控制与质量保证。可移动激光灯系统的基准坐标与固定激光系统重合，根据不同患者的治疗计划参数投射出相应偏离量的坐标系，用于治疗时患者的摆位，并可根据影像引导后的修正误差进行位置设定。

与传统加速器不同，TomoTherapy 系统无均整器，光子线在中心处的强度可以达到射野边缘强度的两倍。采用非均匀射野的设计主要考虑到以下两个方面：

(1) TomoTherapy 系统是专用于调强治疗的设备，并不需要均匀的剂量剖面，事实上均整器浪费了可以调制的光子注量。

(2) 取消均整器后大大增加了射野中心处的输出，提高了平均剂量率，进而缩短了患者的治疗时间。

TomoTherapy 系统的照射方式为螺旋断层照射，其 6 MV 的直线加速器安装在 CT 滑环机架上，通过多叶准直器进行强度调制的扇形射线束环绕机械等中心做 360°连续旋转照射，其机架内部结构如图 2－11 所示。在机架旋转的同时，治疗床沿纵轴方向连续进床，射束围绕患者产生一个螺旋形状的照射通量图。治疗过程中，机架按照特定的恒速旋转，每旋转一圈有 51 个方向的调制射野(机架每旋转 7°为一个射野方向)。连续的螺旋照射方式避免了层与层衔接处的剂量不均匀问题。在一个螺旋照射通量图中，TomoTherapy 系统有几万个子野。子野是射野的基本组成元素，而通常 TomoTherapy 系统照射计划都会有几百个调制射野。一个子野就是通过一片多叶准直器在特定的机架角度调制的射线，子野宽度为 0.625 cm(叶片在等中心处的投影宽度)，子野的长度则由治疗计划所选择的钨门宽度(1 cm、2.5 cm 和 5.0 cm)决定。每个子野的强度与相应叶片打开的时间成正比，都为总剂量分布的最优化作出贡献。在 360°的螺旋照射中 TomoTherapy 系统使用几万个子野分布，所以治疗不会受到特定照射角度的限制。也就是说，TomoTherapy 系统可以选择任何角度对患者进行照射，而且更多的子野角度就意味着在设计治疗计划时有更大的调制能力。

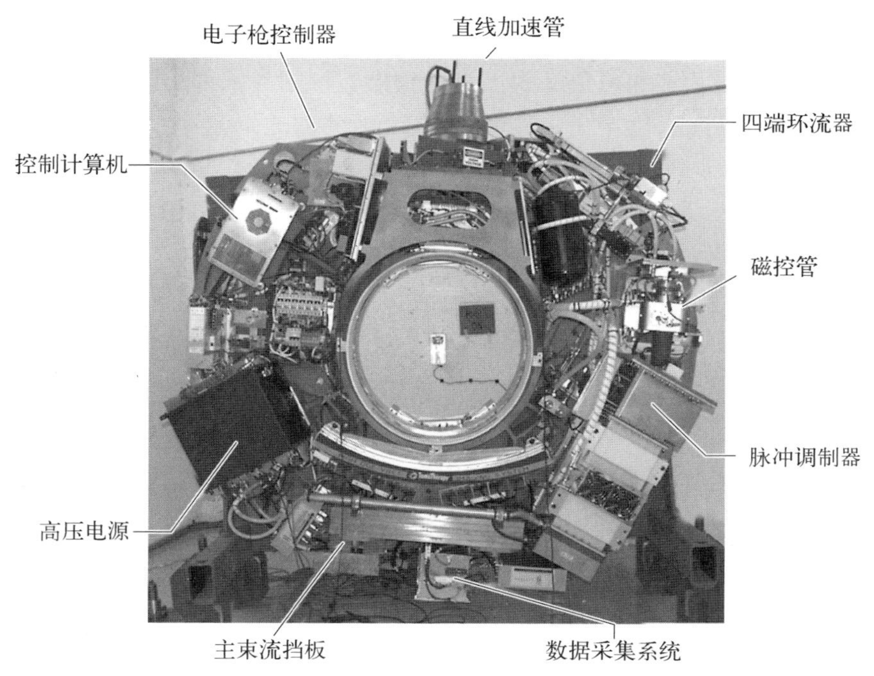

图 2－11　TomoTherapy 系统机架内部结构

TomoTherapy 系统采用气动二元多叶准直器设计，64 片互锁设计的二元叶片调制 40 cm 宽的扇形束照射野。“二元”是指在治疗过程中，叶片只有开和关两种状态，通过开关时间来调制子野强度。二元多叶准直器要求叶片开关速度非常快，所以使用压缩空气来驱动叶片运动，叶片只需要 20 ms 就可以完成打开和关闭运动[7]。多叶准直器为互插式，分为 2 组。多叶准直器叶片厚度为 10 cm，每个叶片在等中心处的投影宽度为 6.25 mm。64 片多叶准直器组成的射野宽度为 40 cm，由次级准直器控制的射野长度最大为 5 cm，所以最大照射野尺寸为 5 cm×40 cm。

TomoTherapy 系统采用同源加速器调低能量的 MV 级射线，结合氙气探测器来进行 CT 成像，可以获得 MV 级 CT 图像。弧形氙气 CT 探测器源自第三代 CT 扫描仪的标准阵列探测器，安装在加速器的对侧，用于采集 MV 级 CT 图像数据。为进行成像，调节加速器使 X 射线束的最高能量约为 3.5 MeV，平均能量约为 1 MeV。标准影像的矩阵大小为(512×512)像素，视场角(field angle of view, FOV)直径为 40 cm，利用经过滤的逆向投影算法进行影像重建。通常，MV 级 CT 图像扫描时间为 1～5 min，患者的吸收剂量为 1.5～3.0 cGy。

这一系统的另一特点是机器的输出用每单位时间的吸收剂量定义，而不是每 MU 或 HU(Hounsfield units, CT 图像中表征密度的单位)的吸收剂量；用相对质量密度而非相对电子密度进行校准。计划参数都是基于时间的，出于治疗计划的目的，假定了一个瞬时的针对机器的剂量率(等中心处约为 850 cGy/min，水中深度为 1.5 cm，射野大小为 40 cm×5 cm)。两个平行板密封电离室位于 y 方向钨门的上方，用于监测剂量率。在计划出束的前 10 s，多叶准直器的叶片是闭合的，以保证射束稳定。

2) TaiChi 系统

2016 年，西安大医获批国家“十三五”重点研发计划“数字诊疗装备研发”重点专项——多模式引导立体定向与旋转调强一体化放射治疗系统(简称 TaiChi 项目)，并在 2017 年完成原理样机制作。2019 年，TaiChi 第一台样机通过国家药品监督管理局和 FDA 型检(见图 2-12)。

TaiChi 产品由机架、加速器模块、聚焦治疗模块、三维治疗床、影像引导系统、射野验证系统、控制系统和放射治疗计划系统组成，其结构如图 2-13 所示。此外，TaiChi 产品在空间布局、机械、控制系统、安全性等方面进行了创新设计，有机结合了可实现立体定向放疗的伽马刀系统和可实现旋转调强放疗的加速器系统，同轴共面的结构可实现伽马刀与加速器的点、面协同治疗。

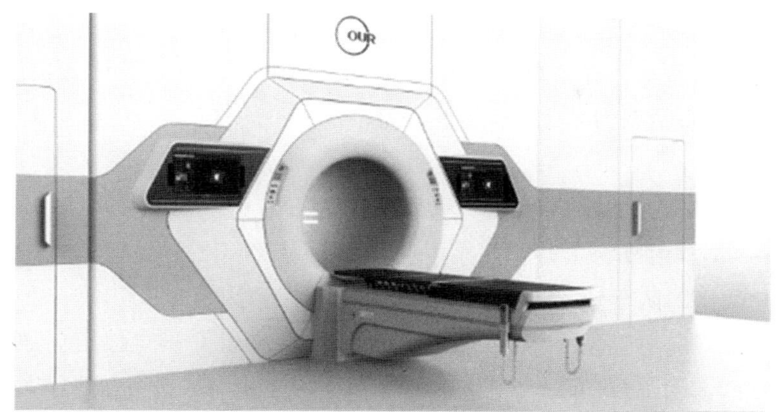

图 2-12　西安大医多模式引导立体定向与旋转调强一体化放射治疗系统

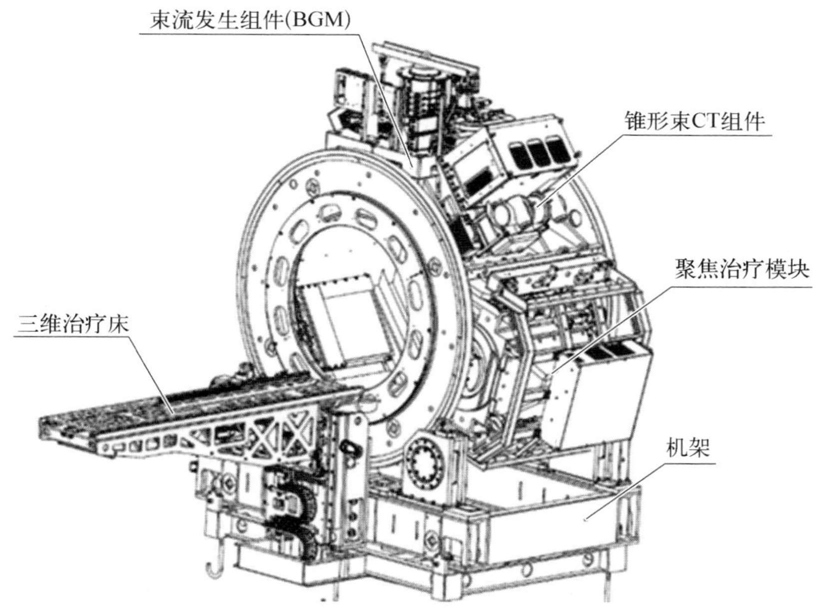

图 2-13　TaiChi 结构示意图

TaiChi 使用 γ 源- X 源同机一体结构。为保证设备使用精度，采用 100 cm 大孔径滚筒式结构，同一等中心集成加速器与伽马刀模块，加速器模块最大剂量率为 1 400 cGy/min，聚焦治疗模块采用源匣式多源聚焦结构，配置 7 种规格的准直器进行聚焦。放射源经预准直器聚焦或 X 射线通过射野成型后随治疗头围绕机架轴线进行旋转照射，对患者肿瘤实施调强放射治疗和立体定向放射治疗。TaiChi 在滚筒内配套有 kV 级锥形束 CT 影像系统和

MV 级电子射野验证系统，以保证治疗过程中的病灶定位、射野适形和治疗剂量准确递送。两套治疗系统和两套引导系统采用同轴共面设计，内置于滑环机架中，等中心精度为 0.15 mm。

2.1.6　其他结构

Zap－X 放射外科治疗系统（简称 Zap－X 系统）由美国斯坦福大学 John R. Adler 教授团队于 2015 年开发，2019 年 1 月治疗首例患者，是一种用于治疗颅脑和头颈部肿瘤的立体定向放射外科系统，可以开展立体定向放射外科和立体定向放射治疗（见图 2－14）。Zap－X 系统使用的是一台 S 波段直线加速器，标称 X 射线能量为 3 MV，最大剂量深度 D_{max} 为（7±1）mm，在源轴距 450 mm 处的剂量率为（1 500±150）MU/min。加速器安装在带有两个可移动环形轨道的球形屏蔽结构内（2 个自由度的机架），两个圆形轨道之间的角度为 45°。准直器在圆柱状的可旋转钨轮上，通过钨轮的转动来快速切换不同的准直器，其旋转轴垂直于射束的中心轴线。准直器有 8 种孔径，分别为 4.0 mm、5.0 mm、7.5 mm、10.0 mm、12.5 mm、15.0 mm、20.0 mm 和 25.0 mm。每两个相邻准直器的夹角约为 45°，圆柱的中心处是 8 个准直器的交汇处。Zap－X 系统的影像引导系统由一个 kV 级 X 射线源和一个平板探测器组成，kV 级射束与 MV 级射束互相垂直。MV 级射束对面有一个电子射野影像系统，用于实时剂量监测（见图 2－15）。患者定位时需要采集 10 个方向上的图像来确定

图 2－14　Zap－X 放射外科治疗系统

脑部的位置。加速器在封闭空间内的略大于半球的球面上运动，通过两个成45°夹角的主旋转轴移动，可以在 206 个点出束照射。这一点类似于 CyberKnife，但比 CyberKnife 多了一些脑后部的入射野。治疗计划系统采用射线追踪(ray tracing)算法，对于头颈部肿瘤来说，计算精度能够满足要求。采用自屏蔽辐射设计可大大降低对辐射屏蔽的要求。

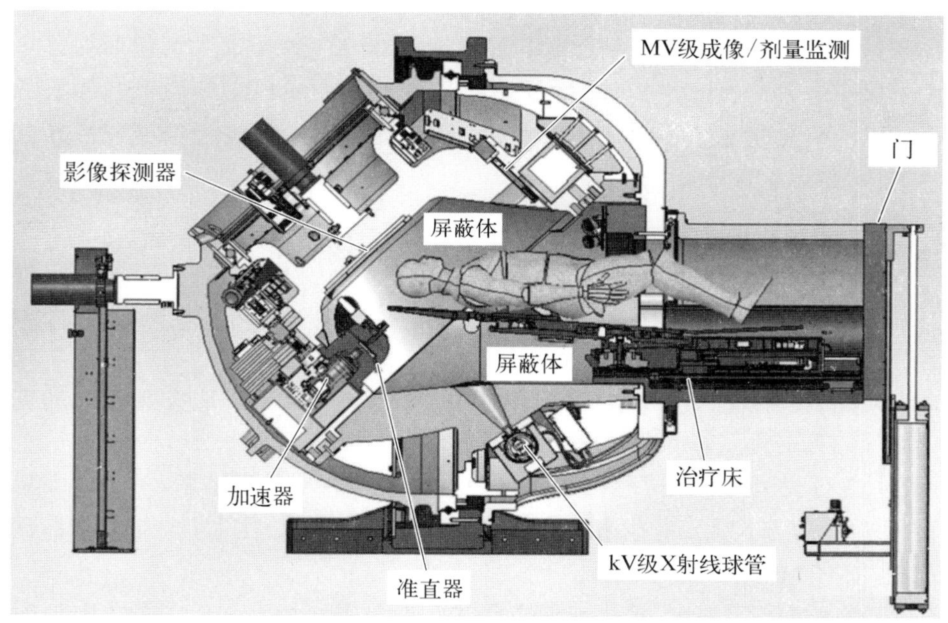

图 2-15　Zap-X 系统结构

在计划设计时，根据肿瘤和危及器官的位置进行射束路径的设计，通过调整等中心位置和准直器的组合，结合对靶区及危及器官等剂量参数的逆向优化，实现剂量分布和剂量梯度的优化。在治疗前，Zap-X 系统通过 kV 级 X 射线的成像系统进行二维成像，使治疗靶点置于等中心，在三维空间中实现患者位置的精确配准。在治疗过程中，实时监测患者的运动，可通过调整治疗床的位置来补偿患者运动产生的偏移，进而确保靶点始终保持在等中心位置。在治疗过程中使用 MV 级探测器监测每个射野的剂量，如果与预计的剂量相差超过 5%，系统就会发出警告，超过 8%则会自动停机。加速器是以等中心、非共面的方式照射，“非等中心”的计划必须依靠治疗床的四维运动(进出、升降、左右旋转和钟摆)来解决。患者通过治疗床被送进机器后，脚部会有一个挡板从底端升起，挡住脚部的射线泄漏，一个弧形外壳从治疗床底部旋转到上方盖住患者，这样就完成一个自屏蔽。操作员可以在控制台的显示器上观察患者，并可以与其通话。

2.2 术中放疗设备

术中放疗(intro-operative radiotherapy，IORT)是指手术中对可见肿瘤、瘤床区或易复发转移部位在直视下进行 15～20 Gy 的单次大剂量照射[8-9]。术中放疗与 2.1 节介绍的外照射放疗和 2.3 节介绍的介入放疗一起，形成了目前以外照射放疗为主，以术中放疗和介入放疗为辅，多种放疗形式发挥各自优势、互补并存的临床应用局面。

2.2.1 术中放疗简介

术中放疗的基本流程、优势及临床应用简述如下。

1) 术中放疗基本流程

使用不同设备开展术中放疗的流程基本一致，以直线加速器为例，开展术中放疗的基本流程如下(见图 2-16)。

(1) 外科医生和放疗科医生根据患者手术和病理检查结果，结合肉眼观察、手触摸等方式确定肿瘤残留大小、肿瘤部位及肿瘤附近的正常组织和器官范围，依据经验推断靶区剂量。

(2) 根据靶区深度，确定射线束能量。如果需要提高表面剂量或降低深部剂量，限光筒末端还需加装不同厚度的补偿片；根据靶区的位置和大小，选用合适直径和末端倾角的限光筒。

(3) 将靶区周边正常组织和器官推至照射野外，对准靶区插入限光筒；如果限光筒带倾角，需要调整倾角位置，使限光筒末端与靶区对准、贴合。对于无法移出野外的重要器官，还需使用铅皮遮挡。

(4) 插入限光筒后，观察限光筒与肿瘤及周围正常组织和器官的相对位置关系，如果限光筒大小或末端倾角不合适，需要将之前放入的限光筒移出，并返回步骤(2)；如果限光筒大小、末端倾角合适，则进行步骤(5)。

(5) 通过确定的射线束能量、限光筒及其末端倾角大小、处方等治疗参数，医学物理师通过查百分深度剂量表、射野输出因子表，计算机器跳数。

(6) 移动加速器或治疗床，并使用其对位引导系统对准加速器和限光筒。由于该过程需要改变手术室内仪器设备的相对位置关系，此时需要在麻醉医

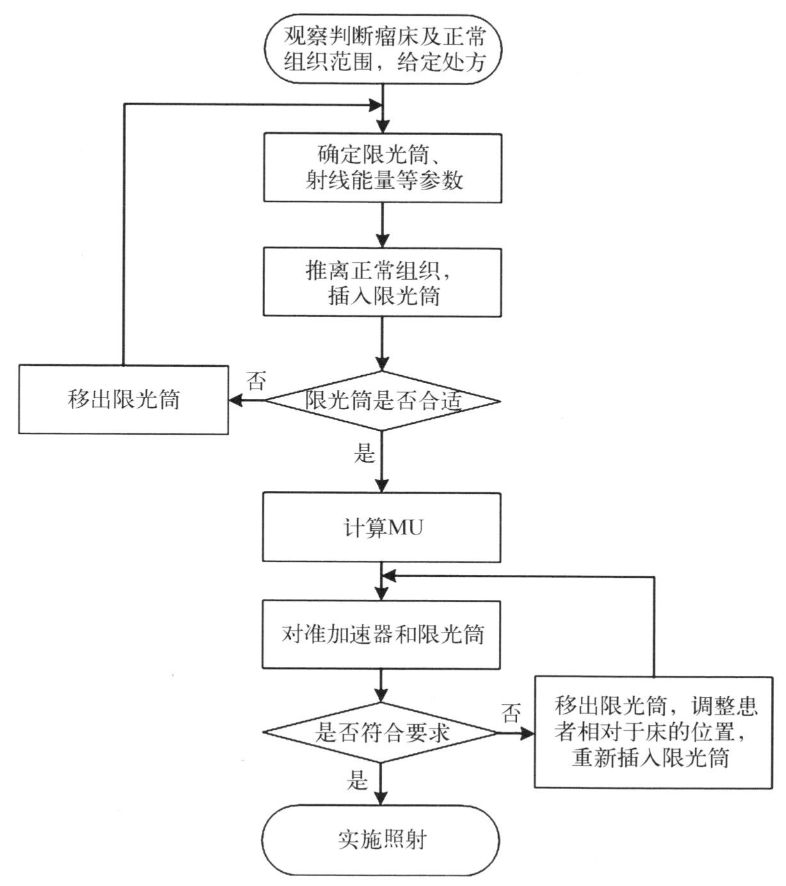

图 2－16　电子束术中放疗基本流程

生、外科医生、护士和医学物理师的共同参与下，密切观察各个设备连线，紧密配合完成加速器或手术床的移动，完成加速器和限光筒的对准。如果能通过对准系统完成加速器和限光筒的对准，则进行步骤（7）；如果无法对准，则可能是由于患者相对于治疗床的位置关系不当，床的基座阻挡了加速器和床的相对移动。此时，需要移出限光筒，调整患者相对于床的位置，重新插入限光筒，并对准加速器和限光筒。

（7）设置治疗参数，操作加速器完成照射。

2）术中放疗技术的理论优势

术中放疗技术以适应证广、疗程短、正常组织损伤小、辐射防护更容易、能提高治疗增益比等理论优势，成为最具发展潜力的放射治疗技术之一。详细介绍如下。

(1) 术中放疗适应证广。随着近年术中放疗技术的发展,越来越多的患者接受了术中放疗技术治疗,其安全性得到了肯定。术中放疗适用于不能切除的肿瘤和肿瘤切除后容易局部复发部位的放射治疗,可以作为综合治疗的一部分或单纯术中放疗,弥补外科手术的局限性。目前,应用术中放疗较多的情况或肿瘤有胰腺癌术后和不能手术者、软组织肉瘤、胃癌保脾根治术后、头颈部肿瘤放疗后复发、早期肝癌术后、早期乳腺癌保乳术后、直肠癌术后放化疗后复发和复发性妇科肿瘤等,治疗效果佳。以乳腺癌为例,乳腺癌保乳术后联合局部术中放疗,其近期疗效和美容效果好、不良反应小、并发症少见。

(2) 术中放疗疗程更短。术中放疗在手术时一次完成,是一种有效又大大缩短疗程的治疗手段(见表 2-1)。仍以乳腺癌为例,临床有两种术中放疗模式:① 早期乳腺癌保乳术后患者,切缘只接受 20 Gy 的术中放疗剂量,无须接受术后外照射,一次术中放疗替代术后常规 25 次 50 Gy 的外照射,大大缩短了疗程;② 切缘接受 8~10 Gy 的术中放疗剂量,全乳接受 45~50 Gy 的术后外照射剂量,术中放疗部分替代外照射,疗程缩短。

表 2-1　术中一次剂量和术后常规次数(剂量)对照表

术中 1 次剂量/Gy	相当于术后常规次数(剂量/Gy)
10	9(16)
15	16(31)
20	25(50)
25	37(73)

(3) 正常组织损伤小。术中放疗时,瘤床周围的正常组织可以得到更好的保护,损伤较外照射小。在插入限光筒/施源器时,可将瘤床四周的正常组织推离瘤床区域,直接与瘤床接触。这样瘤床的四周和上方(即射线的入射方向)的正常组织都能避免射线照射。此外,瘤床后方的正常组织由于电子束剂量跌落快、射程有限而受到照射较少。

(4) 术中放疗的辐射防护更容易。在外照射的辐射防护中,使用经过屏蔽优化设计的放射治疗机房屏蔽放射源释放的 X(γ)光子和粒子。术中放疗电子直线加速器的辐射防护比术中低能 X 射线设备复杂,目前术中可用的电子直线加速器是只产生电子束的移动式小型专用直线加速器。这类加速器的防护只需考虑电子束通过电子散射箔时产生的 X 射线，对于高能电子束的屏蔽，则通过直线加速器配备的射线束方向上的自屏蔽系统实现。因此，术中放疗电子直线加速器辐射防护与传统外照射加速器相比，相对容易。Daves 等[10]报道，在标称工作负荷条件下，使用移动式术中放疗加速器，可以在一个几乎没有或没有屏蔽的普通手术室中实施术中放疗。

（5）术中放疗能提高治疗增益比。无论是根治性放疗，还是姑息性放疗，治疗的最终目的都是在确保靶区周围组织和危及器官受照射剂量最少的同时，给肿瘤区域较高的治愈剂量。治疗增益比表示因某种治疗技术引起的肿瘤控制率与周围正常组织损伤率之比，其与肿瘤和正常组织受到照射剂量之比成正比。提高治疗增益比的方法如下：增高肿瘤的治愈剂量，增加肿瘤的放射敏感性，以及减少正常组织的损伤。术中放疗可以在手术条件下将邻近靶区的正常组织和危及器官推离照射野，降低其受照剂量，进而提高治疗增益比。

3）临床应用基本情况

1907 年，Beck 首先将术中放疗应用在晚期胃癌的治疗中，发展至今已有一百多年的历史。早期术中放疗技术使用的是低能 X 射线，由于其穿透能力差，照射范围小，应用受到限制。20 世纪 60 年代，高能电子束在术中放疗中的应用使得现代术中放疗技术在日本兴起，随后扩展到美国、欧洲和亚洲。

高能电子束在术中放疗临床应用初期，使用常规外照射加速器在放疗机房中进行，需要消毒机房，并将麻醉的患者从手术室推至放疗机房，治疗后再推回手术室缝合。2006 年，专用移动式术中放疗设备上市后，可直接在常规的手术室治疗患者，而不用转运患者至放疗机房。此外，由于这些专用设备具备体积小、质量小、可多方移动、带有自屏蔽系统等优点，因此极大地方便了术中放疗的应用。临床使用较多的此类设备是以美国 IntraOp 公司 Mobetron 系统为代表的电子直线加速器和以德国 Zeiss 公司 IntraBeam 系统为代表的低能 X 射线微型加速器。

Veronesi 等[11]开展了使用高能电子束在术中照射乳腺癌部分乳腺的随机等效临床研究（ELIOT）。研究结果表明，经过 5.8 年的中位随访，未观察到术中放疗与术后全乳外照射总生存的显著差异，术中放疗急性、毒性反应较低，复发率较术后全乳外照射显著减少。欧洲、美国指南推荐使用电子束术中放疗完成部分乳腺的加速照射[12]。Vaidya 等[13]开展了使用 Intrabeam 50 kV 低能 X 射线在术中照射乳腺癌部分乳腺的三期随机对照临床研究

(TARGIT A)。但由于该试验存在重大不确定性和局限性,引起了多位学者的热烈讨论。因此,国际指南不鼓励使用 50 kV 低能 X 射线开展临床试验之外的部分乳腺术中放疗[14]。

十多年来,随着设备改进和肿瘤综合治疗的发展,术中放疗已广泛应用在全身各部位,病种增多,适应证扩大,结合术中放疗的肿瘤综合治疗蓬勃发展。但是,术中放疗设备结构、功能简单,导致术中放疗操作流程复杂,无法开展精确的术中放疗,此外,术中放疗涉及多个学科专业人员的协调配合,对医疗机构的要求更高,一定程度上限制了术中放疗的开展范围。

2.2.2 术中放疗电子直线加速器

根据使用的放射源不同,术中放疗设备分为电子直线加速器、低能 X 射线和放射性核素(高剂量率后装放疗和术中粒子植入放疗)设备。此处围绕本书医用电子直线加速器的主题,只介绍术中放疗电子直线加速器。

1) 电子直线加速器简介

20 世纪 70 年代晚期和 80 年代早期,术中电子束放疗开始流行。这种设备分为两类:传统的电子直线加速器和可移动式电子直线加速器。其中,近 20 年,可移动式电子直线加速器在术中放疗领域得到了快速发展和广泛临床应用。

Siemens ME(见图 2 - 17)是用于术中放疗的传统电子直线加速器,相较

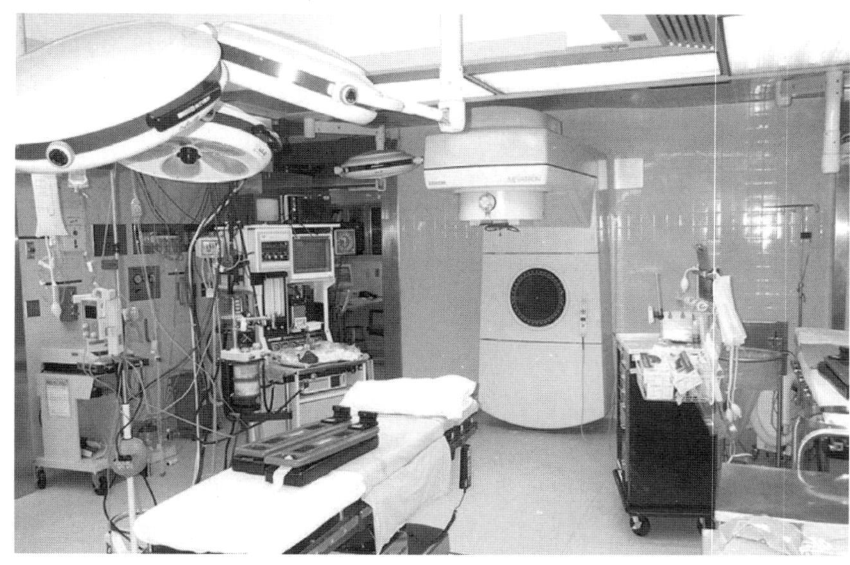

图 2 - 17 Siemens ME 传统电子直线加速器

于传统外照射加速器，它的机架旋转角度范围较小，因此减少了辐射防护的需求。Hogstrom 等[15] 和 Nyerick 等[16] 分别报道了该设备的设计和物理学特性。Mills 等[17]综述了该设备在手术室的辐射防护要求。对于直径为 7 cm 的圆形照射野，6 MeV、9 MeV、12 MeV、15 MeV 和 18 MeV 的电子束的 90%的剂量深度分别为 1.7 cm、2.6 cm、3.7 cm、4.5 cm 和 5.0 cm。此外，由于该加速器机架旋转角度范围有限，无法满足术中放疗照射的需求，因而常用于外照射，在术中放疗中很少使用。

2006 年，专用移动式术中放疗设备上市，该设备可直接在常规的手术室对患者进行治疗，而不用将其转运至放疗机房，相较于传统固定式放疗加速器，降低了转运患者而引入的感染风险。此外，由于这些专用设备具备体积小、质量小、可多方移动、带有自屏蔽系统等优点，极大地方便了术中放疗的应用。图 2 - 18(a)(b)(c)分别是 Mobetron、LIAC 和 Novac 加速器。Mobetron 加速器是三大可移动式电子直线加速器之一，流行于北美、南美、欧洲和亚洲。与传统外照射加速器相比，Mobetron 配备射线阻挡器，可以衰减电子束治疗中产生的 X 射线。Mobetron 有 2 个旋转自由度和 3 个平移自由度，配备方形和圆形限光筒(直径为 3～10 cm，按 0.5 cm 递增)，倾斜角是 0°、15°和 30°。限光筒与 Mobetron 之间的对位方式是软连接，配备 4 MeV、6 MeV、9 MeV 和 12 MeV 四挡能量。

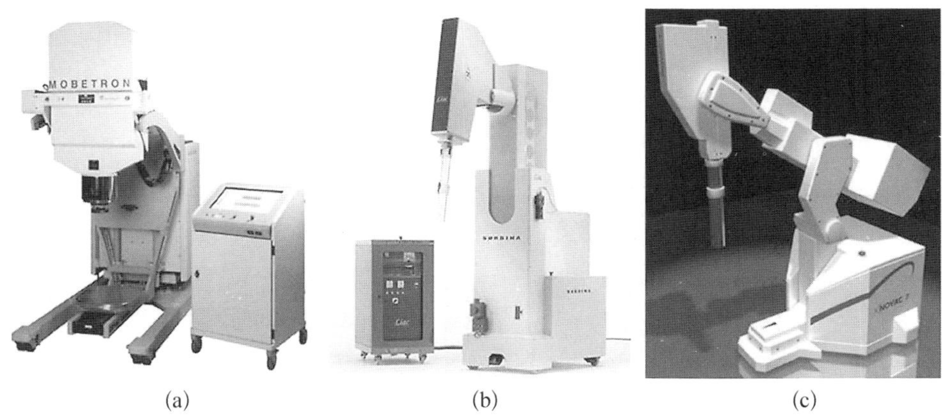

(a)　(b)　(c)

图 2 - 18　可移动式术中放疗直线加速器

(a) Mobetron；(b) LIAC；(c) Novac

LIAC 和 Novac 是另外两种可移动式电子直线加速器。LIAC 可在左右方向偏转±60°，在前后方向偏转－15°和 30°。LIAC 有两个型号：12 MeV 款(电子束能量为 6 MeV、8 MeV、10 MeV 和 12 MeV)和 10 MeV 款(电子束能量为 4 MeV、6 MeV、8 MeV 和 10 MeV)。Novac 7 在两个方向的旋转角度都是 45°,配备 4 MeV、6 MeV、8 MeV 和 10 MeV 四挡能量。与 Mobetron 不同的是,Novac 和 LIAC 加速器与限光筒之间使用的是硬连接。

Mobetron 与 LIAC 和 Novac 束流系统的一个很重要的区别是加速器的波段不同,Mobetron 为 X 波段,LIAC 和 Novac 为 S 波段。此外,两者的射线屏蔽装置设计也迥异,Mobetron 的射线阻挡器集成在加速器下方,随着加速器的旋转能自动调整位置实现射线的阻挡,而 Novac 和 LIAC 则需要手动将独立的射线阻挡器推至射线束下方。

2) 限光筒及对位方式

术中放疗加速器产生的电子束先由一个固定的锥形初级准直器准直,最终的准直通过一组不同直径的圆柱形或矩形限光筒实现。临床应用中,需要注意限光筒的材料和端面特性,以及大野照射的方法。

(1) 限光筒材料。术中放疗加速器配备的限光筒的加工材料主要有两种:透明有机玻璃和不锈钢。两种材料的优缺点如下。

透明有机玻璃加工的限光筒优势:① 透明,可透过限光筒筒壁观察肿瘤;② 可实现快速硬连接;③ 可兼容 X 射线成像。不足之处:① 筒壁较厚,需要更大的手术开口,由于塑料的射线屏蔽性能较差,限光筒的壁需要更厚(5 mm),以达到射线屏蔽要求;② 塑料材质,易磨损、易碎;③ 不耐高温,只能使用低温的灭菌方法。

不锈钢材料加工的限光筒优势:① 筒壁薄,手术开口可以更小,由于不锈钢本身的射线屏蔽性能佳,这类限光筒的筒壁可以做得很薄(2 mm)就能达到射线屏蔽要求;② 结实耐用,术中放疗限光筒要重复使用,不锈钢材质不易磨损;③ 灭菌方便,术中放疗限光筒每次使用后都需要灭菌,不锈钢材质对灭菌方法无特殊要求。不足之处:① 不锈钢材质遮挡视线,无法穿过筒壁观察限光筒下方肿瘤和限光筒末端的相对位置,只能通过限光筒上方的圆孔观察;② 不兼容 X 射线成像。

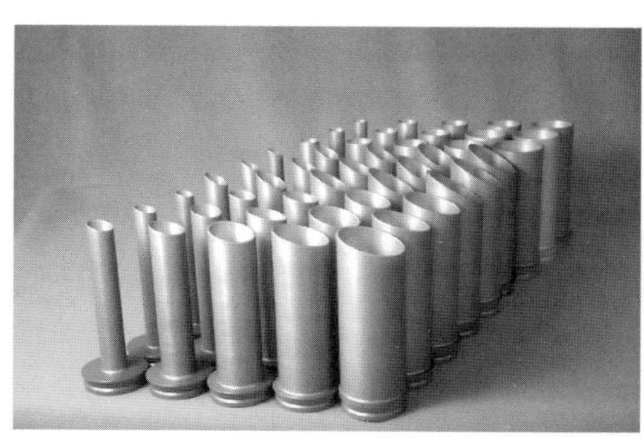

图 2-19 术中放疗限光筒

(2) 限光筒端面。根据限光筒端面的特征,可分为直端面限光筒和斜端面限光筒(见图 2-19)。同样直径的斜端面限光筒较直端面限光筒的照射野大，但是必须注意，此类限光筒的剂量分布是不对称的，以一定的角度延伸到超出限光筒尖端的组织中(见图 2－20)，穿透深度更小。

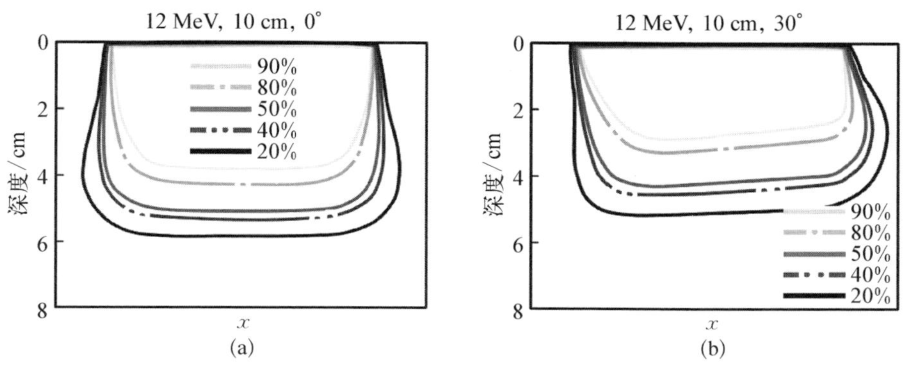

图 2－20　限光筒剂量分布(12 MeV，直径为 10 cm)

(a) 直端面限光筒；(b) 斜端面限光筒

3) 大野照射

标准(圆形)限光筒通常由制造商提供，直径为 3～10 cm，步长为 1 cm 或 0.5 cm。对于肿瘤大于 10 cm 的术中放疗，实现方法有以下两种。

(1) 通过配置加大型限光筒实现。例如，制造商 Intraop 提供了照射野尺寸为 7 cm×12 cm、8 cm×15 cm 和 8 cm×20 cm 的加长型限光筒，该限光筒配备额外的均整器，其输出量减少约 50%，治疗深度(R_{90})减少约 2 mm，Janssen 等[18]描述了这类限光筒的原型。

(2) 通过限光筒衔接实现。图 2－21 所示为两个术中放疗限光筒衔接方法，该方法分两步照射肿瘤。步骤 1，照射图中左侧肿瘤区域(黑色区域)，使用

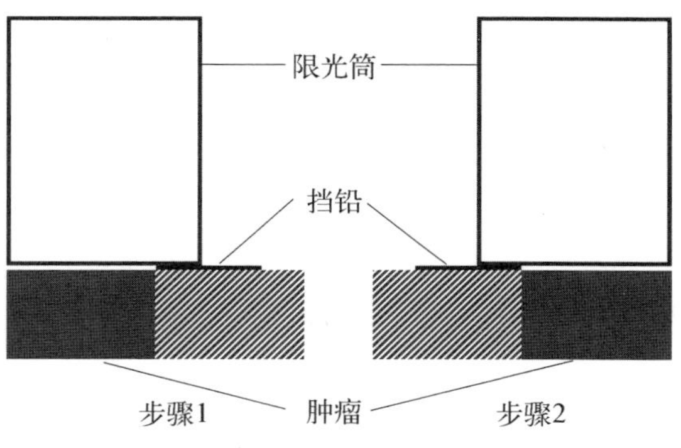

图 2－21　术中放疗限光筒衔接方法示意图

挡铅遮挡剩余肿瘤区域(阴影区域);步骤 2,原地翻转挡铅,遮挡已照射的肿瘤区域,照射图中右侧肿瘤区域。

限光筒衔接需要注意衔接的缝隙,根据衔接的缝隙大小,分为无缝衔接、有缝衔接和重叠衔接。衔接缝隙的大小与电子束能量有关。Beddar 等[19]的研究结果表明,对于能量低于 6 MeV 的电子束,无缝衔接的两个照射野会产生显著的低剂量区,因此建议重叠 2 mm 衔接;而对于较高能量的电子束,相邻衔接的两个照射野即可产生较优的剂量分布。但是,如果考虑到衔接时挡铅摆放的误差(当衔接时有 2 mm 的缝时,4 MeV 电子束在 2.5 mm 深度处剂量降低了 60%,9 MeV 电子束在 5 mm 深度处剂量降低了 70%),为了避免靶区内低剂量区的产生,建议重叠衔接、重叠照射。

4) 对位方式

外科医生和放射科医生将灭菌的限光筒直接插入靶区上方的手术开口后,需要将加速器移动到正确的位置和角度,以实现治疗头与限光筒的对位。对位方式有两种:① 硬连接对位,此时限光筒被锁定在加速器治疗头上。这意味着必须将加速器移动到限光筒的上方,并在不移动限光筒的情况下,小心地将限光筒与治疗头连接[见图 2-22(a)];② 软连接对位,限光筒通过支架和夹具牢牢固定在手术床上[见图 2-22(b)],加速器移动至限光筒上方后通

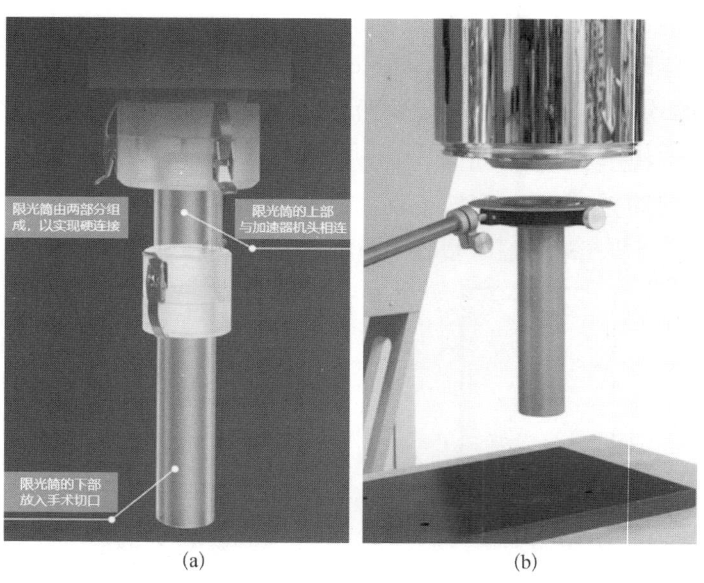

(a) (b)

图 2-22　限光筒及对位方式

(a) 硬连接对位;(b) 软连接对位

过激光引导对位系统实现对位，此种连接技术避免了硬连接对位过程中由移动加速器对患者造成的伤害。

电子直线加速器配备的常规限光筒的作用是将电子束限定在一定范围内，形状多为圆形和方形，末端均为开放型，能够产生呈平面分布的剂量分布。对于囊状肿瘤（如乳腺癌和脑瘤的术后瘤床）的术中放疗，这种剂量分布无法适形肿瘤。目前，临床使用电子直线加速器开展乳腺癌术中放疗前，需要先游离待照射组织，再使用手术缝合线将其缝合为荷包状。然后，再使用限光筒对准“荷包”照射。该过程虽然实现了乳腺癌电子束的术中放疗，但是操作复杂，创伤大，会使正常的乳腺组织受到射线照射。此外，对于脑瘤的术后瘤床，尚无电子束术中放疗的实现方式。

球囊状施源器能够将高能电子束呈平面的剂量分布转换为球囊状非平面剂量分布，可以根据术中放疗术后瘤床形状设计任意形状的施源器[20]。图 2-23 所示的球囊状施源器，外形呈球状，能够配合电子直线加速器中电子束产生球面剂量分布，适用于乳腺癌和脑瘤术后瘤床的术中放疗。它包括三个组成部分：① 上部的圆柱形限光筒，用于将电子束限制在一定的范围内；② 中部的散射箔，用于散射电子束；③ 底部的空心球壳，用于容纳调制器和支撑球囊状瘤床。球囊状施源器具备下列三方面的特征：① 具备球面的外形；② 能够将电子束散射到球面外形；③ 能够调制射线束在球面上产生均匀的剂量分布。对应于 4 MeV、6 MeV、9 MeV 和 12 MeV 电子束，射线束中心轴方向上 50%剂量的深度分别为 2 mm、4 mm、6 mm 和 8 mm（见图 2-24）。其中，9 MeV 的 50%剂量深度与 Zaiss 公司的 Intrabeam 系统 50 mm 直径施源器相当。

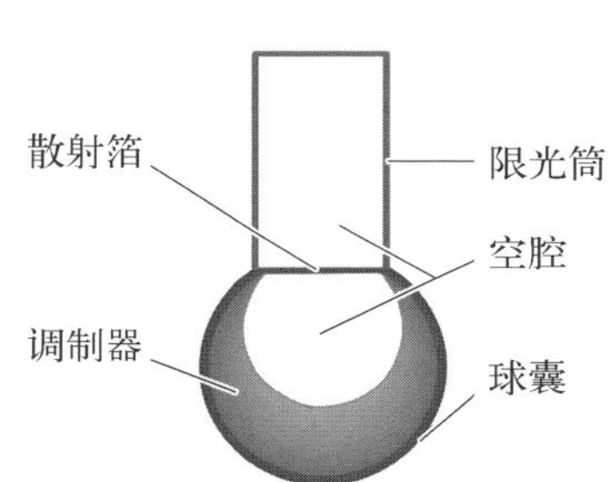

图 2-23　球囊状施源器结构示意图

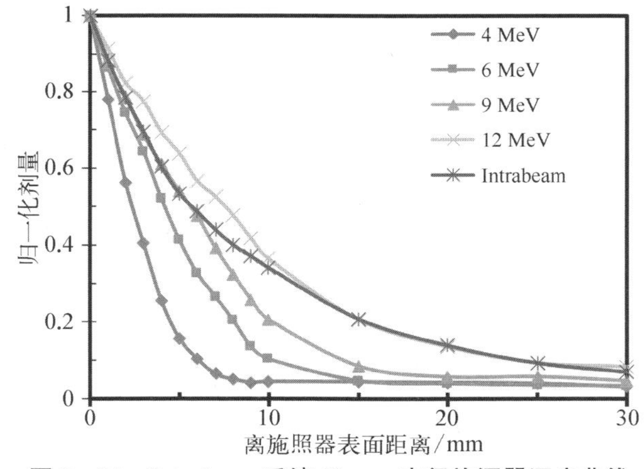

图 2-24　Intrabeam 系统 50 mm 直径施源器深度曲线

2.2.3 术中放疗技术比较及加速器技术展望

在临床治疗中，可以选择加速器设备或低能X射线设备。20世纪30年代，50～100 kV X射线设备开始在术中放疗中应用，低能X射线设备是紧凑型的加速器。本节主要介绍临床如何选择技术类型、目前术中放疗存在的不足以及术中放疗加速器的技术展望。

1）肿瘤部位

表2-2列出了高能电子束与低能X射线术中放疗技术之间存在的差异。高能电子束术中放疗中，如果肿瘤位于限光筒可以放置的部位，放置限光筒的时间和出束治疗时间较短，治疗深度较深，临床更倾向于使用这种技术。由于高能电子束术中放疗受限于限光筒直径，因此不适合治疗位于狭窄空腔（例如鼻窦）内的肿瘤。低能X射线术中放疗由于具有更高的自由度和更小的施源器，适用范围比高能电子束术中放疗更广。

表2-2 术中放疗技术比较

项　　目	高能电子束术中放疗	低能X射线术中放疗
出束治疗时间/min	2～4	30～45
术中放疗完整流程时间/min	30～45	45～120
治疗部位	限光筒可以放置的部位	距离施源器表面0.5～1.0 cm区域内小体积的靶区
表面剂量/%	低(75～93)	最高(300)
2 cm深度处剂量/%	高(70～100)	最低(20)
剂量均匀性/%	≤10	≥150

2）肿瘤深度

高能电子束与低能X射线的剂量分布特征不同。表2-2显示了低能X射线术中放疗的治疗深度为0.5～1.0 cm，临床医生更倾向于使用低能X射线治疗很浅的肿瘤，例如早期乳腺癌肿瘤完全切除后瘤床的照射。Mobetron 1000术中放疗电子直线加速器4～12 MeV电子束能够提供1～3.5 cm的90%治疗深度，表明在肿瘤残余深度大于1 cm时，高能电子束术中放疗深度剂量具有优势。

对于任何术中放疗技术，放疗科医生和外科医生必须解决肿瘤切除后液体积聚的问题，这可能会改变深度剂量特性。为了消除这种风险，有必要在治疗过程中持续抽吸瘤床附近的液体。

3）照射野大小和治疗时间

巨大的肿瘤，如腹膜后和四肢肉瘤，在完全切除的情况下，适合接受术中放疗。此时，通常用高能电子束术中放疗，可以采用 2.2.2 节介绍的高能电子束大野照射技术。高能电子束术中放疗使用的限光筒是标准尺寸和形状，只能使用铅片遮挡无法通过手术方式移出照射野的危及器官。低能 X 射线术中放疗的施源器直径为 10～60 mm，不适用于大瘤床。

术中放疗需要尽可能提高治疗效率，缩短术中放疗时间，进而控制整个手术的时间。对于直径为 3～5 cm 的小靶区，低能 X 射线术中放疗的完整流程时间为 45～120 min，而高能电子束术中放疗只需 30～45 min。术中放疗设备的剂量率影响术中放疗时间，剂量率越高，放疗时间越短。高能电子束和低能 X 射线术中放疗设备之间的剂量率存在巨大差异，最新的术中放疗电子直线加速器产生的高能电子束剂量率可以高于 40 Gy/s，而低能 X 射线术中放疗设备的剂量率只有约 50 cGy/min。

4）术中放疗目前存在的不足

（1）高度依赖医生个人经验。观察 2.2.1 节所述术中放疗基本流程，可以发现术中放疗治疗参数（限光筒/施源器尺寸和摆放位置、补偿器厚度、挡铅位置、射线束能量、剂量等）都是医生在上手术台后，短时间内根据手术和病理结果依据经验决定的。当靶区附近有很多重要组织和器官时，由于其相对位置关系复杂密切，医生的经验水平决定了这些参数能否正确选择[21-22]。

Ciocca 等[23]研究意大利多家医院的术中放疗工作发现，由于限光筒和射线遮挡装置（挡铅）摆放位置错误而造成的医疗失误的发生率高达 5%。即使是有经验的医生，当遇到靶区附近有很多重要器官的情况时（如胰腺癌），由于无法获取三维剂量分布，在限光筒尺寸、处方剂量深度的选择上有时也会倾向于保守。

（2）无法评估三维剂量。术中放疗剂量计算信息是基于医生的经验获取的，医学物理师通过查百分深度剂量表、射野输出因子表，手工计算一个点的剂量，无法评估受照射组织的三维剂量分布。然而，对于靶区附近有很多重要组织和器官、相对位置关系复杂密切的术中放疗，三维剂量评估的误差将增大。

平端面限光筒的高剂量区与筒径范围基本一致，而倾斜端面限光筒的高剂量区则与筒径范围相差较大，所以很难通过限光筒准确判断高剂量区位置，这就进一步增加了选择难度。而这些参数选择错误会对放疗效果产生严重影响，严重指数高达 8 分（根据失效模式与影响分析，最高为 10 分）[24]。

术中放疗存在单次照射无法给予根治剂量、照射范围不全、剂量不均匀等弊端，有时可能无法达到预期效果，需配合术后（外照射）放疗补量才能达到更好的治疗效果。缺少术中三维图像和剂量分布信息，在术后放疗计划设计时无法叠加术中放疗剂量，从而无法准确判断补量范围和剂量大小，这样有可能会导致靶区剂量不足或重要组织和器官所接受的剂量超过耐受剂量，影响术后外照射疗效。

（3）流程复杂。术中放疗涉及多学科专业人员，包括外科医生、放疗科医生、医学物理师、麻醉师、护理人员、病理学家和放疗技师，需要在多个科室的密切配合下才能顺利完成。术中放疗流程复杂，参与人员众多，因此增加了术中放疗中发生错误的概率。赵胜光等[24]对其所在医院的术中放疗风险进行失效模式与效应分析，研究发现限光筒安放位置错误和限光筒尺寸选择错误的发生概率可能达到 30%。

5）术中放疗加速器技术展望

如前所述，术中放疗设备结构、功能简单，导致术中放疗高度依赖医生个人经验、无法评估三维剂量、流程复杂，这些情况在一定程度上限制了术中放疗的开展范围。术中放疗加速器技术发展应该聚焦以上问题，在影像、精确计划设计和实施方面有突破性的发展。

采集三维图像的设备会占用手术室内有限的空间，增加额外的手术时间，并且很难保持无菌手术装置的位置不变。另外，采集术中影像时，一个不可避免的问题是金属手术工具和手术台部件引起的图像伪影，而这些通常无法用非金属材料替代。因此，术中放疗成像需要满足以下条件：在手术室内实施；需要对可见肿瘤、瘤床区或易复发转移部位成像。超声成像具备成像速度快、不会产生金属手术工具和手术台部的图像伪影、方便移动、设备使用率高等优势，是术中放疗手术室内的理想成像设备。

戴建荣等[25]建立了使用多功能限光筒完成术中放疗的三维模拟定位和超声引导放疗的方法，并在模体上开展了试验[26]。超声图像无法对骨骼和空腔成像，将超声术中放疗成像限制在了软组织肿瘤的应用范围内，例如，腹部胰腺癌、肝癌、贲门癌等肿瘤的术中放疗。超声系统获得的图像没有电子密度信息，在软组织电子束治疗范围内，软组织的密度可近似设置为 1 g/cm^3。此外，也可以通过与术前 CT 图像配准，获取相应组织的电子密度信息，应用在术中放疗剂量计算中。

到目前为止，还没有一个商业化的治疗计划系统使用室内影像。现有唯一的商业化术中放疗计划系统将外科导航系统与 CT 图像绘制工具结合在一起，用于模拟手术腔，定义限光筒位置和角度，并计算剂量分布（GMV-RADIANCE®）[27]。可以在术前的 CT 图像上，使用该系统设计预计划、模拟术中放疗手术流程以及重建剂量分布。剂量计算时，将限光筒末端电子束的相空间文件作为源模型，使用蒙特卡罗方法计算术中放疗剂量。此外，该系统还提供了报告工具，可连接验证和记录系统，包括 DICOM RT 输出。

总之，术中放疗发展的方向应该与外照射技术发展方向一致，包括图像引导、自动化和智能化。未来的术中放疗系统应该具备可视化、可定量化、自动化的功能，能够让医生看到肿瘤位置，量化肿瘤与正常组织相对位置，便于术前模拟手术路径；能够实时获取图像，便于监测手术进展和采取最优手术方案；能够定量评估手术结果，确保制订最优的术中精确放疗计划；能够精确摆放限光筒或施源器等治疗组件，提高摆位效率和精度，确保术中精确放疗计划实施。

2.3　介入式设备

近距离放射治疗（brachytherapy）的名词来源于希腊词 brachy，是“近”的意思。近距离放射治疗（简称近距离放疗），又称近距离治疗、短距离治疗、居里治疗、体内居里治疗等，是指使用体积小且密封的放射源近距离治疗肿瘤的一种放疗技术，将放射源直接放置于治疗部位或附近来实施治疗[28]。使用这种治疗模式，局部肿瘤可接受较高的照射剂量，而周围正常组织的剂量则迅速跌落。1898 年，法国物理学家居里夫妇从镭沥青矿中首次提炼出天然放射性核素^{226}Ra。1900 年，^{226}Ra 开始被用于治疗皮肤癌。1903 年，^{226}Ra 首次被插入肿瘤内进行治疗。1915 年，泌尿外科医生 Benjamin Barringer 首先将镭源植入前列腺。20 世纪 60 年代，^{226}Ra 是主要的腔内治疗源[29]。但近距离放疗医生很快意识到^{226}Ra 的缺点，即需要较高的穿刺技术和快速操作，以免自己及其他工作人员受到过量照射[30]。1956 年，Henschke 开发了^{192}Ir(铱),随后用于粒子短暂性植入和后装系统。20 世纪 60 年代,^{60}Co(钴)作为^{226}Ra 的替代源用于腔内治疗。1960 年,英国 Amersham 及美国 3M 公司开发了^{137}Cs(铯)。得益于其低成本处理技术及安全管理,^{137}Cs 在 70 年代得到广泛应用。20 世纪 60 年代,远程后装治疗设备出现,大大降低了工作人员的职业辐射暴露剂量,钛管封装的^{125}I(碘)粒子源开始临床应用。1972 年,Whitmore 首次报道通过耻骨后插入^{125}I 粒子治疗前列腺癌[31]。^{103}Pd(钯)、^{131}Cs 等低能光子源的应用,显著降低了照射带来的危害,患者也不必单独隔离治疗。70 年代后,高剂量率的微型步进源开始在临床使用[32]。80 年代后期,Holm 等开始使用经直肠的超声引导插植针将粒子准确植入指定位置[33]。90 年代末,三维图形引导的近距离放疗开始逐步在临床开展,意味着近距离治疗进入三维时代。近距离放射治疗问世一个多世纪以来,在肿瘤治疗中发挥着重要作用。

粒子植入治疗存在以下不足。

(1) 放射源的管理要求严格。对放射源的审批、放射源的管理、粒子源的运输和储存,都有很严格的要求和烦琐的流程。

(2) 剂量率较低,需要较长的时间才能损伤肿瘤。

(3) 辐射防护涉及的人员和场地范围较广。粒子植入人体后,会在体内持续产生辐射,患者就像一个移动的辐射源,会对家属、医务人员及公众产生额外的辐射。患者死亡后,如果粒子辐射强度较高,那么殡仪馆的工作人员也需进行防护,同时骨灰的处理也需按照要求执行。

(4) 粒子在植入后,受器官运动等因素的影响,粒子会发生移位,很难按照计划系统设计的剂量分布实施照射。

2017 年,盖炜教授首次提出了利用高亮度电子束直接消融身体浅表和深部肿瘤的概念,其原理是通过真空细管把高亮度电子束直接传输到肿瘤部位进行放射治疗。因辐射源是电子束,并以单次或大分割照射方式对肿瘤进行消融式治疗,所以将其命名为电子消融刀(electron knife, eKnife)。首台样机于 2018 年 12 月问世,X 波段加速器装载在一台六自由度机器人的机械臂上,可精确到达指定位置实施治疗[见图 2 - 25(b)]。eKnife 是一种电子束近距离加速器放射治疗系统,利用加速器产生高亮度电子束,并通过一根细长针管状的电子束管道(使用方式类似于现有的穿刺针)将电子束直接传输到肿瘤处,直接将高能电子沉积到肿瘤处,通过单次或多次照射,达到相当于外科切除的治疗效果,既可以通过介入治疗方式进入患者体内消融浅表和深部的肿瘤，也可以在术中消融患者浅表和深部的肿瘤。eKnife 这种加速器治疗技术有别于常规的外照射加速器和术中放疗技术，它是以微创的形式经皮穿刺进入组织，所以有些学者也称之为介入式加速器，其外观如图 2 - 25(a)所示。

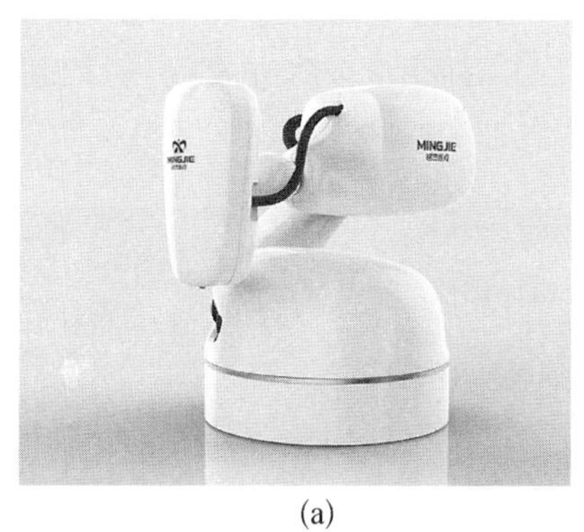

(a)

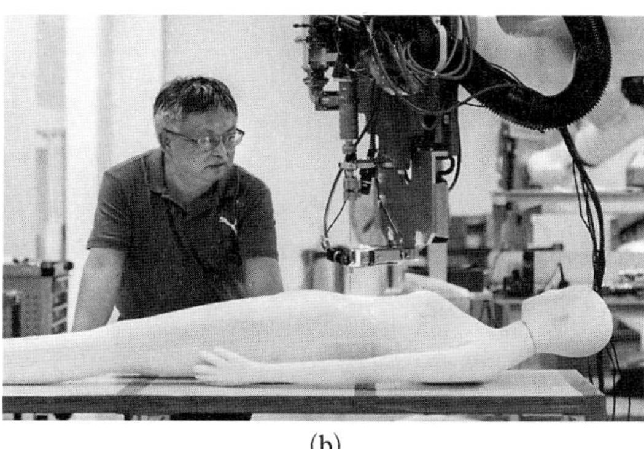

(b)

图 2 - 25　eKnife 外观图和测试场景

(a) 外观图;(b) 测试场景

eKnife 的主要组成及功能如下。

(1) X 波段加速器：用于产生高亮度电子束。

(2) 束流针：与加速器系统相连，与加速器构成一个整体；束流针是真空管封闭的细管，用于传输电子束；在束流针的针尖处产生电子束点源。

(3) 套管针：前端封闭的细管，用于组织穿刺，为束流针开辟通道；前端封闭，隔离血液和组织。

(4) 机械臂：用于装载 X 波段加速器并驱动其到达指定位置，同时辅助束流针与套管针的对接。

(5) 放射治疗计划系统：用于治疗计划设计(预计划、终计划、在线自适应放疗计划)和评估。

(6) 机器人视觉引导系统：用于引导和辅助对接。

(7) 其他辅助设备：导板、三维打印设备、体位固定装置等。

eKnife 采用 X 波段方案，设计了 2～6 MeV 的多腔加速管，并具有小于 1 mm · mrad 的发射度。从阴极发射的高亮度电子束被加速管加速到合适的能量级别(例如 4 MeV、6 MeV)后，可以穿过直径为几毫米、长度为几十厘米的针状高真空细管到达肿瘤处(见图 2 - 26)。由于紧凑型加速器的横向尺寸较小，为设计外加聚焦磁铁提供了足够空间，从而可以很好地将小于 1 mm·mrad 发射度的电子束聚焦并无损地传输超过 50 cm 的距离。与加速管末端相连、用于传输电子束的真空密闭细长管道称为束流针，套在束流针外面、用于穿刺的管道称为套管针。束流针可以做得很细，直径不超过 1 mm，套管针直径可以做到小于 2 mm，这样可尽量减少经皮穿刺对正常组织的损伤。在整个传输路径上电子不与正常组织发生相互作用，能量损失非常小，射线利用率高。

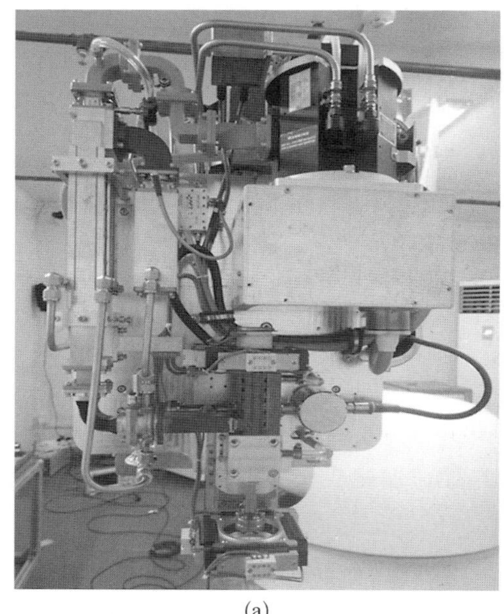

(a)

(b)

图 2-26　eKnife 整机结构实物图及加速管和套管针实物图

(a) 整机结构；(b) 加速管和套管针

电子束在束流针尖处以点源形式释放，辐射剂量分布如图 2-27 和图 2-28 所示，呈典型的泪滴状。通过移动束流针、改变剂量率、改变驻留时间、多针组合、电子线能量调节和更换特定设计的套管针等不同的方式，eKnife 照射区可以与靶区适形。由于辐射区位于针尖处，在传输通道上无辐射，同时电子束具有明确的射程和高的剂量梯度，因此照射区（靶区）周围的辐射剂量非常低，可以很好地保护正常组织。由于 eKnife 剂量率可以非常高（≥500 Gy/s），达到 FLASH 所需剂量，因此治疗时间非常短，其生物学效应也与常规放疗有所不同，非常值得开展详细的临床研究[34]。eKnife 剂量率要比常规加速器的剂量率高很多，甚至比现有的 FLASH 设备都高（见表 2－3）。2019 年 3 月，eKnife 开展动物预实验，2020 年 7 月 31 日开展正式的动物实验，选取了头颈部肿瘤 Fadu、肺癌 A549、宫颈癌 Hela 等裸鼠皮下成瘤模型。图 2－29 所示是开展小鼠实验的场景，实验达到了预期目的。

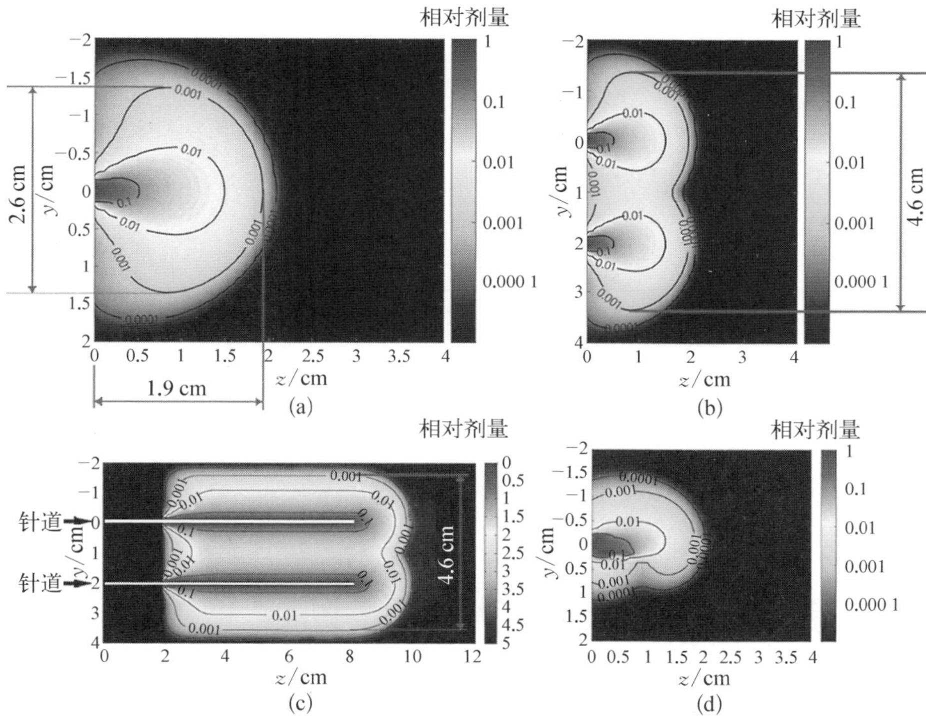

图 2－27　标称能量为 4 MeV 的电子束在束流针前端的剂量分布(MC 模拟)(彩图见附录)

(a) 单针定点；(b) 双针定点；(c) 双针匀强多点；(d) 非对称剂量调制

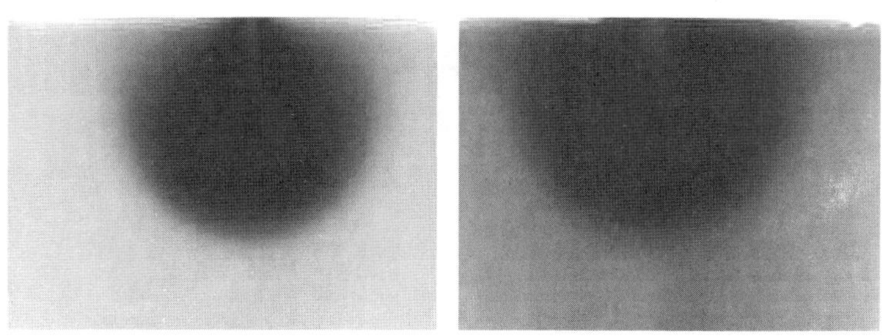

图 2－28　4 MeV 电子束照射到 EBT3 胶片上产生的剂量分布(彩图见附录)

表 2-3　eKnife 与其他设备的对比

设备名称	eKnife	IBA Proteus-PLUS	瓦里安质子 FLASH	法国 PMB FLASHKNiFE	质子/重离子设备	常规加速器
射线	电子线	质子	质子	电子	质子/重离子	X 射线
能量/MeV	2～6	230	250	10	约 230	4～25
剂量率	500～1 000 Gy/s	60～100 Gy/s	120 Gy/s	>200 Gy/s	约 100 Gy/min	4～24 Gy/min
治疗次数	1～3	1～3	1～3	1～3	20～30	20～30

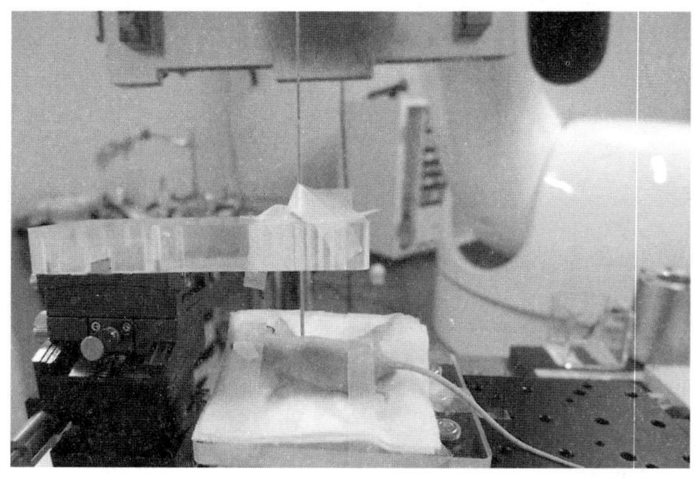

图 2-29　电子消融动物实验

eKnife 这种介入式加速器直接将电子沉积到肿瘤处实施精准消融，具有以下优点：① 治疗次数少，采取单次或低分割照射；② 剂量率高，闪疗(FLASH)模式下治疗时间非常短；③ 剂量跌落迅速，可以很好地保护正常组织；④ 治疗后体内无辐射，对患者家属、公众不产生影响。由此可见，eKnife 是一种十分具有潜力的介入式放疗设备。

参考文献

[1]　顾本广. 医用加速器[M]. 北京：科学出版社，2003.

[2] 迈耶 J L. 肿瘤放疗最新进展[M]. 郑向鹏，许亚萍，邢力刚，译. 北京：人民军医出版社，2013.

[3] 杨绍洲，陈龙华，张树军. 医用电子直线加速器[M]. 北京：人民军医出版社，2004.

[4] Kuo J S, Yu C, Zbigniew P, et al. The CyberKnife stereotactic radiosurgery system: description, installation, and an initial evaluation of use and functionality [J]. Neurosurgery, 2003(5): 785 - 789.

[5] 宫良平. 放射治疗设备学[M]. 北京：人民军医出版社，2010.

[6] 马林，王连元，周桂霞. 肿瘤断层放射治疗[M]. 成都：四川科学技术出版社，2010.

[7] 费兹 M K. 放疗物理学[M]. 刘宜敏，石俊田，译. 北京：人民卫生出版社，2011.

[8] Calvo F A, Meirino R M, Orecchia R. Intraoperative radiation therapy first part: rationale and techniques [J]. Critical Reviews in Oncology/Hematology, 2006, 59(2): 106 - 115.

[9] Gunderson L L, Ashman J B, Haddock M G, et al. Integration of radiation oncology with surgery as combined-modality treatment[J]. Surgical Oncology Clinics of North America, 2013, 22(3): 405 - 432.

[10] Daves J L, Mills M D. Shielding assessment of a mobile electron accelerator for intraoperative radiotherapy[J]. Journal of Applied Clinical Medical Physics, 2001, 2(3): 165 - 173.

[11] Veronesi U, Orecchia R, Maisonneuve P, et al. Intraoperative radiotherapy versus external radiotherapy for early breast cancer (ELIOT): a randomised controlled equivalence trial[J]. The Lancet Oncology, 2013, 14(13): 1269 - 1277.

[12] Shah C, Vicini F, Wazer D E, et al. The American Brachytherapy Society consensus statement for accelerated partial breast irradiation[J]. Brachytherapy, 2013, 12(4): 267 - 277.

[13] Vaidya J S, Wenz F, Bulsara M, et al. An international randomized controlled trial to compare targeted intra-operative radiotherapy (TARGIT) with conventional post-operative radiotherapy after conservative breast surgery for women with early stage breast cancer (the TARGIT - A trial) [J]. Health Technology Assessment (Winchester, England), 2016, 20(73): 1.

[14] Correa C, Harris E E, Leonardi M C, et al. Accelerated partial breast irradiation: executive summary for the update of an ASTRO evidence-based consensus statement [J]. Practical Radiation Oncology, 2017, 7(2): 73 - 79.

[15] Hogstrom K R, Boyer A L, Shiu A S, et al. Design of metallic electron beam cones for an intraoperative therapy linear accelerator[J]. International Journal of Radiation Oncology Biology Physics, 1990, 18(5): 1223 - 1232.

[16] Nyerick C E, Ochran T G, Boyer A L, et al. Dosimetry characteristics of metallic cones for intraoperative radiotherapy [J]. International Journal of Radiation Oncology, Biology, Physics, 1991, 21: 501 - 510.

[17] Mills M D, Almond P R, Boyer A L, et al. Shielding considerations for an operating room based intraoperative electron radiotherapy unit[J]. International Journal of

Radiation Oncology，Biology，Physics，1990，18：1215－1221.
[18] Janssen R，Faddegon B A，Dries W. Prototyping a large field size IORT applicator for a mobile linear accelerator[J]. Physics in Medicine & Biology，2008，53(8)：2089－2102.
[19] Beddar A S，Briere T M，Ouzidane M. Intraoperative radiation therapy using a mobile electron linear accelerator：field matching for large-field electron irradiation [J]. Physics in Medicine & Biology，2006，51(18)：N331.
[20] Ma P，Li Y，Tian Y，et al. Design of a spherical applicator for intraoperative radiotherapy with a linear accelerator：a Monte Carlo simulation[J]. Physics in Medicine & Biology，2019(64)：015014
[21] Martignano A，Menegotti L，Valentini A. Monte Carlo investigation of breast intraoperative radiation therapy with metal attenuator plates[J]. Medical Physics，2007，34(12)：4578－4584.
[22] Oshima T，Aoyama Y，Shimozato T，et al. An experimental attenuation plate to improve the dose distribution in intraoperative electron beam radiotherapy for breast cancer[J]. Physics in Medicine & Biology，2009，54：3491－3500.
[23] Ciocca M，Cantone M C，Veronese I，et al. Application of failure mode and effects analysis to intraoperative radiation therapy using mobile electron linear accelerators [J]. International Journal of Radiation Oncology，Biology，Physics，2012，82：305－311.
[24] 赵胜光，沈文同，张毅斌，等. 失效模式和效果分析用于术中放疗风险管理模式初探[J]. 中华放射肿瘤学杂志，2013，22(2)：4.
[25] 戴建荣，马攀，李明辉，等. 一种术中图像引导放疗的模拟定位装置和方法：中国，CN105879244B[P]. 2019－05－21.
[26] Ma P，Li M，Chen X，et al. Ultrasound-guided intraoperative electron beam radiation therapy：a phantom study[J]. Physica Medica，2020，78：1－7.
[27] Valdivieso-Casique M F，Rodríguez R，Rodríguez-Bescós S，et al. RADIANCE：a planning software for intra-operative radiation therapy[J]. Translational Cancer Research，2015，4(2)：196－209.
[28] 王俊杰. 3D 打印技术与精准粒子植入治疗学[M]. 北京：北京大学医学出版社，2016：1－4.
[29] 王俊杰，张福泉，李高峰，等. 影像引导高剂量率后装精准近距离治疗学[M]. 北京：北京大学医学出版社，2016：1－3.
[30] 李晔雄. 肿瘤放射治疗学[M]. 5 版. 北京：中国协和医科大学出版社，2018：81－83.
[31] 刘敬佳，王皓，曲昂，等. 西妥昔单抗增加结直肠癌细胞对^{125}I 粒子持续低剂量率照射的敏感性[J]. 中华放射医学与防护杂志，2014，34(1)：26－29，33.
[32] 姜伟娟，王俊杰，林蕾，等. 图像引导放射性^{125}I 粒子植入治疗复发性软组织肉瘤疗效以及临床预后因素分析[J]. 中华放射医学与防护杂志，2018，38(6)：429－433.
[33] 李学敏，彭冉，姜玉良，等. 3D 打印模板辅助 CT 引导放射性^{125}I 粒子植入治疗软组织肉瘤的剂量学研究[J]. 中华放射医学与防护杂志，2018，38(5)：350－354.

[34] 张奇贤，黄培根. 超高剂量率放射治疗(FLASH - RT)的研究进展[J]. 世界肿瘤研究，2020，10(2)：41 - 46.

[35] Fernet M, Ponette V, Deniaud-Alex E, et al. Poly(ADP-ribose) polymerase, a major determinant of early cell response to ionizing radiation[J]. International Journal of Radiation Biology & Related Studies in Physics, Chemistry & Medicine, 2000, 76(12): 1621 - 1629.

[36] Vozenin M C, De Fornel P, Petersson K, et al. The advantage of FLASH radiotherapy confirmed in mini-pig and cat-cancer patients[J]. Clinical Cancer Research, 2019, 25(1): 35 - 42.

第 3 章 电子直线加速器的治疗技术

1895 年 X 射线的发现，1899 年电离辐射在癌症治疗上的首次应用，1915 年机械旋转聚焦照射的出现，1951 年立体定向放射原理的提出，1959 年适形放射治疗的开展，20 世纪 50 年代末影像引导摆位技术的出现，1971 年多叶准直器的问世，20 世纪 70 年代调强放射治疗（intensity-modulated radiation therapy, IMRT）概念的提出，1993 年断层放疗的应用，1995 年旋转调强放疗（intensity-modulated arc therapy, IMAT）的问世，再到近些年立体定向体部放疗（SBRT）的迅速发展，每一次技术的进步，都对放疗产生了深远的影响。

20 世纪末，随着计算机技术和影像学的发展，放射治疗进入了一个新的时代，即三维放射治疗时代。其显著标志是 CT 模拟技术、三维逆向放射治疗计划系统、全数字化计算机控制的放射治疗系统及网络信息系统的广泛应用，使得放射治疗在给予肿瘤更高剂量，获得更高的肿瘤局部控制率的同时，显著降低了正常组织和器官的受照剂量，提高了患者的生存质量。放射治疗已经成为肿瘤治疗诸多方法中效价比最高的方法之一。新型放疗设备在设计上有了很大的改进和创新，其照射精度和剂量率更高，并融合了图像引导放射治疗（image-guided radiation therapy, IGRT）技术。多模态影像引导技术已成为主要配置方式，部分影像系统兼具治疗中肿瘤的实时追踪和剂量验证。磁共振成像由于其在软组织成像方面的独特优势以及无电离辐射损害的优点，在靶区定位（大孔径磁共振成像模拟机）和影像引导（融合到放疗系统中）中越来越受到青睐。新型设备在专用功能上不断强化和提升，如在 SBRT 和立体定向放射外科（SRS）方面的配置更加丰富。这些系统对不规则形状的肿瘤照射具有很好的适形度，同时能保护邻近的危及器官，使得这些系统更适用于剂量递增方案，有望提高肿瘤控制率和减少毒副作用。

三维适形、适形调强和图像引导放射治疗等技术的发展，改善了剂量在空间上的分布，提升肿瘤控制率并降低对正常组织的副作用。而放射治疗在时间上的分布，也同样影响了治疗效果与副作用。目前临床上常规的治疗方式是将总的处方剂量进行分割照射，也就是分次放疗；例如处方为 60 Gy 的剂量，通常每天照射一次，每次的照射剂量为 2 Gy，在 4～6 周内完成。分次治疗的方式一方面根据放射生物学的 5 - Rs 理论（见 1.3.3 节）更有利于对肿瘤的控制；另一方面也平均化了不同分次之间的摆位、器官运动等随机误差，减小了严重副作用发生的概率。剂量的分次策略（也称为剂量分割）对治疗效果与副作用存在明显的影响，在运用与选择上常受到放疗设备技术的影响。例如，立体定向放疗常采用低分割的策略（即减少分次，增加单次剂量），可显著提升对肿瘤组织的杀伤效果；而单次剂量提高导致的正常组织副作用增加在更高的适形度与更小定位误差的基础上可得到控制。针对各类剂量分割的研究与阐述，可参考肿瘤放疗生物学相关的研究与书籍，在本书中不再赘述。

3.1 剂量调强方式

1987 年，瑞典医学物理学家 Brahme 在对靶区内剂量分布进行优化计算时发现，要使不规则轮廓的靶区获得期望的剂量分布，其各个入射野内的剂量强度分布应当是不均匀的[1]。放射治疗中使用楔形板和补偿器的目的是改善剂量分布，这些装置可以调节或改变射野内的剂量强度分布。可以进一步设想，能够把射野上任意点的强度设为 0～100%的任意值，而不受相邻点强度的影响，这就是强度调节的概念。IMRT 已在全球广泛应用，现已成为主流治疗技术。目前，有三种主要的调强技术：静态调强、容积旋转调强放疗和螺旋断层放疗。通过 IMRT 技术，在临床上实现了对每位患者的快速定制化的剂量适形治疗。剂量适形度的增加，使“剂量逐步上升”成为可能。图 3 - 1 显示了 IMRT 与传统放疗的差别，图 3 - 1(a)展示的是传统放疗利用三个射野照射不规则形状的靶区，每个射野的形状都经过修整，以便整个靶区都能受到照射，同时对靶区外的组织进行遮挡。虽然整个靶区都能接受全部剂量的覆盖，即实现靶区外轮廓适形，但由于每个射野内的剂量强度分布是均匀的，造成靶区内处于“角落和狭缝”中的正常组织也会受到较大剂量的照射。图 3 - 1(b)所示为 IMRT 治疗使用同样的三个射野，但是调节了射野内的剂量强度分布，由此产生的剂量分布依然覆盖整个靶区，并且现在正常组织受到的剂量

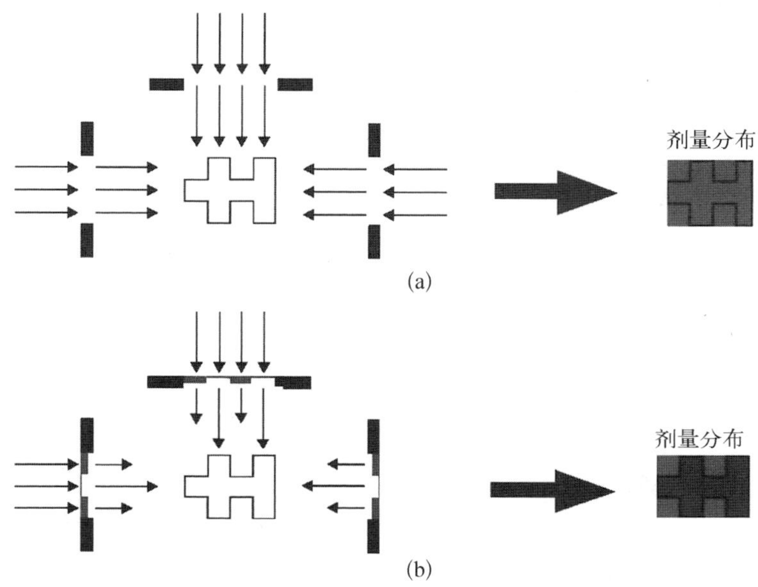

图 3-1　传统放疗和 IMRT 之间的区别

(a) 传统放疗；(b) IMRT

减少了。

早期的剂量调强方式为静态调强(fixed beam IMRT)，也称为分步照射(step and shoot)技术，是指只有当多叶准直器的叶片移动到每个指定的子野位置，加速器才会出束照射，而在叶片向下一个子野位置移动的过程中，加速器的束流输出被关闭，即在照射过程中，多叶准直器叶片保持静止不动[2]。静态调强放射治疗时，患者接受多个射野照射，每个射野被细分为一系列强度水平均匀的子野。子野由多叶准直器产生，以无须操作人员干预的序列方式由放射治疗计划系统一次生成。所有子野生成的剂量叠加后就可得放射治疗计划系统给出的剂量和剂量分布要求，即计划质量要求。还有一种动静态结合的调强技术，即滑窗技术。与静态调强不同，滑窗技术要求叶片从一个固定的子野位置移动到下一个位置的过程中，加速器始终连续照射，从而可以“模糊”单纯静态子野照射时的剂量阶梯效应。

3.1.1　容积旋转调强放疗

容积调强放疗(VMAT)，又称容积旋转调强放疗，最初用于描述单弧旋转调强放疗。医科达公司以“VMAT”命名其旋转调强放疗解决方案[3]。

RapidArc 特指瓦里安公司的旋转调强放疗技术，包括其照射控制系统和 Eclipse 放射治疗计划系统中的 RapidArc 计划模块。最初以单弧照射的形式推向市场，后来增加了多弧照射 IMRT 方案。医科达公司推出了两种商用旋转调强放疗计划方案。第一种已被整合至 Ergo＋＋旋转调强放射治疗计划系统。Ergo＋＋旋转调强放射治疗计划系统采用基于解剖形态的半逆向计划，即根据患者解剖定义射野的形状[4]。第二种方案基于 Monaco 放疗计划系统，采用了基于 MC 模型的剂量计算方法和基于生物学的 IMRT 优化。Monaco 系统采用了两步优化过程，先在一系列离散的照射野角度对通量图进行优化，然后将优化后的通量图转换成可实施的旋转调强放疗照射弧。Monaco 系统采用叶片回扫序列（sweeping leaf sequencer），即叶片单向移动通过照射野，在下一个角度叶片反向移动，在整个照射过程中叶片持续交替通过射野。该照射方法最先由 Cameron 于 2005 年提出。

旋转调强放射治疗是一种将旋转治疗的剂量学优势与调强治疗的剂量雕刻能力相结合的弧形治疗方式，具有两个主要优势：① 连续旋转照射，为获得理想的剂量分布提供了极大的灵活性[5]。相较于固定野照射（机架在固定角度静止不动，也称为二维 IMRT），旋转调强放疗实现了真正意义上的自动三维 IMRT 照射。② 不间断连续照射，使得旋转调强放疗更加高效。医科达公司和瓦里安公司分别于 2008 年推出具有旋转调强放疗功能的治疗系统，其中最为重要的创新之处是在机架旋转过程中动态地调整剂量率、机架速度和多叶准直器叶片位置。显而易见，与固定野 IMRT 相比，旋转调强放疗的逆向计划计算更为复杂[6]。在旋转调强放疗计划中，算法必须考虑相邻控制点之间子野形状的衔接，这主要是由于受多叶准直器叶片移动最大速度、照射弧内相邻射野角度间子野最大数量的限制，即加速器的最大能力限制。因此，在制订计划时必须考虑且满足上述限制，才能保证治疗的顺利实施。此外，确保实际照射剂量与计划剂量一致也是旋转调强放疗计划中限制多叶准直器叶片运动的原因之一。旋转调强放疗计划设计的基本过程与 IMRT 非常相似。物理师首先添加一个旋转调强放疗照射野，设定治疗床数值、准直器和照射野角度，然后设定剂量限值，执行旋转调强放疗优化程序。在设计旋转调强放疗计划时，还需要对旋转调强放疗特有的参数进行设定，其中最关键的参数是弧的数目。此外，需要设定的参数还有机架每旋转 1°多叶准直器叶片的允许运动范围等。

1995 年，Yu 在关于旋转调强放疗的研究论文中讨论了使用多个重叠弧进行旋转调强放疗照射的可行性[7]。该研究中的一个关键概念是应用多个重叠弧，在每个射野方向均实现强度调制。由此可见，旋转调强放疗本质上是一种IMRT技术。以3个共面弧为例，每个射野角度将有3个不同形状的子野，每个子野有其各自的MU值，根据权重将子野叠加可获得对应射野方向的强度调制。旋转调强放疗计划设计过程中的一个关键问题是确定弧的数目，通常采用的多弧照射有助于提高计划质量，但其代价是照射效率降低。单弧照射时，照射弧内设置大量的子野，因此照射的高效性是其潜在优势。以前列腺、部分脑或胰腺为例，靶区体积相对较小，形状相对规则，与单弧计划比较，多弧旋转调强放疗计划并不具备显著的剂量学优势，而随着弧的数量增多，从1个弧到2或3个弧，照射时间显著延长。对于更复杂的病例，如对盆腔或头颈部病灶施行放疗，与单弧治疗比较，多弧治疗方式在改善靶区剂量覆盖和均匀度方面的优势更加明显。如果使用单弧治疗，通常需要更多的强度调制方可达到可接受的计划质量，通常涉及增加更多的控制点或允许相邻控制点间多叶准直器叶片运动幅度扩大，这些措施将不可避免地增加单弧计划的照射时间。因此，对于较复杂的靶区，无论采用单弧或多弧旋转调强放疗计划，总的治疗时间差异并不显著。在日常临床放疗实践中，在决定旋转调强放疗计划中使用弧的数目时，应同时兼顾计划质量和照射效率。

容积旋转调强放疗的优化算法采用逐级递进的采样算法（progressive sampling algorithms, PSA），这是基于射野尺寸（aperture）的一种优化算法。瓦里安公司基于PSA容积旋转调强放疗（VMAT）优化算法推出了自己商业化的产品RapidArc。最初的RapidArc的优化算法为PRO1（progressive resolution optimization 1）算法，对应的Eclipse放射治疗计划系统软件版本为8.2。PRO1与PSA优化算法类似，这两个算法最大的区别是Otto最初提出的PSA算法在优化的过程中，每次只增加一个控制点（control point, CP）；而PRO1算法分为多级解析（multi-resolution, MR）层级。以一个360°的弧为例，整个优化过程分为五个多级解析（MR）层级，优化从MR1开始，到MR5结束。对应的MR1层级，整个治疗弧（arc）被分为10个控制点，MR2层级有21个控制点，MR3层级有43个控制点，MR4层级有87个控制点，MR5层级有175个控制点。但是由于控制点是在治疗弧每个分割段的中间，所以在整个治疗弧中，必须额外添加两个边界控制点（CP）来确定治疗弧的起始点和终止点，所以整个弧的控制点总数量为177个，约每2°有一个控制点。另外一个区别是Otto最初提出的PSA优化算法在每次迭代时，随机地调整多叶准直器形状或剂量率中的一个参数，而 PRO1 优化时，每次迭代都有 7 个变量可以同时调整。图 3-2 描述的是从第一个多级解析层级 MR1 到第五个多级解析层级 MR5，控制点数量的递增过程。

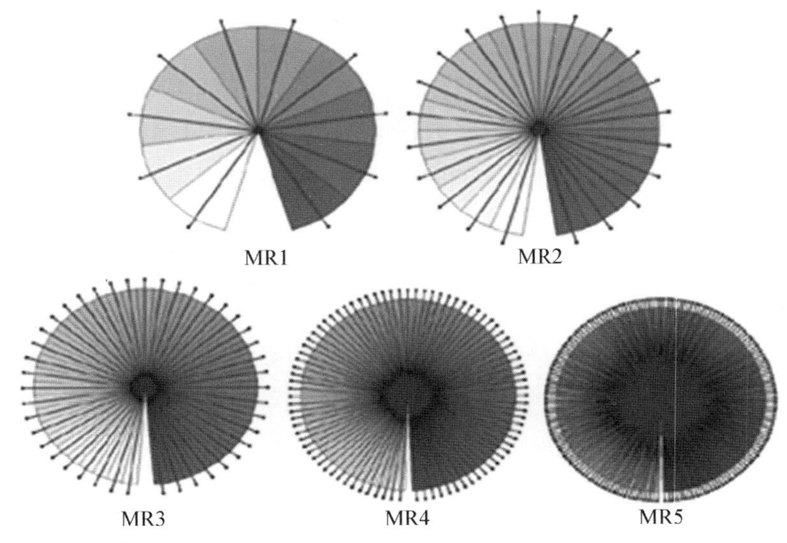

图 3-2　控制点数量的递增过程

同时，为了尽量提高投照的效率，在优化过程中加速器的一些参数是可以变化的，这些参数包括多叶准直器叶片运动速度、机架旋转速度、剂量率。多叶准直器叶片运动速度可以达到放射治疗计划系统中预先设置好的 2.5 cm/s，机架旋转速度一般都是机架的最大旋转速度（对于瓦里安公司的 C 系列加速器，机架最大旋转速度为 4.8°/s；对于瓦里安公司的 TrueBeam 加速器，机架最大旋转速度为 6.0°/s），除非单位机架角需要的机器跳数（MU）超过机器的最大剂量率 600 MU/min 所能调节的范围，这时系统才会考虑降低机架旋转速度以满足单位机架角所需要的机器跳数。

在随后的 Eclipse 放射治疗计划系统 8.6 和 8.9 版本中，RapidArc 的优化算法增加了一些新的特性，这个版本中的 RapidArc 优化算法称为 PRO2。PRO2 的优化流程与 PRO1 几乎是一致的，所增加的一些新特性主要是允许设计 RapidArc 计划时可以包括多个治疗等中心，允许计划中包含多个弧（但最多不超过 1 000°），允许使用非共面射野。这些新的特性在面对非常复杂的病例如全脑全中枢照射、晚期鼻咽癌照射、多病灶全脑照射等具有明显的剂量学优势。

RapidArc优化算法真正的更新换代体现在PRO3上。PRO3整个优化的进程共分为四个MR层级，分别为MR1、MR2、MR3和MR4，而每个MR层级又分成多个小的步骤。在优化的开始，即MR1优化层级，有178个控制点(CP)被加入一个治疗弧中。从MR1到MR4，CP数量不发生变化，这178个CP贯穿整个优化的始终，但是在整个优化过程中剂量计算的方向仍然是基于小的弧段扇形区(sector)层级递进的。以一个约360°的全弧为例，对应的MR1层级，两个相邻的剂量计算方向的扇形区约为18°，每层级递进，到MR4层级每个扇形区约为2°(见图3-3)。

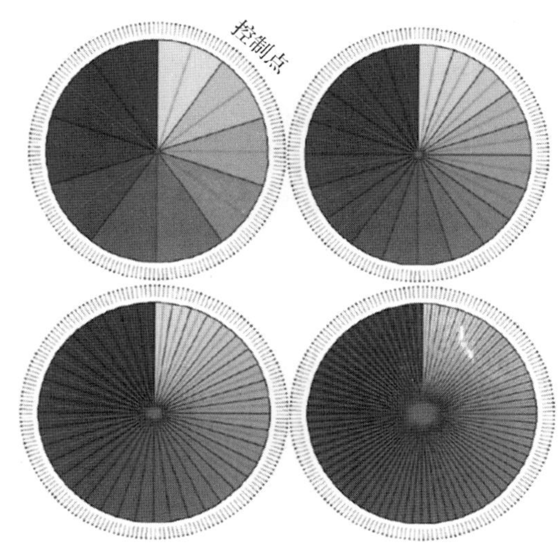

图3-3　PRO3优化的层级递进过程

在优化开始时，每个扇形区都会形成一个临时的通量，包括该扇形区里面所有的控制点。可以把每个扇形区都当成一个固定机架角度的照射，机架角度就固定在每个扇形区域的中心，每个扇形区里的那些控制点都在这个假定的机架角度上投照。MR层级(level)或步骤(step)之间的递进关系并不取决于迭代的次数，而是取决于罚分函数，如果随着优化的进行，罚分函数随迭代次数不再有任何变化(或者说在这一个层级/步骤目标函数已达到收敛状态)，那么该层级/步骤的优化完成。大体来说，系统会根据最近五次迭代的罚分函数的变化情况或目标函数的改善情况来进行判定，如果最近五次迭代，罚分函数都不再变化，那么优化将进入下一个层级/步骤，直到优化完成。整个优化迭代进程就是按照这样一个特定的流程直至目标函数收敛。

当然，在整个优化过程中，计划设计者可以人为地控制或干预优化的进程。MR层级可以被临时保持(Hold)在某一个层级/步骤。通过“Hold”这个工具，可以将整个优化的进程维持在当前的层级/步骤进行优化，这对那些需要优化中调整计划目标条件限制的情况会有很大的帮助，特别是对于最后一个优化的层级，最后一个层级的优化时间一般很短，在这个层级优化，“Hold”工具将会非常有用。如果优化中，目标限制条件更改，则优化运行的时间将会变长，直到新的目标函数变得收敛为止。随着MR层级/步骤的推进，扇形区面积会变得越来越小，对应的每个扇形区里的临时通量所包括的控制点的数量也越来越少。每次迭代时，通常会随机选择 8 个扇形区并进行优化，每个扇形区中，由目标函数优化所形成的优化的通量会根据上一次迭代结果所产生的实际叶片运动序列而渐变成实际的通量。叶片运动序列由优化的通量产生，而实际的通量又由叶片运动序列生成。系统将计算每个扇形区的剂量，并且把每次迭代时所有这些参数共同作用得到的目标函数的最优解应用到下次迭代，并作为下一次迭代的初始条件。因此，每次迭代时，被优化的扇形区的数量为 0～8 个。同时，在优化时也会考虑所有相关的加速器本身的参数如多叶准直器运动速度限制、多叶准直器漏射、机架旋转速度、剂量率等。

3.1.2 螺旋断层放疗

1993 年，Rock Mackie 发表 *Tomotherapy: a new concept for the delivery of dynamic conformal radiotherpay*（《断层放疗：动态适形放疗的新概念》）文章，描述了“断层放疗”的照射技术，其原理类似于 CT 成像的逆过程，是利用窄扇形束以旋转照射的方式配合治疗床的纵向移动实现调强放射治疗[8]。随着机架围绕患者的纵轴旋转，一个特殊的准直器用来在窄扇形射野内产生预期的剂量调强分布，即形成调强束。断层放疗分为步进式断层放疗和螺旋断层放疗。步进式断层放疗，又称为连续断层放疗或串列式断层放疗，运动方式类似于步进式 CT 扫描。治疗过程中，患者在治疗床上保持静止，治疗床以扇形束宽度的倍数步进移动，在每一个床位进行照射。螺旋断层放疗（helical tomotherapy，HT）的运动方式类似于螺旋 CT 扫描，在放射治疗过程中，治疗床连续运动，扇形束对靶区进行不间断照射。

步进式断层放疗采取对靶区分层（slice）旋转照射，与经典适形放疗中的循迹扫描法的不同之处在于辐射野内要实行剂量调强[9]。采用这种方法首先要在治疗床上增加固定及移位装置，当机架绕患者旋转照射一次后使治疗床沿纵向移动一段距离。其次要在辐射头上设计精密的多叶准直器，在机架的每个照射角度上，根据逆向计划计算出调制因子，由计算机控制多叶准直器叶片运动，实现调强要求。步进式断层放疗中，一次只能治疗患者轴向上的一个层面。要治疗下一个层面，需将治疗床精确地移动到下一个指定位置，即所谓的接野照射。治疗床移动过程中出现任何失误，都会导致因为重复照射造成剂量过大（剂量叠加）或因为“没有接受辐射”造成剂量不足。NOMOS 公司的 MIMiC 系统是典型的步进断层放疗系统（见图 3-4）。MIMiC 装置安装在传统直线加速器(没有配置多叶准直器的加速器)治疗头上,层宽为 2 cm(在等中心处测得)。有两排方形叶片,每一排都能够独立打开或关闭。随着机架旋转,气动系统快速打开或关闭叶片。这个系统的优点是可以安装在传统加速器上,对大量装备了传统加速器的医院来说,也可开展 IMRT 治疗。这个系统的缺点如下:进行 IMRT 治疗时需要装配,而进行常规放疗时要移除。另外,由于 MIMiC 是外置在辐射头下面的装置,对有效治疗空间有比较大的影响,同时也需要对旋转机架的配重进行调整以确保机架旋转的稳定性。

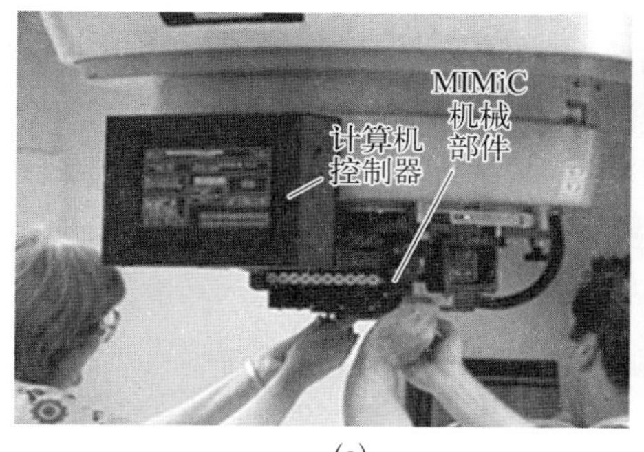

(a)

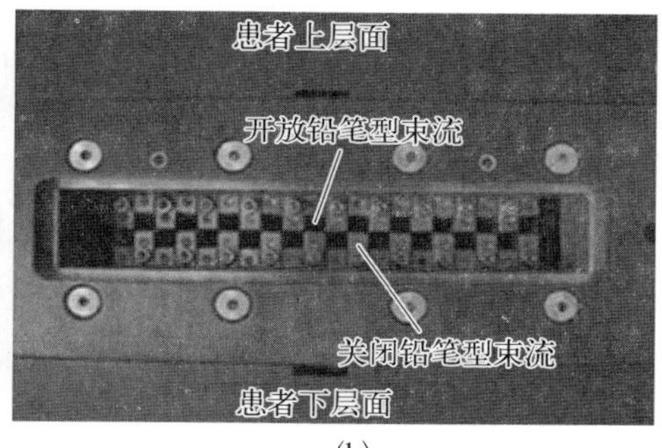

(b)

图 3-4　NOMOS 公司的 MIMiC 系统[10]

(a) MIMiC 机械部件、计算机控制器与传统加速器连接;(b) MIMiC 螺旋断层放疗

中核安科瑞公司的 TomoTherapy HD 螺旋断层放射治疗系统(见图 3-5)有圆环状的机架,其外观与 CT 机很像。在机架内,有一个紧凑型无均整滤过(flatten-filter free, FFF)6 MV 直线加速器和内置窄扇形射束多叶准直器。照射治疗时,治疗床沿纵向连续运动,与加速器和多叶准直器绕着患者的连续旋转运动同步进行。类似于 CT 机,TomoTherapy HD 系统能够获取和重建患者断层影像,但与之不同的是,它获取的是 MV 级影像。这样就可以参照患者的位置影像,在治疗前或治疗中调整患者的位置。

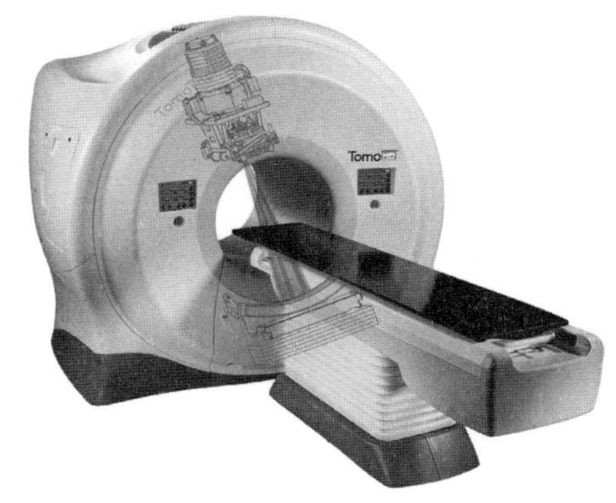

图 3-5　中核安科瑞公司的 TomoTherapy HD 螺旋断层放射治疗系统

3.2 立体定向治疗

近年发展起来的颇受赞誉的技术是立体定向放射外科(SRS)和立体定向放射治疗(stereotactic radiotherapy),它们均对医学实践作出了卓越的贡献,尤其是在神经肿瘤学领域。1949 年,Leksell 首先提出放射外科(radiosurgery, RS)的理论,设想利用立体定向技术,使用大剂量的高能质子束一次性摧毁靶点组织。之后该理论逐渐发展成为一个学科——立体定向放射外科,即根据立体定向原理,对颅内的正常组织或病变组织选择性地确定靶点(称为颅内靶点),使用一次大剂量窄束电离辐射精确地聚焦于靶点,使之产生局限区域的破坏,而靶区外组织因剂量迅速跌落而免受累及,从而在其边缘形成如刀割一样的界面,实现类似于外科手术的效果,从而达到治疗疾病的目的。虽然 SRS 仍被严格定义为一种专指对颅脑肿瘤进行单次放射的治疗过程,但此治疗过程是通过非共面、非等中心照射方式,利用立体定位和窄束多射束照射相结合来治疗颅内病灶的。随着技术和设备的发展,一些学者对 SRS 概念做了进一步扩展,现已扩展到颅外病灶的治疗。例如,相同的过程,当用于颅内多次照射时称为立体定向放射治疗,当用于体部时称为立体定向体部放疗。立体定向照射的主要特点是采用多射束(固定方向和非固定方向)、多弧照射(离散和连续)等聚焦技术在立体空间中以等中心、非等中心、共面、非共面等方式,将预设的处方剂量高精确投照到立体空间中精确定位的病变靶区。

3.2.1 立体定向放射外科

立体定向放射外科,又称为立体定向放射神经外科(stereotactic radioneurosurgery, SRNS),陈炳桓给出的定义如下:应用立体定向技术,将大剂量高能物理射线或同位素载体高精度、一次或几次限制性照射或植入所设定的颅内某一靶点上,使该靶点内无论良性或恶性的组织都受到不可逆性损毁,同时又能保证靶点边缘及周围结构所接受的射线剂量呈锐减性分布,从而达到治疗颅内病变和产生某一特定损毁灶,而对靶点周围正常或需保留的脑组织影响很小的目的[11]。

1949 年,Leksell 首先提出放射外科(RS)理论。他在描述这一术语时着重指出:放射外科是一门技术,该技术系将一束束纤细的放射线经立体定向的方式照射到颅内某一靶点上，以形成大剂量的局部照射，从而可不经常规的开颅手术即能切断大脑内的纤维传导束或摧毁深部核团，免去开颅手术所带来的出血和手术入路对重要结构的损伤及可能发生的感染或并发症，甚至可以考虑治疗脑干、丘脑等手术禁区的病变[12]。

1951 年，Leksell 首次利用回旋加速器对一精神病患者实施内囊前支摧毁术，手术达到预期效果。1951 年，Leksell 首次提出立体定向放射外科这一术语。1955 年，Leksell 和 Hemer 等用 X 射线（20～30 Gy）治疗脑功能性疾病。此后，将此项技术命名为立体定向放射神经外科。由于采用多角度照射、多射束在靶点上相交，故也称为交叉放射治疗（cross-firing of the target）。1992 年，Steiner 仍沿用 radiosurgery 一词，定义为在实验生物学或临床治疗方法中，应用各种类型的电离辐射，对准确选定的颅内靶区实施一次性大剂量照射，摧毁靶区，同时对靶区以外的脑组织不产生放射损害和明显并发症[11]。这一定义与 Leksell 的定义有微小差别。现代放射外科学范围更为广泛，已不仅限于治疗功能性疾病。

在神经外科书刊或文献中，这一名词是变化的。“放射外科（RS）”提出的早期阶段，意图是开拓未来神经外科的新时代。后来在大量的实践基础上，提出“放射神经外科（radio-neurosurgery，RNS）”这一术语。将此项技术中所使用的放射源称为“射线刀”，根据所使用的放射源和放射方法的不同，又分别冠以相应的术语，如 X 刀、γ 刀、电子刀、质子刀。SRS 的概念一经提出就迅速在临床治疗中被推广应用，从而催生了多种商用产品上市。目前，最常用的 SRS 设备有医科达公司的伽马刀、中核安科瑞公司的射波刀、博医来公司的诺力刀等。

神经外科医生 Lars Leksell 与放射生物学家 Borge Larsson 在许多项目上开展了成功的合作，包括 1957—1976 年在瑞典乌普萨拉大学使用质子治疗患者。然而，这两位科学家都在寻求一种设备，既可以达到与回旋加速器相同的非常陡峭的射束聚焦，又可以在医院内使用。他们与来自瑞典隆德大学的 Kurt Liden 和来自瑞典首都斯德哥尔摩的 Karolinska 医学院的 Rune Walstam 一起，综合了脑电图、气脑造影术的脑成像、立体定向手术、SRS、质子治疗和 ^{60}Co 远距放射治疗的概念，提出了 Leksell 伽马刀系统。最初的设备是由瑞典的造船公司 Mottola 制造的，并且该设备带有精密准直（通过椭圆的准直器）的 179 个密封的 ^{60}Co 源，能以非常高的精确度聚焦于直径约为 4 mm、8 mm 或 14 mm 的体积内。1987 年，第一台商用 Leksell 伽马治疗机（后来被

图 3-6 Leksell 伽马刀 Icon 系统

指定为 U 型）交付给匹兹堡大学医学中心（UPMC）使用。交付给 UPMC 的这台 22 t 的治疗机装有 201 个标称活度为 1.11 TBq（30 Ci）的^{60}Co 源，源都经过特殊机器加工的可互换头盔（每个约 200 kg）准直后到达靶区，标称射束直径为 4 mm、8 mm、14 mm 和 18 mm。2015 年，Leksell 伽马刀 Icon 系统投入商用（见图 3-6）。与上一代的主要区别是，Icon 系统增加了影像引导（锥形束 CT）、实时位移管理、在线计划剂量调整、在线剂量估算等功能。在保留原有创框架固定的基础上，增加了基于锥形束 CT 的无创固定。

由于伽马刀的高成本以及只能进行颅内 SRS，一些医生和医学物理师开始寻求 SRS 的替代方法。1982 年，西班牙首次报告了利用传统的基于 C 型机架的^{60}Co 治疗机开展立体定向治疗的情况。西班牙 Luis Barcia-Solorio 等使用特殊准直器与^{60}Co 远距离治疗机相结合来治疗患者的颈动脉海绵窦瘘。次年，阿根廷神经外科医生 Oswaldo Betti 和 Victor Derechinsky 报告了他们利用直线加速器多射束 SRS 技术联合 Talairach 立体定向机械装置所开展的 X 刀治疗方面的工作，该系统利用 Varian Clinac 18 加速器产生 10 MV 光子束，配备钨合金制成的次级圆形准直器，其孔径为 6～25 mm（见图 3-7）。患者被置于一个可移动的椅子上，并连接到一个可旋转的头部框架上。此后，该系统的改进版安装在法国的两个医院里。1987 年，美国 Winston 及 Lutz 研制出适用于直线加速器的特制准直器，提出使旋转机架和治疗床与立体定向原理相适应的治疗方式，还创建了等中心直线加速器测试、标准的方法及模体。同时期，意大利 Colombo 也提出了 X 刀的理论及方法，这些开创性工作为 X 刀的应用奠定了理论基础。

SRS 技术沿着这条道路向前发展，从早期直线加速器钨门限定的小方形/矩形野到附加的次级准直器形成的圆形野，而早期的剂量输出技术包括静态和动态两种弧形野。SRS 的下一步发展迈向了准直器射野成形技术。1991 年，Dennis Leavitt 等首次提出这一理念：通过添加一个动态可调射野准直器来实现射野成形[13]。射野孔径可变，大大增加了照射剂量的适形度。射野成形技术研究越来越引起大家的关注，这促使海德堡德国癌症研究中心开发了

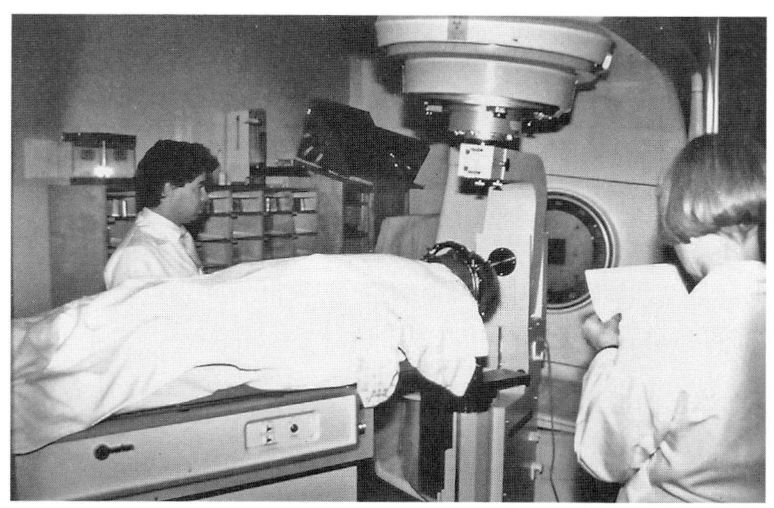

图 3-7　基于直线加速器的放射外科系统(X 刀)

第一台应用于 SRS 的微型多叶准直器。微型多叶准直器的叶片在等中心的投影宽度为 3 mm,安装在常规加速器的托架上。后来称为 ModuLeaf 多叶准直器,由 MRC 公司销售,随后卖给了西门子公司。其他多叶准直器的设计紧随其后,1997 年,Almon Shiu 等为头部 SRS 开发了一种微型多叶准直器,采用 15 对 4 mm 的叶片(等中心投影宽度),能产生的最大射野为 6 cm×6 cm[14]。微型多叶准直器的治疗计划使用 X 刀放射治疗计划系统完成。后来,开发出 27 对多叶准直器,最大射野为 13.4 cm×10.8 cm,Radionics 以 ConforMAX 的名字销售。Varian 公司和 Brainlab 公司联合开发的 m3 是一个 52 叶片微型多叶准直器,在射野中心配置 14 对 3 mm 的叶片(等中心投影宽度),射野边缘配置 6 对 4.5 mm 叶片(等中心投影宽度)。m3 可形成的最大射野为 10.2 cm×10.0 cm。

X 刀实施 SRS 主要有三种方式:

(1) 单平面旋转照射。直线加速器等中心点位于病变的中心,在机架旋转时出束照射。由于机械在一个平面上旋转超过 180°,等于使用无数个对穿野,因为形成的照射区呈盘状而非球形。

(2) 多个非共面拉弧照射。依据病变情况,所用照射弧少则 4 个,多则 10 余个,变化治疗床或其他支撑装置的方位角,机架旋转照射。多个非共面弧旋转照射形成的高剂量区为类圆形,所用弧的数量不同,高剂量区的形状也不同。

(3) 全动态旋转照射(dynamic rotation)。加拿大 McGill 率先采用这种方法,在治疗过程中机架和患者支撑装置同时旋转,设定各自的旋转角度后一次完成。机架旋转是从 30°到 330°,支撑装置(治疗床)旋转从−75°到 75°,角度调变的步长如下:机架转 2°,治疗床转 1°。尽管机架旋转 300°,但由于治疗床也同时转动,所以射线的入射和出射永不在一条直线上,无对穿野。全动态旋转照射所产生的高剂量区呈椭圆形,且与 11 个非共面照射相似,长轴也在前后方向。全动态旋转照射机架和治疗床必须准确同步运动,设计上虽复杂些,但设备可自动完成操作,无须人工干预。

3.2.2 立体定向放射治疗

适用于治疗颅内肿瘤的 SRS 已取得广泛的临床应用,人们在 SRS 的基础上发展了立体定向放射治疗(stereotactic radiotherapy, SRT)技术。立体定向放射治疗又称为分次立体定向放射治疗(fractionated stereotactic radiotherapy, FSRT),指对颅内肿瘤实施低分割、大剂量的立体定向照射,这种技术既可增加射线杀灭肿瘤细胞的生物学效应,又可增加正常组织对射线的耐受性。立体定向放射治疗是 SRS 技术的一个拓展,过程与 SRS 相同,但次数从单次改为多次照射。立体定向放射治疗与 SRS 采用一次性固定头环不同,其采用可重复定位的分次治疗头环开展颅内肿瘤的分次立体定向放射治疗。

3.2.3 立体定向体部放疗

立体定向体部放疗(SBRT)和头部 SRS 一样,起源于瑞典。Lars Leksell 在斯德哥尔摩的 Karolinska 医学院设计了伽马刀。相似地,1994 年,同样来自 Karolinska 医学院的医生 Henrik Blomgren 和医学物理师 Ingmar Lax 第一次提出了将 SRS 扩展到身体其他部位的想法。在没有严格固定框架的情况下,患者的固定和定位是颅内病灶向颅外治疗部位扩展过程中实实在在的挑战。Lax 设计并制作了一个内部嵌有 CT 定位标记的固定框架,可以根据 CT 影像对胸腹部病灶进行定位。这个装置含有一个机械结构,可使用腹部压迫器来限制呼吸造成的胸腹部运动。该装置后来被 Elekta 公司收购,并作为立体定向体部框架进行销售。该框架在全球范围内广泛用于早期病灶的立体定向体部放疗,直至今日仍在使用和改进中。

立体定向体部放疗是一项新兴的放疗方法,在治疗腹部、盆腔、胸腔、脊柱和脊柱旁等部位的早期原发性和转移肿瘤非常有效。立体定向体部放疗与传统放疗主要的不同在于立体定向体部放疗分次给予大剂量，这可以产生很高的生物效应剂量(biological effective dose，BED)。要使正常组织的损伤最小化，关键是使高剂量区与靶区适形且剂量在靶区外快速跌落。因此，立体定向体部放疗高度依赖于整个治疗过程的精度。在立体定向体部放疗中，对精度的要求涵盖成像、模拟、治疗计划和出束控制等技术整合到治疗过程的所有阶段和过程。射波刀、诺力刀等使用室内双 kV 级 X 系统成像，可以确定靶区位置和旋转的细小变化(见图 3－8)。在整个治疗过程中，患者能够被有效追踪，也因此减少了固定的需求。而传统的没有室内成像系统的直线加速器在治疗时，需要对靶区进行频繁的三维定位，不仅非常耗时，而且对患者的物理固定提出了很高的要求。

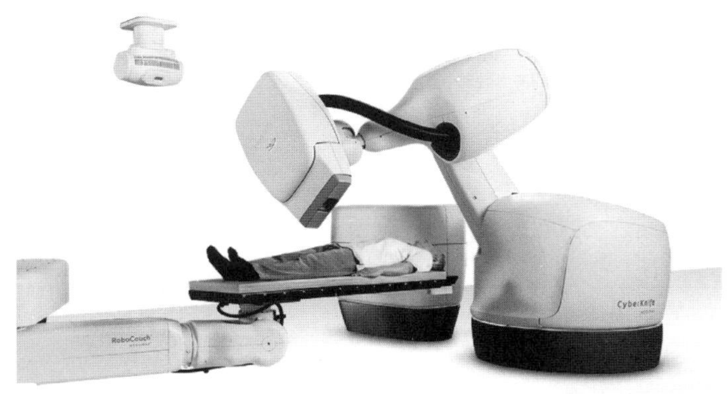

图 3－8　中核安科瑞公司的 M6 射波刀

与常规三维 CRT/IMRT 放射治疗技术相比较，追求更高剂量分布适形度是立体定向体部放疗技术的显著特点，也是实现超分割、大剂量的关键。表 3－1 给出了立体定向体部放疗与常规三维/调强放疗在治疗参数设置及其精度控制的对比情况。

表 3－1　三维/调强放疗与立体定向体部放疗特点的比较

特　　点	三维/调强放疗	立体定向体部放疗
剂量/分次	1.8～3 Gy	6～30 Gy
次数	10～30	1～5，也可能次数稍多，根据肿瘤大小、敏感器官的位置等实际情况而定

（续表）

特　　点	三维/调强放疗	立体定向体部放疗
靶区定义	CTV[①]/PTV[②]（病灶总体积＋临床外扩）肿瘤边界可能不清	GTV[③]/CTV/ITV[④]/PTV（肿瘤边界较清：GTV＝CTV）
外扩	cm	mm
物理/剂量监测	非直接	直接
要求的摆位精度	TG40、TG142	TG40、TG142
治疗计划所使用的主要成像模式	CT	多模式 CT/磁共振成像/PET - CT
冗余几何验证	否	是
保证很高的空间定位精确度	适度执行（适度进行患者位置控制与监测）	严格执行（通过综合图像引导，在整个治疗过程中患者严格固定和高频率监测）
需要呼吸运动管理	适度，必须至少考虑	最高
人员培训	最高	最高＋专门的立体定向体部放疗培训
技术实施	最高	最高
与全身治疗相结合	是	是

说明：① CTV 指临床靶区（clinical target volume）；② PTV 指计划靶区（planning target volume）；③ GTV 指大体肿瘤区（gross tumor volume）；④ ITV 指内靶区（internal target volume）。

立体定向体部放疗的放射生物学原理与 SRS 的原理类似，在相对短的总治疗时间内分几次施加大剂量，从而产生更有效的生物效应。与外科手术相比，立体定向体部放疗在治疗原发性和转移病灶上都得到了较好的临床结果，且不良反应较小。此外，立体定向体部放疗治疗次数较少，对患者来说更加方便，相比于常规放疗，性价比可能更高。

立体定向体部放疗是指当达到更高超分割和更大剂量时，对肿瘤病灶形成类似消融的摧毁效应，因此也称为立体定向消融治疗（stereotactic ablative therapy, SABR）。SABR 对先前公认的难治性病灶有比较好的疗效，取得了快速临床应用进展，例如 10 Gy×5 F 或 18 Gy×3 F 治疗原发性肺癌都显示出较好的疗效，两年局部控制率达到了 90%。立体定向体部放疗对于临床原因不能手术切除的早期肺癌的疗效已得到业界的公认，基于此，立体定向体部放疗的应用领域在不断拓展，逐渐应用于其他肿瘤的治疗中。目前，立体定向体部放疗在治疗原发性前列腺癌、胰腺癌和肝癌中都表现出了令人满意的结果。对于局限性脊柱、肺或肝转移的患者，长期局部控制率可超过90%。通过更大规模的临床试验及更长时间的术后随访，将进一步完善相关体系，包括患者的选择标准、治疗技术和分割方式等。此外，对于医生来说，先进技术的成本效益也是非常重要的，显然立体定向体部放疗与其他低分割放疗相比，主要优势在于缩短治疗周期，增加局部控制率，提高治疗获益，与此同时还有助于降低治疗成本。但是剂量增大也会增加正常组织毒副作用的风险，所以处方剂量确定和患者选择至关重要。立体定向体部放疗必须通过更精确的肿瘤定位和患者固定、更完备的个性化治疗计划制订，以及更准确的图像引导和实时追踪等技术的综合应用，以降低正常组织和敏感器官的受量，并实现肿瘤覆盖率最大化和更高的肿瘤受量来体现相对于常规放疗的优势。

立体定向体部放疗患者选择标准如下：立体定向体部放疗可以治疗肺、肝、胰腺、脊柱、前列腺等部位的大部分体部肿瘤。大部分研究者将入选条件限制在最大横切半径为5 cm、边界清楚的肿瘤。Lu等[15]于2005年报道最大直径大于7 cm肿瘤的研究结果。有专业建议在局部淋巴结照射外，使用立体定向体部放疗做追加剂量照射。即使是小体积的邻近危及器官(OAR)在立体定向体部放疗过程中受到照射，也应该对其正常组织功能和剂量分布进行慎重评估。通常，肺功能和受照的正常肝体积是最需要考虑的，靠近主支气管、气管、食管、胃壁、肠、血管和脊髓的肿瘤都要谨慎处理。

3.3 自适应治疗概述

自适应放疗(adaptive radiation therapy, ART)的思想可以追溯到20世纪80年代，当时出现的电子射野成像设备(EPID)为减小患者的摆位误差带来了希望。Denham等于1993年提出，如果一个患者每周只拍摄1张射野图像，也许一个并不严重的系统误差要到5或6周才能被发现[10]。因此，在治疗的第一周内，患者应该拍摄更多射野图像来减少此类误差。Yan等[16]于1995年提出，将图像数据作为反馈来判断摆位正确与否，并于1997年首次提出自适应放疗的概念——在放射治疗的过程中，使用测量结果作为反馈进而修正治疗计划。他们同时给出了自适应放疗的四个特性：① 闭环的放射治疗过程；② 可以对治疗过程的各种偏差进行测量；③ 在治疗前根据反馈结果对原始治疗计划进行再优化；④ 治疗过程因人而异。

患者摆位的偏差通常由系统误差和随机误差两部分组成。如果能在治疗前确定系统误差并进行修正，临床上就能采用较小的外扩边来治疗患者，因此只需要考虑当前患者的随机误差，这一方法称为离线自适应放疗(off-line ART)。一般来说，系统误差比随机误差危害更大，因为某些不需要接收高剂量的区域被当成了靶区，在整个治疗过程中一直接受高剂量照射。虽然采用分次照射，随机误差的影响相对较小，但对于大剂量、低分割的治疗而言，过大的随机误差也是不可接受的，实时 ART(real-time ART)或在线 ART(on-line ART)则用以修正随机误差。实时自适应放疗是指根据当前分次的反馈信号，修改治疗计划，并按修改后的治疗计划实施当前分次治疗(见图 3－9)。实时自适应放疗是在每次照射治疗前检测并修正当前的误差，这样就可以采用更小的外扩边。

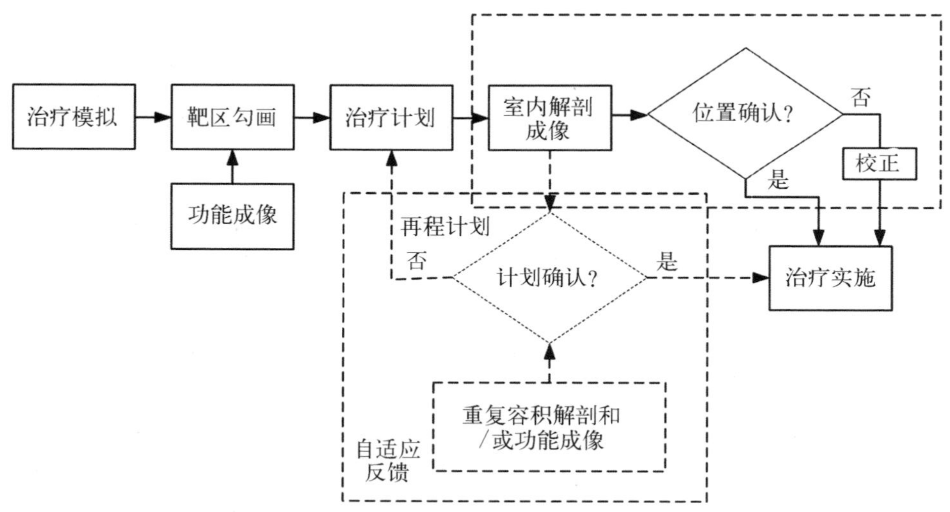

图 3－9　实时自适应放疗流程图

Meyer 等[17]在他们的著作中指出：“据估计，大部分治疗误差可以通过离线自适应放疗来解决。”他们用自适应放疗治疗了 300 名前列腺患者，在治疗前对每个患者采集图像，通过确定第一周的平均摆位偏差，采用离线自适应放疗修正系统误差。结果显示，约 80%的患者获得了 3 mm 的摆位精度，PTV 的外扩边一般都小于等于 3 mm。剩余的 20%的患者需要进行实时自适应放疗才能达到 3 mm 外扩边的水平。

自适应放疗、图像引导放射治疗(IGRT)以及调强放射治疗，它们的最终目的都是通过各种手段不断地提高放射治疗精度，提高治疗增益比。调强技术使得临床上能够针对某些特殊形状，如马蹄状肿瘤，使高剂量分布避开重要器官，从而能够提高针对肿瘤的剂量。图像引导放射治疗和自适应放疗在调强治疗的基础上又前进了一大步，它们的目标都是为了解决肿瘤在治疗过程中的移位和形状改变等问题，以进一步提高放射治疗的精度。两者在实现方法上都采用了反馈手段，但两者并不等同。Yan 等[16]将两者的差别概括如下：

（1）图像引导放射治疗。以图像数据为反馈来调整患者摆位，使实际照射情况与已制订好的治疗计划尽可能地吻合。

（2）自适应放疗。以图像数据、剂量以及其他信号为反馈，动态地调整治疗计划甚至是治疗处方，使得实际照射情况接近理想的计划状态。

自适应放疗自身也在不断发展和完善。目前，可以把自适应放疗理解为把放疗整个过程，从诊断、计划设计、治疗实施到验证作为一个可自我响应、自我修正的动态闭环系统，需要考虑并纠正的参数很多，除了肿瘤的位置和剂量分布之外，还要考虑到肿瘤的形状、呼吸运动和时间等多种因素，经过一步步调整，使得实际照射情况接近理想的计划状态，从而实现高精度的放射治疗。自适应放疗并不局限于一种具体的放疗技术，而应是一个大的概念。图像引导放射治疗因为采用了当前图像数据作为反馈调节患者的摆位，原理上也应属于自适应放疗[18]。实际上，任何一种通过反馈来调节治疗过程的技术都可归入自适应放疗的范畴，比如图像引导放射治疗、体积引导放射治疗（volume-guide radiotherapy，VGRT）、剂量引导放射治疗（dose-guide radiotherapy，DGRT）、结构引导放射治疗（structure-guide radiotherapy，SGRT）等。

到目前为止，图像数据，特别是三维图像数据，在自适应放疗过程中起到了越来越重要的作用。图像引导放射治疗作为自适应放疗的初级阶段，为自适应放疗的进一步发展打下了坚实的基础。剂量引导放射治疗则是在图像引导放射治疗基础上提出了剂量引导放疗的概念，除了要比对图像数据之外，还要将治疗时肿瘤和周围正常组织的实际吸收剂量与治疗计划中给定的剂量进行比对，并根据需要调整患者摆位，对治疗计划进行再优化，甚至在必要时修正医生的处方剂量[19]。相对于图像引导放射治疗，剂量引导放射治疗是在更高水平上修正剂量误差，剂量引导放射治疗和实时或在线自适应放疗代表了未来放疗技术的发展方向。

3.3.1　离线自适应放疗

离线自适应放疗是指根据最初的或当前的反馈信号，修改治疗计划，并按修改后的治疗计划实施后续分次治疗。其优点是没有速度限制，可以对治疗计划进行精细修改，甚至重新生成新的治疗计划。缺点是无法针对当前的（分次内）反馈信号进行实时修正，在精确性方面不如实时自适应放疗。

现在，可利用锥形束CT影像重新进行剂量计算，剂量评估精度与最初基于常规CT做出的计划精度几乎相当。实际的剂量分布可以用等剂量曲线图、剂量体积直方图、剂量差异图和剂量差异直方图与计划剂量分布进行比对。考虑到患者体重减轻或肿瘤收缩造成的解剖结构变化，轮廓可以做相应调整。

3.3.2 在线自适应放疗

在进行在线自适应放疗时，需要考虑的不仅仅是精度问题，处理速度更重要。在线自适应放疗过程中，患者一直躺在治疗床上，等待时间过长将导致额外的位置改变，所以整个过程从图像采集、快速轮廓勾画修正、更新治疗计划到传输计划应该控制在10～15 min以内完成。要达到这个目标，剂量计算和计划优化的速度是关键。以目前的技术条件，在这么短时间内重新进行剂量计算还是十分困难的。为此，人们提出了一些替代方法以避免重新进行剂量计算。其中，比较有特色的是基于实时光栅变形（on-line aperture morphing，OAM）算法对子野光栅进行直接修正。OAM算法根据患者解剖结构的变化来改变每个子野光栅的形状，即根据肿瘤投影边界的改变修正子野光栅形状和相应叶片的位置。

基于磁共振图像（磁共振成像）引导加速器的自适应放疗在实时自适应放疗方面展现出显著的临床价值。磁共振成像引导的加速器在出束前和治疗中可以快速采集磁共振成像影像，根据肿瘤实际位置、形状和实际运动特征等进行患者体位的校正，从而实现在线、实时跟踪肿瘤运动的自适应放疗，并且可通过记录解剖变化进行剂量重建和累积，从而提供准确摆位和剂量确定的过程，达到减少外放边界的目的。磁共振成像引导的加速器在放疗期间可以获取患者特定的肿瘤和正常组织生物学特性的变化，并针对患者的治疗反应进行调整。

3.3.3 剂量引导放疗

剂量引导放疗是一种从剂量学角度评估并补偿患者分次间和分次内解剖学和生理学改变的自适应放疗手段，在影像引导放疗中有巨大的潜在应用价值。随着加速器机载（on-board）影像质量的提高、形变配准算法的改进以及计算机软硬件技术的革新，剂量引导在常规放疗流程中的应用必将由现在的临床研究探索变成日后的普及应用。

精确放疗中实施剂量与计划剂量理论上应保持一致，但实际照射过程中患者剂量分布受解剖结构形态或生理状态变化影响而发生改变。尽管足够的靶区边缘外放是避免靶区欠量的重要保证，但同时也增加了靶区周围危及器官受照剂量，从而限制了靶区剂量的递增，难以实现理想状态下的最大治疗增益比。辅以呼吸运动管理的图像引导放射治疗是减少靶区边缘外放、提高治疗增益比的重要手段之一，但其只能通过重复患者摆位方式来提高靶区处方剂量覆盖率，不能较好评估并补偿由于肿瘤退缩、体重改变和膀胱直肠充盈等分次间和分次内形变对靶区和周围危及器官造成的剂量学影响。剂量引导放射治疗是以散射校正、形变配准等方法对机载影像进行处理并重建剂量分布，从剂量学角度分析和评估分次间和分次内形变产生的影响，以剂量引导摆位、计划优化及再程计划等方式对不符合剂量学要求的分次间和分次内形变进行补偿，更加符合精确放疗要求[20]。

基于机载影像的剂量重建是剂量引导放射治疗流程的核心步骤，其位置精确度和剂量精确度都会直接影响剂量引导放射治疗的可行性，在极端情况下甚至会适得其反，从而使剂量引导放疗向更坏的方向进行。其中，经位置校正后的轨道CT是唯一可以直接进行精确剂量计算的机载影像；MV级锥形束CT散射信号较高，但是也可以直接进行剂量计算，然而其剂量结果目前只能用于临床评估；而kV级锥形束CT和磁共振成像影像需要处理后才能进行进一步的剂量重建。上述几种机载影像数据都需要以对应坐标关系导入治疗计划系统，在确保计划坐标不变的前提下，替换原有计划中的CT值（即组织的电子密度值），重建出新的分次间和分次内的实施剂量。随着机载影像质量的不断提高、形变配准算法和计算机软硬件技术的快速提升，更高性能的实时在线图像引导放射治疗以及更高层次的剂量引导放射治疗设备能力将不断呈现，设备施照的精度和准确性将快速提升，从而为立体定向体部放疗的临床应用和普及提供更坚实的设备技术基础。

现阶段剂量引导放射治疗的主要研究对象是kV级锥形束CT。剂量重建方法分为基于形变配准方法形成虚拟CT和基于kV级锥形束CT灰度值校正直接进行剂量计算两种。

（1）基于形变配准方法：将计划CT影像形变配准到kV级锥形束CT影像上，以计划CT的灰度值信息和kV级锥形束CT的位置信息，形成结合两者优势信息的虚拟CT影像。虚拟CT的优点是kV级锥形束CT影像范围外可使用计划 CT 影像进行拼接，不存在影像信息缺失的问题；缺点在于虚拟 CT 和 kV 级锥形束 CT 之间存在形变配准误差，对最终剂量的影响难以评估。

（2）基于 kV 级锥形束 CT 灰度值校准方法：直接使用校正处理后的 kV 级锥形束 CT 数据进行剂量重建可分为灰度值-电子密度对应方法、散射校正方法以及非均匀性校准方法[21]。灰度值-电子密度对应方法是使用计划 CT 的灰度平均值给 kV 级锥形束 CT 中的组织赋值；散射校正方法分别以计划 CT 中的各个组织灰度值的高斯分布产生的随机数对 kV 级锥形束 CT 进行处理；非均匀性校准方法是以计划 CT 和 kV 级锥形束 CT 灰度值频率直方图的峰值对应关系，对 kV 级锥形束 CT 的灰度值进行线性变换，之后采取平滑去噪方法形成类似计划 CT 的校准影像[22]。

磁共振成像影像是剂量引导放射治疗技术的未来发展方向。剂量重建方法可分为组织分割法、像素-灰度值对应法以及灰度映射法。

（1）组织分割法是手动或自动勾画出磁共振成像影像的感兴趣区域（region of interest，ROI），分别赋予 ROI 包括空气、软组织以及骨信号相应的电子密度，该方法可以获得与计划 CT 类似的剂量学效果，但存在骨信号在磁共振成像影像中难以勾画的问题。

（2）相比于组织分割法的简单赋值，像素-灰度值对应法是根据组织类型的射线衰减数据模型，将磁共振成像的像素值转换为灰度值，各个类型的组织灰度分布形成高斯峰，更加接近真实情况。

（3）类似于 kV 级锥形束 CT，灰度映射法也是采用计划 CT 形变配准到磁共振成像影像，根据计划 CT 的灰度值信息和磁共振成像影像的位置信息，结合两者优势信息合成 CT 图像。合成 CT 计算剂量的精确度在 2%以内，但同样存在受形变配准误差影响的问题，在临床应用中应予以关注。

生物效应更加优越的立体定向体部放疗或将成为未来肿瘤临床治疗的主流技术。相比于常规放疗，单次剂量高、治疗分次少的立体定向体部放疗受各个分次执行效果影响更大。图像引导放射治疗以影像配准的方法校正患者摆位，受当前设备、技术的局限，部分治疗分次或不能满足立体定向体部放疗精确放疗的要求。

3.4 运动管理技术

呼吸运动影响射线剂量的准确传输。首先，呼吸运动将削弱剂量梯度。

McGarry 等[23]研究了头脚方向的呼吸运动对射束边缘半影区的影响，呼吸运动通常会让陡峭的剂量分布梯度变得较为平缓。这一发现的现实意义是，如果需给予肿瘤较高剂量的照射，那么靶区的边缘必须做相应的调整以消除由于呼吸运动所致的剂量影响。肿瘤在呼吸运动最大位置（吸气末或呼气末）停留的时间相对较短，因此实际外扩的靶区边界远小于呼吸运动的幅度。尽管如此，对于下肺病灶或呼吸幅度过大的患者，呼吸运动对剂量梯度的影响仍不容忽视。呼吸运动对射线剂量的第二个影响是相互影响效应（interplay effects）。Yu 等[24]对滑动窄窗内的剂量进行研究，结果显示如果呼吸运动与窗口的滑动方向一致，每次照射的剂量偏差可能高达 50%。当肿瘤与滑动窗开口做相同方向运动时，肿瘤的一部分与窗口平行移动，导致在窗口下暴露时间过长；而与窗口反向运动的另一部分所受剂量则不足。根据胶片测量数据，即使采用多叶准直器和较为合理的呼吸运动幅度参数，误差仍然可能很大。幸运的是，通常呼吸运动与多叶准直器的运动方向垂直，而且每次治疗中所用射束较多。上述两方面有助于将误差发生的概率与严重程度降至临床治疗上可以接受的范围内。

基于后续的特定研究，相互影响效应的临床意义受到质疑，认为相互影响效应所致剂量误差的发生方式在治疗的每次分割内都有不同。如果随机联合发生最大误差和发生最小误差的两个点，那么总体的误差将会因为平均而显著缩小。并不需要太多次分割就可使大的误差变小，以至于总剂量的误差可以忽略不计。Duan 等[25]完成了一项三维研究，沿正弦轨迹移动模体以评估分割次数不同对不同射野数（5 野、7 野、9 野和 10 野）调强放射治疗计划的影响。单次分割照射时，最大的剂量误差见于 7 野调强放射治疗计划，单束剂量误差超过 45%。以 5 次分割模拟治疗，随机剂量分布误差降至 2%左右。虽然在理论上呼吸运动导致的误差在多次分割照射后由于平均化而缩小，但每次分割治疗中允许的剂量误差仍是未知数，有待于在后续工作中加以明确。

断层放疗和呼吸运动之间的相互影响不同于传统放疗技术，因为断层放疗的标定铅门宽度为 1.0 cm、2.5 cm 或 5.0 cm。治疗时，窄野以 0.1 mm/s 的速度缓慢移动。因此，这与典型的多叶准直器不同，相互影响效应也不同。可以设想，如果肿瘤随呼吸运动的速度快于断层放疗系统的运动，由于呼吸运动，肿瘤在影像上的边界将较为模糊。实际情况的确如此，但断层放疗系统相对于慢速而规则的运动还会造成其他方面的影响。Lu 等[26]研究了断层放疗中呼吸运动对剂量的影响，该研究在大量实测患者呼吸运动数据的基础上，建立了一个模型以模拟呼吸运动对断层放疗剂量分布的影响，并对治疗床移动速度、呼吸运动幅度和射野的大小与剂量的关系进行了分析。结果显示，呼吸运动的确削弱了剂量分布的梯度，同时发现剂量分布误差并非微不足道。当呼吸运动幅度在 2.5～15 mm 时，最大剂量误差随呼吸运动幅度的增加而增大。通过对 52 名患者的研究显示，即使是 10 mm 的呼吸运动幅度，其导致的最大剂量误差可达 20%。误差的发生与治疗所使用的窄射野和呼吸运动之间的相互影响有直接关系。在患者呼吸过程中，呼吸幅度也可发生缓慢变化，平均呼吸量增加或减少；肿瘤的位置也伴随着呼吸运动的缓慢变化而移动，其移动的方向可以与断层放疗射束移动方向相反或相同。当肿瘤位移方向与射束运动方向相同时，肿瘤在射束内停留的时间增加，进而导致过量照射。而当肿瘤位移方向与断层放疗射束运动方向相反时，肿瘤在射束内停留的时间将缩短，导致局部剂量不足。每个患者的呼吸运动都存在一定程度的波动，由此所致的剂量误差对于某些患者可以忽略不计，而对于另外一些患者则可能非常显著，必须加以考虑。放疗中能够降低呼吸运动影响的方法可大致分成五类：运动包裹技术、呼吸门控技术、呼吸抑制技术、腹部压迫技术以及实时追踪技术。对已发表的运用不同技术得出的分次内和分次间变化的总结如表 3-2 所示。

表 3-2 呼吸运动管理中运用不同技术的分次内和分次间的变化总结

研究者	技　术	器官/部位	分次内变化/cm	分次间变化/cm
Cheung 等	吸气 BH、ABC	肺部	—	SD：0.18LR、0.23AP、0.35SI
Dawson 等	呼气 BH、ABC	纵隔	SD：0.25	SD：0.44
Ford 等	呼吸门控技术	纵隔	平均：0.26；SD：0.17	平均：0.0；SD：0.39
Hanley 等	DIBH	纵隔	SD：0.25	—
Mah 等	DIBH	纵隔	—	0.4*
Negoro 等	立体定向体部框架腹部压迫	肺部	平均 3D：0.7；范围：0.2～1.1	平均 3D：0.5*；范围：0.4～0.8*
Remouchamps 等	ABC mDIBH	纵隔	平均：0.14；SD：0.17	平均：0.19；SD：0.22
Wagman 等	呼吸门控技术	腹部器官	平均：0.20	—

说明：* 指包括摆位误差，ABC 指主动呼吸控制，AP 指前后，BH 指呼吸抑制，DIBH 指深吸气呼吸抑制，LR 指左右，mDIBH 指适度深吸气呼吸抑制，SD 指标准偏差，SI 指上下，3D 指三维偏差。

3.4.1　呼吸运动的机理和测量

肺的主要功能是促进血液和空气之间的气体(氧气和二氧化碳)交换,从而保持动脉血的正常气压水平(氧分压 P_{O_2}、二氧化碳分压 P_{CO_2})。呼吸是一种"非自主"动作,也就是说,即使在无意识的状态下,人也会继续保持呼吸。然而,在一定限度内,人能够控制呼吸及屏息的频率和强度。与心脏运动不同的是,呼吸运动是没有固定节律的。呼吸的周期循环由动脉血液中的 CO_2、O_2 和 pH 值通过化学感受器调节。其中,最重要的是 P_{CO_2},如果换气过度来降低 P_{CO_2},那么可有效减少呼吸频度或维持屏息。在正常情况下,氧含量和血液 pH 值刺激在呼吸控制中作用较小。

解剖学上,肺位于胸腔内,被充满液体的胸膜包裹。吸气需要呼吸肌的积极参与。平静状态下吸气时,胸腔扩大,外部空气进入腔内。吸气时,最重要的肌肉是横膈膜,膈肌收缩,横膈肌下降,腹部被迫向下向前运动,从而使胸腔上下(SI)扩张。肋间肌连接相邻肋骨,也参与正常的吸气。吸气时,肋间肌收缩,向上并向前拉动肋骨,从而使胸腔前后(AP)扩张(见图 3-10)。平静状态下呼气是被动的。肺和胸腔壁具有弹性,呼气时被动地返回到吸气前的位置。其他呼吸肌只在主动呼气时参与。

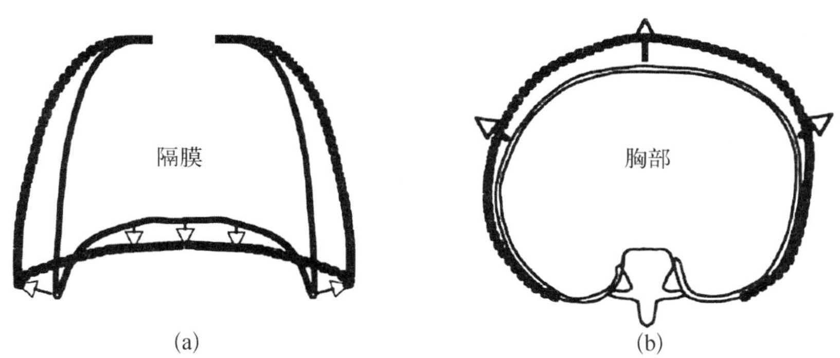

图 3-10　吸气时胸部及隔膜运动状态

(a) 吸气时,隔膜收缩,腹部向下和向前运动,胸腔扩张;(b) 吸气时,肋间肌收缩,带动肋骨,从而使胸廓的侧向直径和前后直径扩张

呼气末的肺容量也称为"机能余气量",处于平衡状态或最松弛状态。通常,吸气需要的时间比呼气需要的时间更长。跨肺压是指肺内压与胸膜腔内压之差。吸气时跨肺压降低,呼气时恢复正常。在跨肺压相同的情况下,正常

呼吸时排气的肺体积大于吸气的肺体积。这称为滞后作用，归因于肺和胸壁间复杂的呼吸压容量关系。

呼吸模式特性测定可以通过姿势(站立、俯卧、仰卧、侧卧)、呼吸类型(胸部或腹部)和呼吸深度(浅、平静、深)区分。正常平静呼吸时，肺容量变化范围通常是 10%～25%。深吸气时，肺容量的增量为正常呼吸时的 3～4 倍。在放射治疗中，站立姿势的测量数据仅在特定条件下才有意义(例如，患者站立进行全身照射)。因此，临床上只取俯卧、仰卧和侧卧的数据。

肺、食管、肝、胰腺、乳腺、前列腺、肾等器官都是随呼吸运动的，这种运动会造成图像质量下降，并对随后放疗计划和照射剂量造成影响，这促使物理师和临床医生使用各种成像方式去研究这一运动。大部分情况下，测量的对象是肿瘤或器官本身，有时测量对象是植入肿瘤内或附近的人工标记物或替代器官，如横隔膜。

如图 3-11 所示，在成像和治疗过程中，患者的呼吸方式可能在幅度、周期和规律性三方面发生变化。每张图中的三条曲线分别对应在患者体表上下、前后和左右方向上测得的红外线反射，各组都是随机选取的归一状态。图 3-11(a)中的运动模式对形状、位移幅度和模式的再现性相对较高；图 3-

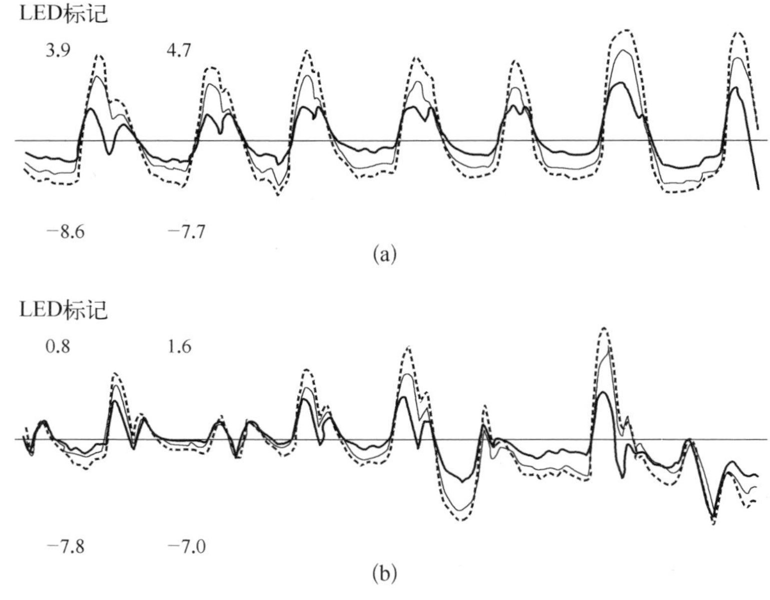

图 3-11　同一名患者呼吸模式的变化(相隔几分钟测量)

(a) 规律变化的呼吸运动模式；(b) 无规律的呼吸运动模式

11(b)中曲线不规则，难以区分呼吸模式，呼吸基线也会发生系统性变化。不同患者的呼吸运动也有明显区别，这表明应采用针对个人的呼吸管理方法。现已证明，视听生物反馈(audiovisual biofeedback)能有效提高呼吸的再现性。

通常，腹部器官是上下运动的，前后和侧面位移不超过 2 mm，而肺肿瘤运动在运动轨迹上的变化要大得多。呼吸时，肺肿瘤运动的幅度差别很大。Stevens 等[27]发现，22 例肺癌患者中，10 例肿瘤在 SI 方向上没有运动，其余 12 名患者在 SI 方向的平均位移为 3～22 mm，平均值为(8±4) mm。他们还发现，肿瘤是否运动、肿瘤运动幅度与肿瘤的大小、位置或肺功能之间没有相关性，这意味着肿瘤运动应单独评估。

Barnes 等[28]研究发现，肺部下叶的肿瘤平均动度(SI 方向上平均位移为 18.5 mm)比中叶、上叶或纵隔肿瘤的平均运动更大(SI 方向上平均位移为 7.5 mm)。Seppenwoolde 等[29]详细测量了肺部肿瘤的运动数据。他们将基准标记植入肿瘤或肿瘤附近部位，通过双重实时荧光成像测量了 20 位患者肺部肿瘤三维运动轨迹。他们观察到有一半患者的轨迹出现滞后的情况，吸气和呼气过程中出现了 1～5 mm 的间隔，20 位患者中有 4 位的间隔距离超过 2 mm。

上述研究对于剂量精度要求高的情况下，基于替代呼吸信号的实时跟踪或呼吸门控，肿瘤沿每个轴的运动不仅要与呼吸信号关联起来，还应了解呼吸时相，因为正是呼吸时相差异导致了滞后效应。图 3 - 12 所示是肺肿瘤放射

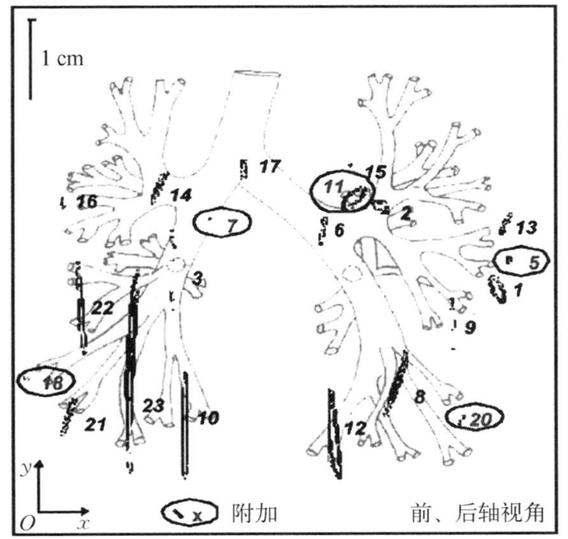

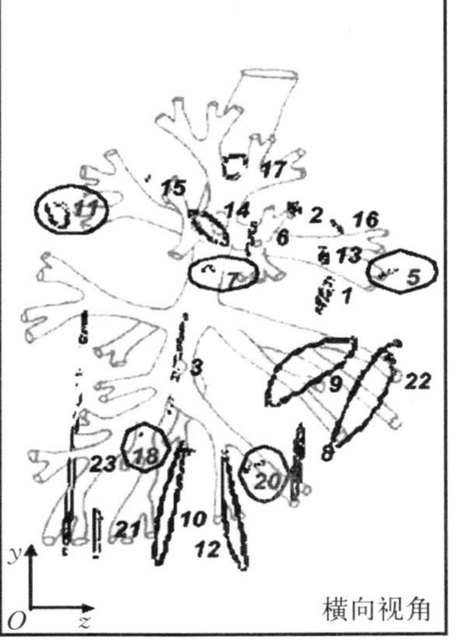

图 3 - 12　标记植入和实时立体透视方法测量 23 名患者肺肿瘤的运动轨迹(不按比例)

治疗过程中的运动轨迹，通过植入金标测得，图中不同数字代表相应标记点，对比两幅图可以得出标记点的前后变化，位移范围从 1 mm 至 2 cm。此外，图中还可以看出，半数左右基准标记的运动是非线性的。大多数的基准标记(78%)的运动范围小于 1 cm。

回顾呼吸运动的研究，可以得出下列结论：患者呼吸特征没有统一的模式。患者呼吸的个体特征(平静呼吸或深呼吸，胸式呼吸或腹式呼吸，健康或受损等)，以及与肿瘤位置和病理相关的众多运动变化都会导致个体肿瘤运动模式的差异，体现在肿瘤运动的位移、方向和相位方面。因此，最好在治疗前对每位患者的呼吸运动模式进行评估。此外，呼吸补偿程序和算法应该视每位患者的具体呼吸特征而定。

治疗期间通过荧光透视或射野成像，在许多情况下，几乎无法直接观测到肿瘤。这促使研究人员去观察体内可替代的器官，如横膈膜，其被认为与腹部器官和下肺叶肿瘤的运动密切相关。然而，这种相关性还未得到充分验证，尚无隔膜运动与肿瘤运动直接关联的确切数据，且目前已有案例表明出现了错误，例如，Iwasawa 等[30]观察了肺气肿患者的膈肌运动，他们注意到，有时候横膈肌不管是作为一个单独的器官还是作为一个与腹部肋骨相连的器官，它的运动都是反常的。越来越多的肺癌患者选择放射治疗，他们中有许多人的肺功能受损，这引发了人们对用横膈膜作替代标记预测肺部肿瘤甚至是位于下肺叶肿瘤运动的质疑。多数人认为，在下肺叶，肿瘤、隔膜和体表运动的耦连是最紧密的。

3.4.2 运动包裹技术

CT 成像过程中估算出平均位置和运动范围是非常重要的。按照工作量从小到大排列，在呼吸周期内包含整个肿瘤运动范围的三个 CT 成像模式(在 CT 采集时)，分别是慢速 CT 扫描、吸气和呼气呼吸抑制 CT、四维 CT 或呼吸关联 CT。需要提醒注意的是，了解呼吸模式以及肿瘤运动在治疗各个阶段的变化是降低 CT 辐射剂量的关键。统计数据表明，这三种成像模式造成患者接受的辐射剂量比标准 CT 模拟高 2～15 倍，这种差别主要是由了解程度不同造成的。

(1) 慢速 CT 扫描(slow scanning)。治疗周围型肺癌典型的 CT 图像获取方法之一就是慢速 CT 扫描法。该扫描模式下，CT 缓慢扫描和/或多层 CT 扫描取平均值，每层 CT 记录多个呼吸相位。扫描仪须在一个特殊治疗床位置上运行，运行时间大于一个呼吸周期，肿瘤的影像（至少在高增强区）应该显示出扫描过程中完整的呼吸运动范围，并产生一个环绕肿瘤的体积。考虑到呼吸运动在成像和治疗之间会发生变化，需要留出额外的外扩边。除了勾画解剖轮廓外，慢速扫描法比标准扫描更有优势的一点在于，依据慢速扫描数据进行剂量计算的几何条件更能代表治疗过程中整个呼吸周期的几何条件。慢速扫描法的缺点在于运动伪影导致分辨率降低，在肿瘤和正常器官轮廓勾画中可能会导致较大的观测误差。有鉴于此，慢扫描模式仅推荐用于与纵隔和胸壁无关的肺肿瘤，不推荐用于其他部位的肿瘤，如肝脏、胰腺、肾脏等。有建议称，正电子发射计算机体层扫描（PET）具有较长的采集时间，因此也不失为评估肿瘤运动路径的一个好的解决办法。但是，运动也会模糊 PET 影像上的物体，甚至可能造成疑似病灶不明显。这种情况下，呼吸门控 PET 或四维 PET 可能是更好的选择。慢速扫描与常规扫描相比，另一个缺点是慢扫剂量的增加。

（2）吸气和呼气呼吸抑制 CT。在大部分科室，获得肿瘤包裹（tumor-encompassing）体积的一个方法就是在 CT 模拟阶段进行吸气和呼气门控或呼吸抑制 CT 扫描。进行吸气和呼气抑制 CT 扫描会使扫描时间加倍，效果还取决于患者是否能重复性地屏住呼吸。该方法将会获得两个扫描结果，因此，需要进行影像融合及额外的外形修整。对于肺部肿瘤来说，假如不包含纵隔肿瘤，大部分影像系统中的最大强度投影（MIP）工具都可以用来获取肿瘤运动环绕体积。呼吸抑制 CT 扫描相较于慢速扫描法，优点在于自由呼吸时运动造成的伪影在屏住呼吸时明显减少了。呼气扫描往往低估了肺体积，因此会高估接受特定剂量的肺体积百分比。为了节省时间，自由呼吸 CT 扫描用于扫描整个区域（通常包括整个胸腔），而足够覆盖肿瘤体积的一个扫描长度的，或吸气和呼气门控的 CT 扫描用来确定 GTV 的运动范围。为验证门控或屏息的稳定性，以及确保扫描代表了患者的正常呼吸范围，采用有效方式对患者呼吸进行监测是很有必要的。

（3）四维 CT 或呼吸关联 CT。在呼吸运动的情况下获得高质量 CT 数据，四维 CT 或呼吸关联 CT（常规和锥形束方法）是非常好的方法。分析四维数据可以用于确定平均肿瘤位置、治疗计划的肿瘤运动范围、肿瘤轨迹与其他器官及呼吸监测器的关系。图 3 - 13 为利用胶片采集四维 CT 影像过程的示意图。四维 CT 的局限性是在采集过程中会受到呼吸方式变化的影响。

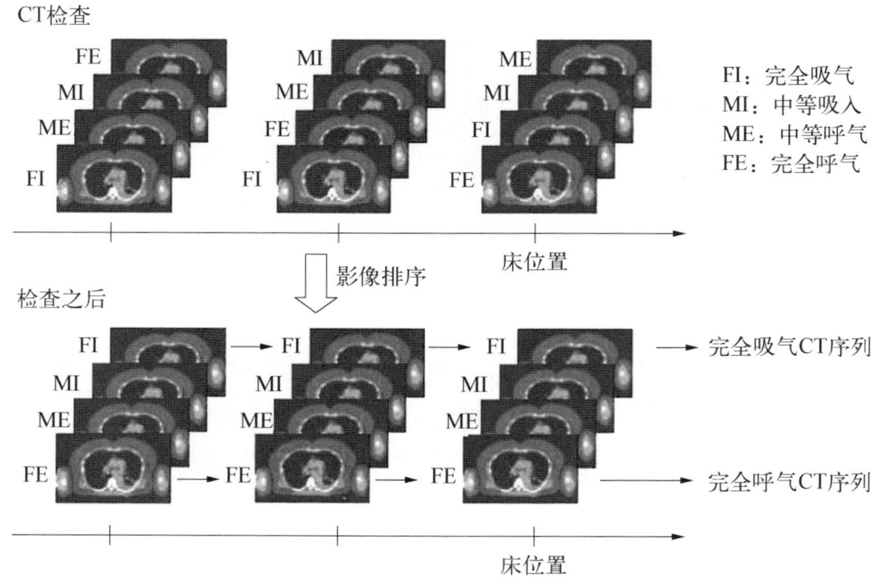

图 3-13　利用胶片采集四维 CT 图像的过程示意图

3.4.3　呼吸门控技术

呼吸门控(respiratory gating)涉及在患者呼吸周期内某特定时间段的辐射管理(包括成像和照射治疗)，这个时间段通常称为“门”。一个呼吸周期内门的位置和宽度通过监测患者的呼吸运动决定，在此过程中需要用到外部呼吸信号或者内部标记。由于射束非连续出束，所以使用门控程序的治疗时间要多于非门控。

20 世纪 80 年代末到 90 年代初，日本最先开始研究呼吸门控技术在放射治疗中的适用性。在最初的研究中，监测呼吸运动使用的是能生成所需呼吸信号的某些形式的外部标记。在早期临床研究所报道中，成功运用呼吸门控技术实施治疗的时间是常规放射治疗的 2 倍。Minohara 等[31]报道了门控技术应用于重离子束治疗的情况，Hara 等[32]在运用呼吸门控技术对肺肿瘤实施立体定向单次高剂量照射方面做了相关临床研究。

在美国，对于呼吸门控技术早期的研究开始于 20 世纪 90 年代中期。Kubo 等[33]评估了不同的外部呼吸信号(采用热敏电阻、热电偶、应变计及呼吸速率计等)来监测呼吸运动，并在重复性、准确性及动态响应方面做了相关分析，温度和应变计(strain gauge)方法能够产生相对理想的信号。随后，人们进一步研究了将呼吸门控作为一种常规临床工具的可行性，其中包括呼吸门控技术的临床疗效、理想的射束特点、门控与调强放射治疗相结合的潜力（门控调强放射治疗）、最优参数的确定及潜在放射治疗的改进[34-35]。为更好地解决胸腹部肿瘤在放射治疗中的呼吸运动问题，一些机构还对呼吸门控技术开展了进一步研究。呼吸门控治疗程序在本质上与三维适形治疗方法相同。重要的是，成像和治疗与患者的呼吸周期是同步的，因此可以减小 CTV－PTV 的外扩。

呼吸运动有两个变量：位移和相位，因此呼吸门控技术又称为位移门控或相位门控。测量的呼吸信号的位移是呼吸信号在呼吸运动两个极端（即吸气和呼气）之间的相对位置。在基于位移的门控中，当呼吸信号位于相对位置的预设窗内，则出束照射。第二个变量为相位，是以呼吸信号必须满足周期性标准来计算的。一个完整的呼吸周期对应的相位间隔在 0～2π 的范围内（对于完整的周期运动来说，0 是在呼吸追踪的吸气水平）。在基于相位的门控中，当呼吸信号的相位处于预设相位窗中时，射束就被激活。一些部位的肿瘤和危及器官的运动在门控相位窗内仍然存在，被称为“残存运动”。门控宽度的选择是在残存运动和工作周期之间权衡比较的结果。

1）基于外部呼吸信号的门控

目前，商用的基于外部呼吸信号的呼吸门控系统，如 Varian（瓦里安）公司的 Real-time Position Management 系统（RPM）和 Brainlab 公司的 ExacTrac Gating/Novalis Gating。ExacTrac Gating/Novalis Gating 运用外部标记实施门控出束，也具有 X 射线成像能力，用于确定内部解剖位置及验证治疗中内部解剖位置的重复性。西门子加速器通过与 Anzai 系统结合，实施呼吸门控治疗。由于基于外部呼吸信号的门控是非创伤性操作，因此几乎适用于所有的患者（＞90％）。

瓦里安公司的 RPM 系统利用一个红外反射塑料块作为外部金标，放置在患者的腹部位置，最好放置在 AP 方向呼吸动度最大的地方，通常在剑突和肚脐之间。标记块应尽量水平放置，以使室内照相机准确地检测反射标记。腹部凹陷或胸部倾斜的瘦弱患者可能需要将标记块放置在高于或低于标准位置的地方，或者利用简单、耐用的材料如泡沫聚苯乙烯为患者定制标记块垫片。对伴有悸动降主动脉的患者，在放置标记块时需偏离中线。在治疗期间，如果使用皮肤标记来记录标记块的位置，则应在成像完成后做标记，以确保治疗期间可重复性定位。同样，相对解剖位置（如剑突以上 6 cm）也应该记录在患者图表上，以防皮肤标记被抹去。

门控参数（位移/相位、呼气/吸气、工作周期）的确定取决于扫描前对外部呼吸信号的观察，如有可能，可以与呼吸同步透视。在“预期门控 CT 扫描”中，呼吸门控系统在每一个呼吸周期都会触发 CT 扫描。CT 扫描参数（层厚、扫描仪旋转时间、指数等）与标准 CT 扫描保持一致。严格说来，CT 影像并不是门控的，而是由触发器启动的。门控宽度与 CT 扫描仪旋转时间相差应非常小。如果门控宽度小于扫描仪旋转时间，预期门控之外的解剖部位就会进入影像中。如果门控宽度大于扫描仪旋转时间，则门控过程中出现的组织运动会比 CT 影像中获取的多。门控宽度或扫描仪旋转不匹配会导致 CT 影像记录的运动量与实际治疗中的运动量不同，这是一个潜在的误差源。

门控 CT 扫描所需的时间取决于患者的呼吸周期，而不是工作周期，因为每个周期触发一个 CT 层面。无规律的呼吸会进一步延长 CT 图像的采集并/或导致在呼吸周期的错误阶段采集了 CT 图像。因此，对于单排 CT 来说，采集过程大约会花费 100 多次呼吸的时间（至少 6 min）。然而，对于多排 CT 来说，扫描时间随着探测器排数的增加而减少。在 CT 模拟阶段，照相机固定在治疗床上，以保持治疗床运动时照相机与标记块的距离固定。保持相机放置稳固很重要，因为不经意的相机运动会被系统误认为是无规律的呼吸。

患者摆位后，标记块按模拟时的位置放置，患者在临床技师指导下放松并正常呼吸，若在模拟时使用过音频或视觉提示，则也可在此环节使用。一旦建立了稳定的呼吸追踪，验证了门控阈值，门控放射治疗便可以开始。利用门控影像或射野影像与门控计划 CT 的数字重建放射影像（DRR）相比较，可验证患者内部解剖位置。虽然商用系统能够自动控制射束，但临床技师应该仔细观察监测系统上的图形提示，并在患者呼吸极不规律或与模拟大不相同时，做好干预的准备。对于内部和外部的追踪系统，具有时间依赖性的内部靶区位置与呼吸监控可能不匹配。这种误差可能是门控系统追踪肿瘤运动的替代物（如追踪挡块、应变计等）与依赖时间的靶区位置没有精确配准造成的（见图 3－14）。运用外部标记块运动设定呼吸门控阈值，射束脉冲在内部 CTV 位置用红色突出显示[35]。注意，这些误差的发生不单单是在门控中，任何运用了呼吸运动替代物的系统都会发生。这种影响会造成射束开启时脉冲相对于靶区的实际呼吸周期的位置偏移。门控阈值相对于呼吸运动的定位应在每个患者身上都得到验证。GTV 的运动或者解剖替代物和隔膜的运动可能造成 GTV

不可辨别或模糊，应与外部呼吸信号相比较，并持续观察，如果两者之间的时间延迟大于 0.5 s，则应在设置门控间隔时加以修正或对其做出解释。

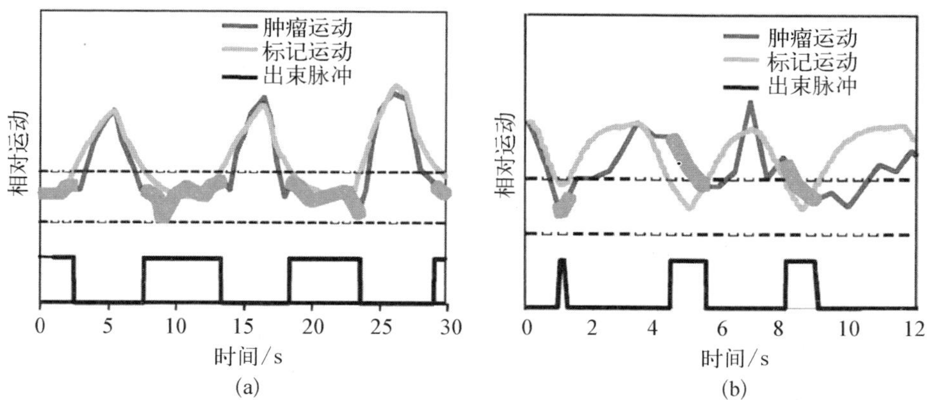

图 3-14　外部标记块运动与临床靶区(CTV)内部运动的比较[35]

(a) 患者无相移；(b) 患者有明显相移

2) 基于内标记的门控

利用内标记进行呼吸门控治疗有多种可行的技术方案，如北海道大学和三菱联合开发的基于植入金标的门控放射治疗系统、射波刀的同步呼吸追踪系统等。两者都需要在治疗前经皮穿刺或用支气管镜将金标(直径为 2 mm 的金球、截面为 0.8 mm×4 mm 的圆柱状带有螺纹的金标)植入肿瘤内或肿瘤旁。金标位置利用两个立体 kV 级 X 射线成像系统来探测和确定，当单颗金标或金标组的位置在可接受的范围内时，加速器就可以实施照射。

3) 门控调强放射治疗

Kubo 等[33]证明了在动态多叶准直器照射中门控直线加速器的可能性。他们验证了运动(一维机械设备)的门控调强放射治疗的剂量测量和没有运动的剂量测量在本质上是相同的，靶区形变没有被纳入考虑范围。门控弧形放疗和断层放疗也是可行的。加速器弧形(常规机架系统)或连续旋转型(环形机架系统)在门控系统控制下出束，直至每一个射野角度都给予正确的脉冲剂量。对于常规加速器的弧形调强放射治疗，在一个拉弧过程中，治疗床是静止不动的，直至所有的射束脉冲都输出完毕，然后移动至下一个治疗床位置。对于环形机架的螺旋调强放射治疗(机架旋转与治疗床纵向位移同步运动)，出束需要不断重复，直到每一角度的所有脉冲都给予剂量。

呼吸门控技术增加了治疗时间，尤其是对于门控调强放射治疗。调强放射治疗的效率通常为20%～50%，门控工作周期通常为30%～50%，与传统治疗相比，治疗时间延长了4～15倍。以最高剂量率治疗时，治疗增加的时间会减少。剂量率从300 MU/min增加到600 MU/min，能减少大约40%的时间。门控治疗部分的时间相对于标准治疗会增加2～10 min，取决于患者的配合程度。此外，有些学者认为，较长的治疗时间会导致未致死损伤的肿瘤细胞的分次内修复增加，这有可能造成肿瘤控制率下降，是一个值得关注的问题[36-37]。

3.4.4 呼吸抑制技术

呼吸抑制(breath-hold)技术的起源和发展主要是满足肺癌放疗的需要，现已拓展到乳腺癌放疗。对乳腺而言，分次内乳腺的自主运动相对于正常呼吸的运动来说很小，但在吸气过程中膈肌将心脏向后、向下拉，使其远离乳腺，理论上讲，存在降低心脏和肺毒性的可能。

1）深吸气呼吸抑制

肺呼吸量计监测技术由纪念斯隆-凯特林癌症医疗中心(MSKCC)研发，临床上主要应用于非小细胞肺癌的适形放射治疗。采用深吸气屏气(deep inspiration breath-hold，DIBH)技术的商用设备有VMAX Spectra 20C和SpiroDyn'RX。在DIBH操作中，需要口头指导患者在模拟和治疗过程中进行可重复的深吸气呼吸抑制。患者通过衔嘴呼吸，鼻孔用鼻夹夹紧，衔嘴通过可弯曲的导管与呼吸量计相连。为方便患者含住衔嘴，连接导管用一根柔韧的金属鹅颈管支撑，底部固定在患者头部上方的治疗床上。呼吸量计传感器是测量空气流量的一个压力差传感器，计算机程序通过获取的信号得到吸入和呼出的空气量，显示并记录一个随时间变化的函数。在观察显示器的同时，治疗技师通过一套慢速肺活量动作指导患者，包括深吸气、深呼气、二次深吸气及屏气。

DIBH的适用性受限于患者的配合度，在MSKCC，大约60%的肺癌患者未能重复性地执行这一套动作，因而不能使用该技术。因为DIBH对患者有一定要求，只能用于配合的患者，治疗允许的总剂量比自由呼吸允许的高(10%或更多，正常组织的剂量体积直方图和计算得到的肺部并发症概率在可接受的水平)。为了使患者熟悉DIBH动作并确定患者是否有重复执行该动作的能力，呼吸量计的训练要在模拟之前进行，训练的同时也提供了初始阈值。

在短时间的DIBH练习之后，患者在治疗位置要接受三次螺旋CT扫描：

① 自由呼吸时；② 呼吸量计监测下深吸气；③ 呼吸量计监测下吸气。自由呼吸和吸气扫描都用于质量保证。如果患者不能完全用 DIBH 治疗，自由呼吸扫描也可以用作替代 CT 计划。模拟过程包括固定、等中心选择、练习、三次 CT 扫描和扫描间歇时间休息，全程约 2 h。

治疗计划和 DRR 要用深吸气屏气 CT 扫描。除了减少呼吸运动之外，在 MSKCC，PTV 外扩边由于三个原因没有减少：① 深吸气肺部扩张在可接受的预期肺部毒性下，允许靶区剂量增加；② 由于深吸气，外扩边可以防止微小病灶可能出现的扩大；③ 目前，治疗计划的剂量计算算法（基于笔形束）在低密度组织中不能处理横向电子失衡问题。

2）主动呼吸控制

治疗期间，只有在靶区达到呼吸抑制水平时，技师才可以开启射束，如果水平低于预设接受水平，则要停止治疗。对于 500～600 MU/min 的剂量率，2 Gy/F的静态适形治疗，一次屏气通常可以满足每一射野。近期研究表明，对屏气时间足够长，能够完成一个射野的患者，可以应用带有 DIBH 的调强放射治疗，运用动态滑窗技术，以 600 MU/min 的剂量率照射 200 MU 的时间约为 20 s。主动呼吸控制（active-breathing control，ABC）是一种能够促进重复屏气的方法。主动呼吸控制器（active breathing coordinator）是 William Beaumont 医院研发的，目前被 Elekta 公司商业化应用。具有相似功能的设备还有 Vmax Spectra 20C（VIASYS Healthcare 公司）。主动呼吸控制器通常在适度或深吸气时使用，并可以在任何预设的位置暂停呼吸。此设备由测算呼吸轨迹的数字呼吸量计组成，呼吸量计与气球阀相连。在主动呼吸控制过程中，患者用嘴含住设备并正常呼吸。当操作人员激活系统，此时选定肺容量和气球阀所关闭的呼吸周期阶段。

通常在进行了两次预备呼吸之后，患者达到指定的肺容量。阀门被空气压缩机填满并持续一段时间，时间长度预先确定好，从而“屏住”了患者的呼吸。屏气的持续时间依赖于患者个人，通常为 15～30 s，在患者没有感到明显不适时应保持良好的屏气持续时间以进行重复屏气。

Beaumont 等的经验表明，适度深气呼吸抑制（mDIBH）的水平设置在深吸气的 75％时，能实现持续且可重复的内部器官位移，同时保证患者有一定程度的舒适度[38]。在进行 CT 模拟前，需要在 ABC 系统上对患者进行呼吸训练，通过口头指导可以帮助患者达到平稳的呼吸模式，以确定适合该患者的 mDIBH 位置。对于每一个呼吸周期，每次呼气过程中，当 ABC 系统检测到零流量时，肺容量都会特意重新归一到零基点。重新归一大多数发生在训练初期，一旦患者以放松方式达到了正常呼吸，重新归一的频率会降低到最小值，最大吸气量的三次测量正是根据稳定的基线进行的。然后，mDIBH 可大致设置为平均最大吸气量的 75%。根据实际情况，可能需要做肺功能测验(PFT)，以提供患者个人肺功能的参考数据。

为了保证 ABC 系统正确实现自主呼吸控制功能，患者需要进行屏气练习，并能够在身体不适时给操作人员发出屏气终止的信号。CT 扫描应该根据在固定位置的最大重复屏气长度进行优化，特别需要指出的是，对比时间应与感兴趣区的适当屏气扫描时间相一致。在治疗计划设计时，需包括一个由预期治疗验证方案确定的外扩边。如果患者每天在没有图像引导的情况下接受治疗，外扩边应考虑摆位随 ABC 的变化。在选择治疗的机架角和治疗床角度时，应评估 ABC 设备与直线加速设备之间可能存在的碰撞。如果可能，单角度入射应该在一次屏气中完成。如一次屏气时间太长，可把一次屏气分解成两次或几次短时间的屏气。

与 DIBH 一样，ABC 的一个重要问题是屏气的重复性。在给定状态(如呼气、吸气、深吸气)下，建立屏气的过程应该记录和测试。如果不同的患者在相对不同的状态进行屏气训练，需要建立适当的程序和文档。建议建立一套标准的患者指令说明，方便患者与 ABC 系统的操作人员沟通，并在紧急干预时重新建立呼吸状态。所有的辅助设备都要有详细的清单和维护程序。熟悉耗材的使用(如鼻夹、滤过器、气罐等)，并建立可重复利用产品(如橡胶衔嘴)的卫生消毒程序。

3) 无呼吸监测的自主屏息

自主屏息(self-held breath-hold)意味着患者在呼吸周期的某个点自己控制呼吸。在屏息期间，射束打开照射肿瘤。Varian C 系列加速器配备了一个自主屏息控制系统，该系统利用了 CMNR(customer minor)联锁。患者手持连接到 CMNR 联锁电路的转换器，按下转换器时，CMNR 联锁在控制台消除，允许技师激活射束。释放转换器，CMNR 联锁激活，射束停止。研究表明，最具重复性的位置倾向于深吸气或深呼气时，因为肺容量增加后，剂量测量更具有优势，所以深吸气成为屏息的优先选择。此治疗技术严重依赖于患者独立进行屏息和控制 CMNR 联锁电路的能力。患者必须充分理解并执行这些程序，有能力执行重复性屏气并坚持至少 10 s。摆位重复性取决于患者定位程序和固定装置，研究表明，对于常规摆位技术，标准偏差约为 5 mm。Yorke

等[39]的研究结果显示，利用屏气自主门控技术，在 SI 方向上内部运动的外扩边从 12.9 mm 减小到 2.8 mm。

自主屏息门控治疗相对来说比较直接、有效。患者按常规方式摆位，手持连接到 CMNR 联锁系统的转换器。当技师做好了打开射束的准备时，通过对讲机指导患者做屏息动作并按下转换器。一旦 CMNR 联锁解除，技师就会打开射束开始治疗。如果患者在射野完成之前需要呼吸，仅需放开按钮将射束关闭即可，然后重复屏息动作、按下按钮，重新开始治疗。

4）基于呼吸监测的自主屏息

此技术运用商用设备（如 Varian RPM）来监测患者的呼吸和控制剂量输出，但要求患者自主地在呼吸周期的某个特定部分屏息。此技术比自由呼吸门控技术更有效率，因为在屏息期间射线是持续输出的。另外一个优势是患者的呼吸是连续监测的，如果屏息偏离理想状态，那么就会自动停止出束。患者要能屏气 10 s，且能遵从口头呼吸指示并配合治疗。

在 CT 模拟时，程控提示音如“吸气、呼气、屏气”与屏气 CT 扫描同步。患者根据自身能力在呼气时屏住呼吸 7～15 s，螺旋扫描获取 CT 影像。在扫描分段结束时，CT 机程控会发出“呼吸”的要求，之后有 20 s 的休息时间。CT 技师在患者屏气期间在 RPM 系统上监控呼吸轨迹，以验证轨迹在阈值窗内。

在治疗之前，需要对患者位置和门控间隔进行射野成像验证。按照屏气指导，一旦金标径迹在门控间期内，技师就会打开射束。只有金标位置在门控间期内时才会有剂量输出。患者任何时候想休息时，只需吸气即可，吸气会触发射束控制机构。在这种情况下，技师会暂停出束，让患者休息 20 s，然后指导患者呼气和屏息，以恢复治疗。

3.4.5 腹部压迫技术

压迫式浅呼吸（forced shallow breathing，FSB）最初是由瑞典斯德哥尔摩 Karolinska 医院的 Lax 和 Blogmgren 研发的，用于肺部和肝部小病灶的立体定向放射治疗，之后也用于其他部位[40-41]。该技术使用立体定位体架固定，用腹压板压在患者腹部。如图 3-15 所示，立体定位体架由翼肩、扶手棒、腹压器、腿压、膝部支撑、脚蹬、平板床等组成。腹压盘成三角形，一般置于三角肋下 2～3 cm。对腹部施加外力以减小膈肌运动，同时允许正常呼吸。压迫式浅呼吸技术主要用于无纵隔浸润肺癌或淋巴结转移的早期肝部肿瘤。通常，压迫式浅呼吸不仅用于立体定向治疗，也适用于常规肺部肿瘤治疗。

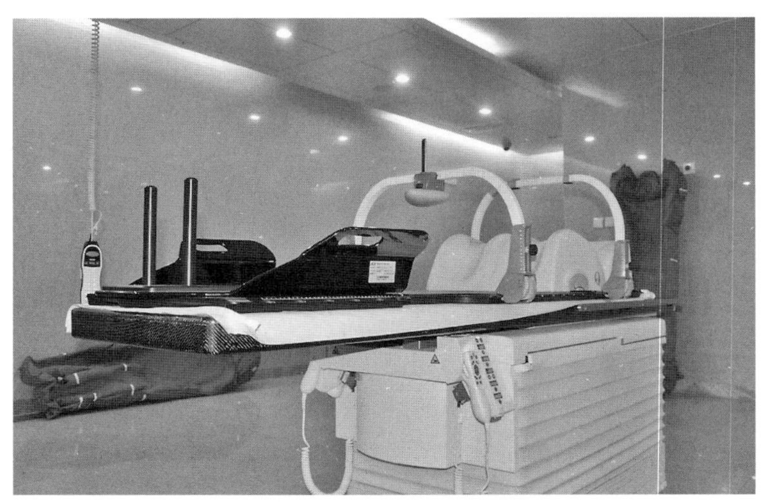

图 3-15　立体定位体架

利用立体定位体架固定住患者，并为每一患者制作体部真空袋。在模拟阶段，激光标记附着在刚性构架上，随后 CT 定位。肿瘤头脚方向上的运动利用透视成像模拟器进行评估，如果运动超过 5 mm，使用一个小的压力盘施加在腹部，压力盘的上部两个倾斜的边位于三角肋下 2～3 cm。

Negoro 等[42]的报告显示，18 名受治疗患者照射总剂量为 40 Gy 或 48 Gy，分 4 次照射。使用 6～8 个非共面射束，PTV 内所需剂量均匀度为 10%。基于每日等中心点验证测量，建议 PTV 的外扩边在前后和左右方向为 5 mm，上下方向为 8～10 mm。每天治疗使用正交射野成像摆位，允许误差为 3 mm，需要重新定位的情况占每日摆位的 25%。18 位患者中有 11 位患者的肿瘤运动大于 5 mm，需要压力盘。有 10 位患者在腹部压迫之前的运动范围是 8～20 mm（平均为 12.3 mm），压迫后减小到 2～11 mm（平均为 7.0 mm）。1 位患者未使用压力盘，因为使用后呼吸运动反而增加了。

3.4.6　实时追踪技术

追踪呼吸运动的另一种方法是动态地重新定位辐射束以便追踪肿瘤不断变化的位置，称为肿瘤实时追踪技术（real-time tumor tracking）。不同机械结构的医用加速器实现实时追踪功能的方法不同，利用多叶准直器运动或机器人加速器的六维运动实现肿瘤实时追踪，即将肿瘤与射束对齐，是目前的主流技术。例如，同步呼吸追踪系统与射波刀机器人加速器（机械臂携带的束流产生模块）相结合实现了肿瘤实时追踪。理论上，治疗床、挡块及钨门运动也可用于射束重新定位。理想条件下，持续实时追踪在剂量分布中可以不需要肿瘤运动外扩边，同时保持100%的工作周期，以实现高效的剂量输出。作为可临床应用的实时追踪技术应达到以下4点性能和功能要求：① 实时辨识肿瘤位置；② 预测肿瘤运动，以适应射束定位系统响应的时间延迟；③ 重新定位射束；④ 动态调整剂量输出，即剂量修正，以匹配在呼吸周期中肺容积和关键组织结构部位的变化。

同步呼吸方法的关键因素之一是推导出稳定的输入追踪，能够准确反映出呼吸期间靶区的运动。在此项研究中，Neicu 等[43]把此参考呼吸追踪称为"平均肿瘤轨迹（ATT）"，从实时追踪系统中获得了11个肺部数据，从患者数据中推导出一个平均肿瘤轨迹并成功应用。照射效率取决于ATT的精确度，当输入轨迹偏离了ATT时，系统关闭射束，直到轨迹恢复正常。Timmerman 等[44]提出了基于动态多叶准直器的同步呼吸放疗。类似的方法也适用于断层放疗，主要差异在于呼吸运动会叠加在多叶准直器叶片、初级准直器及治疗床的组合中。治疗计划和照射会以相似的方式进行：基于静态CT数据生成计划，从患者数据中推导出ATT，隐含的运动叠加在计划中。

探测肿瘤位置是实时追踪中最重要和最具有挑战性的任务。目前，在治疗期间定位肿瘤有四种方法：① 通过如X射线透视检查等成像系统获取肿瘤的实时影像；② 获取植入肿瘤内或旁的金标的实时成像；③ 通过替代呼吸运动信号推断肿瘤位置；④ 在肿瘤中植入主动或被动无辐射危害的信号装置。其中，第一种方法，即在治疗期间以足够高的频率对靶区部位进行X射线成像，是最直接、最主流的临床应用方法。考虑到呼吸运动的周期和无规律性，每秒需要几张图像，相当于近似连续不断地进行X射线成像。显而易见，成像越频繁，射束输出误差就越低，但患者接受的额外X射线剂量也会增加，在实际临床应用中需要权衡选择。在每一张图像中，需要自动定位肿瘤（或其替代物）及计算其三维坐标，之后会自动传送到射束输出系统。

对肺部肿瘤运动进行观察后发现，肿瘤可以沿着一个复杂的三维轨道运动。因此，任何追踪方法无论是治疗期间肿瘤的直接成像还是从外部呼吸推断的间接肿瘤追踪，最好提供肿瘤的三维坐标。三维坐标的获取需要同时获取两个来自不同方向的二维图像。因此，治疗之前肿瘤运动的X射线透视检查应该利用两个荧光镜，这与血管造影术成像的原理一样。

治疗设备硬件对于肿瘤位置信号的适应性响应不能即时出现。

Seppenwoolde 等[29]的报告显示，在透视影像中识别出金标与在门控射束输出系统中开启照射之间存在 90 ms 的延迟。这一延迟是用胶片和模体测量的，是整体延迟时间，包括后期处理图像以确定金标位置的计算时间和触发射束输出的延迟时间，但不包括重新对齐射束的机械运动时间，而后者会有更长时间的延迟。例如，射波刀在获取新的肿瘤坐标后，到重新定位好直线加速器之间有 200 ms 的延迟，该延迟不包括图像采集、读出及处理时间。重新定位多叶准直器同样也涉及延迟问题，时间为 100～200 ms 或更多。

对射束门控和实时追踪功能而言，时间延迟的存在要求提前预测肿瘤位置，不管采用何种方法确定肿瘤的位置，都是必需的，以便于一旦调节好，射束就可以同步到达肿瘤所在的位置。典型的呼吸周期虽然名义上是周期性的，但在位移上不同周期间存在显著的变动，此外位移和频率上也都存在长期的变动，这使得问题更加复杂化。尽管如此，这些变动不纯粹是随机的，原则上仍可以根据之前观察到的特征对某一特定呼吸的特点作出预测，这是自适应滤过器做时间连续预测的基础。Murphy 等[45]利用多种自适应滤过器分析呼吸预测，他们发现若存在 200 ms 的系统延迟，则肿瘤位置的预测精度可高达 80%，但随着延迟时间变长，准确度会迅速下降，这与 Sharp 等[46]和 Vedam 等[47]的观察相一致。

射束输出单元需要一定的时间来响应肿瘤位置的信息，这需要预测肿瘤位置来补偿时间延迟。呼吸周期的无规律性很难准确预测 0.5 s 以后的运动，这会使实时追踪技术丧失超过其他呼吸补偿方法的明显优势。因此，在任何情况下，延迟时间/补偿系统的总时间延迟应该尽可能不超过 0.5 s。

Bortfeld 等[48]在呼吸作用的剂量修正方面进行了相关研究。用于剂量计算的治疗计划成像研究需要在静止状态下获取解剖结构，然而在呼吸过程中，解剖结构和肺的空气容积在不断变化。这就影响了治疗射束的衰减，并改变了肿瘤、正常组织及关键结构的相对位置。

类似的最复杂且具有挑战性的方法还包括在呼吸运动中尝试同步调强放射治疗。这些方法的最大优势在于患者可以自由呼吸，且直线加速器的运行不中断(在门控和呼吸抑制方法中会中断)。Keall 等[49]曾演示了此种方法的可能性，在此项研究中，呼吸运动(如一维机械设备模拟)叠加在原方案的强度动态改变上，最后发现用同步运动的方法进行剂量测量的结果与不含有运动的静态调强放射治疗的结果相似(差别在几个百分点以内)。

参考文献

[1] 托马斯·博尔特费尔德，鲁珀特·施密特-乌尔里希，维尔弗里德·德·尼夫，等. 影像引导调强放射治疗[M]. 牛道立，杨波，杨振，等，译. 天津：天津科技翻译出版公司，2011.

[2] 胡逸民. 肿瘤放射物理学[M]. 北京：中国原子能出版社，1999.

[3] 王国民. 肿瘤三维适形与束流调强放射治疗学[M]. 上海：复旦大学出版社，2006.

[4] 杨兴刚. 新概念放疗物理[M]. 杭州：西泠印社出版社，2004.

[5] 王绿化，朱广迎. 肿瘤放射治疗学[M]. 北京：人民卫生出版社，2016.

[6] 顾本广. 医用加速器[M]. 北京：科学出版社，2003.

[7] 宫良平. 放射治疗设备学[M]. 北京：人民军医出版社，2010.

[8] 戴建荣，胡逸民. 图像引导放疗的实现方式[J]. 中华放射肿瘤学杂志，2006，15(2)：132-135.

[9] 马林，王连元，周桂霞. 肿瘤断层放射治疗[M]. 成都：四川科学技术出版社，2010.

[10] 李玉. 肝胆胰恶性肿瘤的微创治疗技术[M]. 北京：北京科学技术出版社，2009.

[11] 陈炳恒. 立体定向放射神经外科学[M]. 北京：北京出版社，1994.

[12] 王迎选，王所亭. 现代立体放射治疗学[M]. 北京：人民军医出版社，1999.

[13] Stafford S L, Pollock B E, Leavitt J A, et al. A study on the radiation tolerance of the optic nerves and chiasm after stereotactic radiosurgery[J]. International Journal of Radiation Oncology, Biology, Physics, 2003, 55(5): 1177-1181.

[14] Wang H, Shiu A, Wang C J, et al. Dosimetric effect of translational and rotational errors for patients undergoing image-guided stereotactic body radiotherapy for spinal metastases[J]. International Journal of Radiation Oncology, Biology, Physics, 2008, 71(4): 1261-1271.

[15] Lu W, Parikh P J, Hubenschmidt J P, et al. A comparison between amplitude sorting and phase-angle sorting using external respiratory measurement for 4D CT [J]. Medical Physics, 2006, 33(8): 2964-2974.

[16] Yan D, Vicini F, Wong J, et al. Adaptive radiation therapy[J]. Physics in Medicine and Biology, 1997, 42(1): 123-134.

[17] Meyer J L. IMRT, IGRT, SBRT: advances in the treatment planning and delivery of radiotherapy[J]. Frontiers Radiation Therapy and Oncology, 2007, 40: 1-17.

[18] 张祥斌，李光俊，张英杰，等. 剂量引导放疗的临床应用及研究进展[J]. 中华放射肿瘤学杂志，2020，29(1)：65-68.

[19] Chen J, Morin O, Aubin M, et al. Dose-guided radiation therapy with megavoltage cone-beam CT[J]. The British Journal of Radiology, 2006, 79 (S1): 87-98.

[20] Cheung J, Aubry J F, Yom S S, et al. Dose recalculation and the dose-guided radiation therapy (DGRT) process using megavoltage cone-beam CT [J]. International Journal of Radiation Oncology, Biology, Physics, 2009, 74(2): 583-592.

[21] Van R D, Van W N, Stippel G, et al. Dose-guided radiotherapy potential benefit of online dose recalculation for stereotactic lung irradiation in patients with non-small-

cell lung cancer[J]. International Journal of Radiation Oncology, Biology, Physics, 2012, 83(4): 557 - 562.

[22] Smyth G, McCallum H, Pearson M, et al. Comparison of a simple dose-guided intervention technique for prostate radiotherapy with existing anatomical image guidance methods[J]. The British Journal of Radiology, 2012, 85(1010): 127 - 134.

[23] McGarry R C, Papiez L, Williams M, et al. Stereotactic body radiation therapy of early-stage non-small-cell lung carcinoma: phase I study[J]. International Journal of Radiation Oncology, Biology, Physics, 2005, 63(4): 1010 - 1015.

[24] Yu C X, Jaffray D A, Wong J W, et al. The effects of intra-fraction organ motion on the delivery of dynamic intensity modulation[J]. Physics in Medicine and Biology, 2005, 43(1): 91 - 104.

[25] Duan J, Shen S, Fiveash J B, et al. Dosimetric effect of respiration-gated beam on IMRT delivery[J]. Physics in Medicine and Biology, 2003, 30(8): 2241 - 2252.

[26] Lu W, Parikh P J, E I Naqa I M, et al. Quantitation of the reconstruction quality of a four-dimensional computed tomography process for lung cancer patients[J]. Medical Physics, 2005, 32(4): 890 - 901.

[27] Stevens C W, Munden R F, Forster K M, et al. Respiratory-driven lung tumor motion is independent of tumor size, tumor location, and pulmonary function[J]. International Journal of Radiation Oncology, Biology, Physics, 2001, 51(1): 62 - 68.

[28] Barnes E A, Murray B R, Robinson D M, et al. Dosimetric evaluation of lung tumor immobilization using breath hold at deep inspiration[J]. International Journal of Radiation Oncology, Biology, Physics, 2001, 50(4): 1091 - 1098.

[29] Seppenwoolde Y, Shirato H, Kitamura K, et al. Precise and real-time measurement of 3D tumor motion in lung due to breathing and heartbeat, measured during radiotherapy[J]. International Journal of Radiation Oncology, Biology, Physics, 2002, 53(4): 822 - 834.

[30] Iwasawa T, Yoshiike Y, Saito K, et al. Paradoxical motion of the hemidiaphragm in patients with emphysema[J]. Journal of Thoracic Imaging, 2000, 15(3): 191 - 195.

[31] Minohara S, Kanai T, Endo M, et al. Respiratory gated irradiation system for heavy-ion radiotherapy[J]. International Journal of Radiation Oncology, Biology, Physics, 2000, 47(4): 1097 - 1103.

[32] Hara R, Itami J, Kondo T, et al. Stereotactic single high dose irradiation of lung tumors under respiratory gating[J]. Radiotherapy and Oncology, 2002, 63(2): 159 - 163.

[33] Kubo H D, Wang L. Compatibility of Varian 2100C gated operations with enhanced dynamic wedge and IMRT dose delivery[J]. Medical Physics, 2000, 27(8): 1732 - 1738.

[34] Keall P J, Kini V, Vedam S S, et al. Motion adaptive X-ray therapy: a feasibility

study[J]. Physics in Medicine and Biology, 2001, 46(1): 1 - 10.
[35] Ramsey C R, Cordrey I L, Oliver A L, et al. A comparison of beam characteristics for gated and nongated clinical X-ray beams[J]. Medical Physics, 1999, 26(10): 2086 - 2091.
[36] Shibamoto Y, Ito M, Sugie C, et al. Recovery from sublethal damage during intermittent exposures in cultured tumor cells: implications for dose modification in radiosurgery and IMRT[J]. International Journal of Radiation Oncology, Biology, Physics, 2004, 59(5): 1484 - 1490.
[37] Fowler J F, Tome W A, Fenwick J D, et al. A challenge to traditional radiation oncology[J]. International Journal of Radiation Oncology, Biology, Physics, 2004, 60(4): 1241 - 1256.
[38] Remouchamps V M, Letts N, Vicini F A, et al. Initial clinical experience with moderate deep-inspiration breath hold using an active breathing control device in the treatment of patients with left-sided breast cancer using external beam radiation therapy[J]. International Journal of Radiation Oncology, Biology, Physics, 2003, 56(3): 704 - 715.
[39] Yorke E, Rosenzweig K E, Wagman R, et al. Interfractional anatomic variation in patients treated with respiration-gated radiotherapy[J]. Journal of Applied Clinical Medical Physics, 2005, 6(2): 19 - 32.
[40] Lax I, Blomgren H, Näslund I, et al. Stereotactic radiotherapy of malignancies in the abdomen: methodological aspects[J]. Acta Oncologica, 1994, 33(6): 677 - 683.
[41] Blomgren H, Lax I, Näslund I, et al. Stereotactic high dose fraction radiation therapy of extracranial tumors using an accelerator: clinical experience of the first thirty-one patients[J]. Acta Oncologica, 1995, 34(6): 861 - 870.
[42] Negoro Y, Nagata Y, Aoki T, et al. The effectiveness of an immobilization device in conformal radiotherapy for lung tumor: reduction of respiratory tumor movement and evaluation of the daily setup accuracy[J]. International Journal of Radiation Oncology, Biology, Physics, 1995, 50(4): 889 - 898.
[43] Neicu T, Shirato H, Seppenwoolde Y, et al. Synchronized moving aperture radiation therapy (SMART): average tumour trajectory for lung patients[J]. Physics in Medicine and Biology, 2003, 48(5): 587 - 598.
[44] Timmerman R, Papiez L, Suntharalingam M, et al. Extracranial stereotactic radiation delivery: expansion of technology beyond the brain[J]. Technology in Cancer Research & Treatment, 2003, 2(2): 153 - 160.
[45] Murphy M J, Martin D, Whyte R, et al. The effectiveness of breath-holding to stabilize lung and pancreas tumors during radiosurgery[J]. International Journal of Radiation Oncology, Biology, Physics, 2002, 53(2): 475 - 482.
[46] Sharp G C, Jiang S B, Shimizu S, et al. Prediction of respiratory tumour motion for real-time image-guided radiotherapy[J]. Physics in Medicine and Biology, 2004, 49(3): 425 - 440.

[47] Vedam S S, Kini V R, Keall P J, et al. Quantifying the predictability of diaphragm motion during respiration with a noninvasive external marker[J]. Medical Physics, 2003, 30(4): 505 - 513.

[48] Bortfeld T, Jokivarsi K, Goitein M, et al. Effects of intra-fraction motion on IMRT dose delivery: statistical analysis and simulation[J]. Physics in Medicine and Biology, 2002, 47(13): 2203 - 2220.

[49] Keall P J, Starkschall G, Shukla H, et al. Acquiring 4D thoracic CT scans using a multislice helical method[J]. Physics in Medicine and Biology, 2004, 49(10): 2053 - 2067.

第 4 章
放疗计划系统与记录和验证系统

在第 3 章中介绍了医用电子直线加速器设备在治疗过程中采用的各类方法，而这些方法需要在对剂量进行精确计算的基础上才能开展和实施。此外，在临床应用中还需要对诊疗中产生的大量数据进行管理与记录。这些工作离不开相关的计算机软件的辅助。本章将介绍医用电子直线加速器应用中最重要的两类软件：放疗计划系统与放疗记录和验证系统。

4.1　放疗计划系统

放疗计划系统(radiotherapy treatment planning system，RTPS)是用于放疗计划设计的计算机软件，是放疗临床工作流中不可或缺的一环，对放疗质量起着至关重要的作用。在放疗计划系统普及之前，放疗计划设计依赖于手工查表计算，只能制作普通放疗计划，照射范围精度、计算准确性和计划质量都极其受限。放疗计划系统提供了一系列调强放射治疗(IMRT)计划设计所需的工具和算法：通过在计算机软件中建立患者解剖结构、靶区和危及器官的三维模型，运用剂量计算算法计算患者受照后的三维剂量分布，运用计划优化算法生成并迭代调整射野子野形状和权重等计划参数，使患者靶区内处方剂量覆盖率尽可能高，获得更高的肿瘤局部控制率，同时尽可能降低正常组织和器官的剂量，最终输出剂量分布满足临床要求、可执行的治疗计划。

放疗计划系统的主要功能包括勾画、计划设计、剂量计算、计划优化、计划评估、计划质控等，涉及的核心算法包括自动勾画、剂量计算和计划优化。下面将简述放疗计划设计的一般流程，介绍核心算法原理，并讨论放疗算法近年来的若干创新技术进展。

4.1.1 放疗计划设计流程

临床上放疗计划设计的流程涉及多个角色和步骤,如图 4-1 所示。下面以典型调强计划设计过程为例,简述放疗计划设计的基本流程。

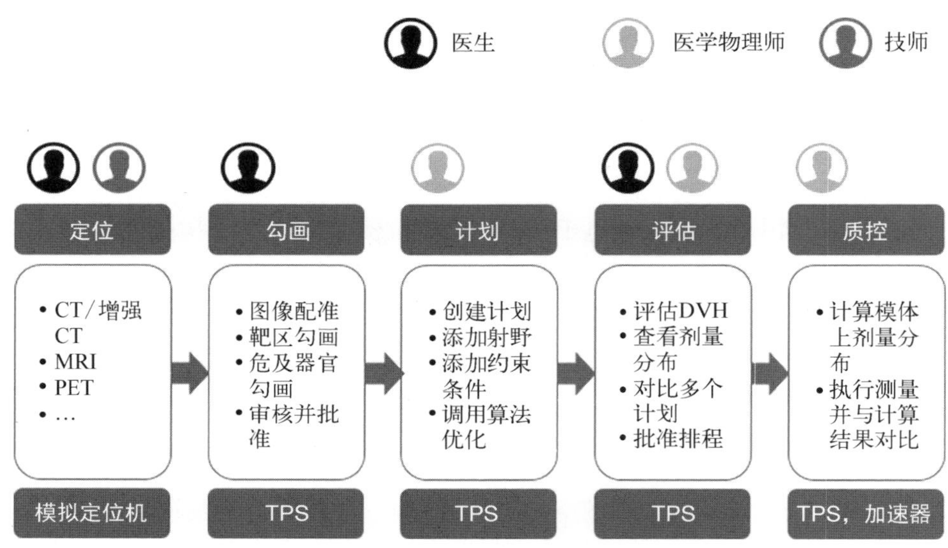

图 4-1 放疗计划设计的基本流程

在放疗计划设计之前,需要为患者采集模拟定位影像。因为剂量计算需要患者解剖结构和物质电子密度等信息,通常用 CT 采集定位影像。定位时患者应采用与治疗时一致的体位和固定装置。为了让医生更好地从影像上识别肿瘤病灶及淋巴结等结构,可能需要为患者采集增强 CT 或磁共振、PET 等影像作为辅助。

将患者影像导入治疗计划系统后,放疗医生可对患者的不同影像序列进行配准,即将不同图像上患者的解剖结构进行匹配、融合,并参照临床指南勾画靶区和正常组织。传统上医生以手动勾画为主,近年来有越来越多的放疗计划系统提供多种自动勾画算法,可快速生成预置模型勾画,医生可在自动勾画结果上审阅、修改,自动勾画算法有助于大幅提升临床效率。

勾画完成后,由医学物理师或剂量师根据医生提前开具的处方设计治疗计划:① 选择合适的治疗技术并添加射野;② 根据处方和危及器官限量输入多个约束条件,对各个约束赋予一定的权重,调用计划优化算法进行优化;

③ 评估优化得到的剂量分布和剂量体积直方图(DVH)，如有必要，可生成优化辅助结构，调整或增加优化约束，增加优化迭代轮数，以得到更好的计划效果。这是一个不断试错的过程，医学物理师需要不断修改约束条件，尝试是否能进一步提高肿瘤照射体积，降低正常组织剂量，有时需要在提高靶区覆盖率和保护正常组织之间权衡。计划质量一定程度上受到医学物理师经验和计划设计时间是否充裕的影响。

计划设计完成后，医生和医学物理师共同对计划质量进行评估。如有必要，可生成多个计划，并进行对比，选择最优的方案。临床计划质量评价通常包含如下要求：

(1) 照射区域能够完全覆盖大体肿瘤区(GTV)、临床靶区(CTV，包括GTV、潜在的肿瘤浸润靶区及亚临床灶)、计划靶区(PTV)等靶区组织。

(2) 靶区内部的剂量分布均匀，最高剂量点位于靶区内部。

(3) 靶区内不存在剂量冷区(冷点)，或尽可能少。

(4) 处方规定的剂量区域对于靶区的适形性较好，靶区外不存在超过处方剂量 2%以上的高剂量区域，以保护正常组织。

(5) 靶区内超过处方剂量 4%的高量区域应尽量不连续(非成片)存在于薄弱组织(如食管壁)附近，以避免在出现摆位偏差时对正常组织造成伤害。

医生对物理师完成的计划进行评估后，双方确认在满足靶区处方剂量需求的前提下，如无法进一步降低正常组织的受量或不能获得更显著的放疗收益，则可对计划进行批准，批准后的计划相关信息无法随意修改，可保证数据的正确性和完整性。

患者正式治疗前，通常还需要进行计划质控。这一环节通常由物理师负责。放疗计划系统中质控模块可让用户方便地将治疗计划移植至模体计算，输出相应剂量分布，用来与实测剂量进行对比。

4.1.2　剂量计算算法

剂量计算算法是用于计算人体或模体在给定射野下的三维剂量分布的算法。常用的剂量算法主要有三种：笔形束算法[1]、卷积算法[2]和蒙特卡罗算法[3]。多项研究表明，笔形束算法在非均匀介质中存在局限，主要原因是笔形束算法应用的一维密度校正不能准确模拟非均匀介质中的剂量分布。卷积算法通过点核和 TERMA (total energy released per unit mass)的卷积来计算剂量分布。TERMA 表示的是光子与物质相互作用时在单位质量的物质中释放的总能量，它反映了光子初级反应发生的强度。点核表示的是光子发生初级反应所导致的作用点附近的相对能量沉积，反映了光子初级反应后次级粒子与物质相互作用并沉积能量的过程。虽然卷积算法中使用了多种非均匀校正，但是在物质密度变化较大的交界面处还是存在误差。

总而言之，对比三种剂量算法，笔形束算法计算速度最快，能比较准确地计算均匀介质中的剂量，但因未考虑非均匀修正，在非均匀组织中对散射剂量的计算存在一定偏差。卷积算法中考虑了三维非均匀修正，在正确建模的前提下能准确地计算人体各个部位的剂量，计算速度适中。蒙特卡罗算法能够准确模拟治疗头输出的通量分布以及能谱随入射深度的变化，能准确地计算人体各个部位的剂量，但计算速度较慢。随着计算技术的进步，蒙特卡罗算法的计算时间在不断缩短，快速蒙特卡罗算法的出现已经可以基本满足临床上对剂量计算速度的要求。以下详细介绍蒙特卡罗算法的基本原理及其在临床应用中的特点。

1）蒙特卡罗算法基本原理

蒙特卡罗算法又称随机抽样技巧或统计试验方法。半个多世纪以来，随着科学技术的发展以及计算机的出现和发展，这种方法作为一种独立的方法被提出来，并首先在核武器的试验与研制中得到了应用。蒙特卡罗算法是一种计算方法，但与一般的数值计算方法有很大的区别。它是以概率统计理论为基础的一种方法。由于蒙特卡罗算法能够比较逼真地描述事物的特点及物理实验过程，解决一些数值方法难以解决的问题，因而该方法的应用领域日趋广泛。

在放疗领域，蒙特卡罗算法通过随机模拟粒子与物质的相互作用来获得粒子在人体组织中沉积能量的分布。由于它们采用的近似和简化处理很少，因此在不确定度足够（视临床情况而定，一般习惯选择 1%）的情况下，是当前所有剂量计算算法中最精确的，在均匀和非均匀介质中都能满足临床对剂量计算精度的要求，是剂量计算的“金标准”。

蒙特卡罗剂量算法包含加速器治疗头模拟以及人体内输运过程模拟两部分。对加速器治疗头（见图 4-2）进行模拟，即确定从加速器治疗头中出射的粒子初始信息，包括粒子的类型、能量、位置、方向等。目前，加速器治疗头的建模有三种可能的途径：① 直接使用对加速器治疗头进行蒙特卡罗模拟而获得的相空间信息；② 由相空间信息重建出的多源模型；③ 测量数据驱动的虚源模型。虚源模型方法通过采用多个虚源来模拟真实源，具有建模简单、速度快的优点。因此，对于光子照射模式，算法中采用了仅考虑初级光子、次级光子和污染电子的虚源模型来模拟加速器治疗头。

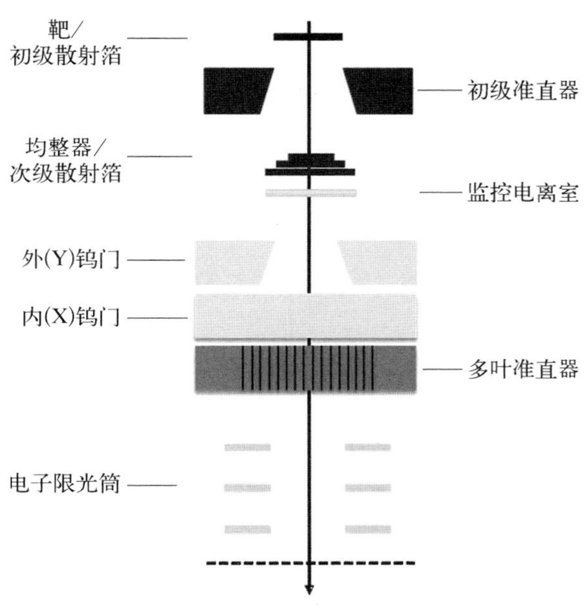

图 4-2　加速器治疗头示意图

对于电子照射模式，可以依然采用虚源模型来模拟加速器治疗头，但是由于电子在空气中极易发生散射，因此还需要考虑电子在电子线限光筒(applicator)和适形挡铅(cutout)中的散射。相比于光子照射模式，电子虚源模型需要采用更多的子源，包括初级电子源、钨门(jaw)源、限光筒源以及污染光子。

对加速器治疗头进行建模以后，就可以得到出射粒子的出射位置、方向和能量等信息。随后，再模拟这些光子/电子在人体中输运时与人体组织发生的各种相互作用。光子与物质的相互作用如图 4-3 所示，包括瑞利散射(Rayleigh scattering)、光电效应(photoelectric effect)、康普顿散射(Compton scattering)和正负电子对效应(pair production)等。

电子与物质的相互作用如图 4-4 所示，包括弹性散射(elastic scattering)、非弹性散射(inelastic scattering)、韧致辐射(bremsstrahlung emission)和正电子湮灭(positron annihilation)等。

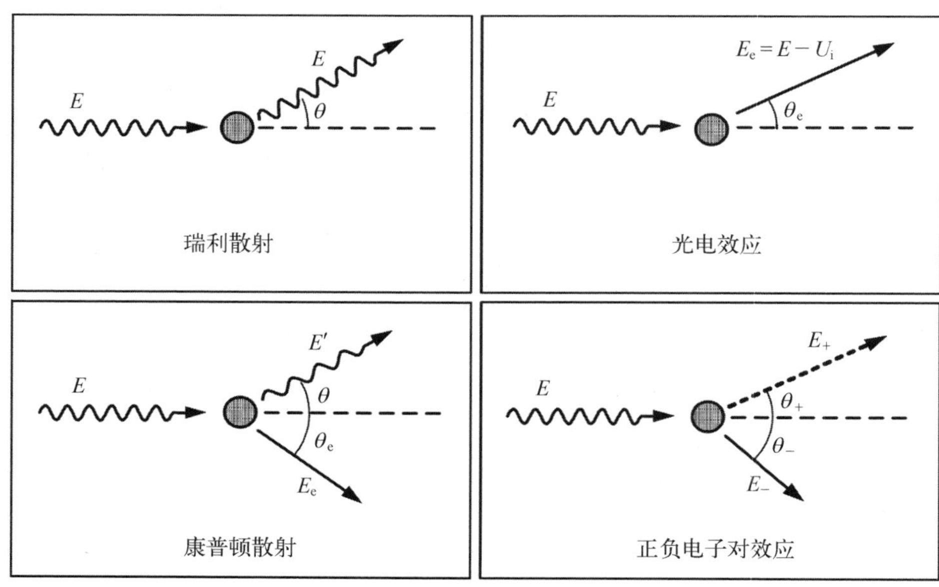

图 4-3　光子与物质的相互作用

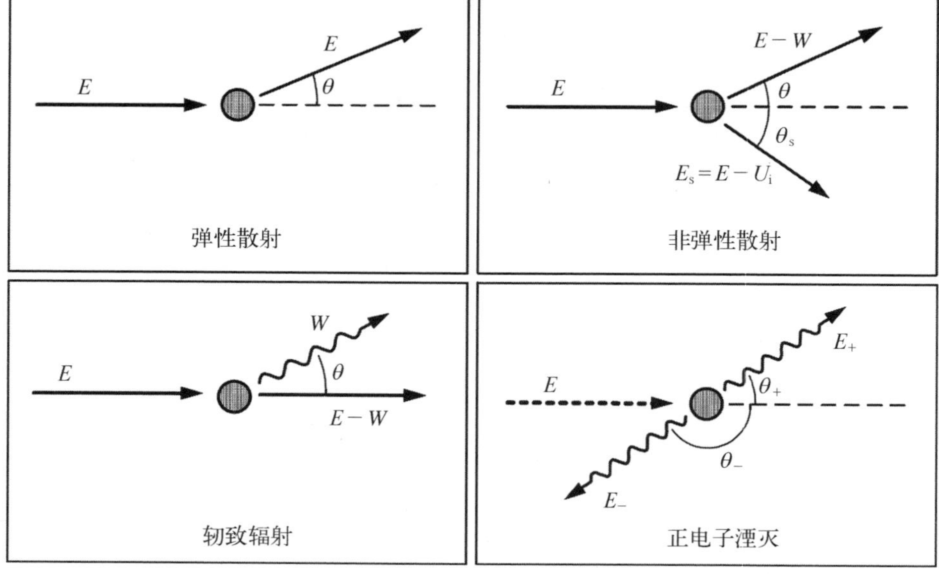

图 4-4　电子与物质的相互作用

对于放疗，光子/电子能量通常仅有几兆电子伏特或十几兆电子伏特，上述反应中，仅有部分反应的贡献相对较大。因此，为了能够满足临床上对于计算速度的需求，通常需要对上述相互作用过程进行简化。例如，对于光子与物质的相互作用，由于瑞利散射仅在低能(几十千电子伏特)反应中起重要作用，可以忽略；同时，可以把电子对效应中产生的正电子当作电子来处理。对于电子与物质的相互作用，采用多次散射理论来处理电子在物质中的散射过程；对于可能发生的正电子湮灭过程，按照随机角度产生光子对来处理。对低于一定能量阈值的粒子(例如低于 10 keV 的光子)，可以简化为能量就地沉积处理。

通过模拟粒子在输运中与物质的各种相互作用，跟踪粒子的轨迹，记录其在人体不同部位沉积的能量，直至粒子能量低于预先设定的阈值；相互作用过程中产生的次级粒子信息也将被逐一记录和输运；最后将人体中不同部位沉积的能量转换为吸收剂量就可以得到人体中的剂量分布。

2) 蒙特卡罗算法在临床应用中的优势

(1) 蒙特卡罗算法的精确性。传统的剂量算法(笔形束算法和卷积算法)根据不同物质的电子密度进行剂量计算，不考虑物质组成的差异，将不同物质等效为水。而蒙特卡罗算法是一种概率统计算法，通过模拟大量粒子的物理过程，根据不同物质的反应截面和质量密度计算剂量。所以蒙特卡罗算法在非均匀介质中计算的剂量更加真实，尤其在不同介质交界面处，与传统的剂量算法有显著区别。而且由于蒙特卡罗算法精确地跟踪每一个粒子在物质中的输运过程，可以更好地计算射线在人体中的散射。蒙特卡罗算法还可以对治疗头进行物理建模，更加精准地模拟计算治疗头内多叶准直器(MLC)引起的散射。这些原因使得蒙特卡罗算法一直被当作放疗领域内的“金标准”。

蒙特卡罗算法作为剂量计算的“金标准”，对于人体内密度变化大的区域可以提供更真实、准确的剂量分布。

(2) 物质剂量与等效水剂量。蒙特卡罗算法提供了两种剂量分布模式，分别是物质剂量和等效水剂量。物质剂量是蒙特卡罗算法计算不同物质中的能量沉积直接得到的剂量分布，反映了人体在放疗过程中的真实剂量分布。而等效水剂量是参照传统剂量算法，根据不同物质相对电子密度计算得到的等效剂量分布。临床应用的经验是基于等效水剂量，并且质量保证(quality assurance, QA)设备(如电离室探头)一般是在水中进行绝对剂量校正的，所以 QA 测量结果一般是等效水剂量。AAPM TG105 号报告[4]给出了根据材料阻止本领将蒙特卡罗算法计算的物质剂量转换成等效水剂量的方法。利用 Bragg-Gray 空腔电离理论(假设电子平衡,空腔体积相对介质足够小),通过水和介质的质量阻止本领的比值将物质剂量转换成等效水剂量[5]。转换式为

$$D_w = D_m S_{w,m}$$
$$S_{w,m} = \int \Phi_e \frac{S_w}{\rho_w} dE \Big/ \int \Phi_e \frac{S_m}{\rho_m} dE \tag{4-1}$$

式中,D_w 表示等效水剂量;D_m 表示物质剂量;$S_{w,m}$ 表示水与物质的质量阻止本领之比,它采用一组与物质密度相关的分段函数进行计算;E 为电子能量;Φ_e 为能量为 E 的电子通量;$\frac{S_w}{\rho_w}$ 为水对于能量为 E 的电子的质量阻止本领;ρ_m 为介质密度;$\frac{S_m}{\rho_m}$ 为物质对于能量为 E 的电子的质量阻止本领。图 4-5 所示为蒙特卡罗算法物质剂量和等效水剂量与卷积算法等效水剂量在高密度物质中的比较。可以看到,卷积算法根据电子密度计算的剂量介于蒙特卡罗算法物质剂量与等效水剂量之间。

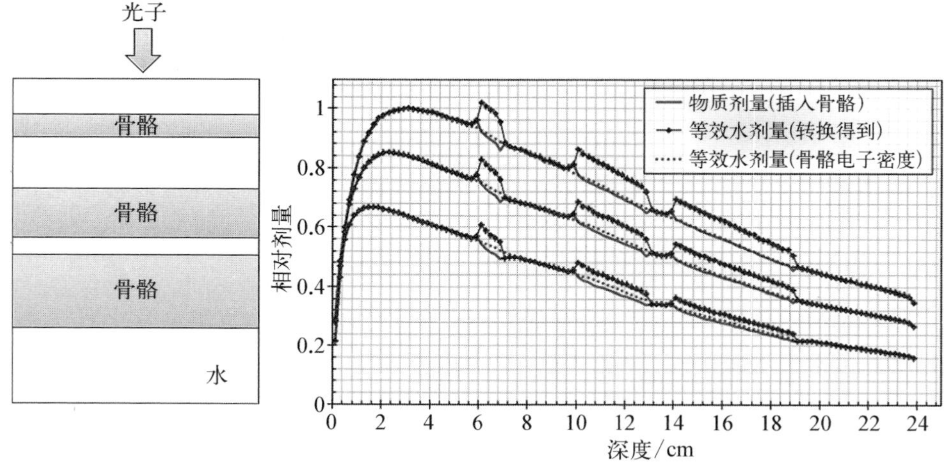

图 4-5　蒙特卡罗算法物质剂量和等效水剂量与卷积算法等效水剂量在高密度物质中的比较

(3) 蒙特卡罗算法在高密度介质剂量分布计算中的优势。由于蒙特卡罗算法在高密度物质中的剂量分布比卷积算法更接近真实,在高密度的骨骼(约 1.7 g/cm^3)中,蒙特卡罗算法的剂量会比卷积算法低 2%左右。两种

算法在剂量体积直方图曲线上存在一定的差异，蒙特卡罗算法在 D95①、D90② 和最小剂量都会稍低于卷积算法。以一个骨转移肿瘤为例，同一个计划用蒙特卡罗算法和卷积算法计算的差异如图 4－6 所示。

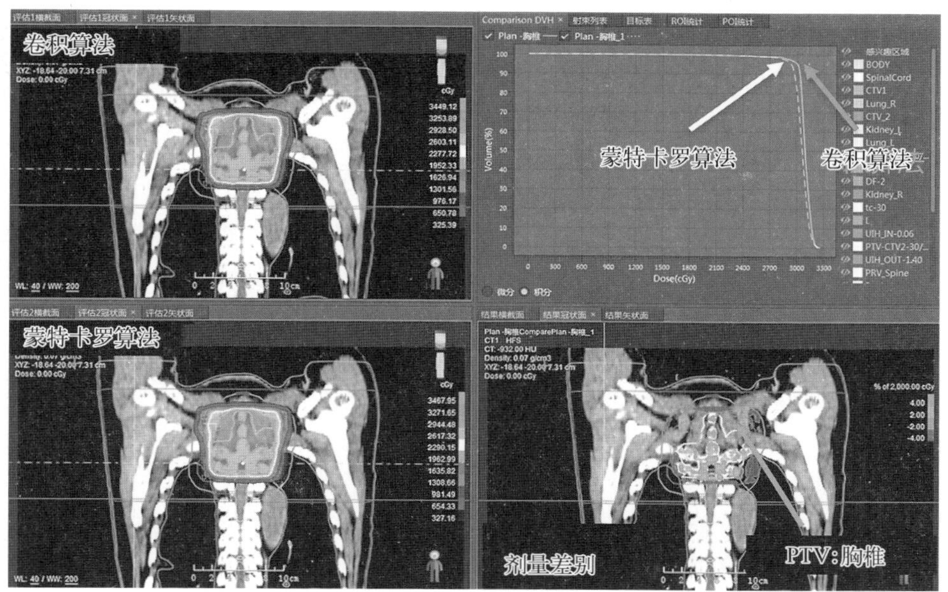

图 4－6　蒙特卡罗算法和卷积算法在含有高密度物质的计算差异(彩图见附录)

在 PTV 中，与卷积算法计算结果相比，蒙特卡罗算法的平均剂量要低 1.2%，D95 低 2.3%。也就是说，采用卷积算法会高估靶区内剂量，导致靶区剂量不足。所以对于靶区包含高密度物质的计划，使用蒙特卡罗算法可以获得更真实的剂量分布，不会像卷积剂量算法那样出现靶区欠量的问题。

4.1.3　计划优化算法

1）放疗中的优化问题

如前所述，放疗的目标是在肿瘤上投射更高剂量的同时，尽可能降低周围正常组织上沉积的剂量。通常，那些对放射线敏感的正常器官都有特定的剂量目标要求，例如脊髓所受到的最大剂量不能超过 4 000 cGy，肺要求尽可能少的体积受到超过 500 cGy 的剂量照射。

优化算法要解决的就是这样一个逆向问题：在已知肿瘤和正常器官组织

①② D95 和 D90 分别指 95%和 90%的感兴趣区域接收的最低剂量。

的剂量要求后，如何生成一个满足这些要求的放疗计划。肿瘤的处方要求和正常器官的剂量保护一般都是矛盾的，既要求肿瘤达到处方剂量，又要求正常器官的剂量足够低，这是放疗计划优化中常见的目标。对于一个射野方向确定的调强放射治疗计划来说，每个射野子野的形状(由多叶准直器形成)和强度就是放疗优化问题中的优化变量。通常来讲，对于一个最简单的静态调强计划，有 5～7 个射野，每个射野由 3～15 个子野组成，每个子野涉及的多叶准直器的叶片对数可以有 10～30 对，生成这样的一个计划，需要优化的变量有成百上千个。对于旋转调强计划，优化的变量就更多了。

由此可见，放疗优化问题是一个大规模、非线性、多目标的问题，放射治疗计划系统需要根据用户输入的信息，生成平衡各目标的治疗计划。目前大多数放射治疗计划系统构造优化的目标函数是基于物理学的评估方式得到的，即对各个优化目标计算它们的误差函数，乘以权重后求和，得到基于体素点的优化惩罚函数：

$$\min f(d)=\sum_{g\in\overline{G}}w_g\sum_{j\in V_g}(\max\{d_j-\overline{d}_g,\ 0\}^2)+\sum_{g\in\underline{G}}w_g\sum_{j\in V_g}(\min\{d_j-\underline{d}_g,\ 0\}^2) \tag{4-2}$$

式中，$\overline{G}$ 为所有剂量上限优化目标的集合；$\underline{G}$ 为所有剂量下限优化目标的集合；w_g 为第 g 个优化目标的权重；V_g 为第 g 个优化目标对应的感兴趣区域(ROI)内所有体素点的集合；d_j 表示第 j 个体素点的剂量；$\overline{d}_g$ 为当第 g 个优化目标为剂量上限时的剂量目标值；$\underline{d}_g$ 为当第 g 个优化目标为剂量下限时的剂量目标值。式(4-2)给出了已知剂量分布情况下的剂量目标函数形式，如何通过调整优化变量以达到最小化剂量误差是计划优化算法需要解决的问题。

2) 计划优化算法原理

目前大多数放射治疗计划系统采用的计划优化算法可以分为两类：通量图优化算法(fluence map optimization，FMO)与直接子野优化算法(direct aperture optimization，DAO)。

以下分别介绍两种算法的基本原理和优劣。

(1) 通量图优化算法。通量图优化算法的目标是为每个射野方向提供一个理想的强度分布图，在该组强度分布图下剂量分布对应的目标函数达到最小。算法具体步骤如下：① 在垂直于射野方向的等中心平面上，将射野离散化为多个子射束(beamlets)；② 计算每个子射束 i 对其下方每个体素 j 的剂量

贡献 D_{ij}；③ 结合剂量目标函数，求解以下带界约束的优化问题：

$$\min f(d) \tag{4-3}$$

$$d_j = \sum_{i \in B} D_{ij} x_i \qquad l \leqslant x_i \leqslant u$$

式中，B 为计划中射野方向的个数；x_i 为每个子射束的强度或通量值，也是该优化问题中的变量；l 和 u 分别为该强度的下界与上界。FMO 优化目标函数关于其变量的梯度很容易计算，可以采用梯度下降的方法如序列二次规划法(sequential quadratic programming，SQP)或内点法(interior point)求解，得到一组理想的通量图。

FMO 优化目标函数形式简单，易于求解；迭代过程中剂量分布通过线性叠加即可得到，计算速度快。然而优化得到的通量图并不能直接由加速器执行，还需要用叶片序列化算法(leaf sequencing，LS)将通量图转换成一组由多叶准直器构成的子野形状以及跳数(MU)。在转换的过程中，LS 算法需要考虑机器参数和计划的技术类型等约束，尽可能地复原 FMO 优化得到的通量图。理论上生成的子野个数越多，越能够接近理想通量图的效果，但这会带来子野形状零碎、计划执行时间长、总跳数高的问题。此外，FMO 迭代得到的通量图通常会出现锯齿状，即相邻两个或多个射束间的强度差非常大，不利于后续进行的多叶准直器叶片位置生成过程。为解决这一问题，现有放射治疗计划系统通常会在 FMO 进行中加入平滑惩罚函数或在 FMO 结束后对通量图做平滑处理。然而过度的平滑也会破坏 FMO 优化的结果，如何处理通量图的平滑性在 FMO 算法中是一个难点。由于实际计划中的子野个数有限以及通量图平滑的因素，LS 算法无法完美复原 FMO 优化出的通量图，这导致经过 LS 后的可执行计划效果会差于 FMO 优化得到的效果，这是 FMO 方法的不足。

(2) 直接子野优化算法。区别于 FMO 方法，直接子野优化算法通过直接调整 MLC 叶片位置以及权重，达到最小化剂量目标函数的目的。直接机器参数优化算法(direct machine parameter optimization，DMPO)是一种经典的直接子野优化算法。该方法引入了通量对叶片位置和权重的导数，通过链式求导法则，计算出剂量目标函数对叶片位置和权重的导数，从而将叶片位置和权重作为变量进行优化迭代。它的目标函数如下：

$$\min_{x,\,w} F(x,\,w) \qquad Ax \leqslant b,\; w \geqslant 0 \tag{4-4}$$

式中，x 表示叶片位置；w 表示子野权重；F 为剂量目标函数；$w \geqslant 0$ 用于保证子野的权重为非负；$Ax \leqslant b$ 用线性约束的方式表示各种机械限制和运动参数，如叶片间的最小间隙、子野最小面积、叶片移动速度等。优化过程中，考虑到不同技术类型、各部件运动参数以及机械限制等约束，可利用 SQP 方法求解该优化问题。

由于 DAO 方法直接优化子野形状和权重，优化完成后无须额外转换即可得到加速器可执行的计划，不会出现计划质量损失。研究表明，DAO 方法可以用更少的子野个数、更少的跳数达到与 FMO 方法得到的计划相当的效果。DAO 优化过程中需要考虑各种机械限制和运动参数，使 DAO 求解更加复杂；同时，由于迭代过程中剂量计算需要考虑实际的子野形状和准直器散射等影响，DAO 算法通常比 FMO 更复杂、计算量更大。

为了综合两种方法的优劣，实际应用中可以将 FMO 和 DAO 结合，先通过 FMO 和 LS 生成计划初始解，在此基础上通过 DAO 改进计划效果，修复 LS 带来的计划质量下降，最终生成一个临床可执行的计划。

4.1.4 放疗计划系统算法新技术

本节将介绍近年来放疗计划系统算法的几项创新技术进展，包括该技术所要解决的临床问题和算法难点。

1）自动勾画

随着调强放射治疗的不断普及，放疗临床靶区（CTV）和危及器官的勾画速度和勾画精度需要满足越来越高的要求。危及器官和靶区勾画占用医生大量的时间和精力，尤其是靶区勾画，虽有国际专家共识作为指导，但临床靶区在影像上无明显边界，不同医生有不同的勾画习惯和风格，难以形成统一的靶区勾画标准，如图 4－7 所示。这是目前自动勾画，尤其是靶区自动勾画面临

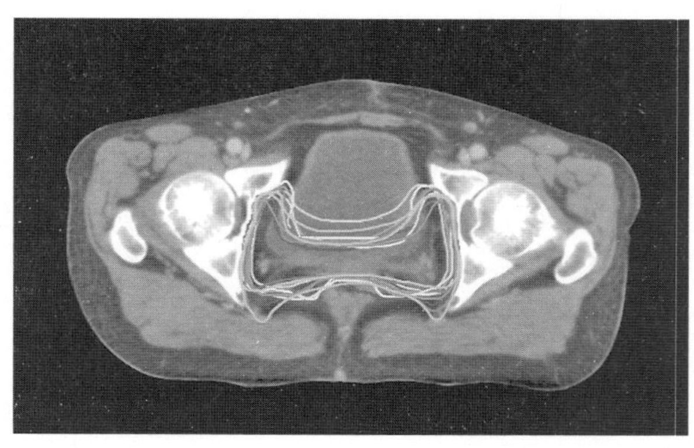

图 4－7 九位医生对同一位宫颈癌患者的靶区勾画结果（彩图见附录）

的最大挑战。

基于图谱模板的 Atlas 方法已在商用放射治疗计划系统软件中广泛使用，针对皮肤、肺、骨、脊髓等简单器官勾画具有不错的效果，但远远无法满足临床的需求。近年来，随着深度学习的兴起，深度神经网络在危及器官和靶区勾画方面，也取得了明显的进展。

在算法方面，目前主要有以下几种技术用于提高勾画的准确性：

(1) 增加卷积路径。使用两条输入路径进行模型训练，一条针对大面积、高像素的图像获取信息，另外一条根据小面积、低像素获取局部信息。

(2) 增加勾画后处理模块。如使用卷积神经网络(convolutional neural network, CNN)对图像进行初步勾画，然后使用条件随机场(conditional random field, CRF)提高勾画准确性。

(3) 级联网络。如在肝脏囊肿勾画中，先使用粗尺度网络定位并勾画肝脏，再将裁剪后的图像区域输入细尺度网络进行精细勾画，从而提高囊肿勾画准确性。

(4) 多种网络融合。如使用 ResNet 和循环神经网络(recurrent neural network, RNN)模块改造常规 U-Net 网络，提高勾画准确性。

(5) 引入注意力机制。如图 4-8 所示，利用注意力模块(attention gate, AG)，模拟医生勾画的流程，让网络把注意力集中在图像的局部，从而实现靶区定位，提高勾画精度。

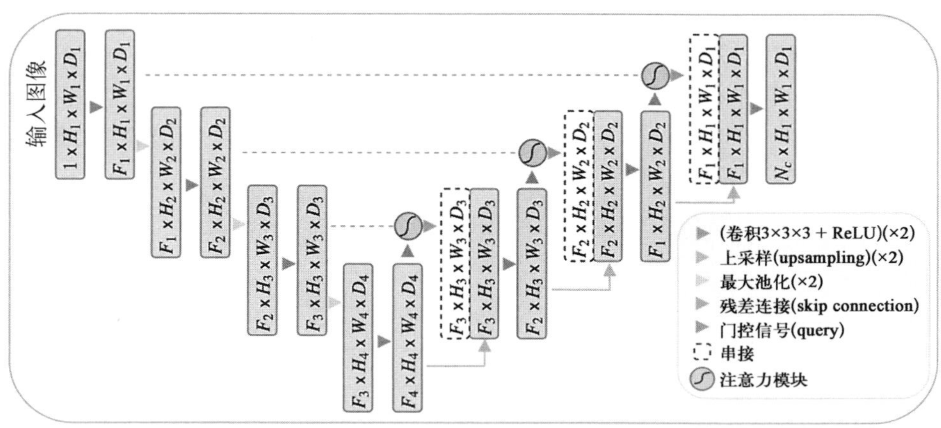

图 4-8　带注意力模块的自动勾画网络结构图

除了提升准确性外，加快勾画速度也是自动勾画领域的研究重点，其中主要包括以下方面：① 对已有的智能勾画模型进行模型剪枝和模型压缩，提高模型推理速度。② 使用深度可分离卷积代替常规的 CNN 层，降低模型参数量，减小模型体积。③ 在卷积过程中加入瓶颈(bottleneck)模块，利用 1×1 卷积大幅度改变通道数，在不降低模型性能的情况下，缩小模型体积，加快推理速度。

而结合多模态影像进行勾画以及开发智能勾画评估系统是推进智能勾画临床落地的有效方式。

(1) 多模态图像自动勾画。目前放疗危及器官和靶区勾画以 CT 模态为主，但其他模态图像，如磁共振成像图像，其软组织对比度优于 CT，对肿块、水肿等有更好的辨识度。例如中国临床肿瘤学会(Chinese Society of Clinical Oncology, CSCO)编写的《鼻咽癌诊疗指南》中，肿瘤靶区勾画需要参考定位磁共振成像图像。因此，将 CT 和磁共振成像图像同步作为图像输入，结合 CT 和磁共振成像模态影像的优势，可获取更多信息，用于提高勾画准确性。多模态图像勾画的重点之一是多模态信息的融合，输入层融合、中间层融合和决策层融合是三个主要的研究方向，如图 4-9 所示。

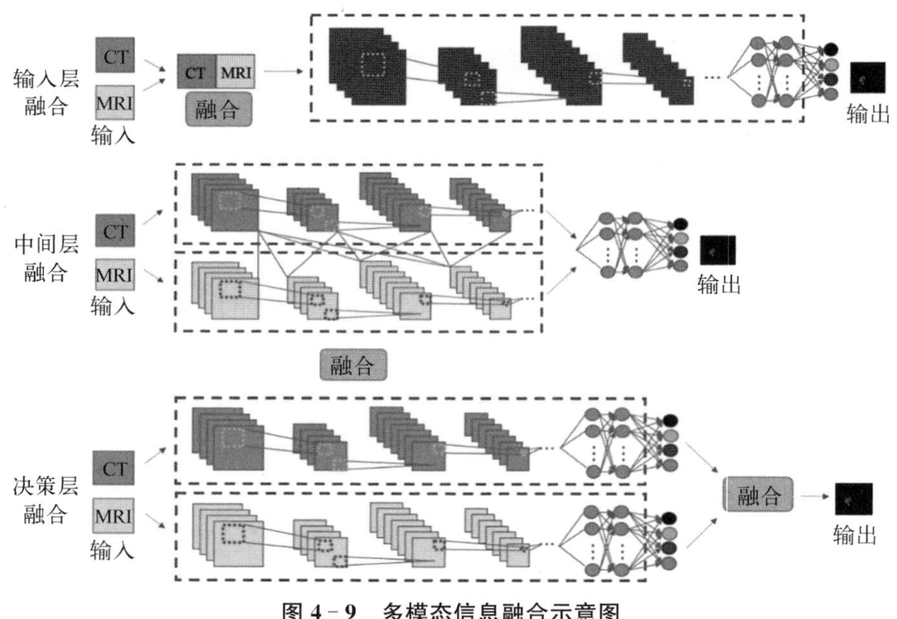

图 4-9　多模态信息融合示意图

除图像信息外，患者的临床信息、分期信息等非图像信息也可以作为多模态信息用于指导自动勾画。

(2) 勾画智能评估。勾画智能评估是自动勾画的另一个发展方向。一方面，尽管深度学习在医疗领域中取得了长足进步，但深度学习本身的“黑箱”特性，导致其可解释性较差，限制了在临床中的大规模应用。另一方面，目前自动勾画评估的客观评价指标是以交叠面积为主的评价指标，无法准确衡量勾画在临床中的适用性。因此，需要引入临床经验，指导勾画评估。

勾画智能评估是将临床经验数字化表述，对不同组织和器官在医学图像中的位置和精确范围进行标注，作为靶区分割评价的基础。建立靶区权重评价模型，对靶区不同部位赋予不同的权重，以更准确地表述靶区不同位置的重要程度。建立器官保护评价模型，根据靶区位置，设置相应的危及器官保护模型，当靶区勾画有部分与危及器官交叠时，会作为惩罚项，降低整体评价得分。

由此，可得到在临床经验指导下，靶区与正常器官以及靶区自身勾画质量的评估，可用于指导模型自动勾画，评估模型质量；也可以作为勾画质量监控的一部分，有助于提升放疗勾画整体质量，造福患者。

虽然目前勾画的准确性逐渐接近临床医生的勾画水准，但是在临床上实际应用并不广泛，主要原因是临床数据标注差异较大，不同医院、不同医生有不同的勾画风格。此外，靶区勾画需要大量的临床经验支持，仅仅依靠标注数据训练模型会导致泛化性较差，无法满足自动勾画准确性的要求。当然，也要看到，自动勾画技术水平的提升，对于提升放射治疗整体水平、减轻医生工作负担、实现精准放疗、提升患者治疗效果具有重要的意义。

2）自动计划

在调强放射治疗计划优化过程中，计划质量会受到许多因素的影响。

首先是剂量优化目标的不确定性。放疗医生和物理师在放疗计划设计前通常会参考国内外临床放疗指南，确定靶区的处方剂量和危及器官的剂量限制，这些指南通常是基于患者群体的平均数据，难以满足所有患者的个体化剂量要求。由于患者的独特性，即使是同样的部位和处方，每个患者能够达到的剂量效果也是不同的。

其次是放射治疗计划系统参数调整的复杂性。为了追求更高的处方剂量靶区覆盖率和更低的危及器官剂量，医学物理师需要进行大量的试错操作，反复调节优化参数，这依赖于物理师的临床经验、技巧以及对放射治疗计划系统的理解等因素。

为了解决上述两个问题，自动计划技术受到越来越多的重视。目前学术界和商用放射治疗计划系统中的自动计划技术主要可以分为两类，以下简要介绍这两类方法的原理以及优缺点。

（1）基于规则的自动计划方法。基于规则的方法可以理解为一种专家系统，该方法以放射治疗计划系统脚本或代码的方式将规则固化，基于当前计划的剂量状态，判断是否达到预设目标，若没有达到，则按既定规则进行优化参数的自动调节，并继续迭代优化，直到所有指标都达到目标或者迭代次数达到预设后，终止自动优化。其中，调节方法包括以下几种：① 在优化开始前添加环等辅助结构；② 在自动优化过程中，调整某个目标的权重和剂量-体积约束；③ 自动添加去除冷、热点的辅助结构并加入目标函数优化等。因此，本质上讲，该方法是模拟人工优化计划的推理过程，规则地实现和推导遵循人工定义好的标准和逻辑，可以减少计划生成中人工操作的次数，特别是重复性操作次数，有助于提高计划质量的下限，杜绝错误操作。典型的基于规则的自动计划方法是 Auto-planning，它是一款商用放射治疗计划系统 Pinnacle 自带的自动计划模块，用户分别输入靶区与危及器官的剂量要求后，启动自动优化算法生成计划。其中，用户需要提前手动完成辅助优化结构的生成，并以此为优化目标。

基于规则的自动计划方法的缺点也是显而易见的：① 脚本中的规则是固化的处理程序，对于复杂计划，特别是当靶区和危及器官之间或两个危及器官之间存在优化目标冲突时，该方法无法很好地取舍和处理，自动生成的计划往往使两者都无法满足临床计划质量要求；② 由于优化目标需要用户事先给定，现实使用中很难用一套自动计划参数适配所有的病例，需要靠物理师经验预设参数，或通过试错来调整参数。当设置的目标不合理时，自动计划不会自动纠正，这就会造成计划质量下降。因此，设置一个准确的剂量目标是该方案能够实施的前提条件。

（2）基于剂量预测的自动计划方法。基于剂量预测的方法是近年来研究的热点，最主要的原因就是该方法能够解决一个重要问题——针对不同患者的放疗计划的优化目标若具有不确定性，这种不确定性将带来计划质量的不稳定，而基于剂量预测的方法则统一了针对不同患者的放疗计划的优化目标。通常情况下，预测的只是剂量目标，包括剂量体积直方图目标和三维剂量目标，后续仍然需要调用优化算法完成治疗计划的生成。

目前，常见的剂量预测方法包括基于单病例的剂量体积直方图预测、基于机器学习的剂量体积直方图预测，以及基于机器学习或深度学习的剂量预测等。

单病例的剂量体积直方图预测不依赖历史治疗数据，它根据当前患者影像与射野信息，对危及器官进行最优的剂量体积直方图预测，以确定该器官在最终计划中可能达到的最好剂量体积直方图结果。常采用的方法是控制变量法，即只考虑某个危及器官与靶区的优化问题，在保证靶区达到处方剂量要求的前提下，尽可能降低该危及器官的剂量。当该器官的剂量已经低到必须牺牲靶区剂量时，将此时器官的剂量体积直方图作为其最优剂量体积直方图目标。在预测优化过程中通常使用等效均一剂量（equivalent uniform dose, EUD）条件作为危及器官的目标函数。EUD 的定义如下：对于两种能够产生相同生物效应的不同剂量分布，它们在放射生物效应上是等效的。典型的基于单病例的剂量体积直方图预测方法是 SunNuclear 公司 PlanIQ 软件中的 Feasibility，如图 4－10 所示，它为每个器官预测了四个剂量体积直方图区域，从易到难分别是容易达到、有挑战的、困难的以及不可能达到的，依次用绿、黄、橙、红四种颜色标记。该方法的优点就是在不利用历史数据的条件下，能够获得危及器官的理论最优剂量体积直方图，给出了后续自动优化的剂量目标。但由于此方法得到的只是理论最优剂量体积直方图，对自动优化的指导意义仅在于给出可优化的极限，实际使用中仍然需要平衡各目标之间的冲突。

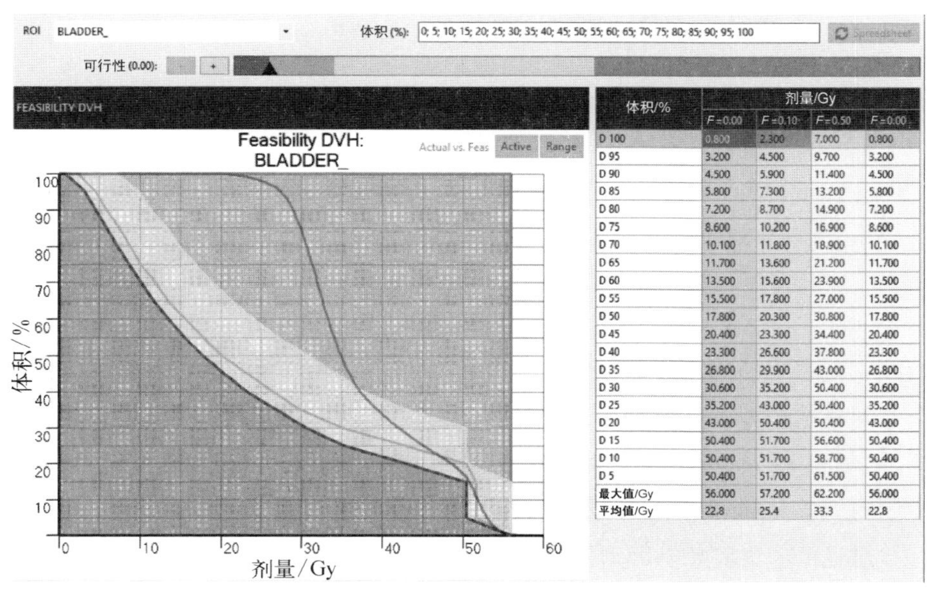

体积/%	剂量/Gy			
	F=0.00	F=0.10	F=0.50	F=0.00
D 100	0.800	2.300	7.000	0.800
D 95	3.200	4.500	9.700	3.200
D 90	4.500	5.900	11.400	4.500
D 85	5.800	7.300	13.200	5.800
D 80	7.200	8.700	14.900	7.200
D 75	8.600	10.200	16.900	8.600
D 70	10.100	11.800	18.900	10.100
D 65	11.700	13.600	21.200	11.700
D 60	13.500	15.600	23.900	13.500
D 55	15.500	17.800	27.000	15.500
D 50	17.800	20.300	30.800	17.800
D 45	20.400	23.300	34.400	20.400
D 40	23.300	26.600	37.800	23.300
D 35	26.800	29.900	43.000	26.800
D 30	30.600	35.200	50.400	30.600
D 25	35.200	43.000	50.400	35.200
D 20	43.000	50.400	50.400	43.000
D 15	50.400	51.700	56.600	50.400
D 10	50.400	51.700	58.700	50.400
D 5	50.400	51.700	61.500	50.400
最大值/Gy	56.000	57.200	62.200	56.000
平均值/Gy	22.8	25.4	33.3	22.8

图 4－10　PlanIQ Feasibility 界面示意图（彩图见附录）

基于机器学习的预测方法依赖历史治疗数据，且由于需要设计特征并从数据中提取特征，该类方法大部分都是预测危及器官的剂量体积直方图，并且采用的都是剂量与距离的相关性特征。在理想情况下，靶区周围的剂量跌落是各向同性的。但当某些需要更低剂量的危及器官位于靶区附近时，会导致剂量在其内部沿远离靶区方向的跌落快于靶区外其他位置，这就造成了在射野范围内，在靶区外的各个方向上，剂量跌落速率不一致。该预测方法的原理是基于大量的历史剂量分布数据，建立靶区外不同危及器官内的体素点的剂量-距离模型，并由此来预测新患者的危及器官的剂量-距离特征，从而将其转换为剂量体积直方图。使用该方法的代表性的方案是 Varian 公司 Eclipse 中的 RapidPlan，已商用。如图 4－11 所示，RapidPlan 预测得到的是危及器官的带状剂量体积直方图，为了达到更好的计划优化结果，通常会将优化目标剂量体积直方图设置在预测带状剂量体积直方图下方。

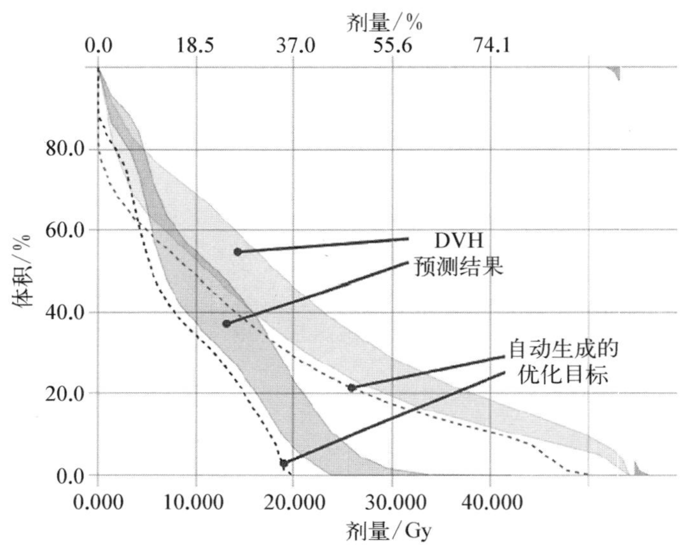

图 4－11　RapidPlan 剂量体积直方图预测结果示意图

剂量体积直方图预测的方法优势明显，由于只对剂量体积直方图进行预测，相应的模型训练数据量也较少，一般不超过 100 套序列和计划即可；另外，通过预测危及器官的剂量体积直方图，可以帮助物理师在计划前就估计出该危及器官最终可能达到的剂量，避免了约束目标之间的冲突，有助于解决由患者间的差异性带来的目标不确定。

该方法在实际应用中也存在很多问题。首先，它要求用户准备几十到上百例患者序列和剂量分布，而且对训练数据的要求较高，主要体现在以下方面：① 勾画的风格要一致；② ROI 命名需要统一；③ 计划效果要足够好，且偏好一致；④ 治疗技术类型要一致。现实中物理师没有时间和精力对历史计划数据进行满足要求的收集和整理。其次，由于基于预测模型的自动计划方法生成的计划是与训练数据强相关的，A 医院训练的模型并不能直接拿来在 B 医院进行剂量体积直方图或剂量的预测，因为两者对计划的技术类型、质量要求可能不一样。虽然放疗科室已经具备自动计划软件，但实际上受限于数据问题，自动计划很难开展。最后，剂量体积直方图只是表征计划结果或质量的一个因素，即使以该因素作为指导生成的自动计划可确保所有的剂量体积直方图达到目标，也不能保证该计划在剂量分布的各方面均满足临床要求。

剂量体积直方图是表征剂量-体积关系的二维信息，并不能反映患者体内的三维剂量分布情况，对自动计划来说，二维的剂量体积直方图目标仍然会带来大量的不确定性，同样的剂量体积直方图可能对应完全不同的剂量分布。随着人工智能技术的发展，自动计划成为放疗与人工智能的最佳结合点之一。越来越多的学者和公司开始研究使用深度神经网络进行三维剂量分布的预测。基于卷积神经网络的三维剂量预测研究一般直接输入包含患者解剖信息的图像如 CT 影像和感兴趣区域信息，避免了手动特征提取步骤。随着深度卷积神经网络在越来越多的前沿技术中被提出，各种带有不同想法和目的去改进的深度卷积神经网络形式被不断提出并应用在剂量预测领域，如在网络训练时使用不同的激活函数和损失函数、对参数进行正则化操作以及重构神经网络架构。在目前的研究中，主要改进的方向都是通过重构网络架构来实现的，尤其是将网络的基本单元从单一卷积层变为多个网络层组合的模块的改进得到广泛认同与应用。目前虽然没有商用的放射治疗计划系统发布使用该方案的产品，但在科研院校中对该方法进行了很多探索，Nguyen 等[6] 于 2017 年提出的一个典型的 U-net 结构的深度神经网络也被用于剂量预测，该网络原本应用于图像分割领域。

实现对三维剂量分布的预测具有明显的优势：① 准确的三维剂量分布可以帮助优化算法，解决优化目标冲突的问题；② 三维剂量分布完整地包含了评估计划质量的全部信息，帮助优化算法确定正常组织的目标剂量；③ 在计划完成前即可预知最终的剂量分布结果，帮助放疗医生和医学物理师进行后续决策。

同样地，基于三维剂量分布的自动计划仍然存在很大挑战。首先，预测的三维剂量能够用于自动计划的前提是预测的准确性足够高，这是该方法首先要满足的，或者说是预测得到的三维剂量是否是一个真实的、可以通过优化实现的剂量分布。现有研究大多利用测试集预测剂量后，通过计算对应网格点的剂量误差来评价剂量预测的准确性，忽视了对剂量可实施性的考虑。其次，如何设计优化算法和优化策略，使其能够完全复原一个给定的三维剂量分布也是一个需要考虑的问题。目前大多数的优化算法都采用基于剂量体积直方图约束的优化策略，优化调整的参数和粒度也仅限于某个感兴趣区域，以三维剂量作为优化目标的优化和参数调整策略仍有待研究。最后，该方法存在与剂量体积直方图预测同样的问题，例如，需要收集和整理大量的高一致性的训练数据，以及预测模型的迁移问题，相比于剂量体积直方图预测，基于深度学习的三维剂量预测需要更多的训练数据，通常要超过200套。

以上是两类常见的自动计划方法。自动计划技术的发展具有深远的意义。我国放疗水平在地区间极不平衡，大型综合医院或肿瘤专科医院配备专业的、有经验的医学物理师团队，能够根据医生要求和患者实际情况制订正确且优质的治疗计划，并且科室内部具有良好的培训机制，能够快速且循序渐进地培养医学物理师。自动计划功能能够为专业团队提高工作效率作出贡献，例如，可以将较容易评估效果的计划交由自动计划来完成，以使医学物理师有更多精力去完成复杂计划的设计、优化和质控。而对于中小型医院或刚开展肿瘤放疗的医院来说，由于医学物理师的经验缺乏，计划设计中难免出现计划质量不稳定甚至发生低级错误的问题，放射治疗计划系统厂家短时间的培训也难以有效提高医学物理师对复杂计划的设计能力。那么，一个提供自动计划功能的放射治疗计划系统的优势就不仅包括提高计划效率，还包括避免计划中发生人为失误，提高计划质量的下限，保证一致性，并且能够显著弥补医院放疗技术人才不足的缺陷。特别是前面所述的利用经验知识或历史数据完成建模的自动计划技术，可以将在上级医院利用优质计划训练好的自动计划模型直接应用于下级医院，理论上可以做出媲美专家水平的治疗计划。

当然，目前自动计划技术仍然是不完美的，大部分自动计划算法只能处理简单的临床计划，对复杂计划来说，自动计划的效果很难达到人工计划的水平。要做到自动计划完全取代人工计划，还需要科研工作者和放射治疗计划系统厂商的更多努力。

3）自适应放疗

自适应放疗（ART）技术的提出对放射治疗计划系统算法提出的挑战主要在于计算速度和智能化程度[7]。在线自适应放疗场景下，理想情况下希望能快速、自动生成自适应计划，不需要医生和医学物理师额外输入信息或反复调节，因为手动操作通常会耗费更长的时间。

为提高在线工作流效率，可以运用基于深度学习的自动勾画算法或者形变配准算法在自适应放疗影像上生成靶区和正常组织勾画。通常基于深度学习的自动勾画算法在正常组织勾画上会比形变配准具有更高的准确性，可以达到医生基本无须修改的程度。但靶区的自动勾画仍然是目前的难点，通常需要一定的后续修改。

对于自适应放疗计划制作的部分，大部分放射治疗计划系统允许医学物理师在原有治疗计划基础上继续修改，沿用原计划制作时的约束条件。为了加快优化速度，可以采用子野形变（segment aperture morphing）算法，根据射野方向视图（beam's eye view, BEV）平面下参考影像和治疗当日影像的靶区投影变化更改叶片位置。对于少数简单的计划，子野形变后计划质量可以满足要求，但大部分计划仍然还需要继续优化。为了满足在线自适应放疗对速度的要求，除了利用图形处理器（graphic processing unit, GPU，又称显卡）并行计算等技术对算法本身加速之外，为减少继续优化过程中医学物理师手动操作，可以采取智能化的自适应算法策略，充分参考原计划约束条件、原计划剂量分布、处方等信息，自动添加适当的约束条件，并进行多轮迭代，每轮迭代前根据各主要剂量指标达成情况修改或补充适当的约束条件，最后直接输出满足临床要求的计划。对于靶区和周围组织形变较大的情况，比如宫颈癌靶区和膀胱、直肠在原计划中重叠比例很大，在自适应放疗当日影像中重叠比例较小，原计划的约束条件对于自适应计划可能过于宽松，按原计划的约束条件不能保证自适应放疗计划的效果达到最优。反之，约束条件过于严格，也可能会导致自适应放疗计划中靶区欠量。在这种情况下，可以加入对当前自适应放疗计划效果的剂量/剂量体积直方图预测，来获得更好的自适应放疗计划效果。当然，也可以采用一般性的自动计划算法生成自适应计划。但通常自动计划算法要求放射治疗计划系统中预先配置该部位相应的模型，可以应用的病例受限。

在线自适应放疗时，计划质控无法采用模体 QA 的方式，传统的解决方案是利用第三方软件再次进行剂量计算或监测加速器出束日志。目前也有厂商提供基于 EPID 平板在线监测治疗剂量的方式作为在线自适应放疗的质控手段。

自适应放疗使患者在接受放疗的整个疗程中会拥有多个治疗计划，全疗程累积剂量评估时，便需要放疗计划系统提供工具，将这些治疗计划的剂量分别乘以治疗分次数，然后进行累加。由于每次的计划影像是不同的，例如肿瘤和重要保护器官体积、形状以及相对位置，所以仅依靠影像间刚性配准进行不同影像的剂量累加无法准确评估患者治疗剂量。放疗计划系统会将患者每次计划影像的治疗剂量形变至最初的计划影像后进行剂量累加，如图 4-12 所示。剂量累积的准确性主要依赖于形变配准算法。目前商用放疗计划系统会应用 Demons、AI 形变配准算法等。

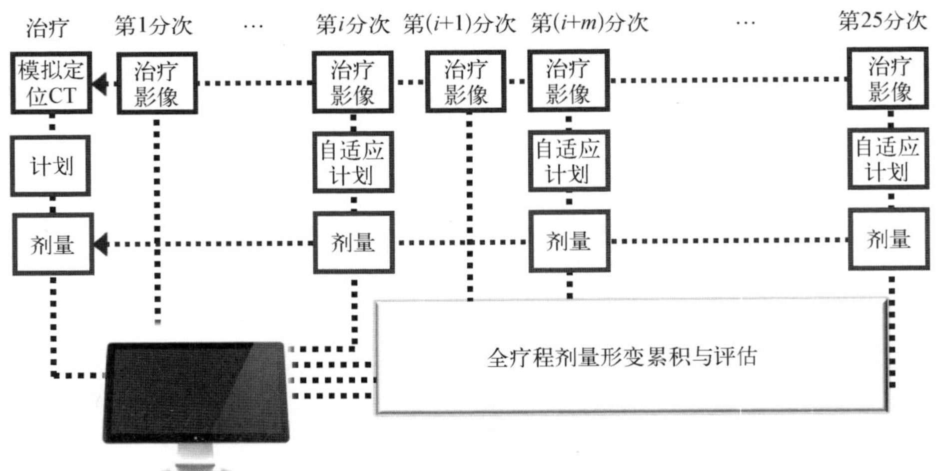

图 4-12　放疗全疗程剂量累积示意图

随着自适应放疗概念的发展，其所关注的放疗疗程中患者的变化由解剖变化扩展到功能性变化。功能性变化可能包括肿瘤新陈代谢活跃度变化、肿瘤厌氧状态(hypoxia)变化、危及器官功能性损伤等。自适应放疗计划的修改也不仅限于维持原计划处方和剂量分布要求，可能视患者情况需要对整体处方剂量进行调整(dose escalation/de-escalation)。功能性自适应放疗通常需要引入多模态影像，如磁共振成像、PET 等。随着磁共振引导的直线加速器和 PET 引导的直线加速器技术的逐渐成熟，在线自适应放疗也会逐渐支持患者功能性变化。

4) 非共面放疗

非共面放疗(non-coplanar radiotherapy)是指在放疗中使用不在同一几何平面的多个固定的或旋转的射野进行治疗。非共面放疗可以采用调强放射治疗或容积旋转调强放疗(VMAT)。对放射治疗计划系统算法来说，主要的难点是射野方向的选择，非共面放疗可用的入射方向很多，靠人工选择最优的射野方向组合非常困难。

非共面调强放射治疗(NC-IMRT)可能使用 20 个甚至更多的射野，执行时间较长。关于调强放射治疗射野角度优化(BOO)方向的研究有很多。如每次迭代增加一个射野角度并通过 FMO 评估所增加角度的效果,每次增加的角度为减少目标函数最多的方向,直到增加射野总数达到上限或其效果不再显著地改善目标函数。这种方法收敛速度慢,且可能陷于局部极小值[8]。

非共面容积旋转调强放疗(NC - VMAT)可以是结合多个静态治疗床位置和机架旋转的 VMAT 技术,这类技术在临床已有广泛应用;也可以是结合动态治疗床旋转和动态机架旋转的轨迹 VMAT 技术,这类计划最早的研究是用于脑部和头颈肿瘤,后来证明对不同类别的患者都有保护危及器官的作用,但尚未广泛用于临床。

目前有两种 NC - VMAT 的角度优化方法。一种是射野评分的方法,对每个可用的射野方向打分,打分以患者病灶的几何特征或剂量特征为依据。根据得到的射野分数的分布和其他的治疗床、射野个数等要求确定治疗的轨迹。虽然射野评分方法可以产生高质量的治疗计划,但因为在轨迹优化过程中没有直接评估计划质量,最终的轨迹可能不是剂量学上最优的[9]。另一种是将通量图优化与轨迹优化结合起来,作为计划质量的衡量标准。要创建最终优化的轨迹,非共面调强放射治疗角度优化方法中的射野必须以某种方式连接起来。一种可行的方法是用旅行商问题求解,以确定访问所有选定射野的最有效轨迹[10]。

5) 鲁棒性优化

放疗的计划执行过程面临着许多不确定性,主要体现在摆位误差、运动误差和射程误差几个方面。摆位误差会使等中心发生偏移,造成实际照射的剂量分布发生偏移。运动误差包括下面两类:① 分次间器官或靶区的位置或形状的变化,这类误差通常采用自适应放疗优化算法,在原有计划的基础上根据这些变化生成一个新的计划;② 治疗过程中的运动,如呼吸引发的运动。在质子、重离子放疗中,离子束在人体中的射程也存在不确定性,当然这不在本书的讨论范围内。

对于这些不确定性,传统的方法是根据摆位误差的大小和与运动相关的不确定性在照射区域上增加一个安全边界来处理。也就是将 CTV 外扩成 PTV,使 PTV 获得处方剂量。PTV 的方法在临床上广泛使用,但这种方法本身存在局限性。过小的外扩无法保证实际照射剂量对于 CTV 的覆盖率,而足够大的外扩虽然会保证 CTV 的覆盖率,但无法平衡对周边的正常组织造成的副作用。

鲁棒性优化可以在计划优化过程中充分考虑不确定性，这些不确定性以集合的形式体现，在优化时使集合中所有的场景都满足要求。例如对于摆位不确定性，可以通过对等中心点位置添加一个小的偏移量来代表出现摆位误差的场景。对所有考虑的误差交叉采样就可以获得鲁棒性优化的场景集合。鲁棒性算法目前有多种实现方式，大多的应用场景都使用极大极小优化模型，即优化的目标是使最差的场景变好[11]。极大极小目标函数本身不可微分，为了使优化过程顺利进行，一般用高阶的幂平均函数去近似极大函数来求解极大极小问题。此外，还有一种应用比较广泛的方法称为随机规划或概率规划，这种方法为每个场景赋予权重，即这种场景出现的概率，优化的目标就是所有场景的加权最优[12]。

在放射治疗计划系统中使用鲁棒性优化算法时，可由用户指定各方向上的摆位误差大小，由算法离散为多个不确定性场景，也可直接通过不同时相影像建立多个不确定性场景。由于鲁棒性优化需要同时计算多个场景下的剂量分布，优化速度通常比非鲁棒性优化慢一些。优化完成后，用户可以查看在各个不确定性场景下的剂量体积直方图，以评估鲁棒性优化效果。

6）多目标优化

在制订放疗计划中经常遇到的困难是，在面对一些特定患者时，需要在靶区处方剂量覆盖程度和正常组织所受剂量之间进行权衡。医学物理师要找到一组适合的目标权重不是一件易事，因为这些目标权重缺乏直接的临床解释，并且往往是在不了解真实剂量分布的情况下猜测的，所以医学物理师需要通过多次修改权重和目标并重新优化治疗计划来权衡靶区和正常组织的剂量。试错是行之有效但很耗时的方法。此外，即使找到了满足临床要求的治疗计划，也不清楚对于当前患者是否有更好的治疗选择。

多目标优化（multi-objective optimization，MOO）可以根据用户指定的要求生成满足帕累托最优（Pareto optimal）的多个治疗计划供用户选择。一个治疗计划如果是帕累托最优的，那么不可能再找到另一个治疗计划在不损失其他目标的情况下对其中一个目标进行改进。它提供了一种不同于传统优化的工作流程，通过给出不同权衡下的多个计划，避免了限定在一个固定的计划上，从而使用户可以更直观地在多个冲突目标之间权衡。

多目标优化问题最常用的一种优化方法是将所有目标加权求和，从而转化成单目标优化问题，该方法也是传统治疗计划优化时使用的方法。这样可以求得帕累托最优解。然而，正如前面讨论的，用户很难直接给出保证可以满足临床要求的一组权重。

另一种常见的优化方法是基于 ε - constraint 模型，即极小化其中一个目标的同时固定其他目标的上限。可以使用字典序方法（lexicographic ordering）求解 ε - constraint 模型。使用该方法时，用户需要给定所有目标的优化顺序。首先对第一优先级的目标进行优化，然后在使高优先级目标不损失的情况下，优化当前优先级的目标，直到最后一个目标完成优化。

由所有帕累托最优点组成的曲面称为帕累托曲面。三明治近似（sandwich approximation）算法可以通过若干已知的帕累托最优点（这些点可以用上述加权求和或字典序方法获得）生成近似帕累托曲面，最后导航算法（navigation algorithm）可以让用户沿着曲面连续运动寻找合适的帕累托最优点，同时算法可以通过离散帕累托点集的线性组合生成一个粗略的剂量分布效果图。最终放疗计划系统可以将其转化为可执行的治疗计划。

放射治疗计划系统软件通常会提供一些直观的交互工具，帮助用户在帕累托曲面上浏览，如拖动滑动条来收紧或放松对某个器官的要求，同时观察其他靶区和器官的变化以及剂量分布的变化，从而选定最合适的计划。

4.2　放疗记录和验证系统

放射治疗记录和验证系统（record and verification system，RVS）是由软件和计算机硬件组成的系统，与直线加速器、放疗计划系统（RTPS）、医院信息系统（hospital information system，HIS）以及 CT 模拟定位机等通过网络等方式连接并进行数据交换（见图 4 - 13）。RVS 通常定义为受相关国家或地区法规约束的“医疗器械”。

RVS 的主要目的是减少放疗错误的风险，将以往由人来管理的一些治疗信息改为由计算机程序完成，如记录患者治疗的分次数、分次间隔、累积剂量误差，以及将计划治疗参数数据与加速器端治疗时实际输出的各项参数数据进行比对、验证并保存，以此降低整个放疗疗程中由各种原因导致放疗出错的概率，提高安全性，并做好记录用于追溯。RVS 随着科室的使用需求和规模的发展，也逐渐扩展，已经发展成为与成像系统、放疗计划系统和治疗机相通信的完整的放疗信息管理系统。许多 RVS 不再只是简单的记录和验证治疗设置，还提供治疗调度、数据统计分析、临床评估、图像和照片存储、剂量警报、

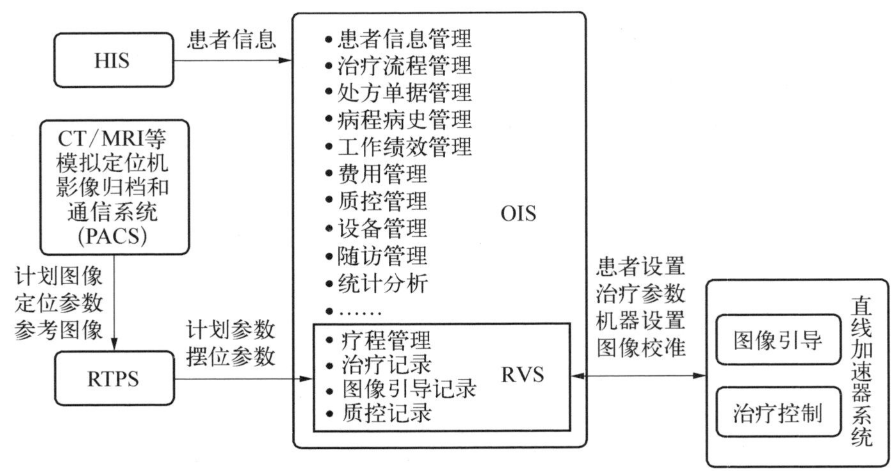

图 4-13 放疗记录和验证系统与其他系统间的关系

内部网消息服务以及网关和账务计费、电子病历、临床科室管理等功能，发展成为肿瘤信息系统（OIS）。

国际电工委员会（IEC）制定了《医用电气设备放射治疗记录与验证系统的安全》（YY 0721—2009/IEC 62274：2005），对 RVS 的定义如下：包括相关外部设备的可编程医用电气系统或者子系统，用于在计划的放射治疗开始之前和每个治疗阶段开始之前，比较放射治疗机当前参数和预置参数，并记录实际的治疗阶段。如果当前参数和预置参数条件不一致，并超出了用户定义的容错范围时，RVS 提供阻止机器运行的方法。

目前 RVS 主要由直线加速器制造厂商提供，用户使用 RVS 时必须特别注意系统的整体稳定性、安全性和兼容性，并注意对记录数据进行定期备份和归档，避免故障引起治疗风险和数据丢失。

关于 RVS 的更详细的内容可参考国际原子能机构的报告 *IAEA HUMAN HEALTH REPORTS No.7 Record and Verify Record and Verify Systems for Radiation Treatment of Cancer: Acceptance Testing, Commissioning and Quality Control*。

4.2.1 主要功能和流程

1）治疗数据确认

治疗数据是 RVS 的核心数据，包含以下内容（见图 4-14）。

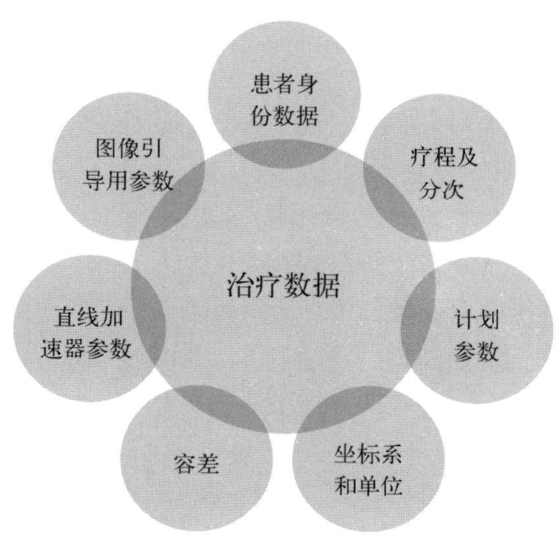

图 4－14　治疗数据包含的内容

（1）患者身份数据。通常，RVS 中患者的身份数据来源可以通过 HIS 或放射治疗计划系统（RTPS）导入，也可以手动录入，但用户需要确保在之前系统录入时的准确性，录入 RVS 后也应该进行验证确认。一般采用唯一性标识来保证该患者在系统中不会重复。

（2）疗程及分次。疗程是放疗中重要的一个单位。一般来说，一个疗程就是患者一个治疗计划执行完成的时间。一个患者可以有多个部位或者计划同时在治疗。疗程由分次组成，患者每次执行的放疗计划称为一个分次。

（3）计划参数。计划参数是一组由放射治疗计划系统（RTPS）创建的数据，输出给指定直线加速器用于治疗。在计划输出到直线加速器治疗前，需要在 RVS 中进行再次的参数确认并经过授权批准，然后才能用于治疗。通常计划参数至少包含唯一的直线加速器的身份信息、一个射野组及其中若干射野。这些射野包含了加速器机架的角度、多叶准直器或其他准直器的运动位置信息、小机头角度、输出的跳数（MU）以及这组射野所在治疗等中心的信息，此外，还包括所使用图像序列、数字重建放射影像（DRR）及用于摆位的位置验证射野信息。

（4）坐标系和单位。RVS 需要确认放疗整个流程中各个设备或系统的各个部件采用的坐标系的一致性，清楚显示当前采用的坐标系标准。如果不同系统采用不同的坐标系，需要确认其坐标值转换关系表的准确性。目前坐标系一般参考 IEC 标准。在 RVS 中应该确认各设备和系统尽量采用统一的单位制式，清楚显示各个参数所使用的单位，并且设定好不同参数的单位精度。

(5) 容差。由于患者摆位、直线加速器的各个部件及束流等在实际放疗过程中会产生一些偏差，因而临床上根据不同的治疗类型(如姑息和根治)、技术类型(如适形放疗和调强放射治疗)等设定了不同的可接受的偏差的大小，即容差。在治疗实际发生时，RVS 将实时对比直线加速器各部分参数的计划值和实际值之间的偏差是否在容差范围之内，超过将触发联锁。

(6) 直线加速器参数。参数包含直线加速器的型号和唯一编号，以及不同射野的相关参数。射野是 RVS 最常用的基础单位，采用射野组将一次放疗相关的射野进行组合可以提高患者治疗的便捷性和安全性。每个射野在射野组中有唯一的编号和名称以方便显示差异。

射野参数包括直线加速器的射野模态(光子或电子线等)、射野能量，可以包括每个射野的子野信息，也包括跳数、治疗时间、剂量率和设备的机械设置(如准直器、机架、治疗床等)及射野或治疗使用的附件(如楔形块、适形铅块、遮挡铅块、多叶准直器、皮肤组织补偿物等)。

(7) 图像引导用参数。图像引导是通过加速器或者加速器周边的图像设备在患者治疗过程中生成图像，将其与参考图像进行配准和对比，并且将摆位修正值应用于设备(如治疗床)的移动。RVS 需要记录修正值，并且能够将整个疗程中通过图像引导进行摆位的修正值通过图标展示，供用户进行摆位误差的分析。

2) 治疗调度管理

RVS 承担着管理治疗时间和分次的调度功能，能够按照给定的时间表对放疗的射野(或射野组)进行排序。该时间表包括患者在整个治疗期间的射野、剂量、治疗次数、治疗规则等。图像引导的频率和时间表也包含其中，可供选择。RVS 还应该对治疗的总分次进行计算和显示，通常以分数形式展现给用户，以明确告知当前疗程中的分次数。在所有情况下，RVS 都必须自动记录并使已经给出的分次不可访问，以确保正确的后续治疗顺序。

3) 放射治疗记录的验证

RVS 的主要任务之一是验证实际机器设置是否与治疗计划或模拟期间指定的治疗参数一致，并存储在 RVS 中。因此，治疗机和 RVS 之间需要通信链路。如果机器设置与计划设置相一致，则可以执行射野治疗。通常验证的机器设置参数包括射线类型(光子、电子线等)、光束能量、射野尺寸和叶片设置、准直器和机架角度、相关的射野附件(如电子线限光筒、光子限光筒、楔形板等）、治疗床位置和角度等，可能还包含皮肤组织补偿等其他治疗相关的附件。如果这些处理参数中的任何一个在容差表中规定的限值内不符合其预期设定值，则禁止进行治疗，并向用户发出警告。

如果 RVS 未连接到治疗装置，则无法验证治疗。在这种情况下，仍然可以将处方存储在数据库中并手动记录治疗完成情况。此时，治疗记录将基于处方数据而不是实际的治疗情况。

如果用户在 RVS 用户权限中获得相应授权，则可以在计划与实际参数超过容差表时通过输入用户名和相应的密码进行覆盖。

4）处方和跳数的关系

一般 RVS 没有剂量计算的要求。通常的放疗计划和计划的 QA 数据都是由放疗计划系统完成并采用标准 DICOM 格式，通过网络将包含 MU 的计划参数从放疗计划系统传输到 RVS，或者将 MU 等计划参数手动输入 RVS。MU 检查是指从初级剂量计算源到 RVS 的数据传输方面的“一致性检查”。MU 是与规定剂量和束流直接相关的治疗特定射野数据的一部分，代表了机器设置参数的一种特殊情况。

在放疗每个射野的输出过程中，MU 是持续累加的。治疗机执行过的 MU 会被反馈到 RVS，在每个射野的 MU 执行完成后，治疗机会停止出束。RVS 的功能之一就是通过比较数据库中存储的计划 MU 和实际执行的 MU，确保计划剂量与实际执行是一致的，避免超剂量治疗。而在患者所有处方的 MU 都执行完毕之前不应中断治疗，避免治疗未完成。

5）机器参数的系统记录

RVS 最重要的功能之一是记录加速器的每个射野执行参数、实际传送的结果、计划中射野的执行路线、计划和分次标识（即治疗的总次数中当前执行的分次数）、输出分次的准确时间、图像引导参数和结果、机械参数容差范围以及用户信息等。

RVS 可以进行长期记录和保存所有参数的详细信息，并且可以统计并自动分析这些数据，用于其他用途，如设备稳定性等的预测。

RVS 还应自动、系统地记录治疗过程中发生的任何异常行为，如重要的设备联锁、治疗中断等，并提供恢复治疗的方案。

4.2.2　接口和协议

RVS 与治疗机和其他周边系统都有数据交流，因此需要支持各种常见的协议和接口，以便于临床工作。

在各种国际标准协议中，RVS 通常支持 DICOM 和 HL7（health level 7）等标准或企业私有接口。

DICOM 3.0 广泛应用于各类医学成像设备，定义了临床数据交换的医学图像格式，DICOM RT 则进一步定义了 RT 结构集（RT structure set）、RT 计划（RT plan）、RT 剂量（RT dose）、RT 图像（RT image）和 RT 记录（RT record）。其中，RT 记录具体包括体外照射治疗记录（beam treatment record）、近距离治疗记录（brachytherapy treatment record）和放射治疗综合记录（treatment summary record），应用于放疗模拟定位、放疗计划系统、治疗机和 RVS 等放疗设备和系统中。

HL7 主要用于规范 HIS/RIS 系统及其设备之间的通信，开发和研制医院数据信息传输协议和标准，规范临床医学和管理信息格式。

IHE－RO 是 AAPM/ASTRO 发起的旨在改善放射肿瘤临床功能的倡议，是一项通过改善系统间连接来帮助确保安全、高效的放射肿瘤学实践的倡议，涉及放射肿瘤学的信息共享、工作流程和患者护理。针对放疗流程，IHE－RO（integrating the healthcare enterprise-radiation oncology）组织制定了 TDW（treatment delivery workflow）和 IPDW（integrated positioning and delivery workflow）等系统集成技术框架方案。其中 TDW Ⅱ 是 IHE－RO 技术框架下的一个补充文件，具体描述了治疗管理系统（TMS，此处包含 RVS）和治疗设备（TDD）之间的必要工作流程，是一个工作流概要文件，各放疗设备厂商按照文件规定流程设计产品就可以完成 RVS 与治疗机的连接。IPDW 是 IHE－RO 技术框架下的一个补充文件，具体描述了治疗管理系统（TMS，此处包含 RVS）和定位与治疗系统（PDS）之间的必要工作流程，它是一个工作流概要文件，各放疗设备厂商可按照文件规定流程设计产品中的定位与放疗流程。

4.2.3 安全和质控

1）使用者权限和批准

为了保证 RVS 使用中的安全，通常会对用户进行分组并授权不同功能下不同的使用权限。经过培训并且测试合格的用户可以根据职责和临床工作需要等授予不同的权利。常见的角色主要有治疗师、医学物理师、工程师等，用户通过用户名和密码登录系统后，通过后台事先设置的授权获得对 RVS 和加速器各种功能的操作许可。

2）事件的记录

来自国际原子能机构（IAEA）的报告要求，RVS 需要记录必要的直线加速器的参数和治疗信息，至少要记录每个分次中从每个射野实际输出的 MU，并正确记录机器、路线、计划和分数标识（即序列中的分数），以及给出分次的准确时间。治疗机的机械等参数应保持在容差范围内。还需要记录人员的使用情况，如系统登录、应用批准等事件发生时的操作人员信息、时间信息和权限，还应自动、系统地记录任何异常行为。若 RVS 发生故障，继续对患者实施放射治疗会有非常高的风险，因此，应在地方（或国家）一级明确是否允许在没有 RVS 的情况下进行治疗，治疗多长时间，与治疗相关的操作人员、医生及患者应实施哪些强化安全措施。

记录的信息通常可以通过查阅执行过的治疗组的时间顺序表来获取，并有可能调查不同层次的细节。不能更改治疗机自动记录的任何信息，但应提供一些手动纠正任何异常的措施（例如，手动记录未连接 RVS 的部分，或纠正因错误的每分次剂量实施而导致的累积剂量误差。）

3）保护治疗记录的技术手段

作为医疗器械，RVS 保存着重要的放疗数据，因此需要遵循一定的保存年限。因此，用户根据自己的治疗量来安排合理的 RVS 容量是十分重要的，同时需要经常根据容量的变动来备份患者数据，存储服务器最好使用 UPS 进行断电保护。

现在的 RVS 通常通过网络与其他系统连接，因此网络的安全性非常重要。目前一般医院推荐在内网中使用 RVS，避免其被黑客攻击，同时网络也要安装防病毒和防火墙，防止 RVS 中毒导致系统瘫痪或者数据丢失。另外，需要对 RVS 遭遇断网时的使用做好备案。

4）质量控制

RVS 也需要进行质控以避免使用中发生错误而影响治疗安全，因此需要有一些技术流程来对 RVS 进行质量控制。请参考国家癌症中心/国家肿瘤质控中心发布的《放射治疗记录与验证系统质量控制指南》，对 RVS 进行多维度的检验，提高其安全水平。

参考文献

[1] Ahnesjo A. A pencil beam model for photon dose calculation[J]. Medical Physics,

1992, 19(2): 263 - 273.

[2] Ahnesjo A. Collapsed cone convolution of radiant energy for photon dose calculation in heterogeneous media[J]. Medical Physics, 1989, 16(4): 577 - 592.

[3] Reynaert N, Marck S, Schaart D R, et al. Monte Carlo treatment planning for photon and electron beams[J]. Radiation Physics & Chemistry, 2007, 76(4): 643 - 686.

[4] Chetty I J, Curran B, Cygler J E, et al. Report of the AAPM task group No. 105: issues associated with clinical implementation of Monte Carlo-based photon and electron external beam treatment planning[J]. Medical Physics, 2007, 34(12): 4818 - 4853.

[5] Ma C M, Li J S. Monte Carlo dose calculation for radiotherapy treatment planning: dose to water or dose to medium? [J]. Physics in Medicine and Biology, 2011, 56(10): 3073 - 3089.

[6] Nguyen D, Long T, Jia X, et al. A feasibility study for predicting optimal radiation therapy dose distributions of prostate cancer patients from patient anatomy using deep learning[J]. Scientific Reports, 2017, 9(1): 2045 - 2322.

[7] Green O L, Henke L E, Hugo G D. Practical clinical workflows for online and offline adaptive radiation therapy[J]. Seminars in Radiation Oncology, 2019, 29(3): 219 - 227.

[8] Dong P, Lee P, Ruan D, et al. 4π non-coplanar liver SBRT: a novel delivery technique[J]. International Journal of Radiation Oncology, Biology, Physics, 2013, 85(5): 1360 - 1366.

[9] Bangert M, Oelfke U. Spherical cluster analysis for beam angle optimization in intensity-modulated radiation therapy treatment planning[J]. Physics in Medicine and Biology, 2010, 55(19): 6023 - 6037.

[10] Papp D, Bortfeld T, Unkelbach J. A modular approach to intensity-modulated arc therapy optimization with noncoplanar trajectories[J]. Physics in Medicine and Biology, 2015, 60(13): 5179 - 5198.

[11] Fredriksson A, Forsgren A, Hårdemark B. Minimax optimization for handling range and setup uncertainties in proton therapy[J]. Medical Physics, 2011, 38(3): 1672 - 1684.

[12] Unkelbach J, Bortfeld T, Martin B C, et al. Reducing the sensitivity of IMPT treatment plans to setup errors and range uncertainties via probabilistic treatment planning[J]. Medical Physics, 2009, 36(1): 149 - 163.

第 5 章 新型图像引导电子直线加速器

图像引导放射治疗(IGRT)广义上可以定义为在放射治疗中的多个治疗阶段使用影像引导,例如在治疗前及治疗中的患者数据获取、治疗计划制订、治疗模拟、患者摆位及靶区定位。在现代语境中,我们使用术语"图像引导放射治疗"来表示治疗前或治疗中使用图像引导进行靶区定位的放射治疗。这些治疗方法使用图像技术来识别和调整因患者体位及解剖结构在分次间和分次内的差异(包括治疗靶区的形状及体积、危及器官及周围正常组织)所导致的问题[1]。图像引导放射治疗技术从放疗剂量与肿瘤靶区的高度适形、治疗分割次数的减少、治疗效果及效率的提高三个方面为开展新的放疗实践提供了机会。

5.1 图像引导放射治疗定义

kV 级 X 射线、MV 级 X 射线、超声、CT、磁共振成像、PET、光学等众多影像引导技术都属于图像引导放射治疗的范畴。应用图像引导放射治疗的目的是提高肿瘤控制率和降低正常组织的不良反应,这也是放射治疗的最终目的。图像引导放射治疗的目标是减少实际治疗中靶区对位和治疗实施的不确定性,以期将实际实施剂量与计划设计剂量间的误差减少到最小乃至可以忽略不计(或不具临床意义),使调强放射治疗、立体定向体部放疗、立体定向放射治疗等治疗优势得以体现。图像引导放射治疗最重要的优势在于避免在治疗过程中出现照射剂量不足或过高等意外情况的发生,因此其已经整合到许多临床放射治疗的计划设计和实施中。

5.1.1 电子射野成像

在射线照射靶区时,采用电子或非电子技术在射线方向获取图像的工具称为射野影像装置。早期的射野影像利用胶片成像,20 世纪 70 年代初出现了光激荧光板影像系统。目前,放疗中主要应用电子射野影像系统(EPID)。EPID 可在治疗计划执行阶段验证治疗摆位和靶区定位,近年来也用于剂量验证。

EPID 主要有三种类型:荧光照相系统、矩阵电离室和平板探测器。荧光照相系统采用一个摄像机和一面镜子,其中镜子与光轴成 45°。一块涂磷金属板产生可见光,然后通过相机成像[2]。相机通常以 30 帧/秒的速度拍摄,生成最终的图像。矩阵电离室 EPID 由一个电离室阵列组成。以 256×256 电离室阵列为例,电极间距为 0.8 mm。电离室内装满不稳定性液体,液体受到照射时产生离子对,通过在电极间施加偏压,对离子对加以收集。近些年,随着平板探测器技术的不断发展,其成像质量得到了大幅度提高。目前平板探测器已代替了荧光照相系统和矩阵电离室,成为 EPID 装置的主流技术(见图 5-1)。平板探测器克服了照相系统烦冗的缺点,解决了矩阵电离室照射时间相对较长的问题。平板探测器是固态装置,非晶硅(α-Si)存放在较薄的基质上,基质通常是 1 mm 厚的玻璃。非晶硅比较耐辐射,因此可以直接置于射束之下。每个像素是一个二极管,二极管会检测到由一个荧屏/磷光单元产生的光。

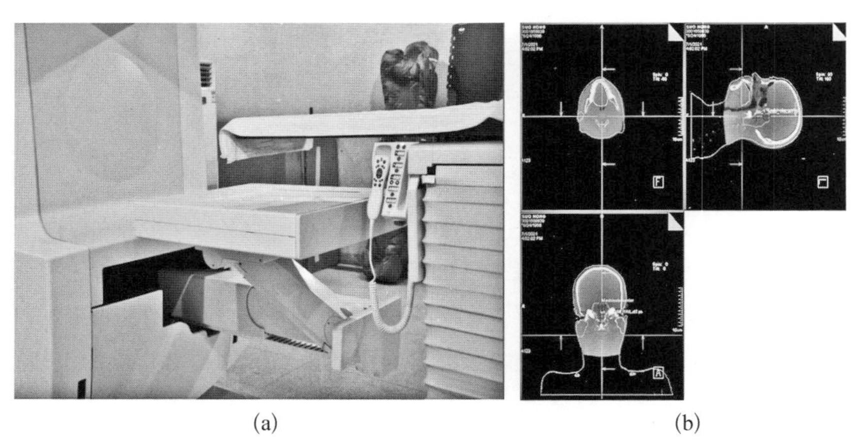

(a) (b)

图 5-1 西门子自适应放疗加速器

(a) 加速器配置的 EPID;(b) 电子射野影像

5.1.2 kV 级锥形束 CT 影像引导

除了 kV 级 X 射线透视成像的应用之外,人们很早就认识到,利用锥形束

CT(CBCT)可以进行 kV 级断层成像。典型的带有锥形束 CT 图像引导系统的医用电子直线加速器的结构布置如下：将 kV 级成像系统与 MV 级束流产生模块(beam generation module, BGM)正交排列布置在可旋转的机架上，并且采用同轴共面(与机架旋转轴同轴，2 个轴相交于等中心)设计。同轴共面设计来源于 Jaffray 等[3]的理念，如医科达公司的 Synergy X 射线容积成像(X-ray volume imaging, XVI)和瓦里安公司的机载影像系统(on-board imager, OBI)，如图 5－2 所示。对临床放射治疗而言，正交排布设计的一个优势是 kV 级成像系统的 kV 级射线光路不会被 MV 级治疗头遮挡，从而保证在任何机架角度进行患者成像的能力。

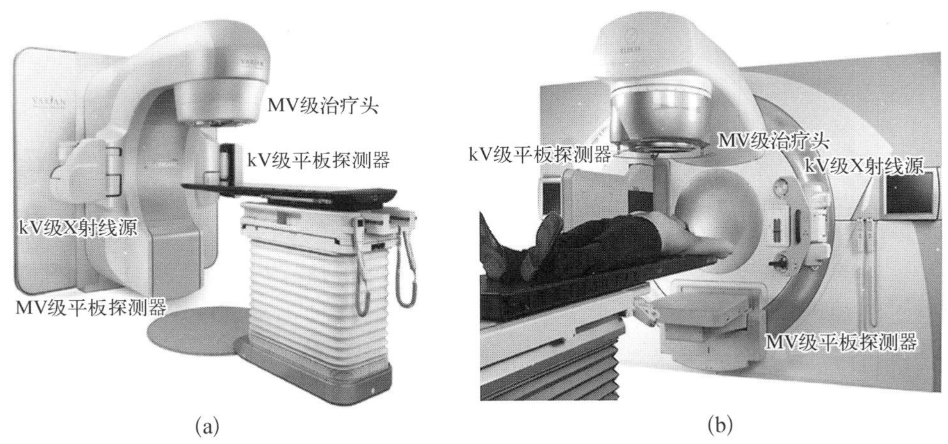

图 5－2　同轴共面设计的图像引导系统的医用电子直线加速器

(a) 瓦里安公司的 TrueBeam 系统；(b) 医科达公司的 Synergy 系统

鉴于平板探测器尺寸的限制，如果探测器的中心位于辐射束轴上(称为全扇形锥形束 CT)，锥形束 CT 的扫描野就是探测器的物理成像极限尺寸(一般为 41 cm×41 cm)所对应的被成像物体在等中心平面处的尺寸(约为 26 cm×26 cm)。为了拓展锥形束 CT 的扫描野，可将探测器中心从辐射束轴上移开(一般沿患者体部横断面方向)，在机架第一次 180°旋转时可以对身体的一侧进行充分采样，而另一侧可以在第二次 180°旋转时采样。使用两个剪接的数据集进行锥形束 CT 重建的技术称为半扇形锥形束 CT。

5.1.3　正交 X 射线影像引导

1994 年，斯坦福大学开始采用由一对正交 kV 级成像系统引导的机器人直线加速器，即第一代射波刀系统，开展影像引导立体定向放射治疗[4]。1998年，密歇根大学的团队提出原理类似的双源正交成像引导系统，它包括一对安装在墙上的X射线管和一个新型便携式的以电荷耦合器件（charge coupled device，CCD）为基础的成像仪，通过成像仪获得正交kV级图像。北海道大学医学院开发了一种用于在放疗中追踪肿瘤的双视图X光透视技术，该成像系统包含4个诊断X射线源和4台X射线影像增强器，增强器置于治疗等中心四周（见图5-3）[5]。

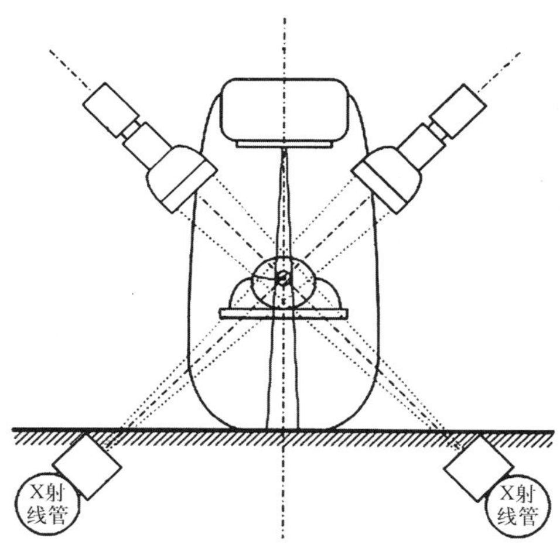

图5-3　双视图X光透视成像系统示意图

Brainlab的Novalis ExacTrac和中核安科瑞公司的X射线立体定向放射外科治疗系统（射波刀）的影像系统是正交kV级成像技术在临床放射治疗中的典型应用。射波刀-M6的两组kV级X射线源分别安装于治疗床两侧上方的天花板上，对应的两块平板探测器安装在地面上。两组X射线互相垂直，且每组X射线与水平面成45°（见图5-4）。

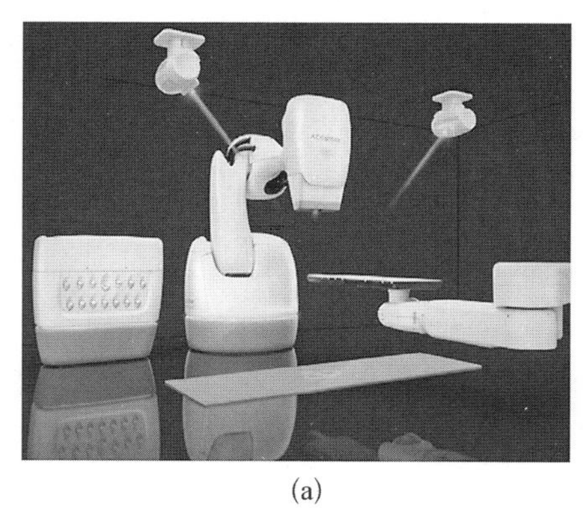

(a)

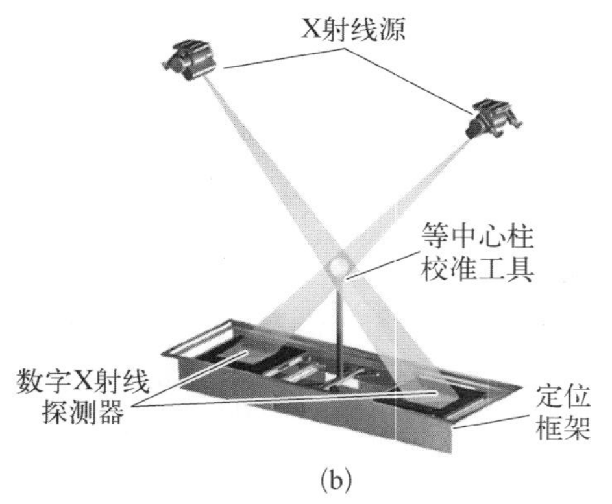

(b)

图5-4　射波刀的正交影像系统

(a) 设备示意图；(b) 正交X射线影像系统结构示意图

5.1.4　CT影像引导

区别于常用的锥形束CT引导，本节介绍的引导方式是采用诊断级扇形束 CT。该方式将一个常规 CT 机置于治疗室中，该 CT 机与治疗等中心（或坐标系统）具有确定的几何关系，CT 机通过轨道移动到指定位置进行成像，这种系统称为滑轨式（rail-track-mounted）断层成像引导系统[6]。这一类型的产品有 PRIMATOM 系统（西门子公司）、EXaCT Targeting 系统（瓦里安公司）等，CT 机架在两条轨道或三条轨道上（见图 5－5）。滑轨式断层成像引导系统的优点是将诊断级 CT 影像与加速器结合的同时，避免了加速器与 CT 的集成带来的技术难题；缺点是操作工作流复杂烦琐，患者在成像位和治疗位之间切换时需要大量时间。上海联影医疗科技股份有限公司（简称联影公司）推出的 uRT－linac506c 系统实现了 CT 机与放疗直线加速器的一体化设计，紧凑的结构以及同轴同床的设计使得系统能够在成像模式与治疗模式间快速灵活切换（见图 5－6）。同时，利用诊断级 CT 图像可以在线调整患者的治疗计划，实现在线自适应放疗，提高放疗精准度。CT 引导直线加速器的详细介绍见 5.3 节。

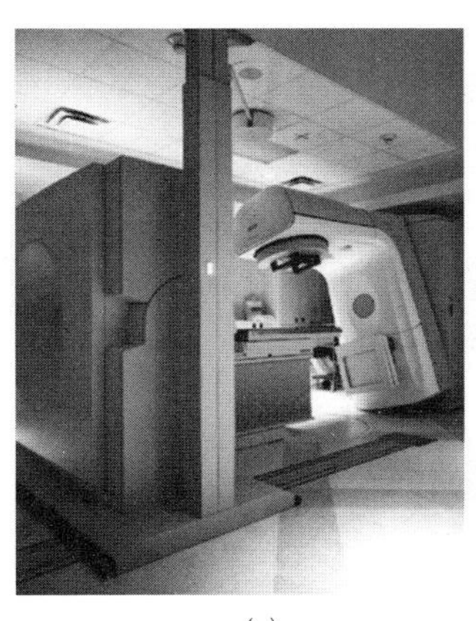

(a)

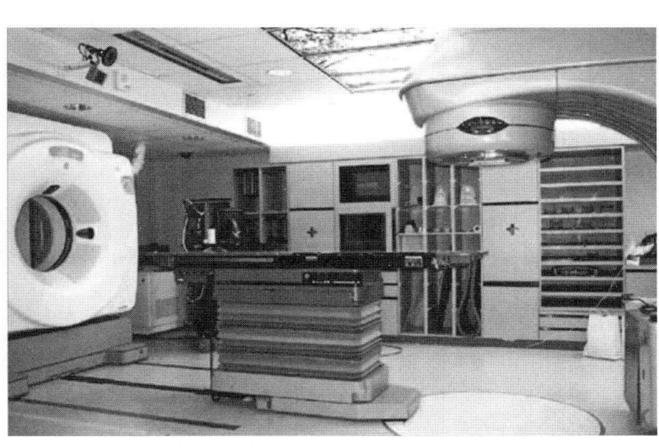

(b)

图 5－5　滑轨式断层成像引导系统

(a) 西门子公司 PRIMATOM 系统；(b) 瓦里安公司 EXaCT Targeting 系统

5.1.5　超声影像引导

不同于其他的图像引导放射治疗系统，超声影像的优点包括轻便、实用、无创，而且无电离辐射。首个商用超声影像系统仅可以采集两个交叉平面的影像，提供的信息非常有限，因此对患者摆位和靶区校准的作用也有限。新的系统具有超声影像实时三维重建的能力，如 SonArray 系统、新一代商用超声影像系统。超声传感器位于与加速器机头相连的基座内，基座位置与等中心

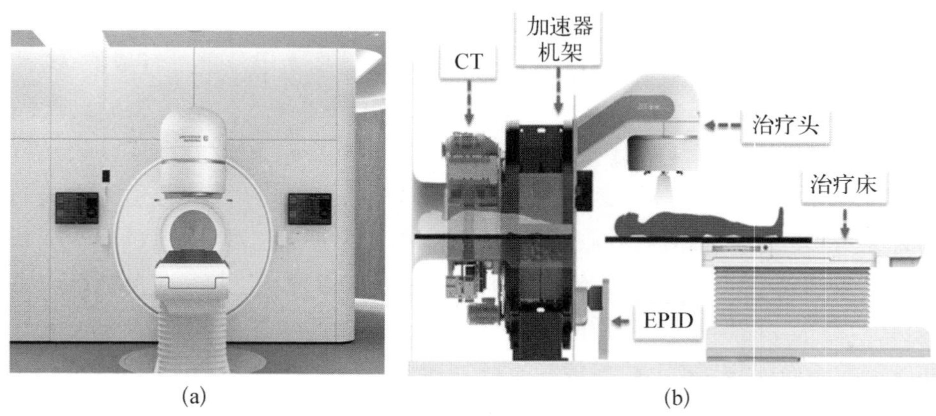

(a)　　(b)

图 5-6　联影公司的 uRT-linac506c 系统

(a) 装置图;(b) 结构图

的几何关系是已知的。这样,获取的影像信息是以加速器等中心为参照的,可手动将放疗计划系统(RTPS)给定的 CT 解剖轮廓映射至超声影像中,从而可进行每天的位置验证。超声影像引导系统主要由医学诊断超声器、光学定位-跟踪单元和计算机软硬件组成。临床上,通常在 CT 模拟定位室安装一台超声成像定位工作站,在治疗室安装一台超声引导工作站(见图 5-7)。目前,超声引导放射治疗系统常用的应用方式如下：在 CT 模拟定位室获取超声图像,并与 CT 图像融合;治疗时,在治疗室再次采集超声图像,与定位时的超声图像进行配准,确定并比较靶区和危及器官位置和形态变化,进行位置校正、门控或追踪治疗。

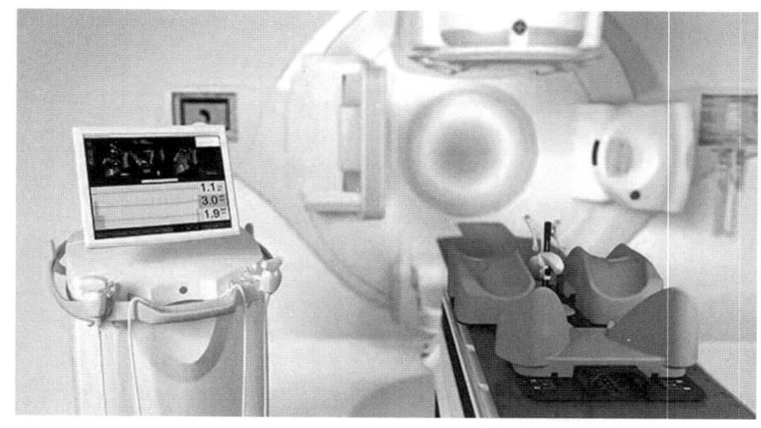

图 5-7　医科达公司的 Clarity 超声影像引导摆位系统应用场景

5.1.6　磁共振成像影像引导

磁共振成像可以提供高质量的肿瘤软组织影像且无电离辐射风险，因此在图像引导放射治疗中具有明显的优势。在某些器官如肝、乳腺和颅内，实质内肿瘤或肿瘤术后瘤床在其他影像中很难显示清楚，但在磁共振成像影像中可以较好地显示。磁共振成像在放射治疗模拟定位、肿瘤特性描述和疗效评估上有巨大的潜力。对几乎所有的肿瘤和正常组织来说，磁共振成像的软组织显影比其他任何的成像模式都优越。而且，磁共振成像允许进行多个高分辨率的电影成像，从而可以为自适应放疗提供数据。

目前，投入临床使用的磁共振成像影像引导（简称磁共振引导）加速器有磁共振引导的直线加速器（ViewRay，美国）和 Unity（Elekta，瑞典）。磁共振引导的直线加速器系统于 2016 年 9 月通过欧洲 CE 认证，2017 年 2 月通过美国 FDA 认证（见图 5－8）。磁共振引导的直线加速器系统可以利用三维磁共振成像影像进行引导摆位，能够开展基于磁共振引导的三维适形放疗、图像引导放射治疗、立体定向体部放疗、自适应放疗等多种治疗模式。在肿瘤或器官的运动管理上，采用磁共振引导追踪的方式自动控制射束的开与关。该机型的磁共振成像系统采用 0.35 T 超导主动屏蔽磁体，且与辐射源电磁屏蔽兼容。Siemens AG 医疗部门与 ViewRay 公司合作，提供相关电子设备。定位扫描一般在治疗前 15 s 内完成，一个治疗计划的扫描时间约为 3 min。MRIdian Linac 系统采用 S 波段加速器，产生 6 MV X 射线，无均整器模式，最大剂量率为 600 MU/min。加速器安装在一个环形机架上，绕机架旋转运动。磁共振引导系统具有多平面成像和容积成像功能，有三种影像序列：① 计划，用于计划或视觉模拟成像；② 位置，用于患者摆位成像；③ 治疗，用于靶区位置的监测成像。

Unity 是 Elekta 公司推出的基于飞利浦磁共振引导的放疗系统。该机型的磁共振成像系统的磁场强度为 1.5 T，孔径为 70 cm。电子打靶时的能量为 7.2 MeV，靶到等中心的距离为 1 435 mm，产生的 X 射线剂量率为 450 MU/min（见图 5－9）。治疗的同时可获取磁共振成像图像，临床医生在治疗时能实时观察到肿瘤，采取门控或追踪治疗。

另外一种磁共振引导放射治疗系统采用磁共振在轨的方法，临床应用不多。其中，“近室”磁共振扫描仪可以移动到治疗室进行治疗前成像，然后移回“近室”。这种方法的优点是磁共振成像有多种用途，几乎不需要对现有设备进行重新设计，并且使磁共振成像扫描仪和放疗设备之间的干扰最小。其

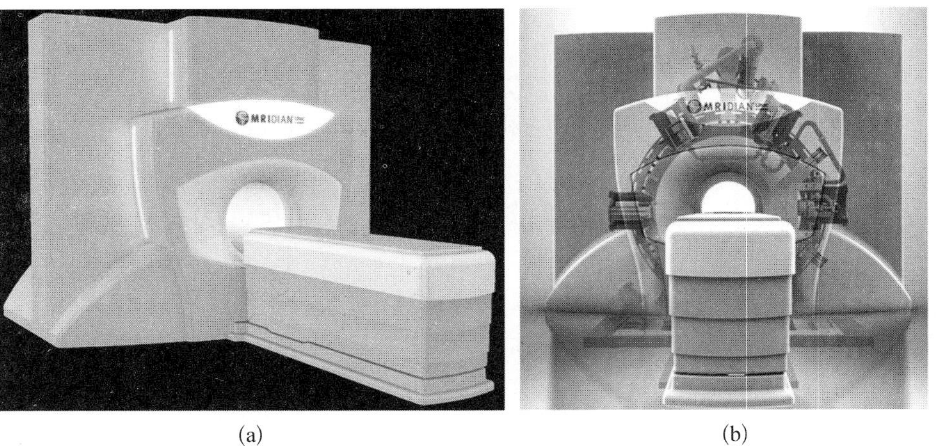

(a) (b)

图 5-8 ViewRay 公司的磁共振引导的直线加速器系统

(a) 装置图;(b) 透视图

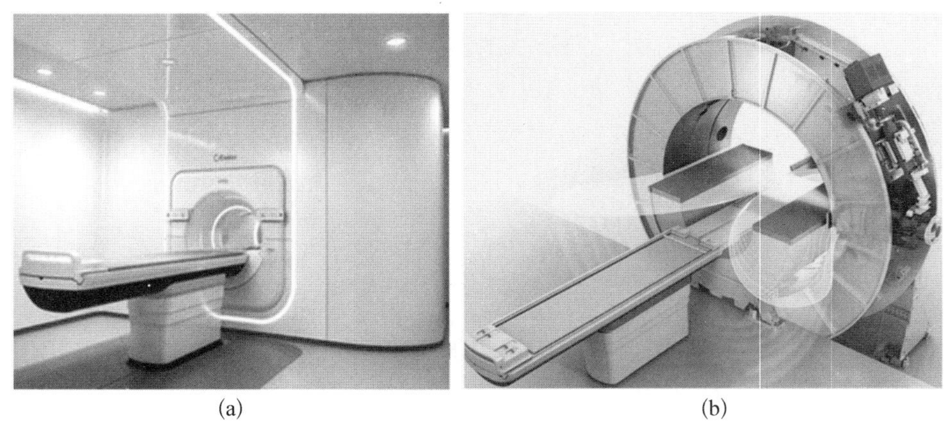

(a) (b)

图 5-9 Elekta 公司的 Unity 磁共振引导的放疗系统

(a) 装置图;(b) 结构图

缺点是磁共振成像不能用于分次内治疗监测,且需要额外的时间将磁共振成像扫描仪移入和移出治疗室。5.2 节将对磁共振引导的技术细节展开介绍。

5.1.7 光学引导

光学引导属于利用非电离辐射技术开展放射治疗的图像引导,同样可以完成摆位和摆位完成后患者体位的监测、追踪，甚至可实现加速器束流的在线实时控制(门控技术)。光学定位与追踪系统因其快捷简便的安装和操作、全流程实时在线追踪能力、无射线损伤和无需体内标记点的三维成像原理，以及门控射束控制功能等优点，在临床上得到广泛认可。

光学定位与追踪技术的发展历经了几个阶段。最初的技术采用的是激光束扫描结合刚性算法，单束激光连续扫描形成表面三维图像，并通过与参考影像比较，计算获得位置偏差，完成定位、监控和追踪功能。之后，激光束被可见光代替，配准算法仍采用刚性算法。但当将其用于临床时，由于患者并非是刚体结构，有持续自主和非自主运动，治疗过程持续约 10 min。此外，治疗靶区和体部其他区域的运动模式不可能完全一致等原因，导致刚性算法不能满足精确放射治疗的临床要求。最新的技术是采用可见光与非刚性算法的结合，通过勾画感兴趣区(ROI)的方法达到全方位覆盖靶区和邻近相关区域的监测和追踪。非刚性算法可以比较全面地反映患者体部表面的位置变化，从而获得较为准确的患者体内靶区的治疗等中心点参数。

目前，提供光学定位与追踪系统的厂家主要包括英国的 VisionRT 公司和瑞典的 C-RAD 公司。VisionRT 公司的 AlignRT 产品(见图 5-10)将实时三维表面成像技术与高速追踪技术相结合，以确定患者在三维中的位置[7]。AlignRT 应用立体视频成像，结合投射在患者身上的图样，动态获取和重建患者表面的图谱。摄像机可以 7.5 帧/秒的速率获取单帧图像或持续图像。三维匹配软件利用参考图像，校准治疗当天获取的图像，并计算校正患者位置所需的治疗床平移距离。C-RAD 公司的 Catalyst 产品有两个主要部件：数字光学处理(digital light processing，DLP)投影机和电荷耦合器件(CCD)相机

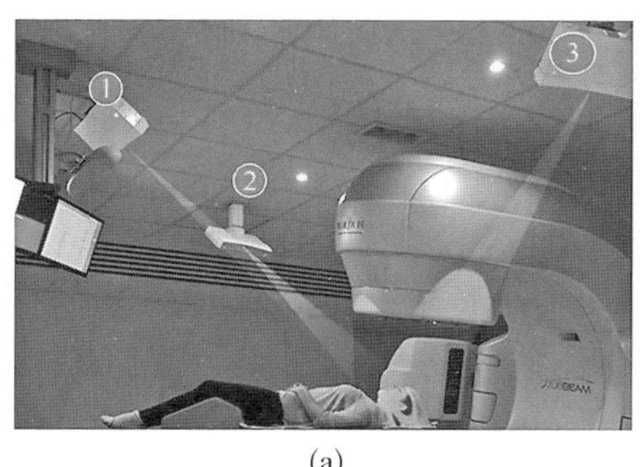

(a)

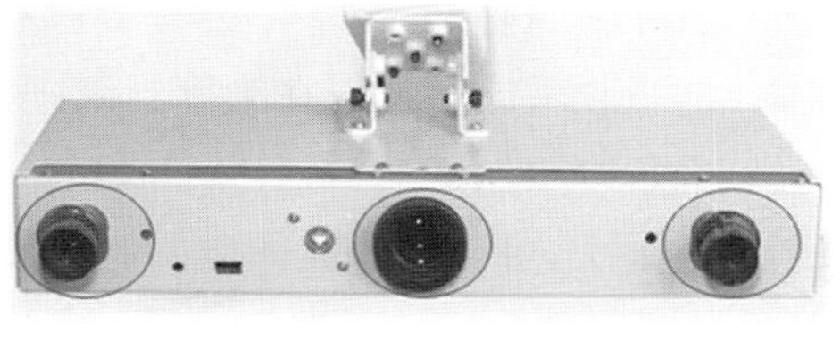

(b)

图 5-10　VisionRT 公司的 AlignRT 产品

(a) AlignRT 光学引导(①②③)安装在天花板上；(b) 光学相机

(见图 5-11)。利用波长为 405 nm 的近紫外线光连续测量,在不到 25 ms 的时间内获取约 75 000 个数据点,从而形成一个完整的三维表面。Catalyst 系统测量基于光学三角原理:光线以预先定义的模式投射到物体的表面上进行测量(见图 5-11)。单帧图像通过安装在与投影机成一定角度的照相机上同步捕获。

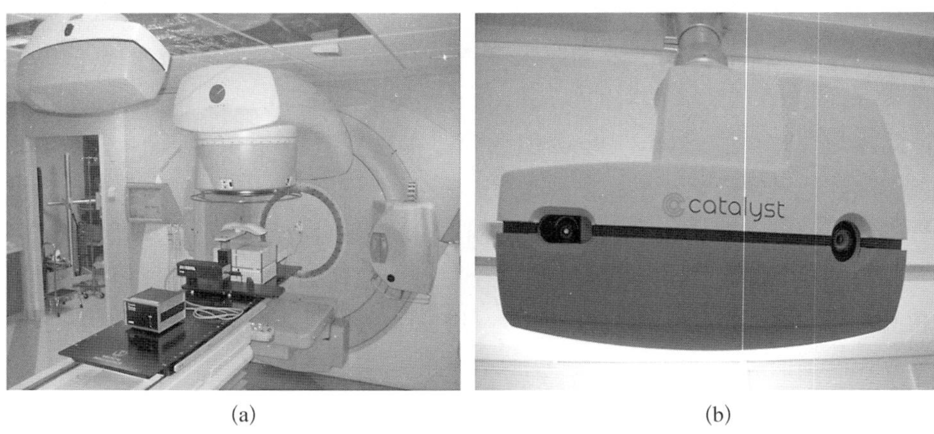

(a) (b)

图 5-11 C-RAD Catalyst 光学引导系统

(a) 引导系统置于加速器前方的天花板上;(b) Catalyst 正面图

5.1.8 PET 影像引导

随着技术的发展,现已开发出基于正电子发射计算机体层扫描(PET)影像引导的加速器,依赖于 PET 识别肿瘤分子特征的能力,能够实施生物引导放射治疗(biology-guided radiotherapy, BgRT)。PET 影像引导的加速器工作时,患者需要注射放射性示踪剂(通常使用 FDG,氟代脱氧葡萄糖)。由于 PET 引导的放疗设备需要在每个治疗阶段之前注射 FDG,在某些情况下,FDG 的吸收可能不足以在治疗当天进行肿瘤定位,因此它更适用于大分割治疗。目前,美国 RefleXion Medical 公司的 RefleXion X1 设备已获得了美国 FDA 的批准,可以用于立体定向体部放疗、立体定向放射外科(SRS)和调强放射治疗。RefleXion X1 采用 S 波段加速器,能量为 6 MV,产生非均整束流(见图 5-12)。当放射性示踪剂在肿瘤中积累时,固态硅光电倍增管阵列组成的双 90°弧状 PET 探测器可实时收集放射性示踪剂产生的辐射。加速器等关键部件安装在环形机架上,以 60 r/min 的速度连续旋转。设备配备 MV 级锥形束 CT 和 kV 级 CT 成像系统，kV 级 CT 的转速为 60 r/min。治疗的主要步骤如下：① CT 模拟定位。② 在 RefleXion 机器上仅进行图像处理（imaging-only session），获得用于治疗计划的计划 PET 图像和用于靶区定位的 kV 级 CT 图像。患者接受 FDG 注射，并经历标准吸收期。吸收期完成后，患者在 RefleXion 机器上接受预处理 kV 级 CT 定位扫描，以确认靶区位置。③ 计划设计。④ 实施照射。与仅成像处理一样，患者接受 FDG 注射，标准吸收期结束后，转移至 RefleXion 机器，在治疗部位进行设置，并在治疗前进行 kV 级 CT 扫描，确定靶区位置。确认位置正确后，实施治疗。PET 影像引导的具体技术细节详见 5.4 节。

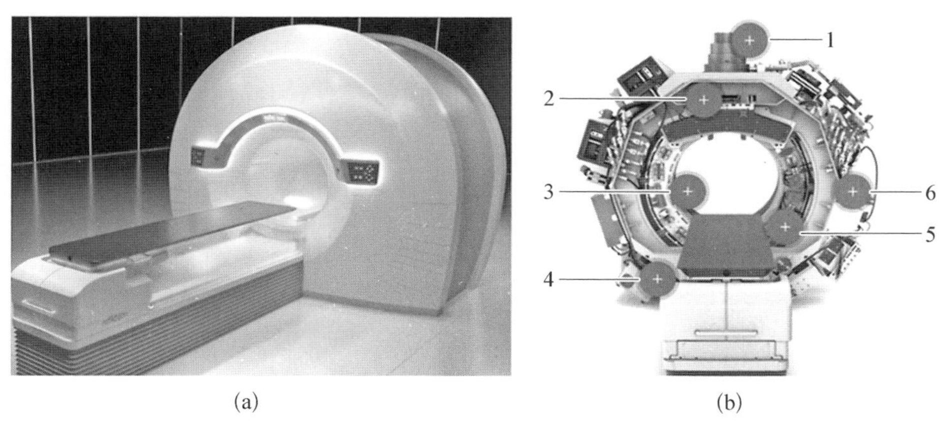

(a)　(b)

1—直线加速器；2—多叶准直器；3—PET 探测器；4—kV 级 CT 系统；5—MV 级探测器；6—环形机架。

图 5-12　RefleXion X1 PET 影像引导的加速器

(a) 装置图；(b) 结构图

5.2　磁共振引导直线加速器

21 世纪早期，基于 X 射线的图像引导放射治疗兴起时，也正是磁共振影像技术飞速发展的阶段。磁共振成像主磁场强度不断提升，成像速度和图像质量逐渐提高，各种新脉冲序列和成像技术不断涌现。凭借其在软组织成像和功能影像中无可替代的优势，磁共振影像逐渐在肿瘤的诊断和治疗中，占据了重要的地位。《中国原发性肝细胞癌放射治疗指南（2020 年版）》指出，精准放疗的第一步便是利用核磁设备来“看清”肿瘤，第二步是要准确地确定亚临床病灶。

5.2.1 磁共振引导的特点与优势

过去的几十年里，基于X射线CT成像的影像设备在放疗流程中发挥了无可替代的作用，其扫描速度快，空间几何畸变小，提供的电子密度信息是目前治疗计划制订的黄金标准。与之相比，磁共振(MR)影像缺少电子密度信息，并且三维扫描时间相对较长，易几何失真，但具有以下优势[8-9]：

(1) 高软组织对比度。磁共振成像对于软组织肉瘤常出现的脂肪、平滑肌、横纹肌、间皮、滑膜等部位的对比分辨率要优于其他医学影像学手段。

(2) 能直接获得多方位的原生三维断面图像。磁共振成像具有任意方向直接切层的能力，而不必改变被检查者的体位。结合不同方向的切层，MRI可全面显示被检查器官或组织的结构，便于进行解剖结构或肿瘤病变处的三维立体追踪。

(3) 非电离辐射检查。多次采用CT扫描会增加患者所受辐射剂量，存在导致继发性肿瘤的风险，而磁共振成像避免了这种辐射损伤。

(4) 多参数、多对比度成像。磁共振成像可获取多种不同加权特性的图像，可探测更精细、更丰富的信息用于诊断；磁共振影像的对比度使磁共振成像对许多不同的生物学效应较为敏感，由此发展出功能性影像，例如血氧水平依赖的功能性影像和弥散加权成像等。这些技术可以帮助定义肿瘤靶区参数、监测和评价疗效。

(5) 无骨性伪影。在X射线、CT及超声等检查时，往往因气体和骨骼的重叠而形成伪影，例如，头颅CT扫描时，颅底部的骨结构经常会出现各种伪影，而磁共振成像则没有这些骨结构伪影的干扰，从而使颅后窝的结构和病变观察得更清晰。

(6) 在线实时成像。根据美国医学物理师协会第76工作组的建议[10]，肺部肿瘤追踪或门控的总体系统延迟应小于500 ms，这包括识别肿瘤靶区、处理和传输信息所需的时间，以及通过射束保持或再定位来校正射束所需的时间。目前，获取平面电影MRI图像(二维动态MRI图像)的固有延迟为200～300 ms，大多数系统能够以4帧/秒的速度进行平面成像，处理时间随所应用的系统和技术的不同而有所差异，图像延迟小于100 ms。从临床实际应用角度看，这就相当于在线实时(online real-time)影像引导[11]。并且，随着磁共振成像技术的不断发展，还有可能实现更高帧率的成像速度。磁共振成像是实现这种高帧率在线实时成像的一种重要形式。

1）放疗流程中的磁共振影像

在治疗计划的制订阶段，通过与CT/PET等图像配准和融合，磁共振成像用于肿瘤靶区轮廓线勾画和关键组织保护，已经获得了广泛认同和临床应用。《中国原发性肝细胞癌放射治疗指南（2020年版）》认为多模态磁共振成像可显著增加肝脏病变边界的辨识度，强烈建议要同时依据定位CT和磁共振成像图像对肝细胞癌（HCC）患者进行靶区勾画。《中国鼻咽癌放射治疗指南（2020版）》要求鼻咽癌靶区勾画必须将磁共振成像作为基本的影像学参照，有条件进行磁共振成像模拟定位的单位建议选择磁共振成像进行模拟定位，并且在条件允许的情况下尽可能把原发灶按骨性标志匹配的原则将CT扫描图像与磁共振成像图像融合。近些年，一些专业厂商也提供了包括大孔径、平板床专用序列和空间保真的专用磁共振模拟机，来满足治疗计划阶段迅速增长的磁共振影像信息的需求[12-13]。

在分次治疗之间，有条件的医院采集患者的磁共振图像，根据肿瘤的变化情况，适当调整患者的治疗范围，修订乃至重新制订治疗计划。这可以称为一种离线磁共振图像引导放射治疗或者离线自适应放疗。

在疗程内的不同分次之间或完成一个疗程后，磁共振谱及功能成像可用于对预后效果的评价和判断[14]，或评估肿瘤生物学效应的变化，并可据此对下个疗程的放疗计划进行调整。此时，常用的功能性磁共振成像包括弥散加权成像、灌注成像、磁共振波谱成像、动态对比-增强磁共振成像以及弥散张量成像等，它们成为预后评价和判断的最有力工具之一。

总之，作为一种先进的成像方式，MRI与放射治疗全流程的结合越来越紧密，包括外照射和内照射治疗。这也为磁共振加速器的出现奠定了必要的工程技术和临床基础。正如将CBCT（锥形束CT）集成到放疗装置上一样，集成为一体的磁共振加速器也应运而生。

2）磁共振引导放疗和磁共振加速器

磁共振引导放射治疗（MRI-guided radiotherapy，MRIgRT）将磁共振图像引入放射治疗的流程中，系统由MRI扫描仪和用于放射治疗的电子直线加速器（或其他类型的放射治疗机），以及自适应放疗计划系统（adaptive radiotherapy treatment planning system，ART－TPS）组成。磁共振引导放射治疗系统按照系统集成度可分为两种[9]：分离系统和一体化系统。典型的分离系统类似于导轨式CT－linac，可以包括一台吊顶移动式磁共振成像扫描仪和一台电子直线加速器(见图 5－13)。分离系统无论从结构组成还是协同临床工作流来看,原理简单清晰,对于磁共振和加速器无太多的特殊要求。但分离系统无法在治疗过程中对组织器官成像,且会带来运动伪影及系统误差。因此,在临床放射治疗中倾向于使用一体化 MRIgRT 系统,即 MRI 扫描仪和直线加速器,以同轴共面的形式,完全集成为一体的混合 MRI 治疗单元——磁共振引导直线加速器(magnetic resonance linac, MR－Linac,见图 5－14)。它不仅在治疗摆位阶段可以确认患者定位信息,更重要的是,在治疗过程中,加速器在输出射线的同时,能够采集患者肿瘤区域及重要器官的图像,从而在放疗过程中进行实时磁共振成像,并将这些图像用于修改预定的治疗设备运行参数或追踪肿瘤的位置,以实现不同程度的自适应治疗和实时跟踪放疗。

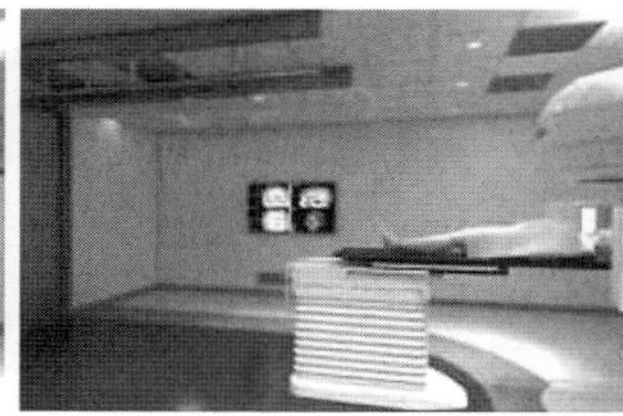

图 5－13　加拿大玛嘉烈医院的分离系统磁共振引导放射治疗

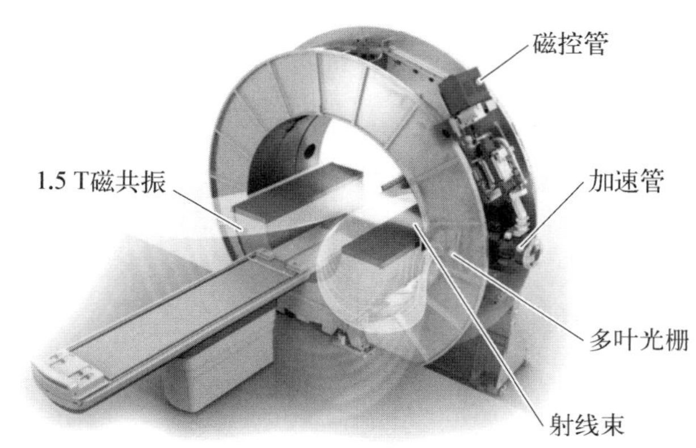

图 5－14　医科达公司的一体式磁共振引导直线加速器 Unity[12]

集成一体化磁共振引导直线加速器概念的提出和实现为治疗过程中在线实时图像引导提供了现实解决方案。它无须旋转机架即可提供患者断层和立体的图像,不产生额外的辐射剂量,可与射线源同步独立工作,以足够的动态帧率监测肿瘤和器官的变化，真正实现“所见即所治”的“可视化治疗”。不仅如此，理论上，它可以为每位患者制订更加个性化的治疗：在分次治疗中，允许以更丰富的方式来在线实时调整治疗参数（三维位置和实时剂量场输出），从而更精确地实现治疗处方的施治要求。

3）磁共振引导直线加速器的挑战和限制

考虑到磁场的存在，磁共振引导直线加速器严禁植入有源植入物（例如心脏起搏器）、金属或铁磁性植入物（例如颅内动脉瘤夹）的患者情形，并且治疗孔径内空间有限，有幽闭恐惧症和噪声不适的患者也应谨慎使用。

与其他传统图像引导放射治疗产品相比，磁共振引导直线加速器尚处于刚刚起步的阶段，临床功能和应用场景还待进一步深入挖掘。但值得期待的是，磁共振引导直线加速器以其更丰富的临床功能和更广泛的临床应用场景，必将推动精确放射治疗技术进入新的时代。

5.2.2　国内外磁共振引导直线加速器的临床应用介绍

磁共振引导直线加速器在2015年上市后，已有将近100台在建和安装。这些设备在世界范围内陆续用于开展临床研究和应用，积累了一定的临床经验。磁共振引导直线加速器可以提供由磁共振扫描图像引导的常规放射治疗、体部立体定向放射治疗或体部立体定向放射外科治疗。在实际临床治疗中，需要和与之兼容的治疗计划系统（TPS）及肿瘤信息系统（OIS）一起使用。

磁共振引导直线加速器与其他类型的IGRT相比较，有以下三个临床治疗优势。

（1）照射前的实时磁共振成像引导摆位和在线剂量预测：患者每日治疗的摆位可直接利用磁共振成像影像进行靶区位置定位和调整。由于磁共振成像图像对软组织具有更高的分辨率，结合骨结构等刚性定位图像，会让患者摆位更精准。

（2）分次间的适应性放射治疗（on-table adaptive RT）：在分次放疗中，利用磁共振成像根据肿瘤退缩或周围器官变化进行分次间在线适应性计划优化和实施；依据患者精确摆位后的磁共振成像图像，在照射前的一刻（Beam On按下之前），利用在线高速放射治疗计划系统修正并预测当下照射将要投递的剂量，以更高精确度实现治疗处方的要求（包括靶区剂量、危及正常组织器官的剂量）。

(3) 分次内实时运动管理：照射过程中可连续获取磁共振成像影像监测靶区肿瘤和周围组织器官等的位置和形态变化，并将这些变化实时反馈给加速器实时控制系统，后者可对治疗参数（如治疗床床位、辐射野开度和形状、段剂量和剂量率等）进行在线实时调整，以适应这些位置和形态的变化，即实现分次内运动管理和引导治疗功能。

磁共振引导直线加速器准确的靶体积描绘，结合磁共振成像提供的功能成像，是有潜力提高治疗比率和改善放射治疗计划的个体化方法。目前，磁共振引导直线加速器的应用主要集中在头颈部、中枢神经系统、前列腺、妇科、胃肠道、乳腺和肺等部位。2019 年医科达公司的磁共振引导直线加速器产品 Unity 的应用统计[15-16]中，约 27％为前列腺，25％为寡转移，19％为直肠。位置自适应(adapt-to-position, ATP)和形状自适应(adapt-to-shape, ATS)的占比分别为 44％和 56％。ATP 和 ATS 的平均治疗时间为 26 min 和 42 min[14-15, 17]。

前列腺癌是一种特征明确、治疗方法有效的疾病，然而，前列腺癌治疗的通常方法很容易对患者的生存质量产生影响。而接受磁共振引导直线加速器治疗的绝大多数受访者，均认为其改善了舒适度，受益如下[18]：① 基于 MRI 的软组织成像进行更精确的靶区和危及器官勾画可能使患者受到的不良影响更少；② 由于靶区准确而采用大分割（也称为低分割，增加每次照射剂量，如大于 2 Gy，减少总照射次数的一种放射治疗方式，治疗时间较短）治疗及立体定向体部放疗，可能改善肿瘤控制；③ 非侵袭性(noninvasive)程序由于不再需要在内部植入金标，前列腺不再需要进行位置确认；④ 大分割可以减少治疗前列腺癌的时间。使用超分割（每日照射增加到 2～3 次，每次间隔 6 h 以上，每次照射剂量比常规剂量小，如每次 2 Gy 的剂量，总疗程时间不变，而总剂量增加）可以在 2～5 次内完成治疗。

精准的立体定向体部放疗可以提升肿瘤控制率，以 Unity 为例，其使用立体定向体部放疗的病例超过了 57％。MRIdian 的用户以立体定向体部放疗方式治疗不可切除胰腺癌的研究，取得了难以置信的总生存率。治疗过程中，患者呼吸导致的肿瘤和器官移动的影响可大大降低，几乎不会影响放疗效果，这非常适合治疗恶性程度最高的胰腺癌。磁共振成像引导的放射治疗不仅对局部晚期不可切除胰腺癌有显著疗效，而且适用于各个阶段的胰腺癌。美国加州大学洛杉矶分校(UCLA)的一项回顾性研究[19]表明，42 例高分期胰腺癌患者中，超过一半的患者接受了大于 90 Gy 的生物有效剂量，与低剂量组出现

15.8%的毒性(放射引发的副作用)比较,高剂量组的毒性几乎为 0,且 75%~80%的患者均有估计两年的生存期。随着磁共振引导直线加速器设备在临床应用的不断深入,针对危及器官包绕靶区(如胰腺癌)的治疗理念可能会从不确定的外扩边界转变为等效毒性自适应计划。

在中枢神经系统中,CT 对肿瘤和危及器官的轮廓勾画均不可靠,磁共振成像由于其优越的软组织对比度,可以更好地勾画肿瘤和危及器官[20]。将磁共振影像与 CT 影像融合进行脑肿瘤及危及器官的轮廓勾画,并据此制订放疗计划是目前的标准做法。

随着磁共振影像针对中枢神经及脑部功能开展的避免放射损伤的研究和探索不断深入,相关技术日臻成熟,这在很大限度上减少了 CT - MRI 图像配准关联的不确定性,从而在最大程度上提高了放射治疗的安全性和患者预后的生存质量。

在治疗期间评估并管理肿瘤运动和变化是十分必要的,尤其是胸、腹部肿瘤放疗,如呼吸运动是导致肝脏肿瘤在放疗过程中运动和形变的主要原因。目前常用的控制呼吸运动的手段包括腹压器、呼吸门控技术、实时肿瘤追踪技术以及超声引导、kV 级的正交 DR 引导、光学体表引导、红外引导等。磁共振引导直线加速器配合呼吸运动补偿技术将会提升医生信心和患者肿瘤局部控制率,同时降低毒性,进而改善患者的生存质量[11]。

集成了高场强磁共振的磁共振引导直线加速器还具有使用功能性磁共振影像的潜力,以反映不同的生物学反应敏感度。功能性磁共振成像可以用于肿瘤的预后评估。血氧水平依赖(blood oxygen level dependent, BOLD)效应是一种常见的功能成像方式,以带氧与去氧血红素的电磁性质的变化作为大脑新陈代谢的测量方法。磁共振光谱(MRS)可以提供有关肿瘤化学环境的信息,通常用于在后续成像过程中帮助区分肿瘤生长和放射线诱发的器官或组织坏死。动态对比增强可以作为预测肿瘤行为的可靠技术。弥散张量成像(DTI)是评估白质完整性的最佳技术,可以显示肿瘤与白质的关系。DTI 可用于制订安全可靠的放疗方案,预测肿瘤类型以及患者的预后结果,是一个里程碑式的工具。功能弥散图(fDMs)可以客观地分析并表现弥散系数随时间的变化,可用于追踪头颈部肿瘤的疗效。

5.2.3　磁共振加速器设计中的关键技术

与其他类型的医用加速器相比,磁共振引导直线加速器的发展历史仅有短短不到20年的时间，其产品上市和临床使用的时间更是只有短短几年，研究机构和制造商目前也屈指可数。本节中引用了公开发表的已上市产品或实验室样机中可供借鉴的资料和数据。

5.2.3.1 磁共振引导直线加速器主流总体结构方案

迄今为止，已有几种MRIgRT设备解决方案。由于加速器束流产生模块相对于磁共振仪在结构和组成形式上较为灵活，因此目前的磁共振引导直线加速器多是将束流产生模块和旋转机架集成(或者称为嫁接)到一台经过适当改造或定制的磁共振仪上。结构设计上，集成一体化磁共振引导直线加速器采用同轴共面方案，可消除患者定位系统误差。图5-15所示为结构设计原理，磁共振成像和放疗系统共用等中心，在照射过程中，无须移动或在磁共振成像和放疗系统间切换治疗床，就可实现MRI图像采集。总体结构上，集成一体化磁共振引导直线加速器可以分成以下两类。

(1) 垂直结构(正交结构)。垂直结构为同轴共面，即加速器的旋转轴与磁共振成像磁场中心轴重合，且穿过磁场中心；束流中心轴线在磁共振成像中心平面上[21]。如图5-15(a)所示，MRI系统的磁体固定不变，直线加速器或者钴治疗装置围绕患者和MRI磁体旋转。这种情况只能是MRI主磁场B_0方向垂直于治疗射束中心轴方向。垂直结构的加速器射束到达人体之前如果穿过MRI磁体装置的铝层和低温层，会造成大量的衰减和散射。如果MRI系统是固定分立式的，加速器或钴装置的射束通过MRI磁体之间的开口照射到肿瘤，可以避免上述问题。目前已上市的两种磁共振引导直线加速器产品均为垂直结构，相比而言，这种结构类似于常规磁共振成像系统，因此非常容

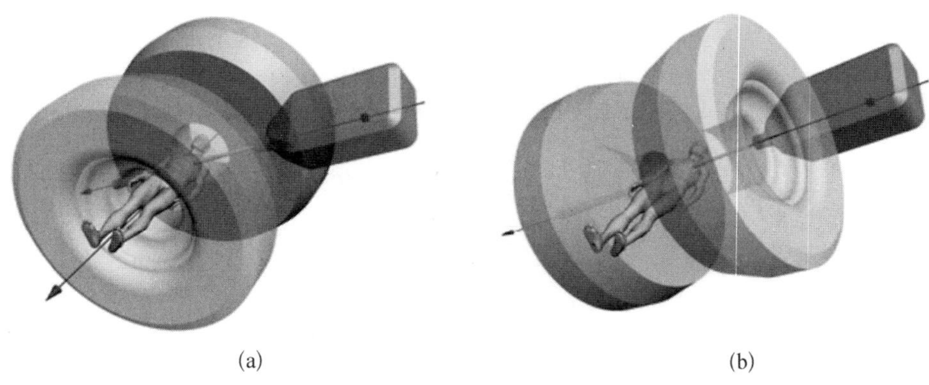

(a) (b)

图5-15 一体化磁共振引导直线加速器的两种结构形式

(a) 垂直结构；(b) 平行结构

易应用现有的设计、硬件和软件。

(2) 平行结构。如图 5－15(b)所示，直线加速器与 MRI 磁体共同围绕着患者旋转，其相对位置是不变的，这样消除了由于旋转加速器感生的涡流效应。平行结构也可以有两种构造，MRI 主磁场 B_0 方向垂直或平行于射束的中心轴方向。缺点是磁体运动造成的系统复杂度提高，通常需要对磁体进行一定程度的修改。

悉尼大学的研究人员对这两种不同结构进行了测试和比较，所参照的是 0.5 T 的磁场和 6 MV 的驻波加速管，如表 5－1[8]所示。

表 5－1　两种一体式磁共振引导直线加速器结构对比

测试项目	平行结构	垂直结构
对电子枪发射束流的影响	电子被聚集到阳极，可导致 80%束流损失	电子枪未屏蔽时电子获得侧向力，0.01 T 则可致束流完全损失；电子枪有屏蔽(高导磁率的镍铁合金，约 0.75 mm)时，约需 0.1 T 即可致束流完全消失
对加速管内加速束流的影响	平行磁场等效聚焦螺线管，因此无须在加速管外设计聚焦螺线管	作用在电子的侧向力可致束流降能和(或)损失，侧向力随 B_0 增大而增大，电子束偏移可达 1 mm/MeV
对束流打靶的影响	平行磁场起到辅助束流聚焦作用，可减小电子束打靶的束斑直径	作用在电子的侧向力使电子束打靶偏向，导致束流的平坦度和对称性降低
患者体表的 ERE(电子回转效应)	污染电子被聚集在射线区域内的患者体表处，可采用扼流磁体消除该影响	污染电子因洛伦兹力偏转而无法到达人体表面
患者体内的 ERE	无侧向传递，射野半影减小，随着 B_0 增大，射野半影减小	随着 B_0 增大，非对称射野半影增大；回转效应增强，进而增加了射野的不均匀性
光子散射剂量	可忽略	闭孔磁体时，衰减为 0～60%(0～8 cm 等效铝厚度)，射野外的光子散射部分的衰减为 4%～19%(0～8 cm 等效铝厚度)
最大 B_0 场强	保守选择 1 T	至少为 1.5 T

ViewRay 公司的 MRIdian 和 Elekta 公司的 Unity 是目前已经上市的两款产品。

ViewRay 公司至今有两代产品，分别为磁共振引导^{60}Co（MRIdian^{60}Co）和磁共振引导直线加速器（MRIdian Linac）。MRIdian^{60}Co 系统是 ViewRay 公司首套通过美国食品药品管理局（FDA）认证并投入临床使用的磁共振引导放疗系统。该系统由安装在环形机架上横跨 3 个间隔 120°的^{60}Co 放射源和双环超导磁体构成的开口直径为 70 cm 的 0.35 T 磁共振成像扫描仪所组成，成像野为 50 cm，全身射频发射线圈直径为 75 cm，并覆盖磁铁间隙，剂量率为 550 cGy/min，源轴距为 105 cm。3 个^{60}Co 放射源安装于双环超导磁体之间的环形机架上，两个圆柱形超导磁体之间的横断面处，每个^{60}Co 源各自配有独立的 30 对双聚焦多叶准直器，等中心处叶宽为 1.05 cm。治疗中心与成像中心共用等中心，在照射过程中同时可进行连续磁共振成像。

ViewRay 公司使用紧凑的 S 波段 6 MV FFF（flatten-filter free）直线加速器替代^{60}Co 放射源，形成了 MRIdian Linac 系统（见图 5－16）。该系统剂量率为 600 cGy/min，源轴距为 90 cm，配备了 69 对双层双聚焦多叶准直器（上层有 34 对，下层有 35 对），等中心处叶宽为 0.415 cm，最大射野为 27.4 cm×24.1 cm，最小射野为 2 cm×0.4 cm。可实施同等中心的静态束流照射，也可以实施采用静态调强方式的适形调强放射治疗。

Elekta 公司以荷兰乌特勒支大学医学中心（University Medical Center Utrecht，UMC）的研究为基础，通过全球合作的 Atlatic 项目，实现了将 1.5 T 超导磁共振成像系统与安装在滑环机架上的驻波直线加速器集成为一体的 Unity 新产品。Unity 是全球首台高场强磁共振引导放疗系统，该产品的加速器部分采用了滑环机架设计，对大功率的驻波型加速器进行了紧凑化设计，使所有部件（包括供电系统、控制系统和冷却装置）都装载在滑环机架上，以实现部件之间可靠连接和快速通信。加速器的射束生成模块、束流控制组件、射束成形模块安装在滑环机架的一侧，可实现射野形状的快速改变并减少射野的泄漏辐射；MV 级成像模块和射束衰减器安装在滑环的另一侧，可验证射野的形状和位置，并吸收部分漏辐射以降低机房防护要求。滑环可连续旋转，提高治疗效率。1.5 T 磁共振的超导磁体嵌在滑环孔中，通过安装时的机械对准使辐射等中心与 MRI 成像体积的中心重合。

Elekta 公司的 Unity（见图 5－16）由加速器子系统（包括滑环机架、射束生成模块、射束成形模块、MV 级成像模块、射束衰减器、控制模块、Elekta

Unity 控制软件)、磁共振子系统(包括 1.5 T 超导磁体、梯度系统、射频系统、接收线圈、控制柜、Marlin 软件)、治疗床、服务模块及 CT 定位适配器(选件)组成。Unity 磁场强度为 1.5 T,可产生能量为 7.2 MV 的非均整 X 线,剂量率为 450 cGy/min。由于环形机架套在磁体外部,其源轴距比常规加速器大得多,达到 143.5 cm。该磁共振引导直线加速器的治疗头在 y 轴方向配有 80 对多叶准直器,在 x 轴方向配有铅光阑,机头不可旋转。在等中心位置,多叶准直器的宽度为 7.15 mm,沿头脚方向运动,最大射野面积为 57.4 cm(x)× 22 cm(y)。由于环形机架位于磁体外部,患者在治疗时不会看到机架的旋转,其机架最大转速可以达到 6 r/min (36°/s)。与常规诊断磁共振成像类似,Unity 的治疗床只可以升降和进出,其材质为玻璃纤维,这种材质相比碳纤维,对 X 射线会有更大衰减。

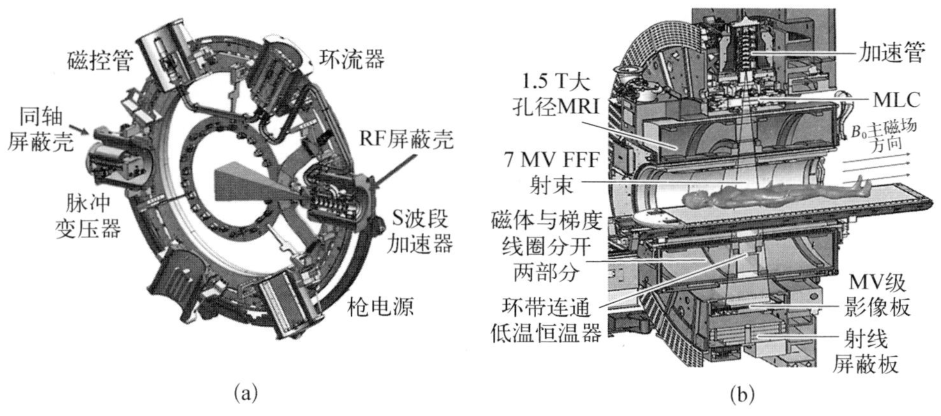

图 5-16　两种上市的磁共振加速器结构

(a) ViewRay 公司的 MRIdian;(b) Elekta 公司的 Unity[14,22]

磁共振的系统设计方案或者说总体结构来源于临床需求与工程实现可能性之间的矛盾和相互制约的解决。临床需求不同,系统集成方案会不同。同样的临床需求,也可能存在多种系统集成方案,应当具体问题具体分析,并做到有所取舍。

5.2.3.2　系统设计时需要考虑的几个关键问题

1) 主要技术障碍及解决思路

原理上,磁共振引导直线加速器系统就是把磁共振成像和直线加速器集成在一起并使之协调工作。而工程实现上,这样的系统集成并非易事。磁共振成像磁场对加速器中的带电粒子束运动的影响不可忽略,而加速器中大量金属部件也会影响磁共振成像磁场的均匀性和分布。磁共振引导直线加速器系统研发要面对的几个主要技术障碍和挑战如下[8]。

(1) 磁共振成像的高场强磁场对直线加速器性能的影响：① 磁场会严重影响电子枪和加速管中电子束运动轨迹，造成被加速束流部分或者完全损失；② 加速器中的运动部件，如 MLC 叶片传动部件(含电机)，因磁共振成像磁场的存在，运动性能会严重下降甚至完全丧失。

(2) 加速器对磁共振的射频干扰：加速器的高压脉冲调制器、MW 级磁控管、运动部件(如 MLC 电机)等都会产生宽带射频噪声，并可被 MRI - RF 接收线圈接收，这会导致 k 空间(磁共振成像图像的频域)尖峰和磁共振成像图像信噪比(SNR)下降。

(3) 金属部件对磁共振成像磁场均匀性和分布的影响：① 加速器以及旋转机架内部有大量金属部件，有些还是导磁材料。这些金属材料无疑会对磁共振成像磁场的均匀性和分布造成不可忽视的影响，特别是在机架旋转时产生的涡流效应。② 为实施精确放射治疗，增加的患者体部支撑和固定装置也会对磁共振成像磁场的均匀性和分布造成不利影响。这些影响会导致磁共振成像图像的几何畸变。

(4) 磁共振部件对射束传输的影响。如图 5 - 16 所示，Unity 的系统结构设计中的光路设计是比较有挑战性的。7.2 MV 加速器产生的原 X 射线(电子束在加速管终端打靶产生的轫致辐射)要穿过 1.5 T 磁共振成像磁体(含液氦杜瓦、梯度线圈等)后才能输送到患者体部。这无疑会造成以下问题：① 射线强度衰减，以及因射线能量在超导磁体内的沉积造成可能的失超风险；② 因康普顿散射增加，患者治疗区域射线剂量分布特性产生变化。

(5) 磁共振成像磁场引起的电子回转(返回)效应(electron return effect, ERE)。X 射线或 γ 射线在人体组织内发生电离辐射，产生次级电子，因存在磁共振成像主磁场 B_0，在洛伦兹力的作用下，次级电子会产生偏转运动，引起局部剂量增加问题，即 ERE 效应。

针对上述这些问题，研究人员提出了以下几种解决思路。

(1) 针对磁共振成像高磁场对加速器的影响。原理上就是要使加速器部件所在区域(包括机架旋转所形成的环形立体区域)处于“零”磁场区域，即将磁场与加速器部件解耦，最小化磁场的影响。实现“零”磁场区域的方法有以下两种：① 通过所谓主动屏蔽(active shielding)方法来实现，即在磁共振成像系统外侧添加与励磁线圈逆向的补偿线圈，使得在磁共振成像外部磁场空间里，加速器部件所在的有限区域形成“零”磁场区域，例如 Unity 的环形区域的磁场强度小于 1 mT；② 采取被动屏蔽(passive shielding)方法，即在加速器外部(特别是加速管外部)设计高磁导率的磁屏蔽材料罩壳。

(2) 针对加速器产生的射频干扰。一般采取以下两种方法加以解决：① 通过加强加速器部件电磁屏蔽的方法降低射频空间辐射强度，使其对磁共振成像图像的影响降低到可接受的程度；② 磁共振引导直线加速器实时控制系统可将加速器出束和磁共振成像图像扫描进行分时贯序控制，这样可实现加速器出束与磁共振成像扫描在时序上彻底解耦，即完全消除加速器宽带射频干扰。

(3) 针对磁共振成像几何误差问题。目前，一般采用纠正主磁场 B_0 与梯度场中几何误差的补偿校正算法进行修正。通过修正，可以将两者的几何误差控制在 1～2 mm 范围内。B_0 磁场的不均匀性与场强相关，比较而言，0.35 T 的 MRIdian 受到的影响较少，较高的场强可能需要实时匀场。

(4) 针对磁共振部件对射束传输的影响。首先，要通过优化束流通路上的磁体/梯度线圈结构来尽量降低对射线强度的衰减。其次，从原理上讲，集成一体化磁共振引导直线加速器更适合不带电的粒子射线束应用场合，如 X 射线或 γ 射线。对带电粒子束，如电子、质子以及重离子，因磁共振成像主磁场 B_0 的存在，其都会在洛伦兹力的作用下，在射线束输运过程中产生严重的偏移，难于为临床所接受。最后，磁共振成像磁体部件(低温槽壁和梯度线圈等)引起的附加散射问题可通过实测数据为放射治疗计划系统建立准确的束流模型，再通过优化治疗计划方案来加以解决。

(5) 针对 ERE 效应。实验研究[23]表明，6 MV 光子在 1.5 T 磁场强度下，半影增加了 1 mm，建成厚度减小了 4～5 mm，射野存在侧移 0.7 mm，而射野宽度未受影响。上述实验结果在临床上是可以接受的。同时，通过实测数据为放射治疗计划系统建立准确的束流模型(beam modeling data)，后期通过优化治疗计划方案(如 IMR、VMAT 的优化方案)可降低或者基本消除 ERE 效应，达到处方剂量所期望的剂量分布。

图 5-17 和图 5-18[24] 总结了集成 MRgRT 设备的基本设计考虑因素，可以作为系统设计时的参考。

2) *磁场屏蔽设计中的工程解决方案*

由于洛伦兹力的作用，磁共振(MR)磁场还可使直线加速器电子枪和加速管中的电子束发生偏转。解决上述输出损失问题，可采用以下 3 种方法[25]：① 重新设计加速器电子枪；② 把加速器移动到离 MR 磁体更远处；③ 对电子

MRI
磁场强度
较高
允许更高的加速因子和/或更高的空间分辨率
提升信噪比
较低
降低特定吸收率
减少磁场敏感性畸变
磁体几何
螺线管
潜在的更高图像性能
开放式（双极型）
射线无须穿过低温槽

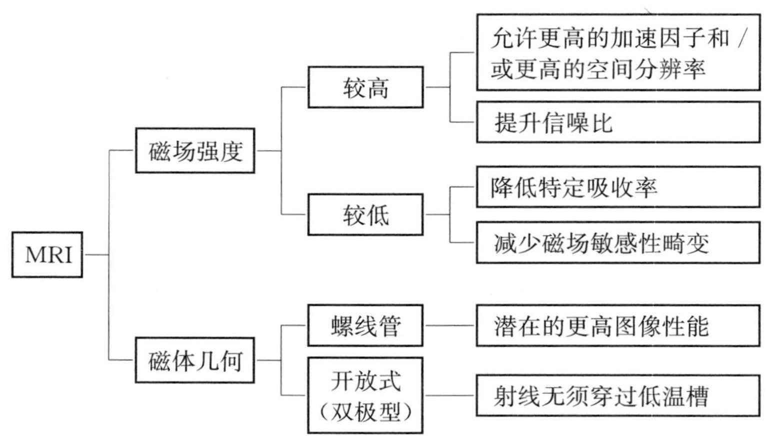

图 5-17　MRgRT 设备的磁共振部分决策树

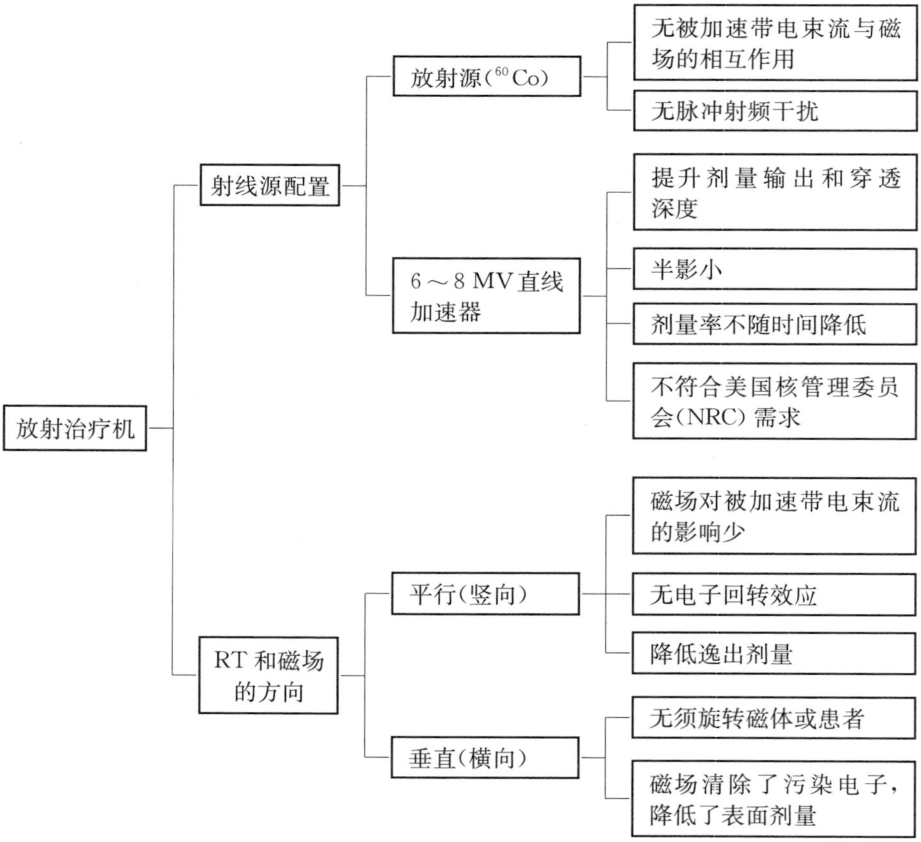

放射治疗机
射线源配置
放射源（^{60}Co）
无被加速带电束流与磁场的相互作用
无脉冲射频干扰
6～8 MV 直线加速器
提升剂量输出和穿透深度
半影小
剂量率不随时间降低
不符合美国核管理委员会（NRC）需求
RT 和磁场的方向
平行（竖向）
磁场对被加速带电束流的影响少
无电子回转效应
降低逸出剂量
垂直（横向）
无须旋转磁体或患者
磁场清除了污染电子，降低了表面剂量

图 5-18　MRgRT 设备的放射治疗机部分决策树

枪进行屏蔽。重新设计加速器电子枪，是对 MR 磁体一对一地设计，不同的 MR 磁体都必须重新设计。移动加速器的距离与剂量率是平方反比的关系，另外需要太多的空间来满足这个磁共振加速器系统。磁屏蔽可选的方案之一是在励磁线圈外层增加逆向补偿线圈，使磁力互相抵消。在励磁线圈外层增加两个补偿线圈，产生逆向的磁场，通过逆向补偿线圈，抵消磁体外围直线加速器位置的磁场强度。另一种磁屏蔽方案就是设计专用的加速管磁屏蔽系统，即在加速管和铅防护之间增加一个防磁套。有源屏蔽与重新设计电子枪一样，只能一对一地设计，还需冷却维护，但是无源屏蔽则不必。无源屏蔽在不同磁共振加速器中可以灵活应用。

在具体的工程实现上，考虑到种种因素的综合影响，已上市的两个产品 Unity 和 MRIdian 不约而同地选择了无源磁屏蔽技术。Unity 使用高磁导合金设计了加速管的磁屏蔽罩(magnetic shielding，见图 5－19)，而其余射频元件，比如磁控管、四端环流器等，都不需要磁屏蔽。MRIdian 则设计了专利的射频和磁屏蔽复合屏蔽罩(见图 5－20)，通过导磁材料、碳纤维、铜箔的多层组合，实现了 MR 磁场对加速器系统的屏蔽和加速器射频场对 MR 的屏蔽。同时，在加速器的机械结构上，尽量使用非铁磁性材料，如铝合金、黄铜、无磁不锈钢等。

加拿大组研究的原型是 0.5 T 分立开放型磁共振成像系统[25]。无源屏蔽采用的是不同长度和厚度围绕电子枪和波导的封顶钢材料圆柱，长度范围是 26.5～306.5 mm，厚度范围是 0.75～15 mm，电子枪和波导总长是 306.5 mm。有源屏蔽采用的是围绕电子枪及套的电流环(直径是 110 mm，匝数分别是 625 匝和 43 匝)，其电流大小、间距、位置的优化可消除 0.011 T 磁场的影响。结果是使用无源屏蔽，当厚度超过 0.75 mm 时，电流就能恢复超过 99%，使用优化之后的有源屏蔽可以恢复到 100%。

3) 射频场屏蔽设计中可能的工程解决方案

为了解决加速器元件和磁共振成像系统之间的射频干扰，厂家设计了法拉第射频屏蔽笼，简称“法拉第笼”。法拉第笼可以有效地隔绝内外电场和伽马射线或高能 X 射线的干扰。磁共振成像系统放置在法拉第笼内部，铝低温恒温器壁是法拉第笼的一部分，加速器位于笼外，包括屏蔽电缆管道。Unity 系统做了以下改动：① 采用 MR 有源磁屏蔽，在横向中央平面产生一个低环向场；② 将铝制低温恒温器壁设计为法拉第笼的一部分，加速器位于法拉第笼外，MR 放置在法拉第笼内部。

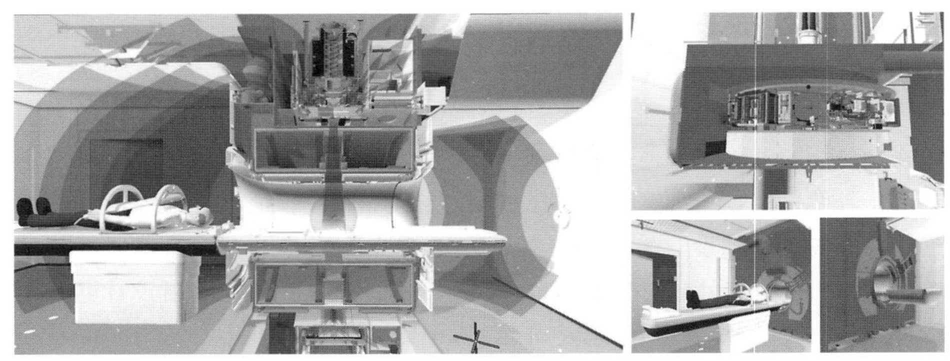

图 5-19　医科达公司的 Unity 磁共振加速器内部结构[12]

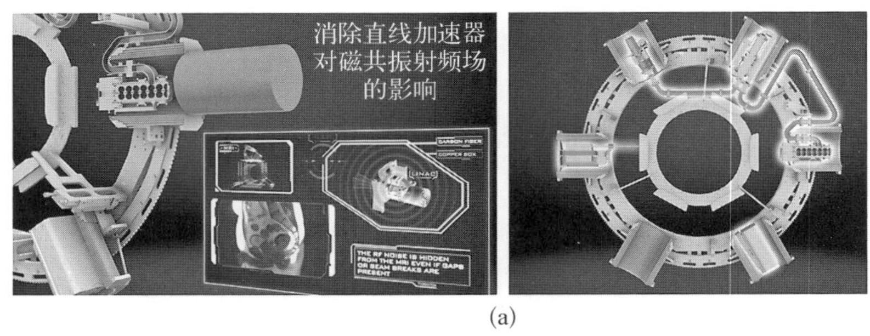

(a)

(b)　　　　(c)

图 5-20　ViewRay 公司的 MRIdian 磁共振加速器磁屏蔽设计[21]

(a) 特殊设计的补偿线圈；(b) 铜屏蔽盒；(c) 射频屏蔽前后成像效果

在 MR 的磁场上，Unity 通过补偿线圈创造了一个“零”磁场区域(见图 5-19)，将加速器布置在了这个“零”磁场区域范围内。治疗室内壁、磁体内表面和 U 形墙面组成等电位射频屏蔽体，实现了加速器和 MR 的电磁隔离，对加速器产生的宽带射频干扰信号形成了有效屏蔽。而 MRIdian 通过分离式超导磁体中特殊设计的补偿线圈有效降低了加速器区域的磁场强度，同样“创造”出了一个“零”磁场区域(见图 5-20)。加速器和磁共振子系统各自有独立的机械承载和电气控制单元，在系统架构设计上确保了两个子系统在功能部件层面(设备实时控制层面)相互独立、不干扰。CCI 团队的研究表明，通过铜盒可有效屏蔽 MLC 电机引起的射频(RF)噪声。

4) 射线束穿过磁体方案的考量

如图 5－21 所示，MRIdian 磁共振加速器采用的是分离式磁体设计方案，即磁体在轴向上由 2 个中空同心圆环体组成，2 个圆环体之间的轴向间隔是 28 cm，为射线输运留出了通道的同时，也为加速器组件安装留出了空间。加速器关键部件，如加速管、磁控管、四端隔离器、高压脉冲变压器等，分别安装在各自的磁屏蔽笼内。屏蔽笼不仅能起到外部磁场的屏蔽作用，同时也可对其内部的加速器功率组件产生的射频干扰进行有效屏蔽，以消除加速器工作时产生的宽频射频噪声对磁共振成像图像的影响。RF 屏蔽是通过多层 RF 吸收碳纤维和 RF 反射铜层实现的。梯度线圈同样分成两部分，用 5 mm 厚的玻璃纤维相连，因而射线从加速管靶点到患者治疗区域的光路上只穿过了少量的金属，这是分离式磁体设计的优点。梯度场的强度为 18 mT/m，切换速度达到 200 T/(m・s)。由于未采用滑环和背负式水冷设计，受电缆和水管连接的限制，机架不能连续旋转，并且旋转角度达不到 360°，存在约 3°的“死区”，即在 30°～33°的范围内无法使用。

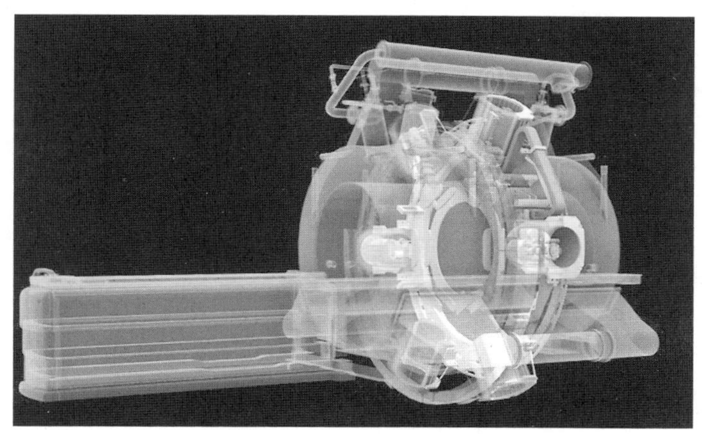

图 5－21　ViewRay 公司的 MRIdian 磁共振加速器透视图

Elekta 公司的 Unity 是典型的射线束穿过磁体的系统集成设计方案。如图 5－22 所示，Unity 的主磁体是一个整体，但其主磁场线圈、梯度线圈及射频发射线圈通过分体设计为射线束提供通道，从而尽量减少射线束经过磁体的衰减和散射。由于射线束需要穿过冷却槽才能到达人体，通过改变冷却槽形状来减少该位置液氦厚度的优化设计，能尽可能降低射线束在穿过该区域时的能量沉积，从而降低液氦失超的风险。1.5 T 超导磁共振成像使用了低温液氦中的超导线圈来励磁，加速器产生的原 X 射线经过射野成形装置后，穿透超导磁体到达患者治疗区域。

图 5－22 所示的结构中，低温槽壁（黑色外轮廓部分）由 5 cm 的铝和 1 cm 的不锈钢板构成；梯度线圈（split gradient coil）由 8 cm 厚的环氧树脂和 4 cm 厚的铜构成；射频线圈［包含前部线圈（anterior coil）和后部线圈（posterior coil）］由几毫米的铜构成。其中，梯度线圈由密度差异极大的两种物质构成，将对射线造成很大的散射作用。荷兰 Utrecht 研究小组设计了分离式梯度线圈结构，在束流路径上设置窗口，使梯度线圈的高异质性对射线束不产生影响。该小组还优化了磁共振成像主磁体的结构，由原来的铝、钢、环氧树脂等构成的 8 层同心圆结构（相当于 7.5 cm 厚的等效铝），经过优化改进，减小到 4.2 cm 厚的等效铝。最终使射线路径上的散射效应降低为相当于插入常规楔形板的散射效应，并经过后期放射治疗计划系统照射方案的优化（通过不同辐射野的组合），以消除散射效应的影响，实现治疗处方规定的剂量分布要求。

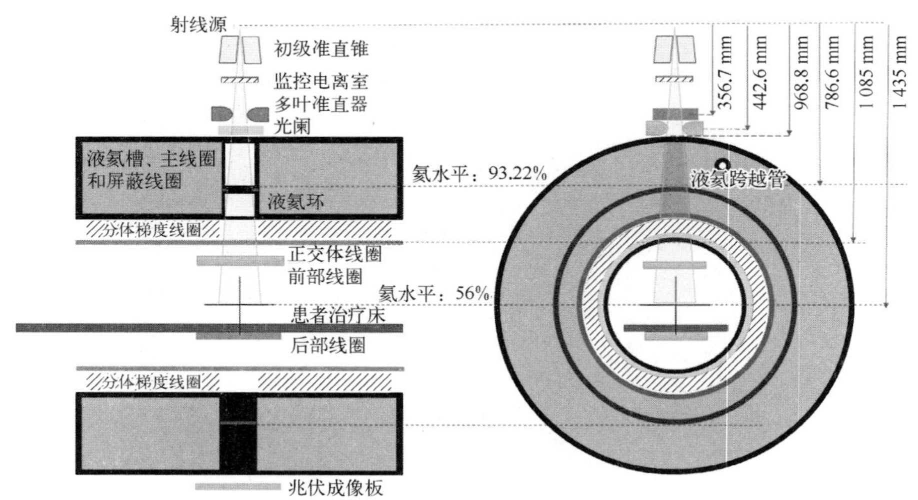

图 5－22　Elekta 公司的 Unity 磁共振加速器射线穿过磁体低温槽、梯度线圈、射频发射线圈的光路设计图[26]

5）磁场和射线的相互影响

除了 ERE 外，磁场会影响剂量探测器的准确性，特别是电离室。模拟和测量的NE2571 Farmer-type电离室实验[27-29]显示，电离室的响应随1.5 T磁场的方向不同而不同，响应变化最大可达5.5%，需要额外的修正因子，而磁场对于极化修正因子等的影响可以忽略。

低强度磁场中，磁共振RF线圈受照射可产生辐射感应电流[29-30]。研究显示，磁共振成像接收线圈尺寸小，可忽略其对射野的影响。对于高场，如1.5 T(64 MHz)时，照射RF线圈不会降低信噪比。

6）人机交互设计

考虑到磁共振加速器的特点，为明确控制系统界面交互设计和完备的设计需求，这些加速器在设计之初，根据预期的临床工作流，均在人机交互和人机工程方面进行了较多的优化。常用的方法是建立同等比例的仿真样机模型，采用快速原形的开发方法，及时收集使用者和关键用户的意见及回馈。图5-23所示是其中一个人机交互设计的片段。典型的人机交互工作流实现可见5.2.3.5节。

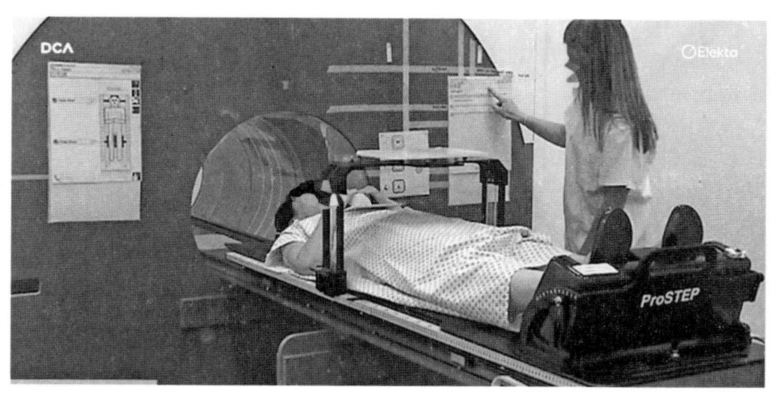

图5-23　DCA公司为Elekta的Unity进行人机交互设计

7）法规和标准的考虑及接口的标准化

作为一台集影像与治疗于一体，以自适应流程为目的的医疗设备，磁共振加速器在设计阶段，应充分考虑相关法规和标准，特别是医用电气安全和电磁兼容等标准要求，如IEC 60601-1、IEC 60601-2-1、IEC 60601-1-2，以及IEC 60601-2-33等。包含激光灯在内的话，需要遵守IEC 60825等。还建议参考美国医学物理学家协会(AAPM)的相关报告，如TG284等。如果在中国上市，还应遵守包括治疗计划系统、磁共振图像质量等相关的行业标准要求及国家药品监督管理局相关的系列指导原则，如《医用电气设备　第一部分：

基本安全和基本性能的通用要求》(GB 9706.1—2020)和《医用电气设备 第2-1部分：能量为1 MeV至50 MeV电子加速器基本安全和基本性能专用要求》(GB 9706.201—2020)。

5.2.3.3 磁共振扫描仪子系统

尽管常规磁共振技术和设备已经较为成熟，而放疗对于磁共振扫描仪有特殊的要求，但仍然很少有研究者从头开始设计一台全新的磁共振扫描仪。大多是将现有的某种型号的磁共振扫描仪进行适当的改造。如Unity的磁体就是由飞利浦的1.5 T大孔径磁共振成像(Marlin)改造而来。澳大利亚的项目磁体改造自一台GE医疗的磁共振装置。

设计用于磁共振引导加速器系统的磁共振超导磁体，不仅需要满足一般磁共振超导磁体的要求，还有两个独有的问题需要解决，因此存在一些技术挑战。其一，加速器系统产生的辐射束需要穿过磁体才能照射到患者，辐射束剂量率将大大衰减。其二，加速器的电子枪与加速管会受到磁共振强磁场的影响而无法正常运行。为了解决这些难题，为诊断而设计的磁共振扫描仪需进行必要的改动，以适应放疗的需要，可施行的改动如下：① 通过让磁体中心沿轴向开一窗口，让射束通过磁体正常照射到患者而无剂量损失。② 使放置电子枪与加速管位置的磁场足够小，不影响加速器正常运行。并且需要尽可能使用更大的孔径，为了让接受扫描放射治疗的患者可以有舒服的姿态，孔径已经超过70 cm。当然，这可能与其初始用途相背离，为了形成足够均匀的视场角(FOV)，孔径通常会较小。

磁共振成像技术的发展趋势是不断提高磁场强度。在临床治疗中，磁场强度决定了磁共振的影像质量和肿瘤可视性，提高磁场强度可以实现更高的信噪比，并且提高空间分辨率和成像速度[30]。但是，较低的磁场通常也意味着磁场与加速器干扰较低。低场磁共振的图像具有较低的信噪比。为了解决以上问题，可通过优化序列获取计划调整中用于软组织勾画定位的高质量图像。而较低的磁场强度在某些方面也具有一定的优势：① 磁敏感伪影减少，患者的几何形变较小。② 由于低磁场强度引起的在体内组织界面和皮肤上的电子回转效应较弱，磁场对剂量的影响亦较小。当然，这两种影响在较高的磁场中也是可以进行估计和校正的，因此不应成为其他高磁场系统的直接限制。

采用分离式主磁体设计时，梯度线圈也是分离的。当然，理论上，分离式磁场的均匀性和梯度性能要比普通的磁场差一些。相应地，发射和接收线圈也是分离的。如Unity采用了一组八通道体部相控阵线圈[14]，其中前片在线圈支架上，后片固定在扫描床下。前片和后片线圈的中间区域允许射线通过。线圈不能移动，这也导致 Unity 只能进行单端的扫描和治疗。

除了体部线圈之外，ViewRay 公司也开发出了针对头颈部的专用线圈。

5.2.3.4　加速器子系统

磁共振加速器中的直线加速器部分，与普通的医用电子直线加速器相似，如本书第 1 章所述。除了需要考虑必要器件材料外，磁共振加速器的束流产生模块与普通加速器并无本质区别，这里不再赘述，仅着重说明一些特殊的设计考量。直线加速器部分通常是以磁控管为微波功率源的驻波型直线加速器。它的结构单元包括加速管、电子枪、微波系统、调制器、束流传输系统及准直系统、真空系统、恒温水冷系统和控制保护系统。

束流产生模块的指标依据设计原则确定之后，即可根据磁共振的结构进行磁共振加速器的其他选择和布局。尽管理论上可以采用任何形式的加速管，但由于磁场干扰的存在，大多数高能加速器所用的偏转和聚焦线圈都受到了限制。目前各研究机构几乎都选择了以 6 MV 驻波加速管为基础作为射线源，这主要是因为使用调强放射治疗技术时，6 MV 已经能满足临床基本需要，且结构较小，节约束流线空间，同时没有中子产生。为了提高等中心剂量率，已上市的产品(如 Unity)也使用了 7.2 MV 的光子。

除了对电子枪和加速管的影响之外，还应考虑对 MLC 等运动部件的影响。由于在束线物理设计上，MLC 必然位于加速器的下端，即磁场相对更强的区域。Elekta 公司作为传统加速器厂商，在设计上采用了模块化设计并复用现有技术，在 Unity 上集成了 Agility MLC，保证了 MLC 的性能和可靠性，在乌特勒支 UMC 进行的验证实验证明了 Agility MLC 的 160 个叶片以及光学位置反馈系统可以在 MR 磁场中正常工作。

在 ViewRay 公司的 MRIdian 系统上，采用了全新设计的双层双聚焦 MLC(见图 5－24)，通过连杆结构实现了叶片的圆弧运动，同时也将 MLC 的电机置于 MR 磁场外缘强度较弱的区域。

磁共振成像和直线加速器部件之间的耦合 MLC 电机产生的 RF 噪声会干扰 RF 线圈信号，同时 MLC 钨合金叶片会影响磁共振成像磁场的均匀性，从而降低 MR 成像质量；磁共振成像边缘磁场也会引起 MLC 的电机故障。例如，在磁场的影响下，对 X 射线适形的多叶准直器中用于控制叶片到位精度的磁性编码器性能可能会下降。对此，可以通过重新设计、使用兼容的组件替换

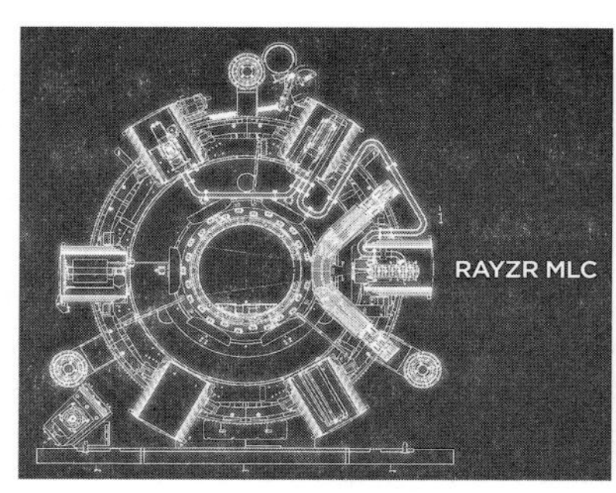

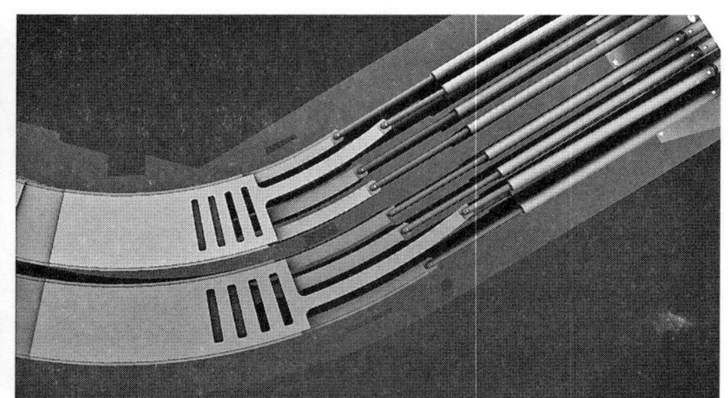

图 5-24 ViewRay 公司的 MRIdian 磁共振加速器双层 MLC[24]

和减小磁场强度的方法，减小或消除磁场对多叶准直器产生的影响。澳大利亚团队的研究表明，可以通过感兴趣区域(ROI)内动态匀场过程减弱 MLC 和加速器对主磁场均匀性的影响。如果使用追踪技术，还要考虑磁场环境下 MLC 的追踪性能。

MRIdian 系统的治疗床采用的是聚酯纤维复合材料而不是常规的碳纤维材料，否则无法与 MR 成像兼容。因此，经过治疗床的射束能量衰减高达 20%，该系统的放射治疗计划系统已将此考虑在内。MRIdian 使用了虚拟等中心来辅助摆位。

由于同轴共面，Unity 没有配备光野灯和外置激光灯，无法通过常规方法(观察光野或激光灯与摆位标记的重合情况)来判断质控模体摆位的准确性。在治疗床上方，配有一个机载的矢状位激光灯，用于治疗时辅助摆位。在质量保证方面，需要根据规定的相对距离和坐标，定期检查外置激光系统的精度及其与 MR 的内部激光器的关系，可以设计一个专用的模体来表征激光器的性能。Unity 还配有仅用于物理和维修的电子射野影像系统，可通过影像验证的方式来确认其位置。

5.2.3.5 控制系统

控制系统的设计需求来源于磁共振加速器的工作流。与普通直线加速器不同的是，磁共振引导直线加速器更加强调自适应放疗(ART)的应用。控制系统除了同时集成加速器射线出束和磁共振成像外，重点是在自适应放疗上。磁共振引导直线加速器控制系统工作的对象包括磁共振成像、机架、加速器、多叶准直器、患者支撑、急停和联锁、电源系统等。当靶区处于预定边界内时，束流开启；反之，束流通过射频和电子枪的脉冲关闭。出束时，束流成形模块(如 MLC)会适应肿瘤形状。束流控制单元同时提供对整机的故障安全设计，包括在主控制器失效时的次级安全控制。

1）磁共振引导直线加速器自适应放疗工作流分析

在图像引导放射治疗中，IGRT 是手段，自适应放疗才是目的。对于磁共振引导直线加速器亦是如此。考虑患者的解剖学变化是自适应放疗研究的重点。磁共振加速器投入使用之后，磁共振在整个放疗流程中的作用可用图 5-25 表示。

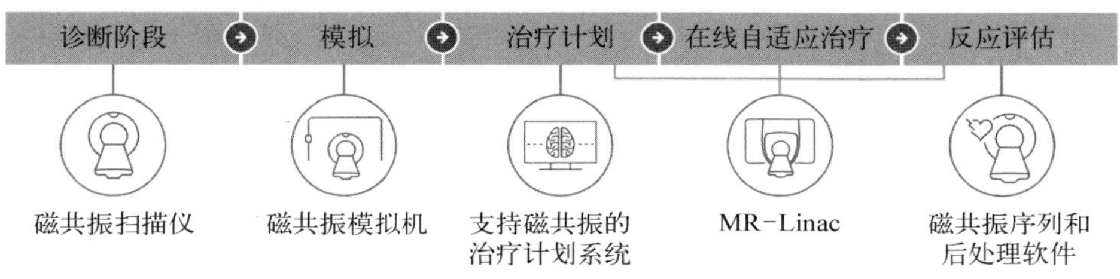

图 5-25　引入磁共振后的放射治疗流程[12]

使用磁共振加速器的操作流程与使用常规加速器利用 X 射线图像引导定位实施放疗的操作流程有很多相似之处。最大的不同之处在于设备本身提供在线自适应计划的能力，需要参与治疗的医生和技术支持团队熟练掌握下列在线自适应放疗的工作步骤：

（1）患者按照模拟体位在治疗床上固定，用适当的磁共振成像序列采集患者治疗体位的三维影像。

（2）在线计划磁共振成像与模拟计划 CT/磁共振成像进行可形变配准，根据配准变换自动勾画在线磁共振成像的结构，并根据对应的 CT 给定在线磁共振成像影像体素的电子密度。轮廓线勾画和电子密度赋值的结果由放疗医生检查、审核。

（3）以治疗前计划为基础对在线磁共振成像定义的靶区制订在线治疗计划。医生和物理师审核在线治疗计划，并用软件检验剂量计算的准确性。

（4）治疗前和治疗中连续采集磁共振影像，在新的影像上显示靶区轮廓。医生在指令实施治疗前确认患者定位的稳定性。医生可以在治疗时快速采集磁共振影像，并根据患者的情况进行体位的校正，记录其解剖学变化并评估剂量累积情况，依据患者所反馈的信息变化及时调整后续分次治疗的方案，并利用最快捷的方式优化实施治疗，从而在最大限度上降低危及器官的剂量。

（5）在治疗中实时监控肿瘤的位置，肿瘤位置发生偏离时及时采取纠正措施。

（6）治疗后的评估。

2）自适应和实时图像引导

MRIgRT 系统采用自适应放疗，即在出束同时，通过动态磁共振成像进行实时图像监控，根据靶区的变化，借助强大的计算机处理系统进行快速剂量重建，从而调整治疗计划，优化治疗方案。其中，自适应放疗又可分为 ATP 和 ATS 两种形式（见图 5－26）。在自适应 MRIgRT 中，整个治疗过程中的计划重新优化需用到仿真过程中构建的计划目标函数。

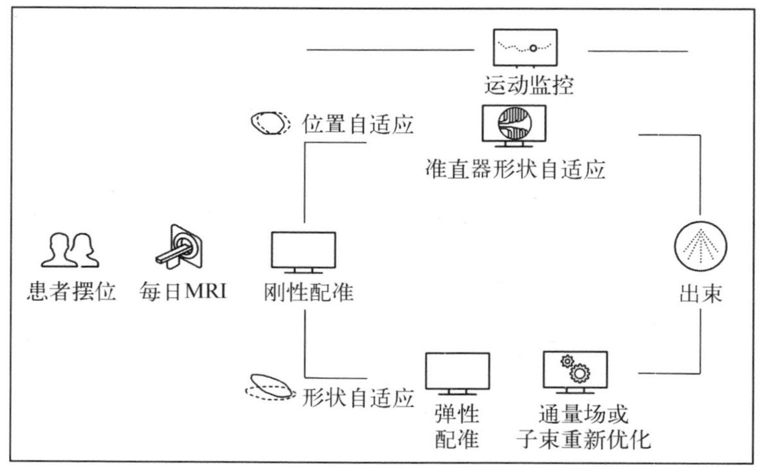

图 5－26　ATP 和 ATS 自适应放疗[14-15]

自适应放疗过程中降低危及器官所受的剂量是研究者关注的重点问题。放疗过程中采用高剂量照射时应注意正常组织的剂量控制。

磁共振引导的图像实时追踪有助于目标剂量准确覆盖靶区，从而减小 PTV 范围，进一步减少高危器官暴露剂量。肺癌、乳腺癌、胰腺癌、肠癌等胸、腹盆腔肿瘤受呼吸运动、胃肠道运动影响。自适应过程中重建和修正是小量的修正，属于微调范畴，其目的是在实际治疗过程中，最大可能地准确实现医生的治疗处方，或者称为治疗目标，而不是新的治疗处方。

呼吸运动管理是磁共振引导直线加速器的基本功能之一。一般来说，与调整射束以匹配靶区位置和/或形状的追踪技术相比，在靶区进出预定边界时打开/关闭射束进行门控具有更低的延迟。然而，系统反应的延迟问题可以采取诸如运动预测模型或安全边界等不同的技术来解决。呼吸运动管理的两种实现方式是呼吸门控（gating）和呼吸追踪（tracking），这两种方式在 MRIdian

和 Unity 均有报道和采用。

作为一个实用的在线自适应放疗系统，磁共振引导直线加速器应该包括成像功能、自动勾画工具、快速计划优化、剂量计算以及患者特异性的质控(QA)。由于磁共振引导直线加速器通常与自适应放疗的放疗流程紧密相关，使得此前相对独立的治疗计划系统，甚至肿瘤信息系统，与磁共振引导直线加速器的耦合更加紧密，甚至嵌入整个磁共振引导直线加速器的控制和操作系统之中，共用一个界面。

MRIdian 系统提供具有自适应放疗的放射治疗计划系统，其实时控制系统允许基于可视化的软组织图像进行快速自适应计划和实施射线的调整控制。基于蒙特卡罗剂量计算方法的高性能 ART - TPS 鲁棒性强且运算速度快，能在 30 s 内完成 9 个照射野治疗计划，完全实现在线实时自适应放疗。

Unity 可根据磁共振影像制定自适应治疗计划。每次治疗前采集磁共振影像并传输至治疗计划软件，与治疗计划影像之间进行形变配准，自动完成磁共振影像上的解剖结构勾画，并调整治疗计划的设备运行参数。治疗过程中通过实时的磁共振成像查看肿瘤位置，以保证肿瘤接受正确的剂量，同时避免正常组织受到高剂量照射。

3) 控制子系统设计

除了主控计算机提供用户界面，图像显示、存储，以及与治疗计划的接口外，磁共振引导直线加速器的束流管理和磁共振成像子系统有各自的控制台和控制单元，用同步模式操作。如 ViewRay 公司的两个子系统之间使用一个称为“Service”的模块来进行协调。两个子系统间的连接方式是不同的：从束流管理到磁共振系统可使用光纤(穿越屏蔽笼)，以便在束流出错时，禁用磁共振系统；而磁共振到束流管理可用电信号发出每帧图像采集的脉冲。在“Service”模块中，也可以将这个脉冲信号与图像帧配准，以确认所有图像已按预期处理。

随着控制技术的发展和进步，磁共振加速器的控制技术也由上一代加速器的全数字化接口的控制架构，进化到基于以太网工业现场总线的总线型、模块化的高速实时控制架构。

图 5 - 27 所示为磁共振引导直线加速器的一种网络拓扑结构，根据不同的用途，网络中可以混合存在标准 TCP/IP 以太网和实时工业以太网。

在控制系统中，较为特殊的两个部分是进出治疗室的射频屏蔽笼与加速

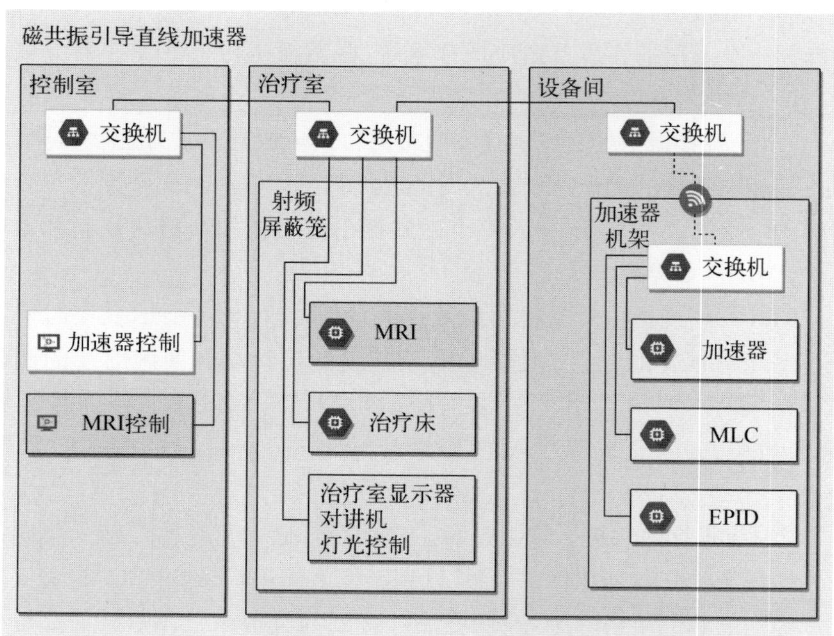

图 5-27　磁共振引导直线加速器的一种网络拓扑结构

器机架。

射频屏蔽笼(见图 5-28)作为一个电磁屏蔽界面,所有进出屏蔽笼的信号都需要转换。电源等动力信号需要经过电源线滤波器。数字信号如以太网、RS485 或者 CAN 信号等,可以转换为光信号通过光纤穿过屏蔽笼。

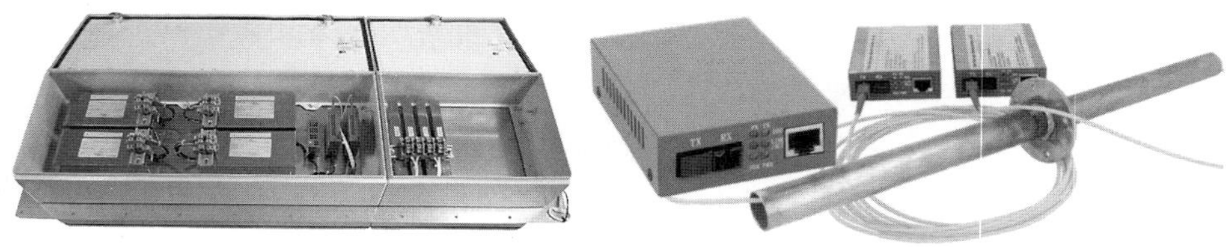

图 5-28　射频屏蔽笼

在控制系统软件架构上,采用模块化设计,磁共振成像部分作为一个子系统,向主控系统反馈摆位偏移量以及实时成像偏移量。磁共振成像子系统与主控系统的接口有以下几种:① 实时时钟同步接口;② 放射治疗计划系统/OIS 用于存储 MR 影像的 DICOM 接口;③ 主控系统设置磁共振成像扫描参数的接口;④ 主控系统在线或离线读取磁共振成像采集的摆位偏差数据(带有实时时间戳同步)；⑤ 磁共振成像子系统读取及控制床面位置的接口；⑥ 主控系统读取磁共振成像联锁信息的接口。

5.2.3.6 系统集成和调试

与其他常见图像引导加速器的集成相比，磁共振引导直线加速器按照场地要求完成机房建设或改造，按照手册完成设备安装之后的集成和试运行过程有较大的差异。其中包括考虑到次级电子在洛伦兹力作用下参考位置的剂量、图像和辐射等中心对准等。

表 5－2 列出了一些常见的磁共振加速器质控项目[24,31-33]。

表 5－2 常见的磁共振加速器质控项目

接收/试运行	监　视
机架角对于磁感应强度(B_0)均匀性的影响	辐射导致的射频线圈损伤对于 SNR 的影响
机架旋转对图像的影响(涡流变化)	辐射导致的梯度线圈损伤对性能的影响
匀场线圈加热梯度线圈和冷却槽导致的 B_0 漂移	系统稳定性
脉冲辐射在射频线圈中产生的电流对 SNR 的影响	—
MV－MR 等中心对齐	—
集成法拉第笼或射频屏蔽机构的泄漏	—
运动追踪能力的精度和延迟	—
特定序列性能问题	—
完整 MRIgRT 链的端到端测试	—

1) 图像质量保证

由于在自适应放疗流程中，磁共振成像可以直接用于治疗计划，加速器及机架部件对于磁共振成像图像质量的影响也需要评估，所有的质控设备必须与磁共振兼容，且需要仔细测试其在磁场下的响应。如 AAPM 的 132 和 284 报告提及，磁共振图像的配准也需要试运行，包括使用模体(AAPM132 提供了数字模体)进行端到端的测试，以及再计划系统中的独立验证。

2) 机械验证

(1) 需验证 MV 射线等中心位置和大小。如 Unity 可使用专用 MV 对准模体(包括小球)和配套的端口成像装置进行。

(2) MR－MV 的等中心对准。设备安装时，磁共振成像的几何中心与机架的旋转中心相差不超过 0.5 mm。专用的 MR－MV 模体包括放在已知塑料和硫酸铜溶液中的 ZrO_2 柱体。这些柱体在端口成像时为高密度的球形，而在 T1 加权的 MR 图像为空信号。

(3) MLC 位置精度。可使用端口成像板或特制的胶片支架获得 MLC 运动形成 Picket fence 图像，然后进行分析。

(4) MLC 的透射性能。与普通加速器的测试无异，输入治疗计划系统中。

3) 磁共振试运行

(1) 磁场均匀性。可根据 B_0 的体积使用响应的体部模体完成。

(2) 几何精度。供应商可提供三维几何模体和特定的分析软件，模体精度典型值如 Unity 可达到 0.2 mm。

(3) 梯度场精确性。可同样使用上述模体完成。

(4) 射频干扰。加速器对磁共振成像的射频干扰可通过在磁共振中放置一根长导体线以提高灵敏度，然后在加速器关、磁控管开(无射线)、MLC 运动(无射线)和出束几种情况下进行比较。

(5) 图像质量。可使用如 ACR(美国放射学会)推荐的大模体完成高对比度分辨率、层厚精度、层位置精度、低对比度物体检测以及信号伪影等测试。

(6) 触发图像精度。可使用如 Quasar MRI 4D 运动模体来测试运动情况下的 T2 加权图像序列。

4) 剂量学确认

(1) 参考剂量校准。根据 AAPM 51 号报告，可使用磁共振成像兼容的一维水模体进行校准。需要注意的是，由于磁共振引导直线加速器通常的源-皮距(source-skin distance, SSD)不是 100 cm，因此组织模体比(tissue phantom ratio, TPR)的位置需要改变。

(2) 深度剂量分布。专用的三维水箱(如 PTW 提供)可放置在磁共振引导直线加速器中，获得几个方向的剂量分布，与普通加速器不同的是，磁共振引导直线加速器使用特定的射野尺寸。

(3) 低温槽特性及输出随机架的变化。对于使用了超导磁体的磁共振引导直线加速器，需要考虑液面的变化和对机架转角的影响。可使用放置在等中心的带平衡帽的指型电离室测得不同角度下的标准射野剂量效应。另外，还可以使用如 ArcCheck 模体来获取治疗床的影响。

(4) 调强放射治疗测量。AAPM TG119 和 AAPM MPPG5.a 提供了典型的调强放射治疗测试用例，同样可用于评估磁共振引导直线加速器的调强性能。

(5) 端到端测试。通常可使用如包括小指型电离室的 CIRS(computerized imaging reference systems)公司的胸部、头颈部模体来完成端到端测试,然后使用伽马因子判据进行评价。

由于磁场的限制和治疗孔空间的影响,磁共振引导直线加速器系统集成中的很多设备和工装需要特制。三维水模体是 MRIgRT 系统实现"黄金标准"的重要质量保证。虽然传统水模体必不可少,但它并不适用于特殊的磁共振引导直线加速器环境,主要还是出于安全方面的考虑,因为在磁共振成像的强磁场中,禁止使用铁磁材料。模体厂家为此重新设计了适用于磁场环境的自动三维水箱(见图 5-29),包括更换无磁电机等[14]。

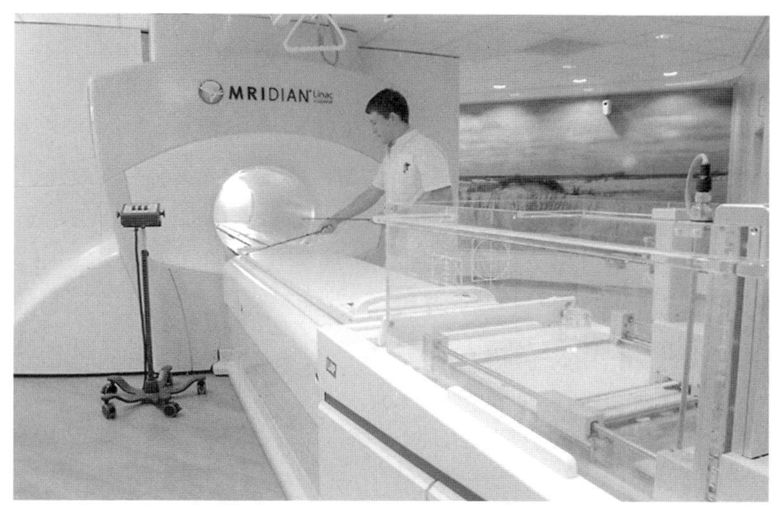

图 5-29　ViewRay 公司的 MRIdian 上使用定制三维水箱

图 5-30 所示为 Unity 中使用的一些测试模体。测试内容包括 B_0 均匀性、图像坐标系、梯度准确性、翻转角精度、伪造声测试等。更多信息可参考文献[31]。

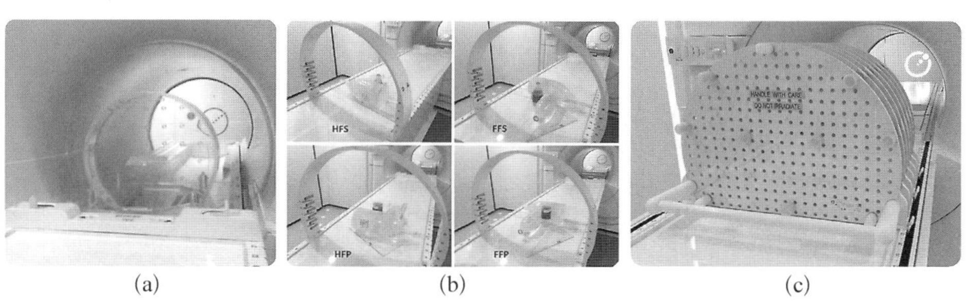

(a)　(b)　(c)

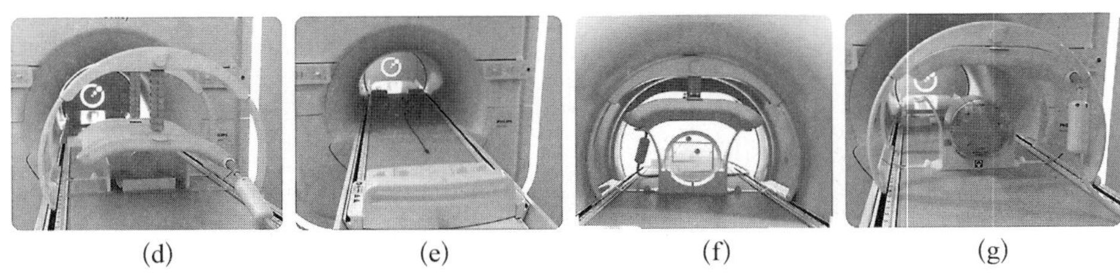

图 5-30 Elekta 公司的磁共振加速器 Unity 上使用的各种测试模体

(a) B_0 均匀性;(b) 图像方向;(c) 梯度保真;(d) 翻转角精度;(e) 杂散噪声;(f) 飞利浦公司周期性图像质量测试模体(periodic image quality test, PIQT);(g) 美国放射学会(ACR)推荐模体

5.2.3.7 机房规划

与基于 X 射线的图像引导加速器相比,磁共振引导的加速器的机房需要同时兼顾对加速器电离辐射的防护要求,对磁共振的电磁屏蔽的要求,以及对其他邻近机房的影响。在机房的建设和规划时需重点考虑辐射防护、电磁干扰、磁场条纹干涉、氦气排放通道、邻近设备的位置和距离,并需要考虑设置患者在进入机房前的检查,以确保患者未携带与植入铁磁材料的物体或易受电磁场干扰的物品。磁共振加速器的机房有别于常规的加速器,在治疗室内包含了法拉第笼壳体对电磁干扰进行屏蔽。该施工的专业性要求较高,需要严格按照厂家的要求进行设计、施工,一些厂家随设备一同提供安装服务。磁共振加速器的机架通常较大,对运输通道的要求较高。在新建机房室最好预留活动墙体或屋顶,以利于设备的运输或者退役拆除。在机房建设前,通常会由设备厂家派遣专业技术人员对环境情况进行检查,以明确建设场所附近的磁场分布情况,如周边变电站、高压线路等带来的干扰,地铁、火车等带来的振动等情况,并据此给出建设或改造的建议。图 5-31 所示为典型 ViewRay

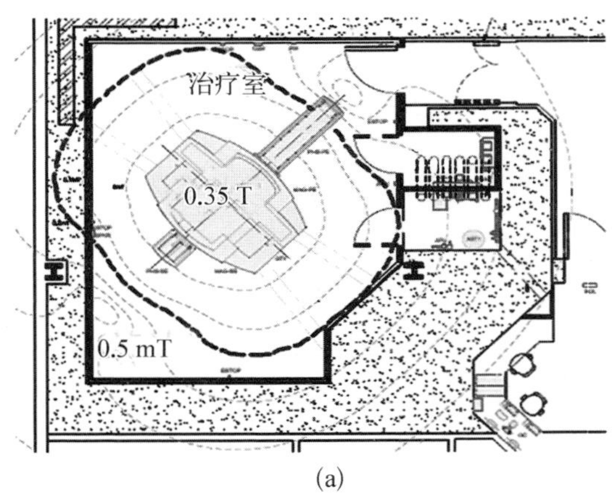

(a)

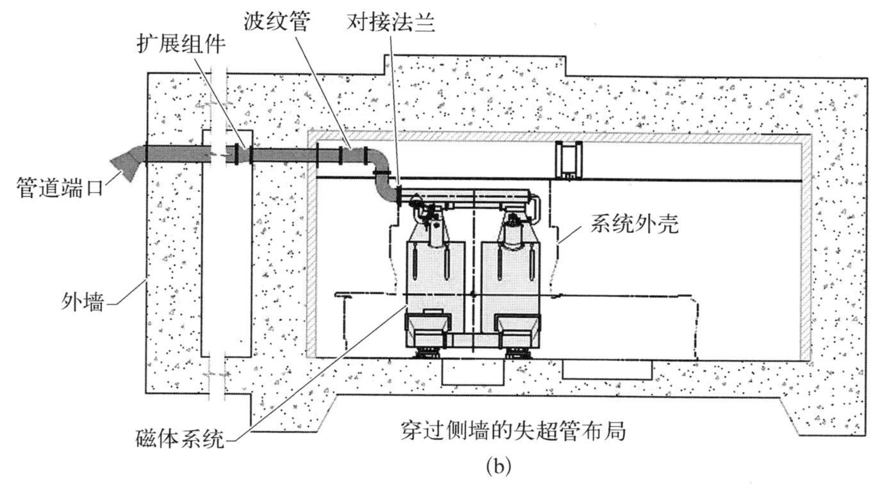

(b)

图 5-31　ViewRay MRIdian 机房规划

(a) 5 高斯线分布示意图;(b) 失超管布局[21,34]

MRIdian 的 5 高斯线(5 Gauss line)和失超管布局。MRIdian 的失超管设计通常要求不处于主辐射射束路径之内,具备制冷气体的排出口位置,并应使用不锈钢圆管制造。

5.2.4　磁共振引导放疗的治疗计划与剂量模拟

为实现磁共振引导的放射治疗流程,有一些有别于传统放疗的共性问题需要解决和研究,如仅使用磁共振图像来制订治疗计划、磁场中的剂量学、磁共振图像的质量保证、磁场下的放射治疗质量保证等。

5.2.4.1　用来引导放疗的磁共振成像

用来引导放疗的磁共振成像有很多特点。如与 CT 相比,磁共振成像本质上是一种较慢的成像技术。理想的在线磁共振成像序列应足够快,且不易受图像几何失真的影响。诊断和放射治疗用磁共振扫描序列特点如表 5-3 所示。

表 5-3　诊断和放射治疗用磁共振扫描序列特点[24]

项　　目	诊　　断	放射治疗计划
目标	检测、定性和病灶分期	确定病灶的三维边界和相对于邻近危及器官的位置
视野(FOV)	可使用缩小的 FOV 获取图像	至少有一个扫描包括完整的体部轮廓横截面

（续表）

项　　目	诊　　断	放射治疗计划
读出带宽(RBW)	通常需要在脂水位移和SNR间折中	刻意设高使得化学位移和空间畸变最小，同时减小涡流
层厚和层间距	典型参数为4～5 mm；层间距可为0～2 mm	连续薄层，以提高基于磁共振的治疗计划的数字重建放射影像(digitally reconstructed radiograph, DRR)图像质量
层覆盖范围	大于感兴趣区的范围即可	增加覆盖范围，用于靶区和OAR(射野离轴比)勾画(DVH)、配准标识、IGRT等
几何畸变	不影响诊断能力即可	在所有感兴趣区层面要小于2 mm
图像灰度不均匀度	不影响诊断能力即可	为实现基于灰度的图像配准和图像分割，需提高均匀性
呼吸保持	吸气末端以使患者最大可能保持呼吸和最小化运动伪影	如用于门控放疗，需根据门控窗口裁剪(如呼气末的50%相位)

常见的放疗计划专用磁共振成像的典型参数列于表5－4中。

表5－4　放疗计划专用磁共振成像的典型参数[29]

参　　数	推　　荐	目　　的
FOV	至少有一个扫描覆盖完整的FOV和完整的放射窗口(包括皮肤轮廓)	需要完整的FOV用于MR图像与CT图像的配准和仅MR流程
层间分辨率	≤1 mm	详细的肿瘤和组织边界视野
层厚	1～2 mm(包括CNS的立体定向) 2～3 mm(体部和四肢图像)	详细的肿瘤和组织边界视野，为仅MR的流程提高数字重建图像质量
层间距	0 mm	保持真正的层分辨率
读出带宽	3 T时，≥440 Hz/mm 1.5 T时，≥220 Hz/mm (允许≤1 mm的脂水位移)	高读出带宽可使化学位移和敏感性导致的空间畸变最小
梯度非线性校正	三维是最小需求；如果三维不可选，则可使用二维	校正由于梯度非线性造成的层内(二维和三维)以及层间(三维)畸变
B_0引起的畸变校正(磁场图)	可选	可用于校正B_0敏感性畸变

磁共振放射治疗计划中的两个基本问题如下：① 剂量计算的非均匀组织修正；② 强磁场下次级电子在体内(特别是组织边界处)的输运和分布。前者主要通过各种伪 CT 值来解决，而后者可使包括磁场作用的蒙特卡罗算法在临床上的应用更加普及，同时需要考虑一些特殊的治疗计划中的射野布置。

放射治疗计划需要 CT 值与物质密度之间的关系来对人体内的不同组织之间进行补偿，以得到更为准确的剂量分布。其来源是 X 射线的衰减或相互作用与物质的密度有单调性关系，即电子密度。而形成磁共振图像信号的质子自旋和弛豫不包括这些信息，也就无法直接建立与密度的关联，因此需要从磁共振成像数据中转换出等效电子密度数据。

伪 CT 方法是通过磁共振与 CT 图像的配准与融合，借助患者自身或统计信息，为磁共振图像的不同区域(器官)赋予指定的 CT 值。这在一方面增加了治疗计划的复杂性和不确定度，也同时引入了新的误差。磁共振成像/CT 影像配准的系统误差将会贯穿整个治疗过程。可以想象，用伪 CT 做治疗计划和用计划 CT 做计划是有差异的。经过许多科研人员的努力，伪 CT 越来越贴近真 CT，差异正在缩小。仅使用磁共振成像图像的放射治疗计划仍然是人们研究的一个热门。主流磁共振成像转伪 CT 的方法包括以下几种[35]。

1) 手工赋值法

手工赋值法，也称为容积密度赋值(manual bulk density assignment)法，适用于单一均匀组织的磁共振成像引导放疗计划的制订，旨在为磁共振成像上定义的目标体积(volume of interest, VOI)分配均匀的密度。具体来说，在计划 CT 做治疗计划时对于解剖结构复杂的部位，手动勾画不同解剖结构(骨、肺与内空腔、软组织等)，并相应赋予不同的电子密度值，可增加剂量计算的精确性。利用这种方法计算的颅内肿瘤的剂量误差大约为 1%，前列腺癌的剂量误差为 1%～2%。

现在有两台商业化的磁共振引导直线加速器：医科达公司的 Unity 和 ViewRay 公司的 MRIdian。在 MR 图像上创建调整后的计划时，两台加速器都是通过容积密度赋值，对各个结构强制赋予均一的电子密度，进行在线自适应计划计算。Unity 的 TPS 采用基于 MRI-only 技术的飞利浦 MR Sim 的商业软件包 MRCAT(Magnetic Resonance for Calculating Attenuation，已获得 FDA 认证及 CE mark[9,14])，以单个“mDIXoN”的 MR 序列和专有算法来生成电子密度信息，可用于将盆腔及前列腺患者的磁共振图像转成 CT 图像。

2）图谱集映射法

图谱集映射法（atlas-based method）利用磁共振图像集成自动生成电子密度数据，采用变形配准方法赋予患者磁共振成像电子密度信息，其剂量计算结果与手工赋值法相仿。该方法优点是自动化完成、效率高。图谱集映射法具有全自动和可以使用经典磁共振成像序列的优势。该方法的缺点是在解剖结构有较大变化的情况下缺乏鲁棒性，并且需要许多成对配准的密集计算。

3）体素转换法

体素转换法（voxel wise conversion）是基于体素的组织异质性校正。首先，扫描一系列不同的 MR 序列：① T1W、T2W 图像用来确定软组织；② 两个超短回波序列将骨结构与气腔区分开；③ 其他序列用于识别脂肪、水和血管。其次，利用自动影像分割、手工密度赋值、连续或近于连续的基于模型的转换来实现从不同序列的磁共振图像生成电子密度数据。

4）深度学习法

深度学习法（learning-based methods）的目标是从训练集中学习磁共振图像和 CT 图像之间的非线性关系，然后将其应用于目标磁共振图像以进行 CT 估计，产生伪 CT。从磁共振成像数据到伪 CT 图像的任务可以看作回归问题，现有方法使用统计学习或模型拟合来找到这种映射，从而将磁共振成像强度与相应的 CT 值相关联。深度学习法需要大型数据库，并且训练的计算成本较高，可能对采集的差异敏感。训练出一个好的模型不容易。但一旦训练好了，深度学习法不需要在多套图像之间配准，可以快速而准确地合成伪 CT。

尽管蒙特卡罗是剂量计算的“金标准”之一，但由于其计算速度的影响，使得其在应用时，仍然需要进行一定程度的简化。实时图像引导需要快速的在线治疗计划和自适应再计划策略。GPU 和高性能计算系统可提高治疗流程速度。自适应放疗应完全或部分自动，以提高计算速度。在自适应 MRIgRT 中，整个治疗过程中的计划重新优化需用到仿真过程中构建的计划目标函数。自适应放疗过程中降低危及器官所受的剂量是研究者关注的重点问题。在放疗过程中，采用高剂量照射时应注意正常组织的剂量控制。

5.2.4.2 照射和执行中的剂量学

在实际的磁共振引导直线加速器应用中，辐射剂量分布会受磁场影响，特别是在患者高、低密度组织界面处。为了提升放疗水平，减少患者接受的不必要辐射，诸多研究人员进行了磁场剂量中放射生物学效应的相关模拟以及临床前研究。

带电粒子受磁场作用会产生磁场剂量效应(如 ERE 效应[36])。研究显示,电子线在磁场中受到洛伦兹力的影响而发生明显偏转[37],并且上述射线分布特征可被配置到放射治疗计划系统的基础数据中,不会影响放射治疗计划系统的计算结果。解决 ERE 问题的另一个思路是把一个照射野的投放剂量通过对穿照射野平分为两半,分别从对侧照射野投放、再叠加;甚至可分解成两对对穿照射野,靶区剂量分别投放、再叠加。这样就很好地解决了 ERE 效应导致的剂量分布不均的问题。这种补偿照射野的方法有一个前提条件,就是靶区必须位于所有对穿照射野的几何中心,每对相对方向射束的源靶距必须一致且互相平行,这样才能达到叠加后剂量均匀分布的效果。如果对穿照射野的源靶距不一致,两照射野叠加后不能消除 ERE 效应引起的剂量不均的问题。调强放射治疗技术同样也可用于补偿 ERE 效应。

与常规加速器不同,对于垂直结构的磁共振引导直线加速器,X 射线与机头相互作用所产生的次级电子进入空气后,由于洛伦兹力的作用会旋转回机头,因此,落入模体表面的电子污染会急剧减少,机头散射减小,次级电子射程变短,不同照射野面积下机头散射结果会更接近,从而使得表面剂量数值趋于一致。模体内的次级电子受到洛伦兹力而发生旋转,导致其射程变短,造成最大剂量点深度和百分深度剂量(percentage depth dose, PDD)上移。对于 Unity,7 MV X 射线的最大剂量点深度比常规加速器 6 MV X 射线的(1.5 cm)还要浅。不同射野面积和深度下,由于洛伦兹力影响,模体内次级电子在横断面逆时针旋转。x 轴方向的射野离轴比(OAR)曲线向 X2 侧移动,造成 x 轴对称性及两侧半影宽度发生变化,对称性变差和半影不对称。次级电子在平行于磁场方向的运动不受洛伦兹力影响,所以分布不会发生变化,即 y 轴 OAR 基本不受影响[23]。

常规加速器通常用 SSD 100 cm 处的 $PDD_{10\ cm}$ 或水模体中深度 20 cm、10 cm 处的吸收剂量比($TPR_{20\ cm,10\ cm}$)来表示其射线质;而对于磁共振引导直线加速器,直接测量 SSD 100 cm 的百分深度剂量较为困难,此外百分深度剂量还会受到 SSD、磁场、冷却槽的影响而发生变化;而 $TPR_{20\ cm,10\ cm}$ 则对磁场或 SSD 的变化不敏感,所以通常用 $TPR_{20\ cm,10\ cm}$ 或使用公式将 $TPR_{20\ cm,10\ cm}$ 转换为 $PDD_{10\ cm}$ 来计算磁共振引导直线加速器的射线质[23]。

在使用三维水箱进行剂量测量前,通常会使用探头测量 x、y 轴的 OAR,将 OAR 的中心作为原点。这一方法在测量磁共振引导直线加速器时并不完全适用,需要考虑 x 轴方向的 OAR 中心位置偏移并加以修正[23]。

以 Unity 为例，不同机架角度下输出剂量变化简述如下：由于冷却槽内液氦未充满，冷却槽制造工艺限制造成的厚度不均匀，以及内部液氦高度变化，所以不同机架角度输出剂量差别较大。不同机架角度下的输出量变化明显，需要修正。在测量时，由于治疗床已被移除，所以上述结果不包含治疗床造成的额外衰减。验收时，这种剂量差异会被记录下来，然后作为 MR－Linac 剂量模型的一部分导入计划系统中，并由计划系统修正。在机架的特定位置，冷却槽安装有超导电缆的管道，这一位置是禁止照射的，所以在机架的一些角度没有数据采集[23]。

5.2.5 国内外磁共振加速器研究动态

2000 年左右开始，世界上几个不同的研究和开发群体先后启动了磁共振放疗装置的项目，从物理原理、耦合形式、部件定制、产品化、系统集成、临床试用等方面提出了各自的方案，构建了原理和原型样机，不断完善，并发表了大量相关研究论文。2015 年到 2017 年前后，ViewRay 公司的 MRIdian 系列和 Elekta 公司的 Unity 率先推向市场，获得多国准入许可，陆续安装到世界各地的医院，进入临床推广和应用阶段。

作为众多研究群体的代表作品，包括从荷兰乌特勒支 UMC 开始，后来成为 Elekta Unity 产品；ViewRay 的 MRIdian 系列从 ^{60}Co 升级为 Linac；澳大利亚悉尼大学的磁共振引导直线加速器项目；以及加拿大 Alberta 大学交叉癌症研究所(Cross Cancer Institute, CCI)演化为 MagnetTx Oncology Solutions 公司的 MagentTx Aurora－RT。这些研究方案不同，思路也各有新意。表 5－5 简要给出了这些方案间的对比[24,38]。

表 5－5　目前已有的 MRIgRT 设备解决方案

设备情况	A	B	C	D	E	F
研究者/公司	Jaffray 等	ViewRay	ViewRay	UMC/Elekta	Fallone	Keall 等
配置方式	非集成	集成	集成	集成	集成	集成
磁场强度/T	1.5	0.35	0.35	1.5	0.5	1.0
磁场几何	螺线管	分立螺线管	分立螺线管	分立螺线管	双极型	双极型
磁场方向	横向	横向	横向	横向	动态	动态
MR 孔径/cm	70	70	70	70	110×60(矩形)	82

（续表）

设备情况	A	B	C	D	E	F
射线源	传统加速器	3 共面 ^{60}Co 源	环形安装的 6 MV 加速器	环形安装的 7 MV 加速器	6 MV 加速器	6 MV 加速器
RT 射野-磁场方向	独立	正交	正交	正交	平行	平行或正交
在同一个治疗室内	否	是	是	是	是	是
可无须修改安装在已存在的 RT 治疗室	否（需屏蔽门）	否（需氦通风口）	否（需氦通风口）	否（需机架空间和氦通风口）	是	否（需氦通风口）
支持基于 MRI 的日常摆位验证	是	是	是	是	是	是
支持离线自适应重计划	是	是	是	是	是	是
支持基于 MRI 的治疗中实时监测	否	是	是	是	是	是
支持功能/生物影像	是	否	否	是	是	是
支持反应性评估图像	是	否（有限的序列选项）	否（有限的序列选项）	是	否	否
支持调强放射治疗	是	是	是	是	是	是
支持 VMAT 治疗（未上市）	是	是	是	是	是	是
支持使用非共面束流	是	否	否	否	否	取决于磁体位置
束流穿过 RF 线圈衰减	否	是	是	是	是	是
辐射引发 RF 接收线圈电流，造成 SNR 减小	否	否	是	是	是	是
电子回转效应	否	是	是	是	平行布局，影像小	平行布局，影像小

（续表）

设备情况	A	B	C	D	E	F
需要 MRI 兼容的患者和设备质控仪器、校准因子、校准程序	否	是	是	是	是	是
需要符合 NRC	否	是(特殊规定)	否	否	否	否
安装要求	MRI 场地	传统防护	传统防护	传统防护	传统防护	传统防护
上市许可批准	FDA	FDA/NMPA	否	510k/CE/NMPA 等	否	否

1）澳大利亚悉尼大学的研究

澳大利亚团队开发的 MRIgRT 系统(见图 5－32)以 1.0 T 磁共振成像和 6 MV 直线加速器为基础,并采用类似 CCI 的总体结构方案,经适当改进,形成独具特色的 MRIgRT 设备[8],主要特点如下：① 主磁场 B_0 方向与加速器束流治疗束方向平行,减小了设备构造复杂性,降低了建造成本;② MRI 和直线加速器主体结构固定不动,而将患者固定在可旋转的治疗床上,虽然更具实用性,但旋转会造成患者内部组织和器官变形;③ 主磁体为分体式超导磁体,场强大小为 1.0 T,成像更清晰。2018 年,该团队在 MRIgRT 上使用特制射频线圈获得了 MRI 图像。该研发小组采用提出的旋转患者方案,进而免去旋转庞大磁体的复杂工作。该研发小组参考了目前市场上常见的各种场强的磁共振成像图像质量,结合已确定的分体式磁体结构的要求,最终认为选择 1 T 场强的分体磁体,既体现了成本优势,也能获得足够清晰的图像。

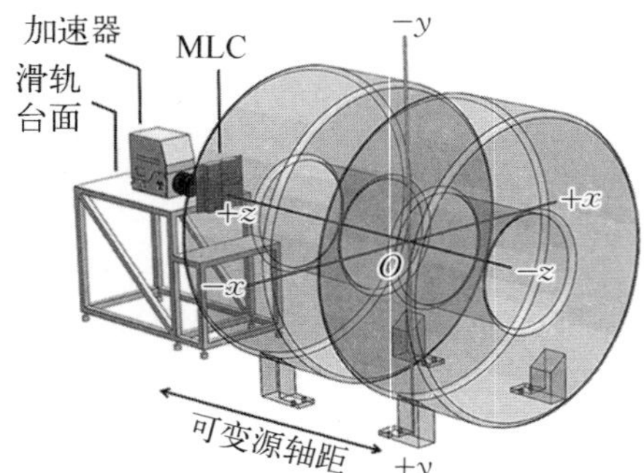

图 5－32　澳大利亚磁共振加速器原型样机[29]

2）加拿大阿尔伯塔大学交叉癌症研究所和 MagnetTx

阿尔伯塔大学交叉癌症研究所（CCI）于 2008 年建成首个 MRIgRT 原型系统（见图 5 - 33），由一个双平面的 0.2 T 磁共振成像系统和 6 MV 直线加速器构成，其机架处于固定状态[9]。2013 年，CCI 开始安装临床级全身磁共振引导直线加速器系统——Aurora RTTM，其硬件由一对双平面 0.5 T 磁共振成像系统和一个 6 MV 的直线加速器构成。机架可 360°旋转，治疗时加速器和 MRI 扫描仪一同围绕患者旋转，治疗束与主磁场平行。与其他 MRIgRT 系统不同，Aurora RTTM 系统所用磁场由高温超导材料提供，没有低温冷却器，在不使用低温液体的情况下也能保持超导温度，无须通风管。Aurora RTTM 系统采用自动肿瘤勾画算法、基于人工神经网络的肿瘤位置预测算法，以及多叶准直器实时控制单元，以在放射治疗过程中实现肿瘤适形。该系统的口径为 110 cm×60 cm，可根据需要移动治疗床。剂量率达到 600 cGy/min。加拿大 MagnetTx Oncology Solutions 公司于 2018 年秋季为其提交了 FDA 510(k) 认证申请。

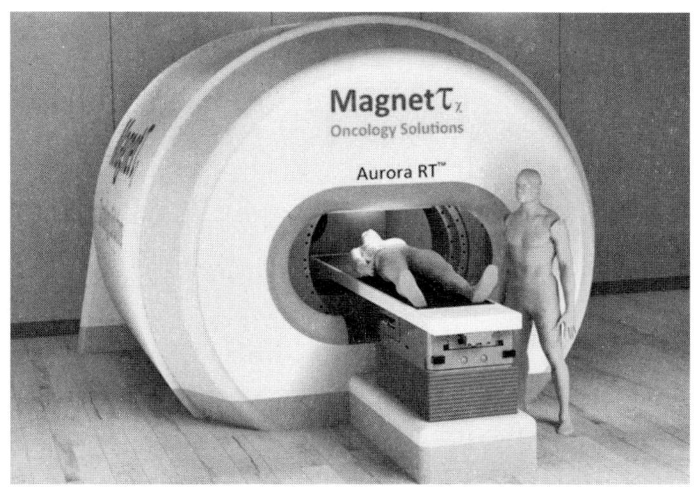

图 5 - 33　加拿大阿尔伯塔大学 CCI 的 MRIgRT 原型系统

3）磁共振引导的电子线放疗

与光子相比，电子线显然更加容易受到磁场的影响而偏离预设的轨迹。然而，早在 40 多年前，Shih 等就在探索利用高强磁场将高能电子线偏转的特性在肿瘤区域形成电子的布拉格峰，磁共振引导的电子线放疗也正在考虑中。Kueng[39] 等首次利用加速器产生的窄电子束（1.5 cm×1.5 cm）垂直和平行射入不同强度(0～0.7 T)的永磁场,用 EBT3 胶片在模体中测量剂量场分布(见图 5－34),并建立了与试验一致的 Geant4 蒙特卡罗基准模型,为后续进一步探索磁共振引导的多种性质束流放疗奠定了基础。

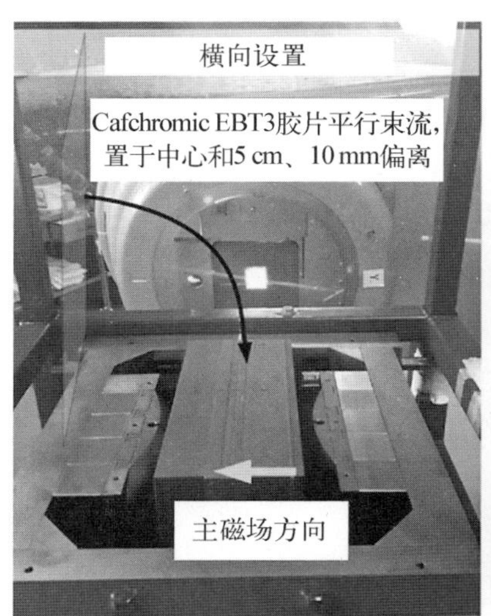

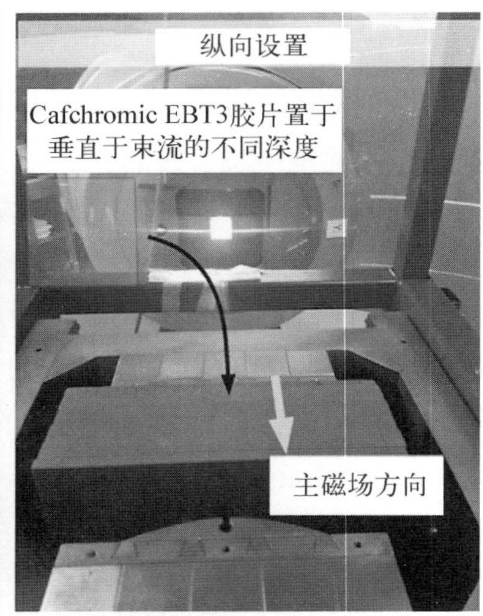

图 5－34　磁共振引导的电子束治疗系统原型[39]

4) 国内的磁共振加速器相关研究

国内公司在磁共振加速器方面的研究和开发还处于相对早期[9]。由于整个系统涉及的技术门类和结构比较复杂,受国内医用加速器和磁共振成像技术的限制,仅有几个大学和研究机构对其中的一些理论进行探索,如中国计量大学开展了磁体优化和磁屏蔽设计。四川大学较早开展了对磁共振引导放射治疗剂量分布的蒙特卡罗研究工作,使用 GEANT 4 软件模拟光子治疗束以及电子治疗束在均匀横向磁场下水箱模型中的束流特性。中国科学技术大学团队开发了在磁场下使用的基于图形处理器(GPU)加速的蒙特卡罗算法软件 ARCHER,利用该软件磁场下的乳腺癌治疗计划仅需数十秒;该团队还利用 TOPAS 软件计算和分析多个能量下质子束在不同强度磁场中的剂量分布情况,并发明了一种基于 MRI－only 的三维剂量验证方法。

联影等放疗设备公司对磁共振加速器进行了专利布局,包括磁共振引导的放疗系统、磁共振引导的机器人放射治疗系统、电子直线加速器和磁共振成像引导的 X 射线放疗机的制作方法等。另有其他几家公司也在尝试设计与磁共振成像引导放疗相关的样机。

临床应用方面，一些肿瘤医院引进了 Elekta 公司的 Unity 系统，已经开展了一些治疗。

总体上，国内研究目前还限于磁共振成像与直线加速器两个方面独立的研究，鲜有成熟的研究组有关于磁共振引导的加速器系统的报道。

5）进一步深入研究的方面

随着磁共振放疗系统的临床应用日益频繁，MRIgRT 和磁共振引导直线加速器当前仍面临一些需要解决的问题，尚需进一步深入研究。

在设备方面，实现更大孔径的磁共振装置，集成轻便的磁共振的专用设备，提高图像质量；需要专用的脉冲序列、多模态图像融合、更快的图像采集帧率，在照射期间获取肿瘤及器官的左右运动情况等。

磁共振引导放疗的在线自适应技术还不够成熟，分次内的在线实时自适应治疗时间比预期的要长。在治疗技术方面，目前磁共振加速器仅使用了三维适形放射治疗和调强放射治疗，未来如何实现和使用 VMAT 也都在考虑之中[14,24,40]。

纯磁共振成像的治疗计划、4D - MRI 的应用、MRI/PET、磁共振成像谱和其他功能成像的应用都需要深入研发，磁共振成像功能定量成像应用在放射治疗的评估中还存在挑战，如数据可重复性、生物标记解读、图像质量和数据分析等。

6）展望

放射治疗是建立在影像基础上的系统工程。现有影像引导设施为放疗计划精确实施提供了一定的保证。不同来源的影像为肿瘤放疗靶区的确定提供了不同信息，多种影像共同参与将有助于提高靶区设计的准确性和精确性。功能性影像具有临床应用的巨大潜力，也是肿瘤放疗个体化设计依据的重要来源。

磁共振引导直线加速器系统凭借磁共振成像软组织对比度高且无成像剂量的优点，以及可以在照射期间进行磁共振成像的特点，在图像引导放射治疗领域具有突破性的意义[41]。随着在线磁共振成像技术以及软件算法在放疗方面的进步，磁共振引导放疗系统的应用会越来越广。更快速的在线自适应放疗和更高的磁场强度下实现功能性影像，是磁共振引导加速器的未来发展趋势。

5.3　CT 引导直线加速器

在图像引导放射治疗技术的分类中（详见 5.1 节），CT 引导通常是指采用与诊断类似的千伏级扇形束 CT。相对于目前较多放疗设备采用的千伏级锥形束 CT(kV－CBCT)影像引导技术(见表 5－6),扇形束 CT 成像受光子散射问题影响较小,图像质量更高。近年来,为了追求精准放疗,用户希望进一步提升影像精度和准确性,已经有扇形束 CT 影像引导的相关产品出现,通过诊断级影像引导,提升治疗精度,以适应放射治疗技术的发展要求。

表 5－6 市场主流产品的影像引导方式

参　数	Varian TrueBeam	Elekta Versa HD	Accuray Tomotherapy
kV 级影像引导	OBI,支持四维/三维锥形束 CT	XVI,支持四维/三维锥形束 CT	无
MV 级影像引导	Portal Vision 二维,平板可六向调节	EPID 二维,平板可四向调节	MV－FBCT,二维

5.3.1 CT 引导直线加速器的发展历史

2000 年,西门子公司曾经发布了第一台轨道 CT(CT-on-rail)的放疗加速器 Siemens PRIMATOM™(见图 5－35),将一台诊断级的 CT 用滑轨承载,放置在加速器机房,可以实现在一个机房内用诊断级 CT 完成影像引导调强放射治疗

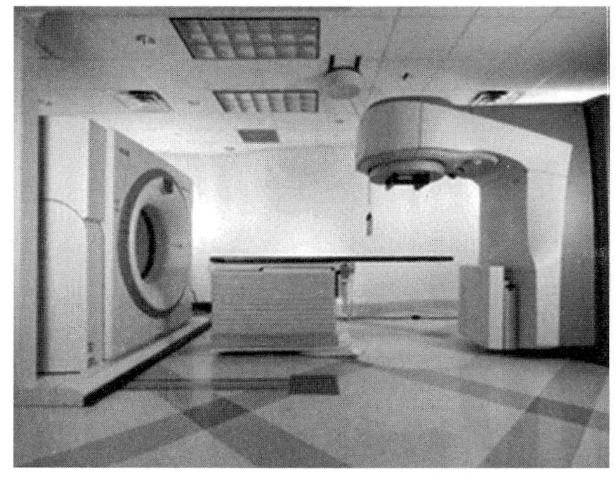

图 5－35 西门子公司的第一台轨道 CT 产品

流程。在当时可以说是影像最清晰的引导系统，受到了众多用户的青睐。这是首次实现诊断级图像与加速器结合，意味着新一代放疗产品的首次尝试。

可以从西门子公司的轨道 CT 产品中借鉴经验。如果要研制满足常规使用的 CT 引导直线加速器产品，首先，必须要做到 CT 与直线加速器一体化集成，分体式带来的误差是临床无法接受的；其次，整机系统工作流要具有与传统影像引导同样的效率，增加过多的额外操作，会导致治疗效率降低；最后，整机系统的尺寸要能够适用于传统放疗机房，特殊设计机房的要求会影响产品的推广。

2000 年至今，已经有 Siemens、Varian、Mitsubishi 等多家加速器厂商推出过非一体化架构的 CT 与直线加速器结合的放疗系统，很多国际著名的放疗机构研究了这些机型，并发表了很多基于此类设备的研究论文。但是由于如下几个原因，轨道 CT 产品无法在当时的市场立足。

(1) 架构上属于分体设计，结构复杂，导致校准和操作都有所不便，治疗床运动范围大，影响精度，使用效率较低。

(2) 占地较大，只有场地规模大的医院能够承担起这些大机房的建设。

(3) 当时的计算机软、硬件水平不足以支撑先进的治疗方法，如自适应放疗。

(4) 受当时经济水平的影响，设备价格较高。

以上各种因素使得分体式 CT 与加速器设备逐渐退出市场，而体积较为小巧且价格相对较低的 kV 级锥形束 CT 则逐渐占据了市场。

即便如此，从已经发表的临床研究结论看，临床上依然认可诊断级 CT 与加速器一体式组合的概念，并且认为会为放疗的发展带来改变，具有显著的临床价值。至今仍有用户在不断研究并发表 CT 与加速器整合设备的临床优势文献。

扇形束 CT 图像比 kV 级锥形束 CT 图像的质量更高。因此，目前 CT 普遍应用于临床上诊断、放疗模拟定位及放疗计划的制订等(靶区勾画、剂量计算)，而 kV 级锥形束 CT 通常仅作为放疗影像引导定位使用。

在国产加速器方面，2018 年联影公司成功研制国际首台一体化诊断级 CT 影像引导的放疗直线加速器 uRT - linac 506c(见图 5 - 36)，针对如上提到的轨道 CT 产品的几大问题进行了一定的改进。在其机架设计方面，CT 与加速器实施一体化设计，CT 和治疗头互为配重，减小机房空间，结构相对简单，整机体积可以适用于现有大部分机房；CT 和放疗加速器共同旋转，提高精度，治疗床运动方向与影像和治疗方向保持一致，保证治疗床的精度和运动效率；CT 的控制和加速器控制在同一个软件平台，共享统一数据库，共享统一控制协议，解决了操作烦琐的问题。在工作流执行过程中，可自动化切换治疗位，CT 保持体位不变，与传统的轨道相比，CT 系统精度有所提高；在临床应用过程中，影像引导工作流程与传统的 kV 级锥形束 CT 基本相同。基于一体化软、硬件设计、精度提升的特点，一体化 CT 引导直线加速器可以实现特色的工作流程，如模拟定位功能实现、诊断级影像引导、一站式放射治疗、自适应放疗等。

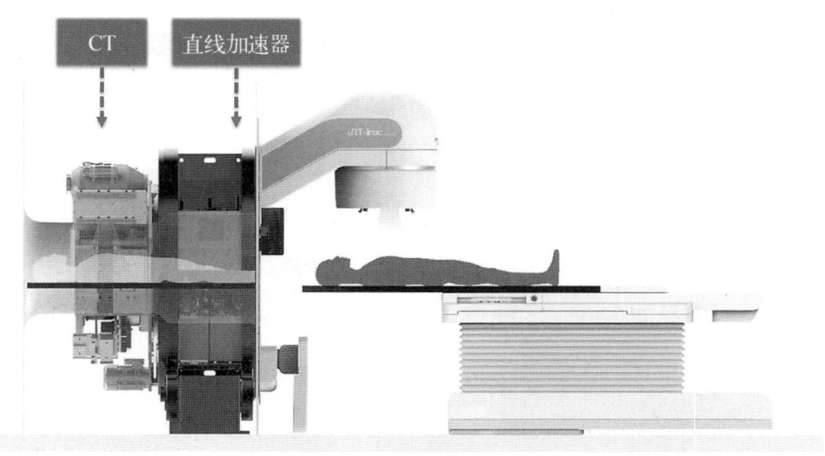

图 5-36　联影公司的医疗一体化 CT 引导直线加速器产品结构示意图

5.3.2　CT 影像引导的特点和优势

CT 引导直线加速器实现了将诊断级 CT 和直线加速器的集成，并引入放疗的流程中。在临床使用中，CT 影像可以为临床带来诊断级的高清影像引导，可以清晰辨别肿瘤与周边危及器官的相对位置关系。而传统的直线加速器一般都配置 kV 级锥形束 CT 或者是 MV 级正交成像用于影像引导，由于锥形束成像会造成不可避免的散射（即康普顿伪影），不同患者由于体型差异、组织密度差异等产生不同的散射，同时支撑患者的床板也会带来散射，而这些散射难以通过软件后处理完全消除。此外，CT 探测器、锥形束 CT 用平板探测器的晶体厚度小，探测效率偏低，围绕患者扫描一圈所获取的投影图像偏少，这些因素都造成锥形束 CT 图像相比于 CT 图像，只能通过简单的骨性标记进行配准。而事实上，靶区及危及器官等软组织与骨骼的位置关系并非是一成不变的，因此 kV 级锥形束 CT 影像引导无法完全满足临床对于当前肿瘤位置及形态的精确配准需求。另外，锥形束 CT 采集图像过程由于采集速度慢、散射难以修正、机架速度限制等因素，重建图像对运动区域的变化非常敏感，造成重建物体几何尺寸的不确定性，从而给临床应用带来几何偏差大、图像质量差等问题，无法直接用于模拟定位和治疗计划计算。而诊断级 CT 是扇形束重建，采集投影数多，机架旋转迅速，这些优势使图像质量大幅提升。基于 CT 影像进行引导，除了可以看清骨骼之外，还可以看清更多的组织结构，通过这些组织结构可实现更加精准的配准，提供更多的临床信息。同时，CT 扫描中有多项参数可以自定义，如不同的 kV、mAs、滤波函数等。

相较于磁共振引导的直线加速器和 PET/CT 引导的直线加速器，CT 引导的直线加速器的影像引导时间非常快；磁共振成像除了时间长之外，空间几何畸变无法在较大范围彻底消除，特别是在肺部，图像质量较差。同时，磁共振成像图像也不适合进行剂量计算，而针对 PET/CT 引导的直线加速器，除了 PET 由于注射药物的长时间衰变，有辐射风险存在外，PET 图像重建相较于 CT 成像，时间也比较长，而 CT 引导直线加速器的性价比更高，在国内目前放疗资源紧缺的现状下更适合推广于临床应用。图 5－37 对比了诊断级 CT 与 kV 级锥形束 CT 图像。CT 引导相对于其他模态影像引导的优势列于表 5－7 中。

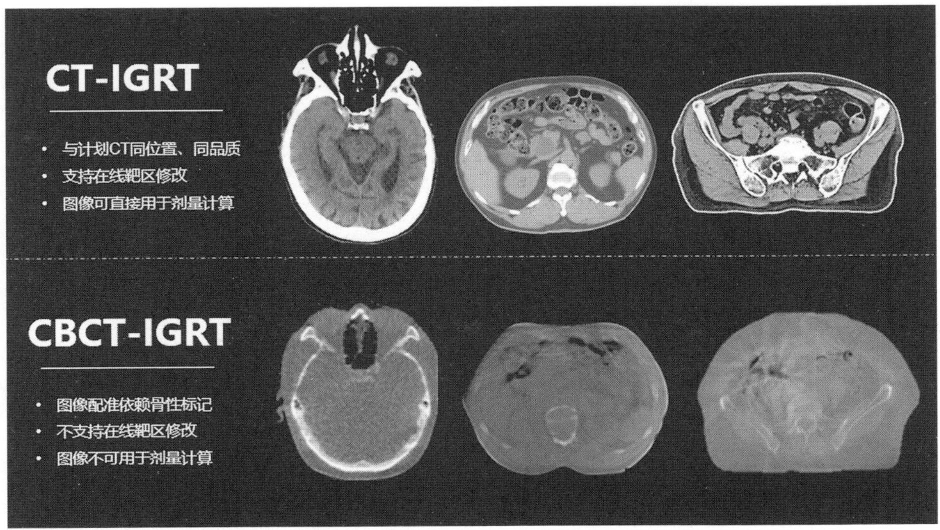

图 5－37　诊断级 CT 影像引导与传统 kV 级锥形束 CT 影像引导结果对比

表 5-7　CT 引导相对于其他模态影像引导的优势

参　数	kV 级锥形束 CT	磁共振成像	CT
成像区域 FOV/cm	28～50	30～40	50～60
扫描长度/cm	28	>40	>100
图像质量	软组织分辨差，依靠骨性标记，无法分辨肿瘤	软组织分辨率优越，但图像存在一定程度的空间畸变	信噪比和软组织分辨率优于锥形束 CT，可分辨大部分肿瘤
是否能提供电子密度信息	能（不准确）	不能（生成伪 CT，但准确性不高）	能（金标准）
成像时间	1 min	>3 min	10～30 s

现阶段放疗中的影像学方面有以下两大技术难点。

（1）模拟定位与首次治疗的时间间隔较长，导致治疗时患者的体型、体态和肿瘤的尺寸、形状等解剖结构与模拟定位时相比发生了变化，引起治疗位置偏差。

（2）随着治疗进程推进，患者解剖结构尤其是肿瘤部位会发生比较大的变化。

这两方面的变化都会影响治疗的准确性。而 CT 图像可以提供传统锥形束 CT 无法提供的优势，更优的图像对比度和几何准确性及更好的空间对比度，以及可以提供用来进行剂量计算的准确的电子密度。此外，由于扫描速度快，运动伪影可以忽略，所以一体化 CT 引导直线加速器可以支持基于 CT 图像的一站式放疗技术和在线自适应放疗技术，克服临床的技术堵点，提高治疗的精准度。

5.3.3　CT 引导直线加速器的工作流

CT 引导直线加速器的工作流包括下述步骤。

1）基于 CT 引导直线加速器的模拟定位

在放疗中，剂量计算是一个非常重要的环节，直接关系到放疗计划的准确性。准确的剂量计算前提是得到射线穿过的人体各个部位的电子密度。传统上，物质密度是指单位体积内的物质质量，而对于射线穿过的物质，其穿透的深度和衰减系数与物质密度相关，但并不完全成正比。电子密度信息是真正反映射线在物质中作用和衰减的主要参数。参考国际辐射单位与测量委员会

(ICRU) 44 号报告(report 44),通常将电子密度定义如下:电子密度可以体现原子吸引带正电荷的离子或原子团的能力。目前能够准确实现人体内物质的电子密度采集的设备只有诊断级 CT 设备。通过扫描电子密度模体的 CT 图像,建立 CT 值与电子密度的对应关系是现在临床上通用的做法,因此 CT 引导直线加速器具有电子密度精准特性。

而集成了诊断级 CT 的 CT 引导直线加速器则具备了诊断级的 CT 图像,同时放疗直线加速器上标准配备的定位激光灯也可以用于 CT 模拟定位。于是 CT 引导直线加速器可以起到模拟定位机的作用。另外,CT 引导直线加速器可以结合高压注射器实现增强扫描,系统提供了多种增强扫描模式,比如固定时间延迟扫描,根据对比剂流过的区域进行自动触发扫描等,这也是普通基于锥形束 CT 影像引导的加速器和磁共振影像引导的加速器无法完成的工作。

2) 基于 CT 的影像引导放疗

通过专门的模拟定位 CT(见图 5 - 38),扫描患者肿瘤位置,并在患者身体表面贴标记点,以实现技术人员直观观察的坐标系与 CT 影像坐标系的关联。但在常规放疗过程中,模拟定位一般与治疗不在同一房间,也不是同一时间。因此,在患者真正治疗之前,需要把患者体位还原到之前模拟定位的形态,这个过程称为复位。而从第二分次之后,为了保证每次治疗的体位重复性,需要进行分次的影像引导过程。

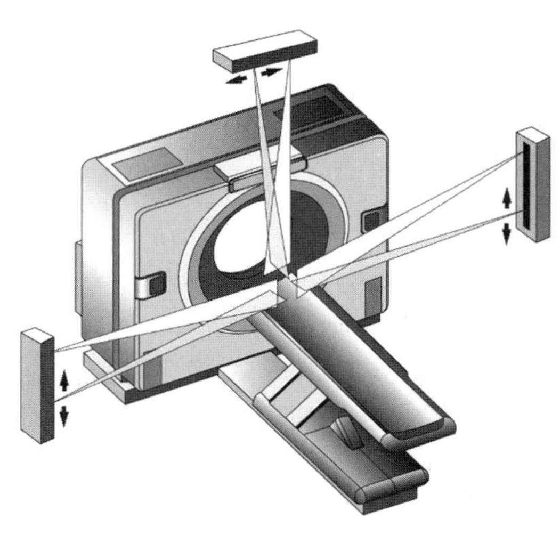

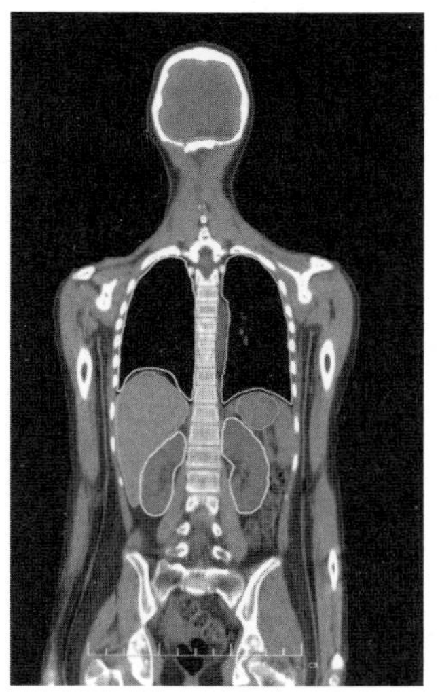

图 5 - 38　CT 模拟定位示意图

影像引导过程如下：在治疗前，摆位完成后，首先进行当前位置的患者体内肿瘤区域的影像扫描，通过影像看到患者体内肿瘤情况，将此影像与CT模拟扫描时的影像进行配准和误差分析，可以得出摆位误差，此时进行位置修正(见图5-39)。

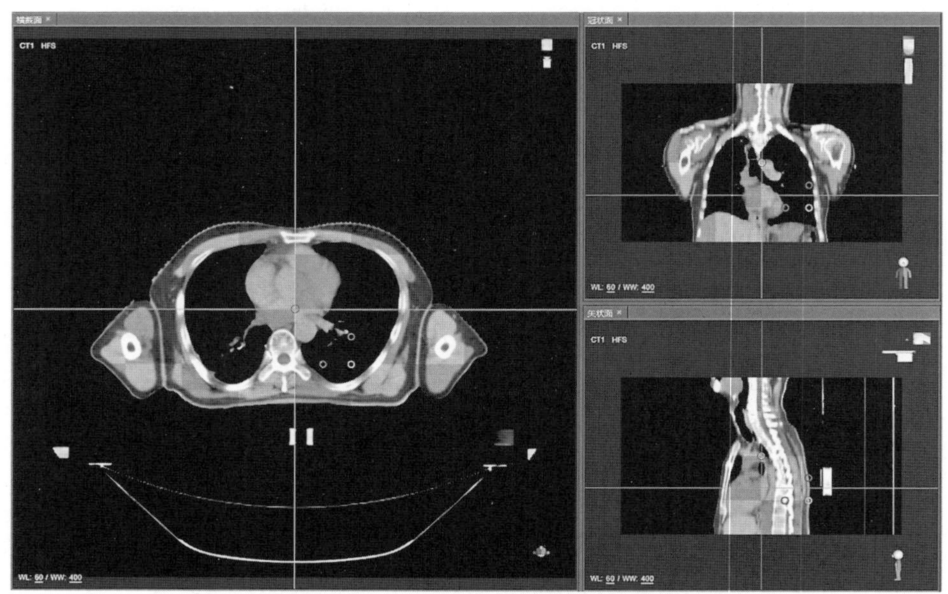

图5-39　CT影像引导原定位图像与当次治疗图像配准(彩图见附录)

临床中，常规使用kV级锥形束CT进行影像引导定位和复位，但影像质量不佳。用户对于更高质量的影像引导需求强烈，若影像引导能够具有与CT模拟定位同样的影像质量，则可以实现高清影像引导，减少不必要的边沿扩展，减少正常组织毒性。

一体化集成的CT引导直线加速器可以很好地解决以上问题。利用具备与CT模拟定位同样影像质量的影像引导技术，实现高清肿瘤边缘对齐，而不是传统的利用骨性标记进行配准，这样可以实现肿瘤治疗前的精准复位，减少肿瘤边缘扩展，减少患者的正常组织受到的辐照剂量和毒性。

同时，高清的CT影像引导提供了病症疗程中肿瘤及正常组织动态变化的信息。在不增加额外剂量的情况下，基于全流程的调强放射治疗影像数据，可以建立起以患者为中心的肿瘤监测系统，有助于检测肿瘤受到辐照以后发生的变化以及器官靶区运动所带来的偏差。医生可以根据反馈及时调整治疗方案，确保每次放疗的精确实施(见图5-40)。

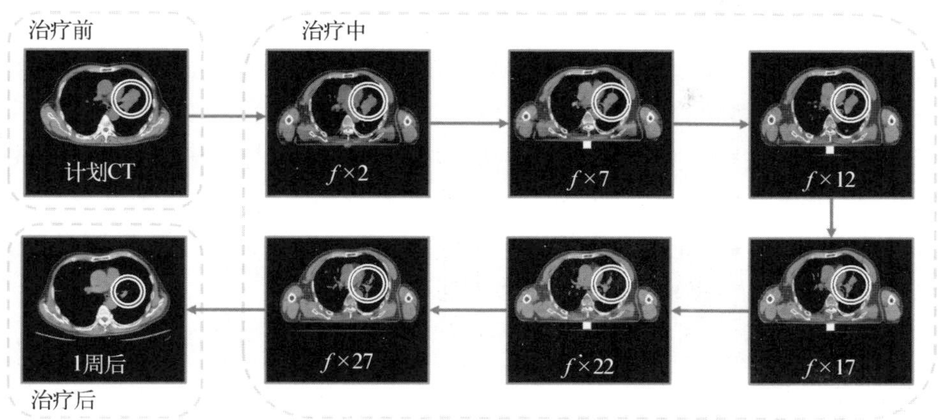

图 5 - 40　CT 调强放射治疗全疗程疗效监测

3）一站式放疗技术

目前常规的放射治疗流程是从模拟定位到首次治疗，典型的流程如图 5 - 41 所示。

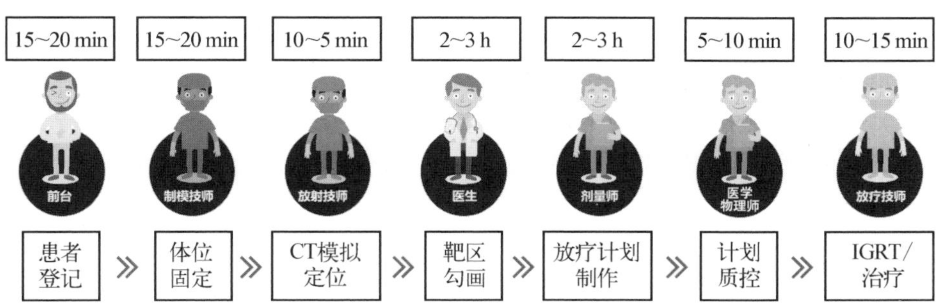

图 5 - 41　常规放射治疗流程中的不同角色及时间

整个过程通常耗时较长，并且需要患者辗转多个机房，对于患者来讲是一种负担。此外，在放疗等待期间，一旦患者体型或者靶区发生变化，可能导致此前本已锁定的目标“脱靶”，面临前期流程推倒重来的风险。如果能够在一机多用的加速器上，同时提高整个放疗流程的自动化程度，就可以减少患者流转于各个机房的次数，并且缩短患者的等待时间，提高治疗精准度。

由于 CT 引导直线加速器同时具备了模拟定位的功能，那么在硬件上就可能实现在一台机器上完成整个放疗流程，并结合基于人工智能的器官和靶区的自动勾画、基于人工智能的自动计划、基于 EPID 的实时在线剂量检测等前沿技术，就可以实现在患者不下治疗床的情况下，完成摆位、定位、勾画、计划、质量保证、治疗等放疗全流程，减少患者等待时间，提升治疗效率。治疗流程如图 5－42 所示。这种放射治疗模式已经在国内得到了初步验证：2021 年初，复旦大学附属肿瘤医院在 CT 引导一体化放疗设备上实现了直肠癌术后患者的一站式放疗。同年 8 月，复旦大学附属肿瘤医院与金华市中心医院放疗科分别将一站式放疗技术应用于首次放疗的乳腺肿瘤患者，实现了这种放疗模式（见图 5－42）的多中心推广和应用。由此可见一站式治疗方式的可拓展、可复制的能力，将来会拓展到更多的病种。

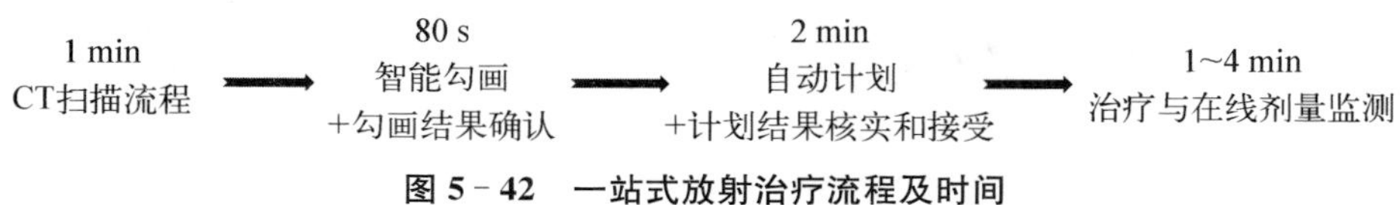

图 5－42　一站式放射治疗流程及时间

4）在线自适应放疗技术

如前所述，个体化精准放疗是放疗未来发展的方向之一，在线自适应概念（见图 5－43）已提出多年，但受限于没有高清影像设备集成在加速器上，无法看清肿瘤变化情况；且自适应的勾画与计划设计需要耗费大量时间，患者如采用在线自适应，占用加速器的时间会过长，会对临床工作造成极大的负担，所以在线自适应放疗技术始终未能在临床上得到广泛应用。“基于一体化 CT 引导直线加速器平台＋智能勾画＋自适应计划”有望实现快速的 CT 在线自适应放疗。在患者治疗当日通过机载诊断级 CT 采集患者图像，与计划 CT 图像配准后，智能化判别是否需要修正计划，通过智能勾画与快速自适应计划自动修改计划，物理师、医生评估确认后即可按新计划实施放疗。目前，临床上开展的都是离线自适应放疗技术，若在患者当次治疗的过程中，发现器官和肿瘤形态变化很大，则需重新进行 CT 模拟定位和治疗计划制订，并重新排程治疗，这个过程一般持续几个小时甚至几天，导致离线自适应放疗难以推广应用。对于在线自适应放疗，治疗当天根据开始前的影像，在患者不下床的情

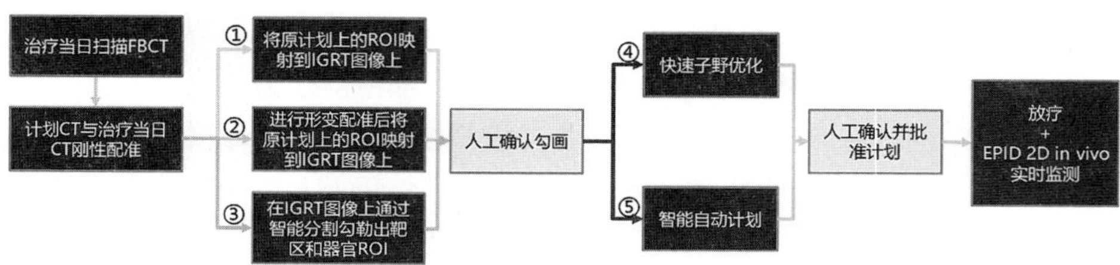

图 5－43　在线自适应流程

况下，可以在几分钟到几十分钟内完成计划的调整并实施治疗，极大地克服了离线自适应放疗技术的长时间跨度。

要实现在线自适应技术，基础条件是能够在线进行 CT 模拟定位影像的采集，除了清晰的肿瘤边界勾画以外，还需要精确的电子密度信息进行在线剂量计算。诊断级一体化 CT 引导直线加速器技术可以克服这些技术难题，其在线自适应流程如图 5－44 所示。为了缩短在线自适应流程的时间，减少在计划修改阶段患者状态发生再次改变而影响后续治疗，需要尽可能将整个流程时间控制在 15 min 以内。为了实现这个目标，针对一体化 CT 引导直线加速器放疗产品，一般会内置基于深度学习的全身器官及靶区智能勾画功能（见图 5－45），从而极大地缩短医生勾画和修改靶区的时间。当前通用型智能勾画平台可实现亚秒级智能靶区分割，能够进行覆盖全身主要危及器官的模型勾画，还可对肺癌、直肠癌、宫颈癌、乳腺癌等全身病灶实现秒级智能勾画。相较于数小时的人工靶区勾画，智能勾画效率大幅提升，大大减少了操作时间，可让医生将更多的精力投入更需要人为操作的工作当中。同时，智能勾画精准度 DSC 指数均高于 0.9，医生仅需做一些细微修改即可用于临床。此外，针对不同的临床勾画指南以及不同医院的勾画习惯的差异性，可以基于智能勾画自主训练平台实现对器官、靶区的定制化训练，实现不同病种的个体化智能勾画，提高临床勾画的准确性。智能勾画系统的开发除了助力一站式放疗以及自适应放疗流程的临床应用外，也提升了医生日常勾画工作的效率和精度，

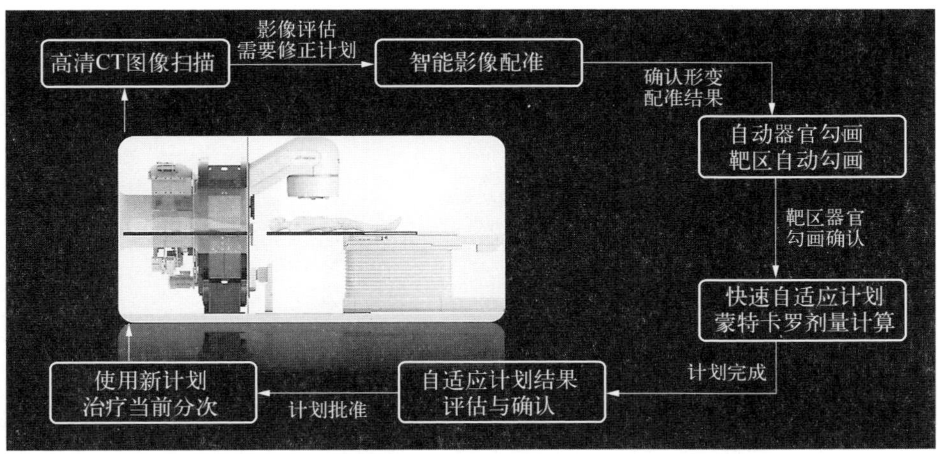

图 5－44 诊断级一体化 CT 引导直线加速器在线自适应流程（图中的设备以联影 uRT－LINAC 506c 为例）

基于专家数据训练产生的模型可以将专家经验赋能临床，提高靶区和器官勾画的准确性、一致性，使得效率和精度并存。

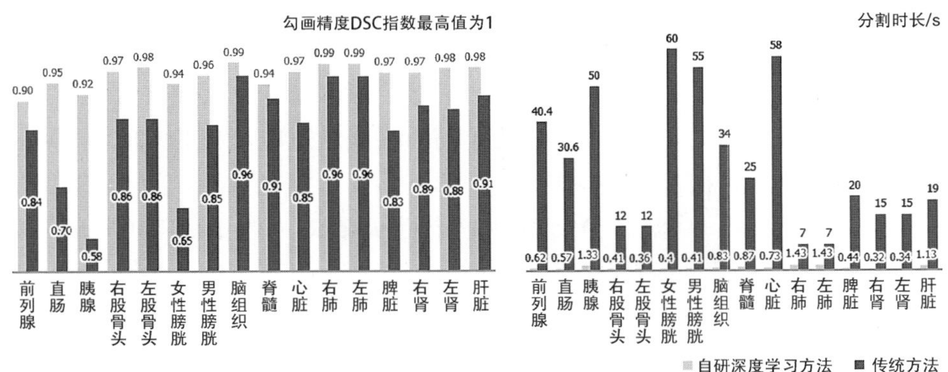

图 5-45　智能勾画

基于放射治疗的智能计划系统实现了自动计划功能，省却了物理师输入约束条件、手动生成辅助结构、手动反复调节等步骤，可将数小时的计划制订时长压缩至数分钟，大幅提高了制订计划的效率。智能计划不仅能在靶区处方剂量、剂量线适形度等方面满足临床要求，而且危及器官总体受量更低，可更大限度保护危及器官。

为了解决在线自适应的患者计划的质量保证问题，基于EPID的在线计划质控系统（见图5-46）可以实现在患者剂量投照过程中，实现二维实时在线计划质量保证，同时也提供了离线的三维在体剂量重建功能，该功能仅基于EPID采集的图像信息，在分次治疗完成后重建患者靶区与组织器官的真实受

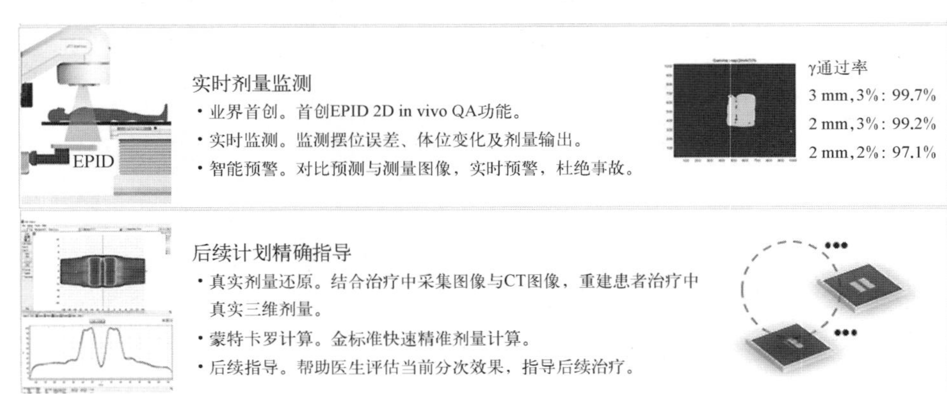

图 5-46　基于 EPID 的在线计划质控系统

照射剂量，为后续分次治疗提供指导。

5）基于CT引导直线加速器的运动管理

在胸腹部肿瘤的放射治疗中，呼吸运动对放疗精准度的影响贯穿放疗全流程。为了减少呼吸运动对放疗计划设计及治疗的影响，实现精确放疗，可以进行四维CT扫描（见图5-47）。通过呼吸监测设备对呼吸运动进行检测，记录并扫描患者图像，从而获得不同呼吸时相的CT图像，在放疗的运动管理中起到了非常重要的作用。在模拟定位阶段扫描四维CT，然后根据不同相位的投影图像进行勾画和计划制订是胸腹部治疗中的常用流程。

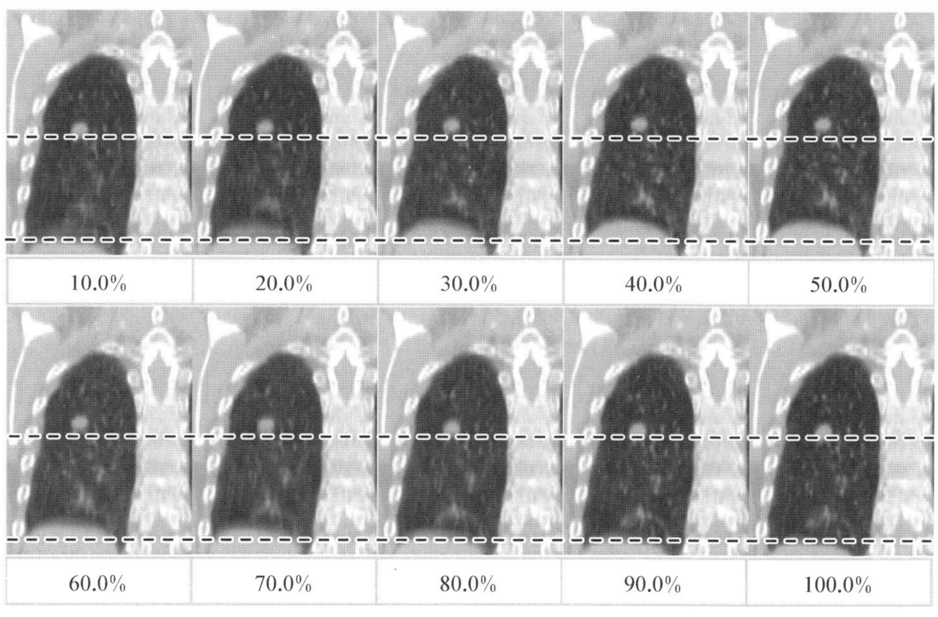

图5-47 四维CT中不同相位的投影图像

一体化CT引导直线加速器结合呼吸监测设备可以完成四维CT的扫描，可以根据临床需要选择6～12个相位分箱重建，同时支持最大密度投影（MIP）、四维最小密度投影（MinIP）、四维平均密度投影（MeanIP）方式重建。于是，在CT引导直线加速器上不仅可以完成四维CT的模拟定位，还可以在摆位阶段根据在线扫描的四维CT图像进行摆位校正。相比于四维锥形束CT，四维CT的优势除了扫描速度快、分箱更准确、运动伪影更少以外，还可以更加清楚地看到肿瘤在不同呼吸时相的边界，从而精确判断肿瘤的范围。比如可以利用四维CT确定肿瘤在整个呼吸周期内的运动范围是否能够落到计划的靶区内。除了摆位误差校正以外，还可以基于四维CT完成运动靶区的在线自适应放疗研究，针对运动靶区提供更加精准的个体化治疗方式。

除了四维CT以外，CT引导直线加速器也可以完成慢速扫描，以及每层的扫描时间与一个呼吸周期的时间相当的扫描。某些研究表明，慢速CT扫描技术可以更合理地确定肺部肿瘤的靶区，而且慢速扫描的重复性也优于常规CT。相比于锥形束CT，慢速扫描虽然也一定程度上受到了呼吸运动的影响，但是其运动伪影相比于锥形束CT而言会小很多，对肿瘤运动的范围判断更准确。

5.3.4 CT引导直线加速器的关键技术

CT引导直线加速器的关键技术主要包括以下方面。

1）一体化硬件技术

在硬件技术方面，CT引导直线加速器的一体化实现需要共用或者共享的设备与技术包括机架设计、治疗床技术、控制系统技术、冷却系统、联锁系统、配电系统和外壳等。

为了实现CT和加速器（RT）系统的深度集成，一体化CT引导直线加速器对CT的机架系统进行了特殊的设计开发。整个CT系统集成在RT机架上，并且作为RT机架的配重，大幅缩减治疗面到CT扫描位置的距离，提供了治疗位到影像位快速转移的可能，从而减小治疗床机械运动的距离，降低治疗床设计的复杂度。从独立单体分开设计改为一体化设计，等中心位置的确定可以依靠机械加工保证较高精度。

另外，CT和RT机架同轴设计，提升了系统的紧凑度，从而有效降低对场地的需求。按照常规的设计，一种简单的方式是将CT设备与RT设备独立集成，但由于加速器C形结构中治疗头会伸出滚筒机架，为了实现运动的平衡，需要在RT机架的另一侧配置合适的配重，实现机架平稳运行，如图5-48所示。配重的存在，势必造成物理空间的限制，导致CT设备必须避开配重块的空间干涉才可以正常安装，从结构上来说，会导致RT设备与CT设备的中心距离大大增加，需要更大的治疗床运动范围来保证治疗与成像模式的相互切换，而治疗床行程的增加会导致治疗床的整体结构增大，整个行程范围内治疗床运动精度无法保证，会导致非常严重的治疗床下沉。另外，治疗床行程变长必然会导致整个放疗加速器体积增大，无法适应当前放疗机房的大小；RT与

CT 系统结构的增加也使得线缆需要跨过一段很长的距离才能到达绕线结构，这使得整个系统布局变得臃肿，整体结构显得尤为笨重、庞大。一体化 CT 引导直线加速器首次创新性地将原有的 CT 机器的定子移除，并将 RT 的机架作为 CT 的定子，转子可以相对于 RT 机架进行高速旋转，实现空间结构上 RT 与 CT 的一体化设计。这种创新想法得益于同时掌握对 CT 影像系统和放射治疗两种大型医疗设备从核心部件到整机研发，以及样机生产的所有核心技术，可以从整体系统架构设计方向对两个系统从硬件到软件进行统筹全局的最优化设计，最终开发出世界首创的一体化 CT 引导直线加速器。

针对这款产品的机械结构设计，有以下几个创新点：① 通过固定钣金的设计，将 CT 的转子集成固定到 RT 的转子上，并且通过硬件的结构设计，保证 RT 与 CT 设备的旋转同轴设计，确保调强放射治疗的准确性。② 为了进一步降低 RT 治疗中心与 CT 扫描中心的距离，将 CT 的转子进行了反装，即相对于单独的诊断级 CT，滑环平面从距离定子较远的面经过 180°旋转，变为距离定子较近的面，这使得球管的扫描面距离 RT 治疗面更近。③ 常规 CT 的定子是固定不动的，所以 CT 图像重建的物理空间坐标系是固定不变的，但基于一体化 CT 引导直线加速器，CT 的定子与 RT 的旋转滚筒采取硬连接（见图 5－48），这使得 CT 图像重建的坐标系依赖于 RT 旋转机架的到位准确性，针对这个问题，采取了专门实现机架到位精度的闭环控制，提高机架的到位精度，从而提高了图像重建的空间准确性。

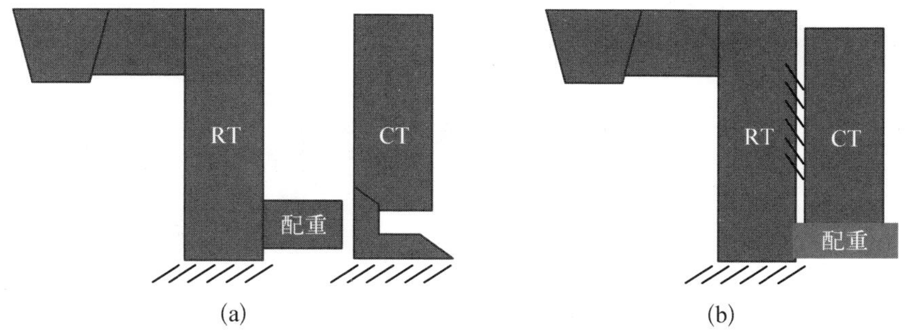

图 5－48　CT 引导直线加速器一体化机架设计

(a) 常规设计；(b) 创新共享机架设计

但是，CT 与 RT 一体化设计会带来另外一个问题，即 CT 的整机质量会带来 RT 机架的形变，降低机架的等中心精度，影响射束投照的准确性。而精准放疗的发展对等中心精度提出了更高的要求，为了解决这个问题，在设计中需要考虑通过整体铸造的方式对机架进行设计、加工，提高机架的刚度，降低由于 CT 与 RT 机架的集成而带来的机架形变。只有创新硬件结构才能将一站式放疗、在线自适应放疗等精准放疗模式在临床上真正实现推广和应用，推进精准放疗向更深、更普遍的方向发展。

CT 引导直线加速器系统采用了共用治疗床的设计(见图 5－49)，患者躺在治疗床上，无须重新摆位即可完成整个成像及治疗工作流，有效地保证了治疗精度。为了减小治疗床从治疗位置到 CT 扫描位置的形变，治疗床的纵向运动包括治疗床基座整体运动以及床板运动两个部分。治疗床在从 RT 位切换到 CT 位的过程中，由治疗床的基座先运动部分的距离，然后再将治疗床床面运动到 CT 的扫描面。床板相对于基座的运动距离和常规 CT 模拟定位机运动的范围类似这种机械结构设计的创新，可以减小由于治疗床长距离运动带来的床板下沉、倾斜等问题，提高了治疗床整体的刚度。设计出的一体化平床板结构完全满足美国医学物理学家学会 AAPM TG－66(CT 模拟定位机质量控制专业报告)的国际性要求：在 75 kg 负载情况下，CT 图像平面和激光定位平面空间摆位误差小于 2 mm。此外，成像与治疗公用治疗床的设计使得模拟定位流程和放疗流程的治疗床是同一个治疗床，而传统的模拟定位设备的治疗床是由影像设备厂商提供的，治疗设备又是由另一个厂家提供的，比如 Varian 公司和 Elekta 公司。不同的厂商在治疗床结构上存在的差异最终会导致模拟定位和治疗时体位的差异，进而影响了治疗的精度，而在一体化 CT 引导直线加速器上实现模拟定位和放疗一站式工作流，可以消除这种差异，提升治疗的精确性。

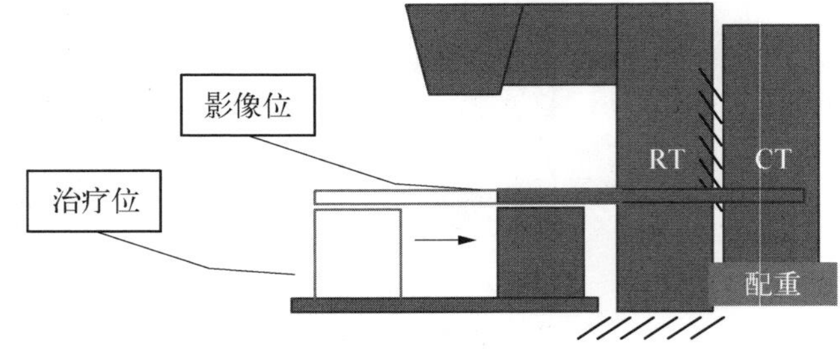

图 5－49　创新共用治疗床技术

除了上述治疗床系统之外，整个 CT 引导直线加速器在治疗床的运动控制、出束(包括 RT 治疗束及 CT 成像束)、激光灯控制以及安全方面(如急停)

也都进行了一体化的设计。

当治疗床处于治疗位时，用户可以通过控制面板实现治疗床的所有运动控制；而当治疗床到达 CT 位后，仅能控制治疗床垂向和纵向的运动，这与常规 CT 的控制方式保持了一致，减小了其他运动对图像质量的影响。

治疗控制盒上集成了对讲系统、束流信息显示、运动控制、RT 放线、CT 放线及急停按钮。用户在操作间执行 RT 治疗流程以及 CT 成像流程相关操作都通过控制盒（TCB）配合对应的 RT 和 CT 操作台来实现，这有效提升了系统的可用性，简化了系统切换的流程。

为了确保系统安全，RT 和 CT 系统的急停信号串联到了同一个安全环路里。这样在 RT 治疗和 CT 成像工作流中，当发生意外时只要用户按下急停按钮，系统的运动及束流都会停止，保证了设备和患者的安全。

CT 引导直线加速器的 RT 和 CT 部分共用一套配电系统，在节省空间的基础上能够有效地保证两个系统之间的电源输出状态监控及处理。另外，共用配电系统设计可以使得整个系统在供电模式定义及开关机工作流上实现协同优化。

CT 引导直线加速器的 RT 和 CT 部分进行了相同外壳设计，这样无论在外观的整体性还是在一些人机交互方面都能给用户带来更好的使用感受。

2）一体化软件技术

CT 引导直线加速器的一体化实现，在软件技术方面，包括共享数据库、共享底层控制协议、共享软件算法、坐标系转换等。

CT 引导直线加速器在数据传输及处理方面进行了整体化设计，在执行 CT 扫描相关工作流时，RT 控制软件自动将患者的相关信息（姓名、年龄及性别等）发送给 CT 系统并填入对应的界面供用户确认。同时，在软件后台自动生成对应扫查 ID 用于 CT 重建图像的标记。当扫描完毕后，CT 重建图像会自动归档到 RT 系统中，系统对 CT 序列的 ID 进行检查以确保数据的安全性。

前面提到，CT 引导直线加速器中的 RT 和 CT 系统在治疗床、控制盒（TCB）及激光灯等方面都进行了整体化设计，这在相关部件的控制上是通过共享底层控制协议实现的（见图 5－50）。对于治疗床控制，CT 和 RT 系统都是通过控制器局域网络（controller area network，CAN）通信实现的。RT 对应的控制硬件及治疗床系统等效为一个虚拟治疗床并作为 CT 控制器局域网络上的一个子节点，这有效地保证了系统在治疗床控制上的实时性及可靠性。

控制盒(TCB)、CT 和 RT 的底层控制软件之间建立了接口连接，用于相关控制信号的传输。

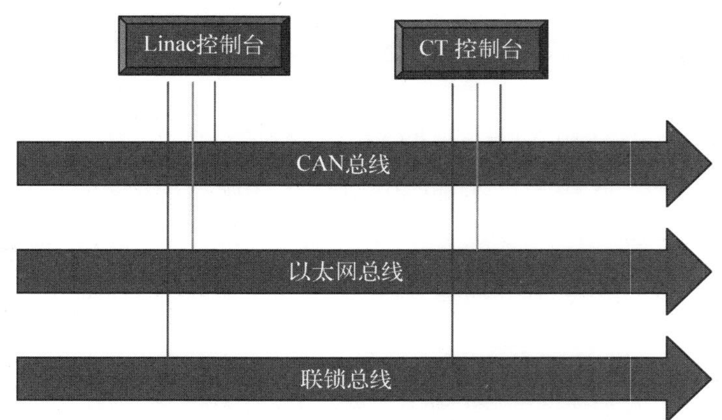

图 5-50　CT 引导直线加速器底层共享控制协议

在算法层面，由于 RT 和 CT 系统基于相同的底层软件框架，两个系统之间在高效通信的同时可以共享软件算法，这使得整个软件系统保持平台化、简洁化。如图像配准算法、含刚性配准、形变配准、图像重建、DICOM 存储等，最好的办法是同一个团队实现软件的代码，保证代码的兼容性和通用性。

坐标系方面，CT 系统坐标系和 RT 系统坐标系并不相同，还要结合治疗床坐标系、机架坐标系等多个坐标系的转换过程。这虽然是个简单的转换过程，但极其容易犯错，特别建议对所有体位以及所有可能出现的治疗情景进行充分验证。

5.3.5　CT 引导直线加速器的主要技术指标与性能

CT 引导直线加速器的主要技术指标与性能包括以下方面。

1）机械性能

(1) 等中心：等中心精度是加速器的重要指标，直接关系到治疗的精度。各项法规对于等中心精度都进行了严格的规定。在立体定向体部放疗(SBRT)和立体定向放射外科(SRS)等治疗技术方面，对于加速器的等中心精度的要求更高。一体化的 CT 引导直线加速器系统给等中心精度带来了两个挑战：① 由于集成 CT 带来的整机质量的增加，给机器质量配平设计和机械刚度都增加了很大的难度；② 为了满足 CT 影像引导的精度，对于 RT 和 CT

的同轴度要求很高，这给机械设计和安装过程都带来了难度。

(2) 治疗床位置精度保证：对于 CT 引导直线加速器系统，CT 和 RT 等中心的空间距离需要治疗床运动来补偿。治疗床系统在纵向分为基座和床板两级运动机构，以确保整体刚度，但是由于不同患者的体重、体位等区别较大，床的刚性不能无限大，因此 CT 成像位和 RT 治疗位仍然不可避免地存在垂向的形变误差。为了对治疗床垂向误差进行精确修正，需要进行治疗位与 CT 位的治疗床垂直位置的形变误差测量和修正，一般此误差大于 2 mm，必须校正至 0.5 mm 以下。可以采用激光测距的方法进行校正，分别在治疗位和影像位垂直方向进行激光测距，通过相对计算，计算出垂直方向由于重力带来的形变。或通过影像识别方法，在影像中分别识别两个等中心位置影像中床板的位置相对于等中心的变化，通过计算获得形变误差，最后进行修正。

2) 剂量性能

常规 CT 扫描的等效剂量(CTDIvol)为 10～50 mGy。常规剂量扫描的 CT 图像可以用于后续的剂量评估以及开展自适应放疗。而对于日常调强放射治疗的需求，某些只需要依赖骨性标记的部位可以使用低剂量协议扫描，从而大幅缩减患者所接受的额外剂量，减少毒性，同样扫描部位情况下，低剂量协议一般可以降低剂量为原来的十分之一量级。

3) 影像性能

相对于临床上最常见的调强放射治疗方式 kV 级锥形束 CT 而言，诊断级 CT 可以提供高分辨率、高对比度的图像，从而可以更清楚地根据更多更清晰的软组织信息用影像引导放疗，提高放疗的精准度。临床上 CT 图像是剂量计算的“金标准”，所以基于 CT 图像开展自适应放疗是 CT 引导直线加速器的优势所在。除了常规的对医学图像的要求以外，CT 图像的性能要求还需要包含 CT 值的准确性等指标，需要测试和确认的指标包含如下几种：① 图像噪声；② CT 值均匀性；③ CT 值准确性；④ CT 值的线性度；⑤ 高对比度空间分辨率；⑥ 低对比度空间分辨率；⑦ 伪影。

从图 5-51 的对比中可以看出，CT 系统的影像空间分辨率和对比度与锥形束 CT 相比具有绝对优势。

从图 5-52 可以看出，利用低剂量协议扫描的图像，经过算法处理，图像质量可以与正常剂量扫描图像等同，满足常规调强放射治疗流程的临床要求。

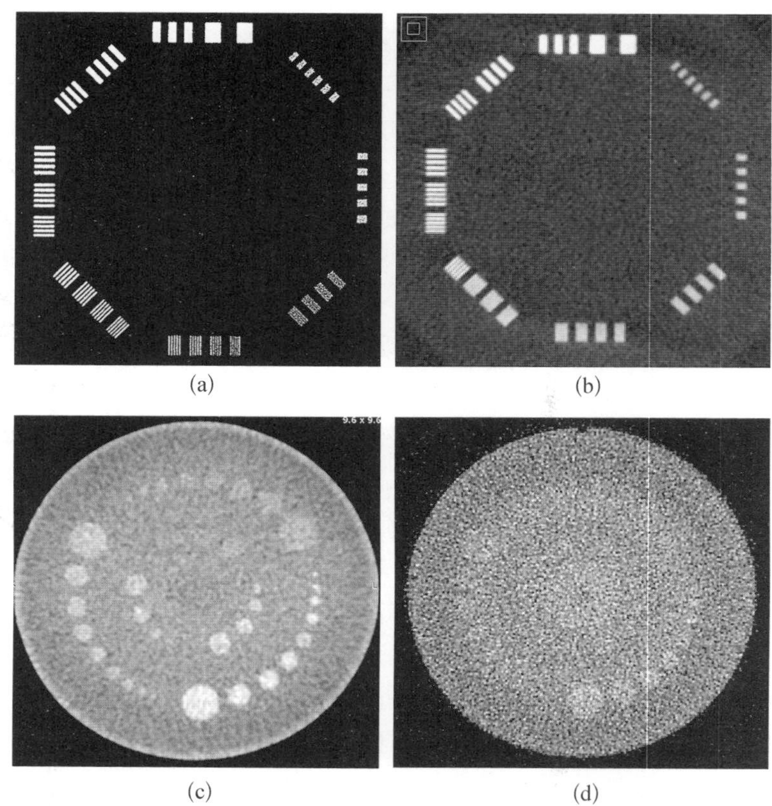

(a) (b)

(c) (d)

图 5-51　CT 空间分辨率、对比度与 kV 级锥形束 CT 对比

(a) 典型诊断级 CT 图像的空间分辨率；(b) 典型 kV 级锥形束 CT 图像的空间分辨率；(c) 典型诊断级 CT 图像的低对比度分辨率；(d) 典型 kV 级锥形束 CT 图像的低对比度分辨率

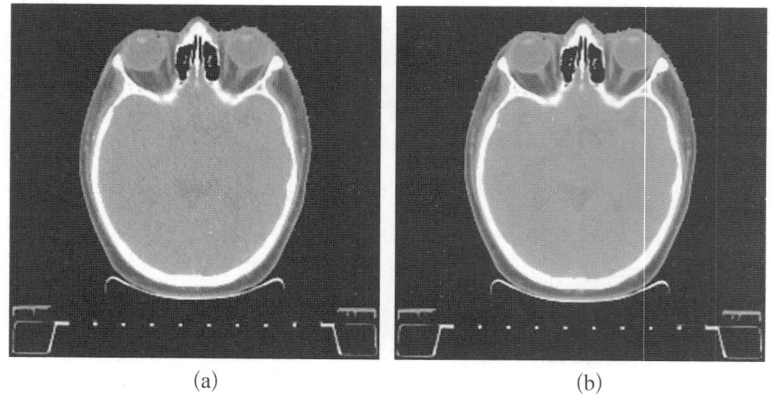

(a) (b)

图 5-52　低剂量、正常剂量扫描图像对比

(a) 经算法处理后的低剂量扫描图像；(b) 正常剂量扫描图像

4）影像引导性能

影像引导的性能方面主要表现在引导精度以及引导效率方面。影像引导精度一般在临床上要求总误差小于 1 mm，其测试方法如下。

(1) 将模体摆放在治疗床上，并将模体上标记的摆位点(set-up point)与三组外激光灯对齐。

(2) 治疗床在三个方向(LNG、LAT、VRT)上移动 10 mm。

(3) 执行调强放射治疗，得到 CT 扫描的调强放射治疗图像。

(4) 进行图像配准后，得到各个方向的偏差。

(5) CT-调强放射治疗精度偏差为 $\sqrt{(x_1-10)^2+(y_1-10)^2+(z_1-10)^2}$，结果不大于 1 mm。

在引导效率方面，一般计算从影像引导开始到引导结束的总时间，包括影像采集、影像重建、影像配准、误差修正等几个部分，总时间一般要求小于 3 min。时间越短越好。

5）实时质控技术- EPID 质控技术

在进行在线自适应放疗、一站式放疗的技术实现过程中，需要同步实现在线的质控技术，这是传统加速器不具备的功能。而电子平板成像装置(EPID)除了可用于影像引导外，其高分辨率、高信噪比、良好的剂量响应线性等特性使其可以替代胶片对加速器的机械性能和治疗计划进行质控。

在剂量验证方面，EPID 也有较大的优势。传统的剂量/计划质控(QA)都是基于各种第三方的 QA 设备，例如一些二维或三维的剂量验证设备。这些 QA 设备通常价格不菲，而且操作也比较复杂，费时费力。现代的加速器一般都配备了具有高分辨率、高帧速率特性的 EPID。基于 EPID 的剂量验证，从应用场景上分为治疗前和治疗中的验证。治疗前的 EPID 剂量验证通常的做法是用 EPID 采集穿过空气的通量图，然后与放射治疗计划系统计算出来的通量图进行比较，计算通过率。这种做法无须摆放模体或第三方剂量测量设备，方便快捷，大大减少了医学物理师的工作量。而且 EPID 通常都拥有很好的空间分辨率和剂量线性，对于 QA 结果的准确性也有很大的提升。治疗中的 EPID 剂量验证又称为 EPID 在体剂量验证，该功能可以实现实时监测治疗过程中患者接受的剂量，及时发现治疗错误，降低治疗事故风险，无额外剂量、成本，要做的仅仅是在治疗过程中打开 EPID 平板，便可以检测和获得治疗过程中真实的剂量递送情况。同时，利用 EPID 采集的数据还可以重建患者体内实际接受的三维剂量分布，用于治疗情况分析，指导后续治疗。

5.3.6 CT 引导直线加速器的未来发展

当前实现的 CT 引导直线加速器是利用共用的治疗床，在不同的等中心实现了一体化，并在多个等中心位置实现误差传递。虽然误差得到了有效控制，但两等中心之间的运转需要时间，影像引导和治疗的效率不高。未来希望能够进一步减小治疗等中心与 CT 影像等中心之间的距离。另外，随着 CT 技术的不断发展，未来将会有越来越多的 CT 新技术引入 CT 引导直线加速器中，如大孔径 CT、能谱 CT、未来的光子计数 CT、宽体 CT 探测器、静态 CT 成像等。

目前 CT 引导直线加速器中使用的 CT 孔径一般为 70 cm，这个尺寸能够满足常规的患者需求，但是对于一些体型较大的患者或者一些带有体位固定支架的患者，可能存在不能进入 CT 孔径扫描的情况。与此同时，较大的 CT 孔径减小了患者与孔径壁碰撞的风险，一些患者进入 CT 时，由于身体与孔径壁距离很小，可能会产生不自觉的躲避动作使自身偏离摆位位置，这也对治疗的准确性带来潜在风险。因此，较大孔径的 CT 对于 CT 引导直线加速器未来的发展是至关重要的环节。

CT 引导直线加速器中另一个可能的提升方向是能谱 CT 的开发应用。能谱 CT 即对 X 射线的不同能量分量分别进行探测成像，包括双能 CT、多能 CT，以及已经正在预研中的光子计数 CT(photon counting CT)等，通俗地讲，可以比喻为将物理上灰白的图像变为彩色的图像，而非现在的伪彩色。这样的技术能够使图像质量更精准、更细腻。无论是放射治疗的模拟定位过程，还是影像引导过程，一个首要的条件是对于治疗靶区的精确定位，也就是在图像中能够准确地识别肿瘤和周围的危及器官。利用能谱 CT 能够提高目标区域的对比度，结合造影剂的使用更能够实现肿瘤的精确识别和定性分析，通过计算等效原子序数和电子密度，还能够对肿瘤进行分期和治疗效果的评估等。目前能谱 CT 研究较多集中在双能量成像领域，各大厂商也相继推出了自家的双能 CT，成像方式也多种多样，包括双源 CT、瞬时 kVp 切换、双层平板以及双束等。但目前这些双能量成像方式仍存在各自的缺陷，如能谱分离度较差，不能做到同时、同源、同向等。

另一种较新的能谱成像方式——光子计数式能谱 CT 自推出以来受到了极大的关注，被认为是能谱成像的理想方式。光子计数式能谱 CT 利用硅、碲化镉、碲锌镉等半导体作为探测器中的 X 射线光子探测材料，能够对入射的每个光子进行能量识别并计数，实现多能量成像，在极大提高能谱分离度的同时，保证了每个能量范围内的图像采集同时、同源、同向，为能谱成像提供了极佳的条件。当然，目前光子计数探测器仍然存在一些技术难点，如计数率较低等，需要攻克，但是相信在不久的将来，基于光子计数探测器的光子计数式能谱 CT 一定能够在 CT 引导直线加速器中发挥重要作用。

近几年，静态 CT 也逐渐从概念落地成产品。静态 CT 在机架上布置一圈完整的射线源和对应的探测器，通过时序控制不同的射线源交替放线完成 CT 扫描，机架不再需要旋转，从而做到静态 CT 成像。将静态 CT 与加速器集成，可以有效避免因为 CT 扫描时需要快速旋转机架给集成带来的困难。更进一步，将静态 CT 成像与治疗共面集成，可以做到治疗过程中的实时诊断级 CT 成像，为治疗过程中的靶区监测、呼吸门控以及靶区追踪治疗提供了可能。

5.4　PET-电子直线加速器

传统的图像引导技术一般局限于基于在分次治疗前采集的图像的信息调整患者位置或者治疗计划，并不能真正地对治疗过程中肿瘤实时的变化做出调整。尽管有一些影像模态，比如立体定向 X 射线、超声和同机的磁共振成像可以提供更多肿瘤运动的实时信息，但由于工作流的复杂程度，这些信息并没有在临床上很好地利用起来。而 PET 影像从分子代谢的角度对肿瘤内在的生物过程进行可视化，而不仅限于解剖结构。PET 影像对肿瘤的敏感性是常规成像模态的上千甚至上万倍，因此在肿瘤解剖结构发生改变之前，可通过对肿瘤的 PET 成像，来研究肿瘤治疗过程中的功能和分子层面的变化。尽管利用生物信息为放射治疗提供更多信息一直是人们感兴趣的领域，PET 影像在整个肿瘤的治疗过程中也起到了越来越重要的作用，但它尚未被认为是放射治疗的一种可以用于在线引导的工具。

5.4.1　生物引导放射治疗概念

尽管越来越多的临床证据表明，联合治疗可提高多发肿瘤患者的生存率，但临床医生无法有效地在常规放射治疗的一个疗程内并行地从颅外治疗多发肿瘤。对于多发肿瘤，常规放疗的治疗方式会导致正常组织受到照射剂量偏高，通过放疗的方式无法对肿瘤进行有效打击。由于这样的限制，在美国每年 32 万被诊断为多发肿瘤的患者中，大约 90% 都无法接受放疗[42]，而

PET生物引导放射治疗尝试通过不同的治疗方式来改变这一现象，在放射治疗过程中根据肿瘤发射出的生物信号反向追踪回去，快速确定肿瘤的位置，并给予该位置信息，将X射线准确地投照到肿瘤进行治疗，以此来实现多发肿瘤的治疗。

生物引导放射治疗(biology-guided radiotherapy, BgRT)是一种放射治疗方法，它依赖于注入的放射性示踪剂产生的辐射，在每次分割期间引导放射治疗束。因此，生物引导放射治疗允许实时地跟踪传递到肿瘤的剂量，即使是那些受运动影响的肿瘤。虽然生物引导放射治疗将先进的成像技术和放射治疗技术结合起来，但它并不限于用可视化的完整影像指导放射治疗的传统模式。更准确地说，生物引导放射治疗是依赖注入患者体内的放射性示踪剂所产生的射线来引导放射治疗束。因此，生物引导放射治疗可以有效地实现对肿瘤实时跟踪式的剂量投照，即使受运动影响的肿瘤也是如此。这种从生物活动到直线加速器的反馈回路是经典图像引导放射治疗的一种进化，将肿瘤转化为其自身的生物基准标记，简化了向全身多个疾病部位同时进行放射治疗的流程。尤其是针对已经扩散的晚期患者，通过生物引导放射治疗的方式，可以定位到一些扩散的病变并实施治疗[43]。另外，肿瘤组织内癌细胞有一定的异质性，肿瘤细胞对射线的敏感度也不同。有研究表明，乏氧细胞对射线更加耐受，需要更大的剂量才可以将其“杀死”，因此生物引导放射治疗方式提供了一种可以根据检测到的肿瘤内部的异质性进行不同治疗剂量的选择，从而将肿瘤有效“杀死”的方法。

5.4.2 PET-电子直线加速器的技术难点

将PET与电子直线加速器集成到一个系统上，会遇到很大的挑战。现代的PET本身需要与CT或者MRI进行集成后使用，因此有了一体化PET/CT、PET/MRI设备，一方面由于PET图像的特点，需要CT或者MRI提供解剖信息进行辅助诊断，另一方面也需要CT和MRI图像进行PET图像的衰减校正，并且要将PET与电子直线加速器集成，实际上是需要将PET、CT或MRI、电子直线加速器三个系统进行集成。而由于MRI本身的复杂程度，要将PET-MRI和电子直线加速器进行集成几乎难以实现，所以一般所说的PET-电子直线加速器实际上是PET/CT-电子直线加速器。

PET/CT-电子直线加速器的主要技术挑战来自以下几个方面。

（1）机架转速：CT 通常对于机架转速要求比较高，市面上 CT 的最快转速一般都达到 120 r/min 甚至更高。而由于加速管、磁控管等高功率部件的性能要求和多叶准直器等部件的高精度要求，加速器的机架一般无法承受这么高的转速。因此，系统设计时需要对 CT 系统和加速器系统是否同时旋转、多叶准直器等限束系统的设计、系统的最大转速、轴承和滑环的设计等方面因素进行综合考量。

（2）PET 探测器、CT 系统、加速器系统的相对位置排列：对于三个系统是否共面、是否一同旋转，需要根据具体治疗和成像的工作流的需求和子部件的尺寸、性能等进行综合考虑。

（3）PET 探测器和 CT 探测器受到加速器辐射的影响：如果 PET 系统、CT 系统与加速器系统同时工作，则需要考虑加速器本身的辐射对于 PET/CT 探测器信号的影响，否则 CT 和 PET 成像质量将受到影响。

（4）冷却系统：三个系统，尤其是 CT 和电子直线加速器系统都是高发热的系统，而且其子部件正常工作所需要的温度条件也都比较苛刻，所以冷却系统的设计也相当复杂。

5.4.3　典型生物引导放射治疗设备介绍

RefleXionTM X1 是 RefleXion Medical 公司为了最终实现生物引导放射治疗而推出的世界上首台将 PET/CT 集成到直线加速器上的系统[44]。RefleXionTM X1 系统包含了一台 6 MV 的直线加速器、一套高速的二元多叶准直器、用于检测生物信号的双 90° PET 弧和一台 16 层 kV CT 系统。RefleXionTM X1 系统基于 CT 图像引导的调强放射治疗、立体定向体部放疗、立体定向放射外科放疗技术，已经于 2020 年 3 月获得了 FDA 认证。其生物引导放射治疗功能是计划在该机型上推出的扩展功能，需要更多时间进行临床前的验证。在联合治疗方面，RefleXion Medical 公司也正在和默克公司开展临床合作，以评估 KEYRUDA（一种抗 PD－1）联合生物引导放射治疗多种晚期癌症（包括非小细胞肺癌）的安全性和疗效。

图 5－53 是 RefleXionTM X1 系统的主要子系统部件分布图。该系统是一个快速旋转的滑环机架系统，其孔径为 85 cm，最大转速为 60 r/min，由 kV 级 CT 成像系统和 PET 引导的治疗系统组成。kV 级 CT 成像平面与 PET 引导治疗中心平面平行但不共面，kV 级 CT 平面位于治疗平面的前方 38.6 cm 处。以下针对各个子系统对各项参数进行详细阐述。

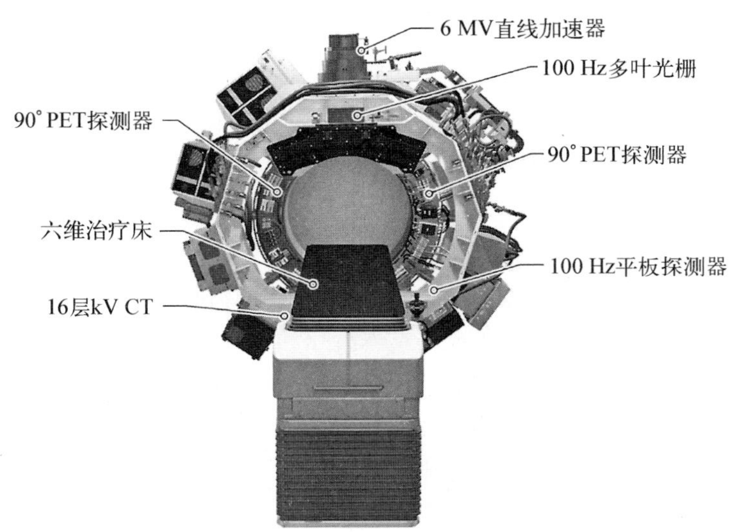

图 5-53　RefleXionTM X1 系统的主要子系统部件分布图

1）直线加速器系统

该直线加速器由一款重力优化磁控管提供能量源，结合钨合金靶、固定初级准直器和一套可调整的二元多叶准直器(多叶准直器)，可产生 850 cGy/min 标称剂量率、非均整的 6 MV 光子束流。类似于螺旋断层放射治疗系统(TomoTherapy)，其中可以快速运动的二元多叶准直器由 64 个厚度为 11 cm、气动弹簧机构驱动的高速运动叶片组成。为了实现在 PET 影像获取与束流投照之间有最小的延迟，在设计上开发了一种新型气动弹簧叶片传动机构，该设计使得每个叶片都可以在 7 ms 左右的时间内切换开关状态，实现束流的快速调制。结构上，多叶准直器与上、下钨门是一种三明治的设计结构，二元多叶准直器被上、下层钨门夹在其中。上层钨门的厚度为 5.5 cm，下层钨门的厚度为 6 cm。系统可以控制钨门形成 1 cm 或者 2 cm 的窄缝，从而优化射野的半影。

2）PET 探测系统

弧形 PET 探测器被集成在生物引导放射治疗系统上，通过该探测器对患者体内发出的光子进行探测，确定肿瘤的位置，然后再将治疗射束投照到对应的监控区域。该弧形 PET 探测器由 64 个闪烁多像素计数器(multi pixel photon counter，MPPC)模块组成，同时为了减少由于治疗射束穿过患者产生的散射线造成闪烁晶体中的余晖效应，在 PET 探测器的周边安装了 2 cm 厚的铅侧面屏蔽。PET 探测系统在生物引导放射治疗系统中主要在三个不同的时间点上使用：① 获取 PET 影像，辅助用户完成计划设计和制订。② 在准备治疗之前，获取 PET 影像并与计划设定时的参考 PET 图像进行对比，确定示踪剂的活度是否足够一致，是否可以开展治疗。③ 在生物引导放射治疗过程中实时引导治疗束流投照到肿瘤区域，实现跟踪照射及治疗。

另外，治疗过程中产生的散射线会到达 PET 探测器，这会导致 PET 系统在 300 μs 的符合时间窗口内产生虚假的符合事件，从而影响重建的图像质量。为了降低该问题发生的概率，通过设置时间窗的方式实现基于治疗束流投照时间而触发 PET 图像的获取，实现同步分时工作的方式。具体的实施就是在治疗束照射后设置 300 μs 的时间窗，在 300 μs 后再进行 PET 图像的获取，具体流程如图 5－54 所示。

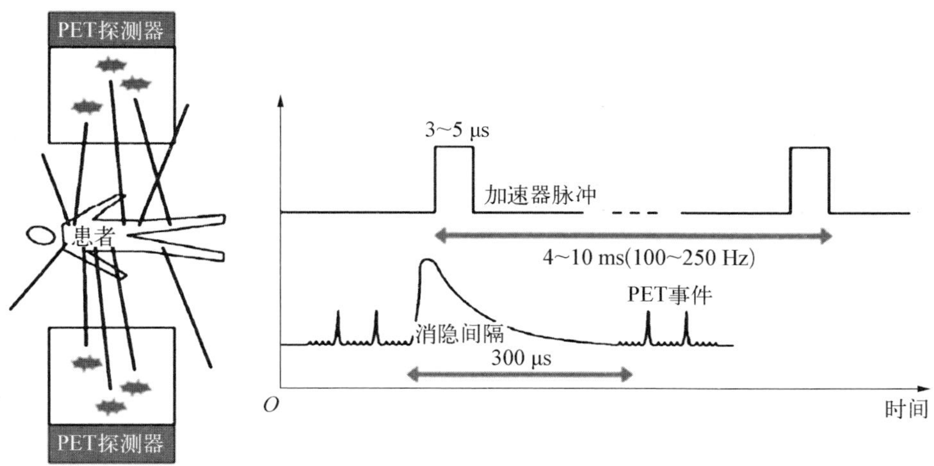

图 5－54　直线加速器在 5 μs 的时间间隔内产生高能光子

3) kV 级 CT 系统

安装在 RefleXionTM X1 系统入口处的是一个 16 层 kV 级扇形束 CT (fan beam CT, FBCT)系统，被用于采集模拟定位图像以及治疗前的位置验证图像，修正摆位带来的误差，从而调整患者的位置。该 CT 系统的源到探测器距离为 113.3 cm，源到等中心距离为 64.3 cm，探测器纵向、轴向覆盖范围为 2 cm，最大可以支持 50 cm 的横向视野，满足日常模拟定位及图像引导的要求。同时，扫描模式可分为快速和慢速螺旋扫描，治疗床的运动速度从 4.5 mm/s 到 28 mm/s 可调，最大可支持 140 kV 的扫描电压和 300 mA 的扫描电流。

4) MV 级 X 射线探测器

为了实现对加速器的核心部件进行质控，例如多叶准直器的到位精度、加速管输出剂量的稳定性，RefleXionTM X1 系统集成了一个定制的 MV 射线的平板探测器，用于测量加速器出射束流的能量以及束流的重复性、稳定性。该 MV 级平板由硫氧化钆(gadolinium oxysulfide, GOS)闪烁屏和薄膜晶体管(thin film transistor, TFT)光电二极管阵列组成，有效成像面积为 78.8 cm×11.8 cm。在 RefleXionTM X1 系统治疗源到探测器的距离为 136.7 cm 的条件下，该探测器可覆盖 RefleXionTM X1 系统的最大射野，实现精确的束流质控，对多叶准直器的每一个叶片实现精确的位置验证。

5) 治疗床

RefleXionTM X1 系统包含一个可以实现 6 个自由度修正功能的自动治疗床，其中 5 个自由度(x 轴、y 轴、z 轴、绕 x 轴旋转和绕 y 轴旋转)的修正通过治疗床本身的物理运动实现。由于 RefleXionTM X1 系统的机架是基于滑环的环形设计方案，因此绕 z 轴旋转的校正则通过机架旋转一定的偏置角度来实现。治疗时，治疗床带着靶区通过治疗面的次数可以分为单次和多次。单次指治疗过程中靶区只经过治疗面一次，这种模式通常用于调强放射治疗；多次指治疗过程中靶区反复通过治疗面(一般为 4 次)，这种模式通常用于立体定向体部放疗和生物引导放射治疗。在每次运动的过程中，治疗床会在一系列分隔为 2.1 mm 的离散位置暂停，这些离散的位置称为射线投照位置。值得注意的是，RefleXionTM X1 系统所使用的离散的射线投照位置的治疗方式是区别于其他治疗床连续运动的系统的。这样 RefleXionTM X1 系统可以提供更好的 y 方向的束流调制以及更灵活的治疗计划，多次治疗床运动技术的使用也可以减少由于多叶准直器和肿瘤运动之间的相互作用带来的剂量伪影。

5.4.4 典型生物引导放射治疗计划制订

本节以 RefleXion 设备为例来描述一下典型的生物引导放射治疗计划的制作流程，如图 5-55 所示[43]。生物引导放射治疗工作流从传统的模拟 CT 开始，在患者的模拟 CT 上勾画出靶区和危及器官。与传统放疗不同的是，一个额外的区域——生物跟踪区(biology tracing zone, BTZ)会被勾画出来。BTZ 包含了靶区预期运动的全部范围，以及根据生物引导放射治疗相关的不确定度而预留的外扩边界。BTZ 并不是一个传统意义上需要均匀处方剂量覆盖的处方体积，而是作为一个边界区域，用于消除来自其他器官的PET信号的影响。生物引导放射治疗的模拟定位包含一个“生物引导放射治疗Imaging-only”阶段，作为计划阶段的输入信息。这个步骤将给患者注入与未来每个分次治疗时相当剂量的示踪剂。随后，患者在RefleXionTM X1上采集CT和PET影像用于跟踪RefleXionTM X1计划系统使用的剂量，由基于卷积(collapsed cone)/叠加(superposition)剂量的计算方法得出。

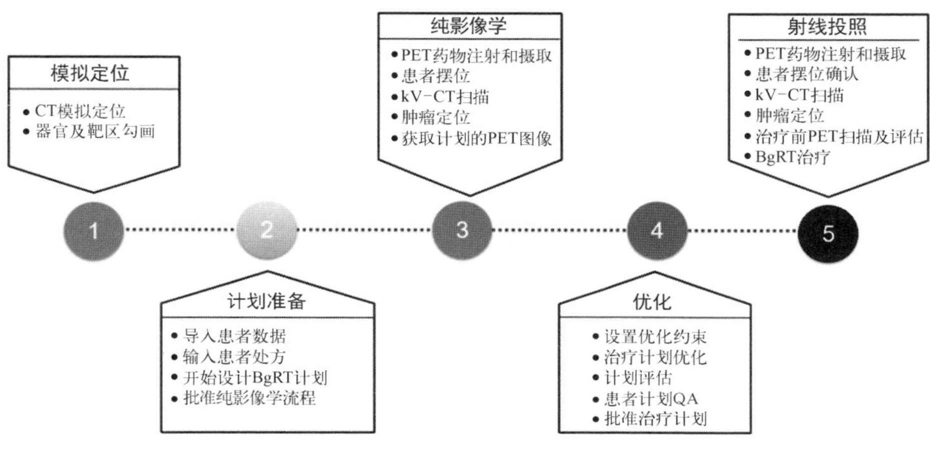

图5-55　生物引导放射治疗临床流程图

与制订传统计划不同的是，生物引导放射治疗需要对随机接收的带有部分注量的有限时间采样的PET(limited time sample PET, LTS PET)图像做出反应，也就是说，这些部分注量没有办法提前计算。因此，治疗计划过程通过计算传递函数[称为发射矩阵(firing matrix)]来间接优化注量，该传递函数将给定的PET图像最优地转换为期望注量。所以，生物引导放射治疗纯影像学阶段在近似计算LTS PET图像以及治疗期间的部分注量方面是有用的。

生物引导放射治疗纯影像学阶段不仅可应用于通过滤波反投影获得的完整PET图像来计算发射矩阵以产生完整的注量，还可以应用于LTS PET图像以产生部分注量。因为发射矩阵被计划制订者局限为采用线性、平移不变的算子，该算子可应用于LTS PET图像以导出部分注量。于是，正如一系列的LTS PET图像加起来就是完整的PET图像一样，部分注量加起来也就是完整的预期注量。图5-56是线性叠加原理的直观表示。

由于各种生物、生理等因素的影响，肿瘤的PET特征以及其组成的LTS PET图像可能会在两次放射性示踪剂给药期间发生变化。因此，生物引导放

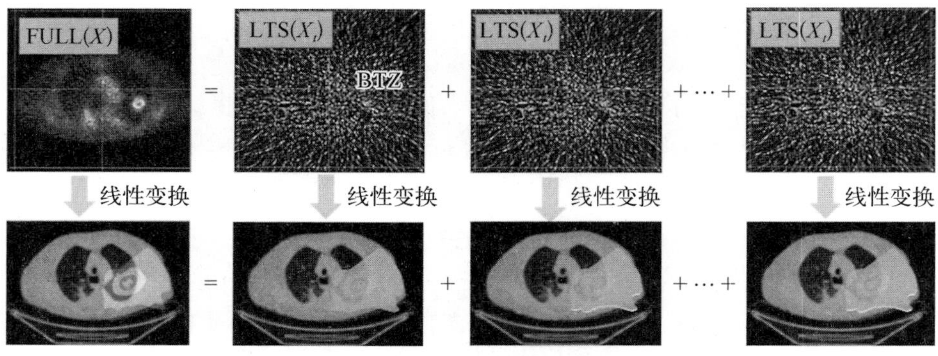

图 5－56　线性叠加原理(彩图见附录)

射治疗计划制订会生成一系列可能的剂量分布，分别反映了肿瘤位置和肿瘤对比度的可能变化。这一系列剂量分布可直观地表示为有界剂量体积直方图(boundary dose-volume histogram, bDVH)。具体来说，肿瘤在 BTZ 内的不同初始位置以及 25%对比度变化都将被建模。

5.4.5　典型生物引导放射治疗工作流

当准备开始生物引导放射治疗时，将患者摆位至适当的治疗位置，并用 kV 级 CT 成像进行摆位纠正。接下来，进行 PET 预扫描，以验证生物信号的准确度与计划时一致——包括根据肿瘤的当前 PET 特征，确认预期放射治疗的分布在已批准的治疗计划中计算的 bDVH 预先规定的变化范围内。

一旦 PET 预扫描检查完成，生物引导放射治疗就可以开始了。在治疗过程中，LTS PET 图像以 10 帧/秒的速度连续重建。这其中包括了每 100 ms 对每帧 LTS 进行滤波、归一化和遮罩，以便可以生成 BTZ 区域的增强对比度图像。然后将预先计算的发射矩阵应用于处理后的图像，以获得在 100 ms 窗口随后 10 个发射位置的每个位置的部分注量，通过对应的二元多叶准直器形成子野(见图 5－57)。因此，每 1 秒的旋转将进行 10 帧 LTS 的处理，并在 100 个发射位置传递部分注量。值得注意的是，直线加速器和 PET 探测器都是连续工作的，即使在直线加速器发射束流时，PET 子系统也会收集下一次 LTS 的发射数据。与其他系统相比，治疗床不连续运动，而是停留在一系列相距 2.1 mm 的射线投照位置(射束投照位置)。通过这种方式，直线加速器可以在每个射线投照位置旋转多圈，从而为该层面输出足够的剂量。

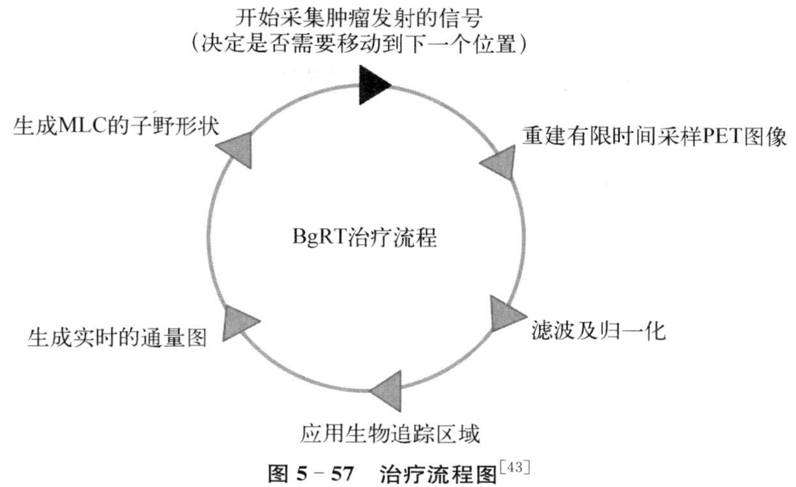

图 5-57　治疗流程图[43]

生物引导放射治疗能否广泛应用于临床治疗中，也取决于基于生物引导放射治疗计划的制订以及临床工作流的实现。在传统基于 CT 模拟技术进行剂量计算和优化的基础上，生物引导放射治疗计划加入 PET 数据作为输入加以优化。传统计划中，为考虑靶区运动等误差，会将临床靶区外扩很多作为治疗的计划靶区；而生物引导放射治疗计划由于有 PET 影像的信息，再结合四维- CT 扫描序列，可以在每个时相上基于 PET 信息进行勾画，大大减小了治疗需要外扩的体积。

在实际的临床治疗过程中，需要根据肿瘤对 PET 成像的敏感性来选择合适的患者进行生物引导放射治疗。首先进行一次 PET/CT 扫描，观察靶区对示踪剂是否有吸收。只有当靶区对示踪剂有明显的吸收时，才能进一步制订基于生物引导放射治疗的计划。在制订好计划正式治疗前，还需要对患者进行 PET 预扫描。基于此得出的剂量分布情况以及靶区位置需要与治疗计划吻合，否则需要放弃当次生物引导放射治疗，重新安排治疗计划或者执行传统的 CT 引导的放疗计划。

生物引导放射治疗是一种接近“实时”的治疗模式——边出束边采集 PET 图像。PET 探测器成对放置，机架旋转 180°便可完成图像重建。每次重建图像都是基于前一幅重建图像的大部分原始数据，舍去前一幅图像的最开始部分，使用最新采集到的数据进行更新，采用迭代算法，重建时间可小于 100 ms，也即追踪治疗的延迟可以做到小于 100 ms。

当前，RefleXionTM X1 的立体定向体部放疗、立体定向放射外科和调强放射治疗系统已获 FDA 批准。斯坦福癌症研究所成为 RefleXion 公司的第一个临床和商业客户，并于 2021 年完成了首例患者的治疗。首次治疗仅仅使用了 RefleXionTM X1 设备的常规治疗技术，生物引导放射治疗生物实时引导放疗功能当前还无法商用，未获得 FDA 的审批。RefleXion Medical 公司正在和斯坦福癌症研究所积极合作进行临床试验，从而获取临床数据来支持该技术的应用研究。

参考文献

[1] Faiz M K. 放疗物理学[M]. 刘宜敏，石俊田，译. 北京：人民卫生出版社，2011.

[2] 托马斯·博尔特费尔德，鲁珀特·施密特-乌尔里希，维尔弗里德·德·尼夫，等. 影像引导调强放射治疗[M]. 牛道立，杨波，杨振，等，译. 天津：天津科技翻译出版公司，2011.

[3] Jaffray D A, Bissonnette J P, Craig T. The modern technology of radiation oncology, volume 2[M]. Madison: Medical Physics Publishing, 2005: 259 - 284.

[4] John R A, Martin J M, Steven D C, et al. Image-guided robotic radiosurgery[J]. Neurosurgery, 1999, 44(6): 1299 - 1307.

[5] Shirato H, Shimizu S, Kunieda T, et al. Physical aspects of a real-time tumor-tracking system for gated radiotherapy [J]. International Journal of Radiation Oncology, Biology, Physics, 2000, 48(4): 1187 - 1195.

[6] 迈耶 J L. 肿瘤放疗最新进展[M]. 郑向鹏，许亚萍，邢力刚，译. 北京：人民军医出版社，2013.

[7] 肖青，钟仁明. 光学表面成像(OSI)在放疗中的应用与展望[J]. 中华放射肿瘤学杂志，2018，27(2)：214 - 217.

[8] 许文哲，王长建，马一鸣，等. 核磁共振图像引导的放疗技术进展[J]. 生物医学工程学杂志，2021，38(1)：161 - 168.

[9] 毛玲丽，刘红冬，阳露，等. MRI 引导放射治疗设备研究进展[J]. 中国医学影像技术，2019，35(4)：605 - 609.

[10] Paul J K, Gig S M, James M B, et al. The management of respiratory motion in radiation oncology report of AAPM Task Group 76 [J]. Medical Physics, 2006, 33(10): 3874 - 3900.

[11] 蔡敬，张玉蛟，殷芳芳. 肺癌影像引导放射治疗的理论与实践[M]. 沈阳：辽宁科学技术出版社，2021.

[12] Brown K J, Goldwein J, Vries L. Elekta Unity white paper [R]. Stockholm: Elekta, 2018.

[13] Carri K G, Eric S P, Kiaran M, et al. Task group 284 report: magnetic resonance imaging simulation in radiotherapy: considerations for clinical implementation, optimization, and quality assurance[J]. Medical Physics, 2021, 48(7): 636 - 670.

[14] 李懋，王冀洪. 磁共振引导放射治疗原理及临床应用[M]. 北京：协和医科大学出版

社,2021.

[15] Planquelle A. Elekta Unity Intérêt et points de vigilance[R]. Stockholm: Elekta, 2019.

[16] Salford G. Elekta thought leader in precision radiation medicine[R]. Stockholm: Elekta, 2019.

[17] Winkel D, Bol G H, Kroon P S, et al. Adaptive radiotherapy: the Elekta Unity MR-Linac concept[J]. Clinical and Translational Radiation Oncology, 2019, 18: 54-59.

[18] Charisma H, Jochem R, Jan J W L, et al. Problems and promises of introducing the magnetic resonance imaging linear accelerator into routine care: the case of prostate cancer[J]. Frontiers in Oncology, 2020, 10: 1741.

[19] Rudra S, Jiang N, Rosenberg S A, et al. High dose adaptive MRI guided radiation therapy improves overall survival of inoperable pancreatic cancer[J]. International Journal of Radiation Oncology Biology Physics, 2017, 99(2): E184.

[20] Corradini S, Alongi F, Andratschke N, et al. MR-guidance in clinical reality: current treatment challenges and future perspectives[J]. Radiation Oncology, 2019, 14(1): 92.

[21] Cao M S. Integration of MR in radiation therapy practical safety consideration[R]. San Antonio: UCLA, 2019.

[22] 冯思齐. ViewRay MRIdian 实时磁共振引导放疗系统[EB/OL]. [2021-11-04]. https://www.jianshu.com/p/12d6c987183a.

[23] 李明辉,田源,张可,等. 1.5 T 磁共振加速器 X 线束剂量学特性测试[J]. 中华放射肿瘤学杂志,2020, 29(11): 963-967.

[24] Kim S, Wong J W. Advanced and emerging technologies in radiation oncology physics[M]. Florida: CRC Press, 2018: 225-248.

[25] 张哲顺. 用于磁共振引导加速器系统的磁屏蔽和磁体设计[D]. 杭州: 中国计量大学,2018.

[26] Roberts D A, Sandin C, Vesanen P T, et al. Machine QA for the Elekta Unity system: a report from the Elekta MR-Linac consortium[J]. Medical Physics, 2021, 48(5): 67-85.

[27] Smit K, Asselen B V, Kok J, et al. Towards reference dosimetry for the MR-Linac: magnetic field correction of the ionization chamber reading[J]. Physics in Medicine & Biology, 2013, 58(17): 5945-5957.

[28] Mao L, Pei X, Chao T C, et al. Calculations of magnetic field correction factors for ionization chambers in a transverse magnetic field using Monte Carlo code TOPAS [J]. Radiation Physics and Chemistry, 2021(3): 109405.

[29] Liney G, Heide U. MRI for radiotherapy, planning, delivery, and response assessment[M]. Zurich: Springer, 2019: 46-49.

[30] 俎栋林. 核磁共振成像仪: 构造物理和物理设计[M]. 北京: 科学出版社,2015.

[31] Tijssen R, Philippens M, Paulson E S, et al. MRI commissioning of 1.5 T MR-Linac systems — a multi-institutional study[J]. Radiotherapy and Oncology, 2019,

132：114－120.

[32] Woodings S J，Vries J H W，Kok J M G，et al. Acceptance procedure for the linear accelerator component of the 1.5 T MRI－Linac[J]. Journal of Applied Clinical Medical Physics，2021，22(8)：45－59.

[33] Snyder J E，Joel A，Yaddanapudi S，et al. Commissioning of a 1.5 T Elekta Unity MR－Linac：a single institution experience[J]. Journal of Applied Clinical Medical Physics，2020，21(7)：160－172.

[34] ViewRay. Operator's manual for the ViewRay MRIdian Linac system version 5[R]. Cleveland：ViewRay，2018.

[35] 邵雨卉，付杰. MRI 引导放射治疗研究进展[J]. 中国医学计算机成像杂志，2016，22(5)：491－494.

[36] 陈帆. 剂量学前沿发展及应用[M]. 北京：科学技术文献出版社，2021.

[37] Kerkhof E M. The Clinical rationale for MRI－guided radiotherapy：the dawn of a new era[D]. Utrecht：Utrecht University，2010.

[38] Wong J Y C，Schultheiss T E，Radany E H. Advances in Radiation Oncology[M]. Cham：Springer，2017：41－67.

[39] Kueng K，Oborn B M，Roberts N F，et al. Towards MR－guided electron therapy：measurement and simulation of clinical electron beams in magnetic fields[J]. Physica Medica，2020，78：83－92.

[40] Kontaxis C，Woodhead P L，Bol G H，et al. Proof-of-concept delivery of intensity modulated arc therapy on the Elekta Unity 1.5 T MR－Linac[J]. Physics in Medicine & Biology，2021，66(4)：04LT01.

[41] 王慧亮，赵洪斌. 磁共振加速器最新进展：实时图像引导放射治疗时代到来[C]//第十届全国医用加速器会议，昆山，中国，2015.

[42] Silva A D，Mazlin S. Treatment planning and delivery overview of biology-guided radiotherapy[R]. Hayward：RefleXion Medical Inc，2019.

[43] Shirvani S M，Huntzinger C J，Melcher T，et al. Biology-guided radiotherapy：redefining the role of radiotherapy in metastatic cancer[J]. British Journal of Radiology，2020，94(1117)：20200873.

[44] Oderinde O M，Shirvani S M，Olcott P D，et al. The technical design and concept of a PET/CT linac for biology-guided radiotherapy[J]. Clinical and Translational Radiation Oncology，2021，29:106－112.

第6章
医用直线加速器质量保证与质量控制

随着放疗技术的发展，我国已经进入精准放疗时代。放疗的质量控制(quality control，QC)是指为保证放疗的整个流程中的各个环节符合质量保证(QA)要求所采取的一系列必要措施，是放疗QA体系的重要内容。国际标准化组织(International Organization for Standardization，ISO)9000标准已被许多国家用作此类体系的基础[1]。近年来，已有不少国家或国际组织、机构如世界卫生组织(World Health Organization，WHO)、国际原子能机构(International Atomic Energy Agency，IAEA)、国际电工委员会(International Electrotechnical Commission，IEC)、国际辐射单位和测试委员会(International Commission on Radiation Units and Measurements，ICRU)、国际放射防护委员会(International Commission on Radiological Protection，ICRP)、欧洲放射肿瘤学会(European Society for Radiotherapy and Oncology，ESTRO)、美国医学物理学家协会(American Association of Physicists in Medicine，AAPM)、英国医学物理与工程研究所(Institute of Physics and Engineering in Medicine，IPEM)等发表了一系列与放疗QA和QC相关的研究报告[2-11]，对放疗流程中的各个环节、需要达到的标准、放疗装置(包括医用直线加速器)及其辅助设备的性能，给出了详尽的建议指标，有力地推动了世界各国开展放疗QA和QC工作。设备的QA区别于针对个体患者放疗的QA，后者的目的是使特定患者的治疗过程达到预期的临床处方剂量[10]。医用直线加速器作为放疗的主要设备，其QA和QC是整个放疗QA体系的重要组成部分，其目的是通过系统运用QA的一般方法，使直线加速器设备的安全和各方面性能能够始终满足临床使用的要求，从而为所有个体患者放疗的QA提供基础条件。

6.1 质量体系的基本原理和管理

讨论质量体系的要求之前需要先列出一些定义。基于ISO和英国标准协会(British Standards Institution, BSI)采用的一般定义,QA定义为所有计划和系统化的必要行动可提供足够的信心以确保结构、系统或组件在应用中能够满足要求,或满足给定的质量要求。而QC则是一种监管过程,与现有标准进行比较,通过该过程测试实际质量的性能,并最终采取必要的措施保持或恢复与标准的一致性。因此,QC描述了用于满足质量要求的操作技术和活动。严格来讲,它是更为广泛的QA计划或体系的一部分。根据世界卫生组织报告,QA涉及放疗过程中所有步骤,包括确保医疗处方剂量的一致性,安全地实施对肿瘤靶区的照射,同时给予正常组织最小的剂量,实现临床工作人员受到最小的辐射,以及决定最终疗效时患者可得到充分的监测。

质量标准作为一套公认的标准,可以根据这些标准评估相关活动的质量。而质量审查是对QA和QC方案的独立审查,理想情况下是在被审查过程或部分过程之外,即采用独立程序和由不负责产品性能或审查过程的独立人员执行。

引入和发展这些与放疗相关的概念,其目的是在治疗中形成并保持一致而稳定的质量。总体目标是确保满足放疗质量的临床要求,在最大限度地提高肿瘤控制率方面取得最佳的治疗,同时将正常组织损伤控制在临床可接受的水平内。作为其中一部分,实施QA程序将最大限度地减少差错和事故的发生。然而,治疗质量的实现是一个比这更为基本的目标,它涉及在整个放疗过程中降低总体的不确定性。在实施肿瘤治疗过程中,放疗在“杀灭”肿瘤的同时会对周围正常组织造成潜在的损伤。放疗设备中错误的校准可能导致大量的患者受到不必要的辐射损伤。因此,对整个放疗过程(包括医用直线加速器)的质量保证而言,实施系统的方法显得至关重要。

QA的系统方法需要具备以下主要要素:① 明确界定责任;② 存档程序;③ 准确的记录保存;④ 系统故障的控制;⑤ 程序的内部和外部审查;⑥ 关注培训需求。

欧洲放射肿瘤学会出版了一本基于ISO 9001:1994质量体系要求的质量体系实施指南[12]。此后,该质量标准被ISO 9001:2015标准所取代[13],我国也发布了国家标准GB/T 19001—2016[14]。新的标准减少了对大量文件的要求,并引入了证明持续改进的额外要求,即考虑整个放疗(包括直线加速器)过程,但允许更多的自由以定义所需文件的等级水平。

QA体系需要QC程序,以确保所有治疗设备(如直线加速器)和过程符合所制定的规范。这些程序目前已有一些可用资源,特别是美国医学物理学家协会工作组制定的40、45、142和198号报告[15-18]以及国际电工委员会出版物60976、60977报告[4-5]和英国医学物理与工程研究所81号报告[11]。需要强调的是,这些报告不应被视为进行QC的处方书。相反,它们提供了一个衡量标准,据此可以判断各个部门的质量体系。因此,QA体系中质量程序必须适应临床应用中的特殊情况、放疗装置(包括直线加速器)及其可执行的治疗技术。

对于执行QC的每项参数,需提供公差值。在这种情况下,目标是以所需的临床准确性实施放疗,并确定评估这些要求所需的容差(公差)。在某些情况下,限制因素可能不是所需的临床精度,而是目前可达到的准确度。因此,应该针对以上方面加以改进。

国际辐射单位和测试委员会24号报告指出,放疗装置需确保在处方剂量的5%以内对肿瘤靶区实施剂量的准确照射[6]。临床研究表明,这种5%的偏离将有可能导致肿瘤控制概率显著变化(失控)或增加正常器官并发症的概率。

尽管将与这些个体不确定性组合所相关的患者剂量的不确定性降至最低很重要,但在患者治疗中偶尔会出现数量级明显更大的差错。因此,QA体系必须至少花费同样多的努力,将此类差错的可能性降至最低。国际原子能机构关于从放疗差错中吸取教训的出版物中[3],考虑了世界各地一些此类事件的原因。它发现当每天必须多次执行大量任务时,确保准确性的问题在每例患者之间的差异性很小。当许多人一起工作,彼此贡献了整个过程的一小部分,而多学科工作人员需在高度技术性的测量和计算中相互作用时,出差错的可能性很大。必须承认的是,所有工作人员都难免会犯错误,因此需要深入的防御,并应检查新的思维方式。

为尽量减少差错的可能性,已确定了一些预防的措施,其中包括ISO 9000的质量体系方法,确定了一些不太明显的因素。必须特别注意可能出现的异常情况,并为此配备临床工作人员。所有程序和培训计划都应注意识别在异常或意外情况下可能导致事故发生的情况。

需明确分配这些沟通的责任,如关键安全信息——处方剂量、设备故障报告、维修申请、停止治疗说明及维修完成等;并建立正式 QA 程序,包括表格和检查表的设计。需特别注意临床各工种之间交接治疗设备的流程。例如,修理后需由物理师检查治疗设备的状态,然后才将其交给治疗工作人员。对机器进行测量或校准更改后也需谨慎,这些可能会改变放疗设备的工作条件或使联锁装置失效。由于误差的影响,放疗必须注意建立适当的 QA 程序以减小其频率和对设备准确校准及维护的影响。我国法律规定了对放疗(包括直线加速器)QA 程序的关注,国家卫生健康委员会、国家标准化管理委员会、国家质量监督检验检疫总局、国家肿瘤质控中心等制定了相关标准[19-29],并由设备制造商和临床机构加以遵守。

目前用于放疗的设备包括各种类型,从非常简单的机械工具到高度复杂的计算机系统。例如,用于外放疗的典型设备包含剂量学设备(电离室、水箱、胶片、热释光等),治疗机(^{60}Co 治疗机、直线加速器等),固定和定位装置(头架、石膏、模具、激光灯等),定位或成像设备(CT 模拟定位机、核磁模拟定位机、模拟机等),计算机治疗计划系统,限束装置(挡块、多叶准直器),束流修整装置(楔形板、补偿器),高能成像设备(胶片、电子射野影像系统、CT 探测器),以及计算机记录和验证系统(有或无网络集成)。在实际的 QA 体系中需为这些设备中的每一项建立各自的 QC 系统。

6.2 加速器的安装及验收测试

医用直线加速器的安装是加速器投入临床应用前的准备工作,机房选址(建设)、场地装修设计与施工、机器安装前知识更新及进场准备等方面的完成度将直接决定日后加速器的治疗精度和可靠性。而加速器的验收是指临床医学工程人员依据相关法律文件,对购入的加速器从外部包装到内在质量进行检查核对,以一定的技术指标、技术手段和方法,对安装待交付的设备技术参数进行检定,检测设备的各项技术指标是否达到了规定的要求。医疗设备的验收测试作为医疗设备全过程技术管理体系的重要组成部分,是确保医疗设备质量和及时安全投入使用的核心环节。

加速器安装是一个复杂和长期的过程,一般由厂商负责技术问题,院方协助厂商提供必要的后勤支持。整个安装过程一般分为几个阶段,每一阶段都要按厂商要求准备好安装的环境。物理师、工程师和技师应尽早参与安装工作,以便于后期的验收更加顺利。院方应在设备安装前为机器的顺利安装创造有利条件，准备工作主要包括以下几个方面：① 机房的建设与装修，包括水、电、空调、高能加速器的空气压缩机等。② 做好与加速器相关的辅助电路的设计与施工。③ 相关技术人员要提前阅读验收手册和各项性能指标验收操作规范。④ 提前准备必要的搬运工具和安装专用工具。⑤ 做好设备进场准备，包括加速器机器部件的尺寸和质量是否超出医院最大货梯承载能力，在入场前要充分考虑其进场方案及楼层承重能力，需要多部门在施工前期仔细研究厂家提供的机房建设要求，制订详细的入场及施工方案，确保机器安装的顺利实施。同时院方技术人员应与厂商安装人员密切合作，尽快熟悉加速器的系统结构，了解各种电路板功能模块在加速器的位置以及掌握系统的调试方法，为后续维修及质控工作的开展打下坚实的基础。

加速器在安装完成后必须经过严格的验收测试，确认各项性能指标符合标准之后才能投入临床应用。加速器的验收项目可以归纳为以下四大类。

（1）资料和元备件：加速器一般附有各种手册、说明书，如软件配置清单、操作手册、系统手册、电路图册、维修手册、机器的原始测试数据等。验收时需查验软件配置及授权数量、各种操作手册和说明手册等的完整性。加速器作为一种治疗性设备，要确保在机器出现故障时能够得到及时有效的维修，因此厂商一般都提供了一定数量的零配件和专用维修工具。验收时应该根据合同和厂家提供的数据清单逐一认真地查验，并指定专人保存。如果发现缺少，应及时向厂商汇报并要求补齐。

（2）加速器直观检查：加速器直观检查是加速器验收中不可缺少的步骤，通过对加速器各个部件进行直观检查，可以及时地发现机器是否存在外观缺陷或明显的功能缺陷。直观检查的内容一般包括以下方面：① 对加速器的外观进行检查，查验机器是否存在碰撞损坏、变形、掉漆等现象；② 打开机器外盖，仔细检查内部元部件是否存在损坏、变形、连接线脱落、部件严重锈蚀等现象；③ 对机器的运动功能及状态进行简单的检测，包括机架、治疗头、治疗床的旋转功能，治疗床的上下、左右、前后运动功能，主要检查运动过程是否光滑自如、锁止开关是否有效、到极限位置后是否立即停止运动等；④ 仔细检查各种键盘、按键功能是否正常；⑤ 检查各种仪表的指示是否正常。

（3）机房的防护检测：机房的防护标准虽然是机房设计、建设时着重考虑的问题，但是最终检测加速器机房是否符合标准，必须等到机器安装完毕，能够正常辐照时才能验证。机房防护性能好坏直接影响着操作人员和机房周围公众人员的健康安全，必须引起高度的重视[8,30]。验收时需请环保部门有资质认可的单位进行检测。

（4）加速器的性能指标检测：加速器的性能指标检测是加速器验收过程中最关键、也是最复杂的项目，加速器在安装完成后需要借助各种工具、材料，根据国家标准和机器的性能指标，逐一进行仔细、精确的检测。确认各项性能指标符合国家标准和厂家提供的标准之后才能投入临床应用。

验收测试的内容很多，一般由工程师和物理师来执行，其目的是确认设备部件、功能、性能与购买合同中所声明的一致。在验收测试过程中，用户可以熟悉设备的性能，了解日常检查及一般维护工作。此外，验收时加速器的性能参数或参考设备的测量结果可作为日常 QA 的参考基准，其操作规范应尽可能与日常 QA 一致[31]。

参照《医用电子直线加速器质量控制指南》(NCC/T - RT 001 - 2019)中的相应要求，验收范围应涵盖安全联锁、机械性能、剂量学性能、图像引导、特殊照射等多方面内容[28]。其中安全联锁包括以门联锁、声光报警装置、辐射防护安全检查以及各种激光警示装置验收为主要内容的测试。而针对加速器主机的测试则主要包括机械性能的验收、辐射野各参数要求的验收测试，以及基于以上两个部分的剂量学验证测试；同时，对于位置验证单元（亦称图像引导）的验收测试也是加速器验收工作的重要内容，主要包括位置验证单元的机械精度测试以及成像质量验收测试；当然对于配备特殊照射技术如旋转调强放疗技术的加速器，还应对其旋转治疗过程中的机械精度以及射束剂量动态和稳定性制订专门的测试项目。

6.3 加速器的质量控制

直线加速器自问世以来，不但在物理结构上发生了变化，而且在设备功能上也在不断地更新变化。调强放射治疗、立体定向放射外科、立体定向体部放疗和图像引导放射治疗技术的推广和应用使其剂量输出更为精确，但同时也增加了对直线加速器精准度的要求。特别是一些新型加速器如环形加速器（如安科锐公司的 Tomotherapy、瓦里安公司的 Halcyon）、机器人机械臂加速器（如安科锐公司的 CyberKnife）及核磁共振加速器（如医科达公司的 Unity、ViewRay 公司的 MRIdian）等，由于其物理结构的特点和束流照射方式的不同，从而对加速器的 QC 均提出了相应的要求。国家质量监督检验检疫总局发布的 JJG 589—2008、GB/T 19046—2013、GB 15213—2016、NCC/T - RT 001 -

2019、WS 674—2020 规程[21-22,25-26,28]，以及美国物理学家协会工作组制定的 40、135、142、148 和 198 号报告[15,17—18,32-33]等相关资料，是临床医用直线加速器 QC 最重要的参考标准，为加速器的日常 QC 提供了参考依据。

直线加速器的 QA 按照检测频率可分为日检、月检、年检，如表 6-1、6-2 和 6-3 所示。日检(或在某些情况下是周检)是指针对影响患者剂量变化的剂量学及机械参数进行测试，包括剂量特性(输出稳定性)、几何特性(激光灯、光学距离指示器、辐射野面积等)，而对于电子射野影像系统和千伏(kV)或兆伏(MV)成像系统而言，要每天检测其操作状态、功能以及碰撞联锁。日检通常在每天治疗前由治疗师或医学物理师完成，作为设备预热的一部分工作。当然，执行该操作的治疗师需熟知应依循的策略和程序，并对检测过程中所发现的问题具备一定的处理能力。月检则包括在一个月内发生变化可能性较小的因素，并针对性增加对诸如呼吸门控检测以及更多图像引导系统参数的定量检测。月检工作通常由医学物理师完成。年度检测则类似于对设备验收测试和调试期间进行的一系列检测，对加速器各项技术指标进行较为全面的检测，特别是在剂量系统年度测试中，为保证加速器剂量输出各项指标的稳定性，需要对其进行校准、验证和更新。

表 6-1　加速器每日 QA(AAPM TG 142)

程　序	不同设备类型的公差		
	非调强放射治疗	调强放射治疗	立体定向放射外科/立体定向体部放疗
剂量测量			
X 射线输出一致性(所有能量)、电子线输出一致性(周检，只装有一个电子监测器的机器要求日检)	—	3%	—
机械性			
激光灯	2 mm	1.5 mm	1 mm
光学距离指示器(等中心处)	2 mm	2 mm	2 mm
准直器尺寸指示器	2 mm	2 mm	1 mm
平面 kV 和 MV(电子射野影像系统)成像			
碰撞联锁	功能正常	功能正常	功能正常
定位/重新定位	≤2 mm	≤2 mm	≤1 mm

（续表）

程　　序	不同设备类型的公差		
	非调强放射治疗	调强放射治疗	立体定向放射外科/立体定向体部放疗
成像和治疗坐标一致性(单一机架角)	≤2 mm	≤2 mm	≤1 mm
锥形束 CT(kV 和 MV)			
碰撞联锁	功能正常	功能正常	功能正常
成像和治疗坐标一致性	≤2 mm	≤2 mm	≤1 mm
定位/重新定位	≤1 mm	≤1 mm	≤1 mm
安全性			
门联锁(射束关闭)	—	功能正常	—
门安全关闭	—	功能正常	—
视听监控器	—	功能正常	—
立体定向联锁(闭锁)	—	不适用	功能正常
辐射区监测仪(如果使用)	—	功能正常	—
射束指示器	—	功能正常	—

表 6-2　加速器每月 QA(AAPM TG 142)

程　　序	不同设备类型的公差		
	非调强放射治疗	调强放射治疗	立体定向放射外科/立体定向体部放疗
剂量测量			
X 射线输出一致性	—	—	—
电子线输出一致性	—	2%	—
备用监测电离室稳定性	—	—	—
典型剂量率[①]输出稳定性	—	2%(IMRT 剂量率)	2%(立体定向剂量率,MU)
光子束离轴曲线稳定性	—	1%	—
电子束离轴曲线稳定性	—	1%	—
电子束能量稳定性	—	2%/2 mm	—

（续表）

程　序	不同设备类型的公差		
	非调强放射治疗	调强放射治疗	立体定向放射外科/立体定向体部放疗
机械性			
光野/辐射野一致性②	—	2 mm 或一边是 1%	—
光野/辐射野一致性②（非对称）	—	1 mm 或一边是 1%	—
对比激光线与前指针指示距离的偏差	—	1 mm	—
机架/准直器角度指示器	—	1°	—
附件托盘（射野胶片托盘）	—	2 mm	—
钨门位置指示器（对称）③	—	2 mm	—
钨门位置指示器（非对称）④	—	1 mm	—
十字线中心	—	1 mm	—
治疗床位置指示器⑤	2 mm/1°	2 mm/1°	1 mm/0.5°
楔形板位置精度	—	2 mm	—
补偿器位置精度⑥	—	1 mm	—
楔形板和挡块托盘锁销⑦	—	功能正常	—
室内激光线	±2 mm	±1 mm	−1～1 mm
平面 MV 成像（电子射野影像系统）			
成像和治疗坐标一致性（4 个主要角度）	≤2 mm	≤2 mm	≤1 mm
缩放比例	≤2 mm	≤2 mm	≤2 mm
空间分辨率	基准	基准	基准
对比度	基准	基准	基准
均匀性和噪声	基准	基准	基准
平面 kV 成像			
成像和治疗坐标一致性（4 个主要角度）	≤2 mm	≤2 mm	≤1 mm

（续表）

程　　序	不同设备类型的公差		
	非调强放射治疗	调强放射治疗	立体定向放射外科/立体定向体部放疗
缩放比例	≤2 mm	≤2 mm	≤1 mm
空间分辨率	基准	基准	基准
对比度	基准	基准	基准
均匀性和噪声	基准	基准	基准
锥形束 CT(kV 和 MV)			
几何形变	≤2 mm	≤2 mm	≤1 mm
空间分辨率	基准	基准	基准
对比度	基准	基准	基准
HU 一致性	基准	基准	基准
均匀性和噪声	基准	基准	基准
安全性			
激光防护联锁测试	—	功能正常	—
呼吸门控			
射束输出稳定性	—	2%	—
时相和振幅射束控制	—	功能正常	—
室内呼吸监测系统	—	功能正常	—
门控联锁	—	功能正常	—

说明：① 剂量监测是以剂量率为自变量的函数；② 如果光野用于临床摆位，那么光野/辐射野一致性仅需要每月检查一次；③ 公差是每一侧长度或宽度的总和；④ 非对称钨门需要在设置为 0.0 和 10.0 时检查；⑤ 横向、纵向和旋转；⑥ 基于 IMRT 的补偿器（固态补偿器）需要一个托盘位置的准确值，从补偿器托盘基座中心到十字准线的最大偏差为 1.0 mm；⑦ 在准直器/机架角组合形式下检查，插销朝地面方向。

表 6－3　加速器年度 QA(AAPM TG 142)

程　　序	不同设备类型的公差		
	非调强放射治疗	调强放射治疗	立体定向放射外科/立体定向体部放疗
剂量测量			
X 射线平坦度的变化（参照基准）	—	1%	—

（续表）

程　　序	不同设备类型的公差		
	非调强放射治疗	调强放射治疗	立体定向放射外科/立体定向体部放疗
X 射线对称性的变化(参照基准)	—	±1%	—
电子线平坦度的变化(参照基准)	—	1%	—
电子线对称性的变化(参照基准)	—	±1%	—
立体定向放射外科弧形旋转模式[0.5～10 MU/(°)]	—	—	MU 设定相对实际照射：1.0 MU 或 2%(取较大者)；机架弧度设置相对实际：1.0° 或 2%(取较大者)
X 射线/电子线输出校准(TG-51 或 TRS 398)[34-35]	—	±1%(绝对)	—
抽查 X 射线输出因子射野依赖性(2 个或更多射野)	—	2%（射野 < 4 cm×4 cm） 1%（射野 ≥ 4 cm×4 cm）	—
电子线限光筒输出因子(抽查一个限光筒或能量)	—	参照基准，±2%	—
X 射线质(PDD_{10} 或 TMR_{10}^{20})	—	参照基准，±1%	—
电子线射线质(R_{50})	—	±1 mm	—
物理楔形板透射因子稳定性	—	±2%	—
X 射线 MU 线性(输出稳定性)	±2%≥5 MU	±5%（2～4 MU)，±2%(≥5 MU)	±5%(2～4 MU)
电子线 MU 线性(输出稳定性)	—	±2%(≥5 MU)	—
X 射线输出稳定性(不同剂量率)	—	参照基准，±2%	—
X 射线输出稳定性(不同机架角)	—	参照基准，±1%	—

(续表)

程　　序	不同设备类型的公差		
	非调强放射治疗	调强放射治疗	立体定向放射外科/立体定向体部放疗
电子线输出稳定性(不同机架角)	—	参照基准,±1%	—
电子线和X射线离轴因子稳定性(不同机架角)	—	参照基准,±1%	—
弧形照射模式[预期MU/(°)]	—	参照基准,±1%	—
TBI/TSET模式	—	功能正常	—
PDD或TMR和OAF一致性	—	参照基准1%(TBI)或1 mm PDD偏移(TSET)	—
TBI/TSET输出校准	—	参照基准,2%	—
TBI/TSET附件	—	参照基准,2%	—
机械性			
准直器旋转等中心	—	参照基准,±1%	—
机架旋转等中心	—	参照基准,±1%	—
治疗床旋转等中心	—	参照基准,±1%	—
电子线限光筒联锁	—	功能正常	—
射野与机械等中心一致性	参照基准±2%	参照基准,±2%	参照基准,±1%
治疗床床面下垂	—	参照基准,2 mm	—
治疗床角度	—	1°	—
在治疗床各个方向上最大运动范围	—	±2 mm	—
立体定向附件、闭锁等	—	—	功能正常
平面MV成像(电子射野影像系统)			
SDD运行的全范围	±5 mm	±5 mm	±5 mm
成像剂量	基准	基准	基准
平面kV成像			
射线质/能量	基准	基准	基准

（续表）

程　序	不同设备类型的公差		
	非调强放射治疗	调强放射治疗	立体定向放射外科/立体定向体部放疗
成像剂量	基准	基准	基准
锥形束 CT(kV 和 MV)			
成像剂量	基准	基准	基准

直线加速器的 QC 程序包含以下三个主要部分。

(1) 机械测试：加速器的机械精度是保证加速器日常精准治疗的前提条件，机械测试包括了激光灯定位系统、光学距离指示器(optical distance indicator，ODI)、光栅位置指示器、光野/辐射野的一致性、叶片位置精确度、机架/准直器的角度指示、十字线中心、辐射等中心精度、治疗床的相对位置和绝对位置等的测试。

激光灯(线)每日都应进行检查，激光线需指向等中心点且必须共线。激光线定位的允许公差是±2 mm。

光学距离指示器将光投照到表面，显示出辐射源距离表面的距离。ODI 每天都应检查，ODI 的允许公差是±2 mm。

外照射治疗机上的光野用来指示射野大小。假设光野之外没有初级辐射，初级辐射只在光野之内。光野和辐射野应当保持一致，彼此重合。也就是说，大小和位置都保持一致。该测试常用的方法之一是胶片法。光野和射野边的重合性公差为 2 mm。光野位置可以通过调整治疗头中反射镜的位置和倾斜度进行调整。

数字显示器和机械指针都会显示机架的角度，应当检测这两种显示数值的准确度，可以采用气泡水平尺或电子水平仪进行检测。当机架垂直时，该表面恰好处于水平位置，可以利用带有磁铁的水平尺检查机架角。机架角和准直器角度的公差都是 1°。数字显示器和机械指针的读数都可以调整，以显示正确的值。

射野尺寸显示的是在等中心点处测量的射野大小。如果光野和射野的重合性已经检测过，那么测量投影在治疗床上的光野就可测量出射野的大小，治疗床面位于源轴距处。射野尺寸从 5 cm×5 cm 到 35 cm×35 cm，其大小可以直接用坐标纸初步目测并拍片测量，再与显示器读数做比较。射野大小的公差范围是 2 mm。如果测量的与显示器显示的射野大小存在差异，那么工程师应当调整射野尺寸显示，使其读数与测量值一致。

外照射的加速器射束的中心轴应与准直器的旋转轴重合。当光野打开时，投照到治疗床上的十字线应与中心轴重合。此项检查很重要，因为十字线用于定位患者体表上的中心。十字线的位置可以用墨迹点描绘出来。准直器全方位旋转时，如果十字线仍然处在原来的墨点处，那么可以确定十字线处于准直器旋转轴的中心。

治疗床的相对位置和绝对位置包括了治疗床旋转角度指示以及纵向、横向位置指示，要求各方向指示应与显示器指示相一致，即保证治疗床能够准确按照数字指示进行各个方向的旋转和平移，以确保图像引导体位校正的精准实施。

(2) 安全测试：安全测试相较于机械精度等测试工作相对简单，却是日常质控工作中不可忽略的重要工作，它直接关系着患者及工作人员的安全。安全测试包括了门联锁、门的安全关闭情况、音频/视频监视器、束流照射运行指示器、防碰撞测试等。

必须保证与患者双向交流的对讲机能够正常工作，观察治疗室内情况的闭路监视器也运行正常。治疗室的门必须有联锁装置，以保证在门打开时，射束是关闭的，即使正在出束照射，也能在门打开时立即停止出束。门的联锁装置必须每天检查。控制台上和房间入口处的警示灯必须在射束打开时亮起，部分加速器控制台上的按钮也会亮起，指示直线加速器高压运行的状态。老式直线加速器可能安装有测试灯按钮，用来检测所有按钮是否在需要时能够亮起。这些指示灯也应每天进行检测。而对于紧急停止开关、防碰撞环(在治疗头或电子线限光筒上)、楔形板和电子线限光筒联锁等，每月均应进行检查。

(3) 剂量测试：剂量测试是保证加速器能够按照预设剂量对患者实施准确有效治疗的重要保障，也是加速器质量控制中的核心内容。剂量监测包括了光子和电子束输出剂量的稳定性、光子和电子束射野稳定性、电子束能量、光子束能量以及在动态模式下的剂量输出控制等多种测试项目。

加速器的射束输出一致性直接关系到患者治疗的剂量准确，需要每日进行检查，电子线和 X 射线的输出一致性公差是±3%。用来日常检测的仪器有很多种，专用于此项检查的仪器有时称为射束分析仪或晨检仪。射束分析仪含有一组电离室或二极管探测器，中心探测器用来检测输出，离轴探测器用来检测射束平坦度和对称性。对电离室射束分析仪而言，如果电离室为非密闭型，则需要对温度和气压进行修正，一些射束分析仪会自动修正。如果能保证读数足够精准，误差控制在 3%以内，则可以使用单个二极管做输出检测。该二极管探测器可以与用于患者体内剂量测量时所使用的二极管相同。另一种检测方法是使用标准电离室，比如 Farmer 型电离室和固体水（或标准小水箱），在水下 5 cm（或 10 cm）深处测量输出。加速器经过验收或校准合格后，利用射束分析仪对其进行检测并作为基准，以后的检测结果与这个基准进行对比。如果检测结果超过设定的阈值，则会在检测项目中进行相应的标识。

绝对校准时需建立一套月检系统以检测射线输出是否有变化。通常即 10 cm×10 cm 射野，电离室置于源轴距（SAD）处，或者至模体表面的源-皮距（SSD）为 100 cm。建成材料要能够过滤掉电子的污染。当加速器系统设置和预热完毕后，则开始实施照射（通常为 100 MU）。静电计信号应该修正至标准温度和气压条件下，即 295 K 和 760 mmHg。静电计测量出的值与之前绝对剂量测量时的值对比，如果偏差超过 2%则需进行调整。月检比日检的精确度要求更高，月检输出检查的公差对 X 射线和电子束而言均要求为±2%。大多数放疗中心采用电离室和固态模体进行检测，比如聚苯乙烯方形平板模体（尺寸通常为 25 cm×25 cm 或 30 cm×30 cm）或不同厚度的固体水中间带孔的方形平板模体用于放疗电离室，其余的平板用作剂量建成或反向散射材料。

需确保辐射野束流强度分布的稳定性。理想状况下，射束的强度在边缘处应当和中心轴的一致。在没有均整器的情况下，加速器的 X 射线束中心的强度比边缘的强度大，这种现象是由韧致辐射的特性导致的。对电子束而言，散射箔用于产生均匀射束。射束的均匀度有两个衡量指标，分别为平坦度和对称性，需确保其指标在性能要求内。

6.4　医用直线加速器 QA 与 QC 的工具与设备

临床使用过程中，对医用电子直线加速器的功能、精度、控制、剂量监测等方面都有一系列的严格要求，其检测项目众多，包括机械精度、辐射剂量以及多种附属设备的检测等。在临床检测中针对不同检测项要求必须使用专业的测量设备，采用的检测设备合格与否、正确与否直接关系到检测结果是否准确可靠。在日常质量控制过程中需要将用于 QA 检测的仪器仪表本身的运行可靠性列在常规 QA 程序的首位，用存疑的仪表进行质检不仅得不到正确结果，反而会使问题变糟，这是绝对不应该出现的现象。

医用直线加速器 QA 检测中常用的工具与设备包含以下五类。

1）电离室剂量计

放疗部门所用的电离室和剂量计大多属于现场级仪器，也有部门购买了等级可用作次级标准的仪器，如 NEL2560 剂量计。电离室与剂量计每年必须送交国家授权的计量检测部门（如二级标准实验室或一级标准实验室）检定，获得^{60}Co 或加速器束流场条件下的电离室系数，即空气比释动能刻度系数 N_K 或水中吸收剂量校正因子 N_D。用户在这一年的有效使用期中应妥善保存并正确使用仪器。

在放疗设备的验收测试和质量控制与保证中，需要多种电离室以测量辐射束的剂量学特性。体积为 0.1～0.2 cm^3 的指形电离室常用于测量相对量和相对因子。这些相对因子包括中心轴百分深度剂量、输出因子和半影，可能会呈现出快速变化的剂量梯度。在这种情况下，小体积的电离室可减小有效测量点剂量的不确定性。对于剂量梯度变化大的建成区，测量时要求使用平行板或外推电离室。典型的校准测量采用体积为 0.6 cm^3 的指形电离室以增加信噪比。如图 6-1 所示，选择能与所有这些常用电离室匹配的剂量计很重要。电离室剂量计是电离辐射剂量经典测量设备，主要由电离室和剂量计主机（静电计）组成。过去，为了监测剂量计系统的稳定性或在不测量温度、气压的情况下对电离室做空气密度修正，常采用放射性的监督源。它被看作是剂量计的一部分，因为离开这种放射性监督源，剂量计就无法工作。剂量计的说明书和校准证书如果记录了必须使用的数据，也被看作是剂量计的部分。IEC 标准认定的电离室剂量计包括电离室、静电计、监督源和文字资料四个部分。

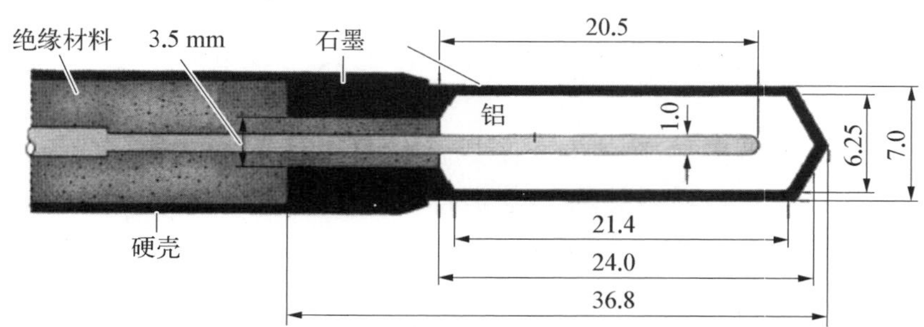

图 6-1　典型的石墨/铝 0.6 cm^3 指型电离室示意图（单位：mm）

对于治疗水平剂量计，目前可参考的标准是国标文件 YY/T 0976—2016[36]。在该文件（标准）中，对剂量计的技术要求分为电离室在标准试验条件下的性能特征限制、电离室的影响量效应的变差极限、测量装置在标准试验条件下的性能特征限制及测量装置的影响量效应的变差极限。

在放疗物理学剂量测量中，电离室多指空气电离室。空气电离室是一种测量电离辐射的气体探测器。当空气或其他气体受到射线照射时，射线与气体分子作用，结果产生由一个电子和一个正离子组成的离子对。这些离子向周围区域自由扩散。扩散过程中，电子和正离子可以复合，重新形成中性分子。但是，如果给这些气体施加电场，电子和正离子便会在电场的作用下有规律地漂移。气体探测器的原理就是用两个或多个处于不同电位的导体，使被测量气体处于电场作用下，收集和测量漂移到这些导体的电离离子的电荷或其形成的电流，以评估电离辐射的强弱。即射线照射到电离室，与电离室灵敏体积内空气发生电离作用，生成离子对，在电场作用下形成电离电流，电离电流被收集到一个高稳定、高绝缘的电容器上，经直流静电放大器放大、模数（A/D）转换器转换后通过字符型液晶显示器显示出来，经校准后，即为测量数值。

2）半导体探测器

半导体探测器是以半导体材料为探测介质的辐射探测器。最为通用的半导体材料是锗和硅，其基本原理与气体电离室相类似，故又称为固体电离室。半导体探测器具有能量分辨率最佳、伽马射线探测效率较高等特点。硅晶体半导体剂量计是 P－N 结型二极管。它是通过在 N 型硅或 P 型硅表面掺入相反类型物质的杂质而生成。按照基本物质称为 N 型硅或 P 型硅剂量计。两类二极管都可用于商业，但只有 P 型硅适合辐射剂量测量，因为它受辐射损伤影响较小，而且暗电流很小。

辐射使剂量计（包括耗尽层）里产生电子空穴（e-h）对。剂量计里产生的电荷（少数电荷载体或荷子）在扩散长度范围内扩散进耗尽层。在内部电位导致的电场作用下，它们穿过耗尽层，这样在二极管里产生了相反方向的电流。

MOSFET 是一个微型的硅晶体管，它有极好的空间分辨率。由于体积小，它的射野衰减很小，特别适用于体内的剂量测量。MOSFET 剂量计基于阈值电压的测量，阈值电压是吸收剂量的一个线性函数。该晶体管内含对电离辐射敏感的氧化物，可捕获电离辐射产生的电荷，形成阈值电压的变化并持续保持。在辐射时或辐射后可以测量总剂量。MOSFET 剂量计在辐射时需要连接一个偏转电压且有一定的使用期限。

3）发光剂量计

某些物质吸收辐射后保留部分能量处于亚稳定的状态，之后该能量以紫外线、可见光或红外线的方式释放，这种现象称为发光现象。众所周知，它有两种类型：荧光和磷光，区别在于光被激发与释放之间的延迟时间。延迟时间在 $10^{-10}\sim10^{-8}$ s 时，荧光产生；延迟时间超过 10^{-8} s 时，磷光产生。磷光可以通过热或光适当地刺激来加速产生：① 如果是热刺激，该现象称为热释光，该材料称为热释光材料，其剂量计称为热释光剂量计（thermo-luminescent dosimeter，TLD）；② 如果是光刺激，该现象称为光致发光，其剂量计称为光释光剂量计（optically stimulated luminescence，OSL）。

4）放射剂量胶片

传统放射剂量胶片（radiographic film）在放疗物理测量中的使用已经有很长的历史了，且非常成功地应用于质量控制和电子束测量中。然而，放射剂量胶片的组成与人体组织相差悬殊，这使得它难以用于光子束剂量的测定。在过去的十年间，放射性铬胶片（radiochromic film，RCF）应用到放射物理的测量中。由于这种胶片与传统放射剂量胶片相比有更好的组织等效性，因此，越来越广泛地应用于光子束剂量测定中。胶片剂量测定法要求采用光密度校准曲线以评价胶片灰度的变化，并且将灰度变化与接受的辐射相关联。应该注意的是，与传统放射剂量胶片相比，放射性铬胶片不同光的吸收峰值发生在不同的波长处。建议在剂量测定时采用不同的密度计。目前临床实践中光密度计已经很少使用，更多的是用专用胶片扫描仪；同时建议参考放疗用胶片的使用相关指南和标准（如 YY/T 1548—2017、AAPM TG 55 和 235 报告）[37-39]。

5）三维水箱

三维水箱是设备验收和临床数据测量以及质量保证检测的重要工具，主要用于治疗计划系统数据采集和数据直接传输，以及日常射野平坦度、对称性的检查[40]。其中，探头的防水性是否失效可从漏电流是否超限判断；扫描装置是否顺畅运行，探头运动到位、线性和限位是否准确可通过实际测量加以判断。严格安全使用制度、谨防软件平台病毒感染是必不可少的；除了这些之外，水箱扫描装置还同时用于黑度计扫描，所以类似的检查和维护也是必不可少的。

在设备验收和临床数据测量中，使用电离室或者半导体扫描辐射野时需要用到水箱。这种水箱常称为辐射野分析器（radiation field analyser，RFA）或者等剂量线绘图机。虽然二维辐射野分析器已经足够，但三维辐射野分析器会更好，因为它不需要改变箱体的摆位就可在正交方向上扫描辐射野。

参考文献

[1] 中华人民共和国国家质量监督检验检疫总局. 质量管理体系　基础和术语：GB/T 19000[S]. 北京：中国标准出版社，2016.

[2] World Health Organization (WHO). Quality assurance in radiotherapy: a guide prepared following a workshop held at Schloss Reisensburg [R]. Geneva: WHO, 1988.

[3] International Atomic Energy Agency (IAEA). Safety report series no. 17: lessons learned from accidental exposures in radiotherapy[R]. Vienna: IAEA, 2000.

[4] International Electrotechnical Commission (IEC). Medical electrical equipment-medical electron accelerators-functional performance characteristics [R]. Geneva: IEC, 2007.

[5] International Electrotechnical Commission (IEC). Medical electrical equipment-medical electron accelerators-guidelines for functional performance characteristics [R]. Geneva: IEC, 2008.

[6] International Commission on Radiation Units and Measurements (ICRU). Determination of absorbed dose in a patient irradiated by beams of X or gamma rays in radiotherapy procedures: ICRU report no. 24[R]. Bethesda: ICRU, 1976.

[7] Purdy J A, Biggs P J, Bowers C, et al. Medical accelerator safety considerations: report of AAPM radiation therapy committee task group no. 35[J]. Medical Physics, 1993, 20(4): 1261 - 1275.

[8] National Council on Radiation Protection and Measurements (NCRP). Structural shielding design and evaluation for megavoltage X- and gamma-ray radiotherapy facilities: NCRP report no. 151[R]. Bethesda: NCRP, 2005.

[9] Leer J W, McKenzie A L, Scalliet P, et al. Physics for clinical radiotherapy booklet no. 4: practical guidelines for the implementation of quality systems in radiotherapy [R]. Brussels: ESTRO, 1998.

[10] Thwaites D, Scalliet P, Leer J W, et al. Quality assurance in radiotherapy: European society for therapeutic radiology and oncology advisory report to the commission of the European union for the "Europe Against Cancer Programme"[J]. Radiotherapy and Oncology, 1995, 35(1): 61 - 73.

[11] Institute of Physics and Engineering in Medicine (IPEM). Physics aspects of quality control in radiotherapy: IPEM report 81[R]. York: IPEM, 2018.

[12] International Standards Organisation. Quality systems-model for quality assurance in design, development, production, installation and servicing: ISO 9001: 1994[S]. London: British Standards Institution, 1994.

[13] International Standards Organisation. Quality management systems-requirements: ISO 9001: 2015[S]. London: British Standards Institution, 2015.

[14] 中华人民共和国国家质量监督检验检疫总局/中国国家标准化管理委员会. 质量管理体系要求：GB/T 19001—2016[S]. 北京：中国标准出版社，2016.

[15] Kutcher G J, Coia L, Gillin M, et al. Comprehensive QA for radiation oncology: report of AAPM radiation therapy committee task group 40[J]. Medical Physics, 1994, 21(4): 581 - 618.

[16] Nath R, Biggs P J, Bova F J, et al. AAPM code of practice for radiotherapy accelerators: report of AAPM radiation therapy task group no. 45[J]. Medical Physics, 1994, 21(7): 1093 - 1121.

[17] Klein E E, Hanley J, Bayouth J, et al. Task group 142 report: quality assurance of medical accelerators[J]. Medical Physics, 2009, 36(9): 4197 - 4212.

[18] Hanley J, Dresser S, Simon W, et al. AAPM task group 198 report: an implementation guide for TG 142 quality assurance of medical accelerators[J]. Medical Physics, 2021, 48(10): 830 - 885.

[19] 中华人民共和国国家质量监督检验检疫总局/中国国家标准化管理委员. 放射治疗设备坐标系、运动与刻度：GB/T 18987—2015[S]. 北京：中国标准出版社，2015.

[20] 国家质量技术监督局. 医用放射学术语(放射治疗、核医学和辐射剂量学设备)：GB/T 17857—1999[S]. 北京：中国标准出版社，1999.

[21] 中华人民共和国国家质量监督检验检疫总局/中国国家标准化管理委员会. 医用电子加速器验收试验和周期检验规程：GB/T 19046—2013[S]. 北京：中国标准出版社，2013.

[22] 中华人民共和国国家质量监督检验检疫总局/中国国家标准化管理委员会. 医用电子加速器性能和试验方法：GB 15213—2016[S]. 北京：中国标准出版社，2016.

[23] 国家市场监督总局/国家标准化管理委员会. 医用电气设备 第 2 部分：能量为 1 MeV 至 50 MeV 电子加速器安全专用要求：GB 9706. 201—2020[S]. 北京：中国标准出版社，2020.

[24] 中华人民共和国卫生部. 放射治疗机房的辐射屏蔽规范 第 2 部分：电子直线加速器放射治疗机房：GBZ/T 201. 2—2011[S]. 北京：中国标准出版社，2011.

[25] 中华人民共和国国家质量监督检验检疫总局. 医用电子加速器辐射源：JJG 589—2008[S]. 北京：中国标准出版社，2008.

[26] 中华人民共和国国家卫生健康委员会. 医用电子直线加速器质量控制检测规范：WS 674—2020[S]. 北京：中国标准出版社，2020.

[27] 国家癌症中心/国家肿瘤质控中心. 放射治疗质量控制基本指南：NCC/T - RT 001 - 2017[S]. 北京：中国标准出版社，2017.

[28] 国家癌症中心/国家肿瘤质控中心. 医用电子直线加速器质量控制指南：NCC/T - RT 001 - 2019[S]. 北京：中国标准出版社，2019.

[29] 国家癌症中心/国家肿瘤质控中心. 调强放疗剂量验证实践指南：NCC/T - RT 005 - 2019[S]. 北京：中国标准出版社，2019.

[30] International Atomic Energy Agency. Radiation protection in the design of radiotherapy facilities: safety reports series no. 47[R]. Vienna: IAEA, 2006.

[31] Smith K, Balter P, Duhon J, et al. AAPM medical physics practice guideline 8. a.:

linear accelerator performance tests[J]. Journal of Applied Clinical Medical Physics, 2017, 18(4): 23 - 39.

[32] Dieterich S, Cavedon C, Chuang C F, et al. Report of AAPM TG 135: quality assurance for robotic radiosurgery[J]. Medical Physics, 2011, 38(6): 2914 - 2936.

[33] Langen K M, Papanikolaou N, Balog J, et al. QA for helical tomotherapy: report of the AAPM task group 148[J]. Medical Physics, 2010, 37(9): 4817 - 4853.

[34] Almond P R, Biggs P J, Coursey B M, et al. AAPM's TG - 51 protocol for clinical reference dosimetry of high-energy photon and electron beams[J]. Medical Physics, 1999, 26(9): 1847 - 1870.

[35] International Atomic Energy Agency (IAEA). Absorbed dose determination in external beam radiotherapy: technical reports series no. 398[R]. Vienna: IAEA, 2000.

[36] 国家食品药品监督管理总局. 医用电气设备放射治疗用电离室剂量计: YY/T 0976—2016[S]. 北京：中国标准出版社，2016.

[37] 国家食品药品监督管理总局. 放射治疗用胶片剂量测量方法: YY/T 1548—2017 [S]. 北京：中国标准出版社，2017.

[38] Niroomand-Rad A, Blackwell C R, Coursey B M, et al. Radiochromic film dosimetry: recommendations of AAPM radiation therapy committee task group 55 [J]. Medical Physics, 1998, 25(11): 2093 - 2115.

[39] Niroomand-Rad A, Chiu-Tsao S T, Grams M P, et al. Report of AAPM task group 235 radiochromic film dosimetry: an update to TG - 55[J]. Medical Physics, 2020, 47(12): 5986 - 6025.

[40] Das I J, Cheng C W, Watts R J, et al. Accelerator beam data commissioning equipment and procedures: report of the TG - 106 of the therapy physics committee of the AAPM[J]. Medical Physics, 2008, 35(9): 4187 - 4215.

附录：彩图

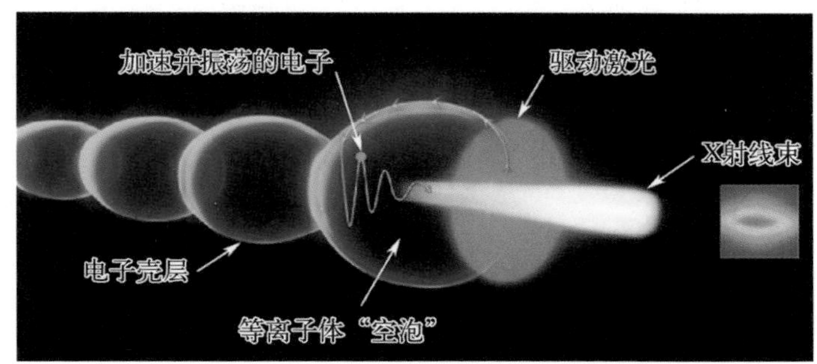

图 1－4　激光等离子体加速器产生 X 射线示意图

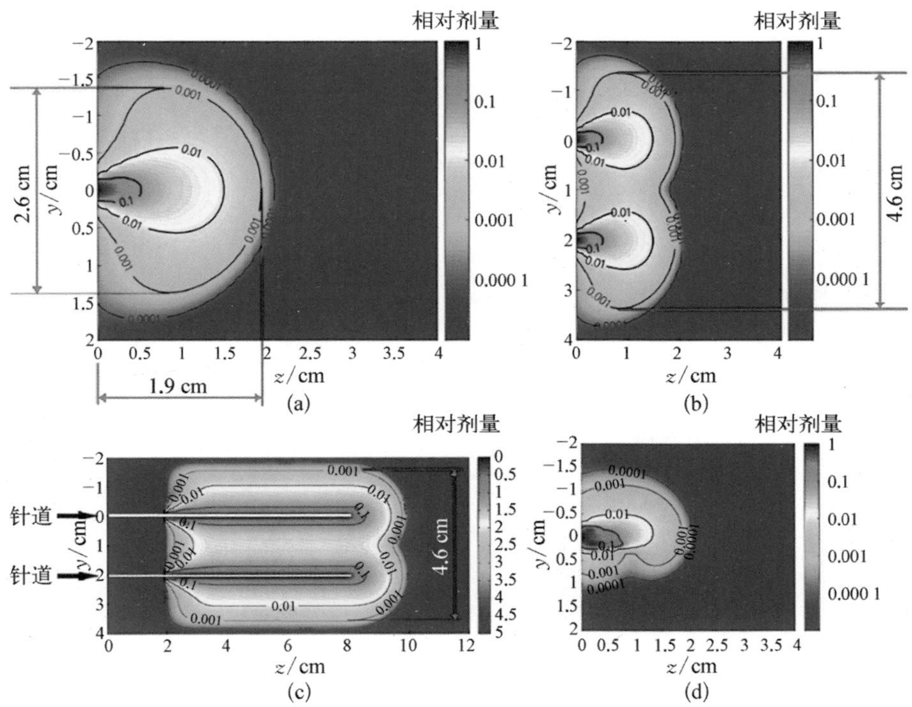

图 2－27　标称能量为 4 MeV 的电子束在束流针前端的剂量分布(MC 模拟)

(a) 单针定点；(b) 双针定点；(c) 双针匀强多点；(d) 非对称剂量调制

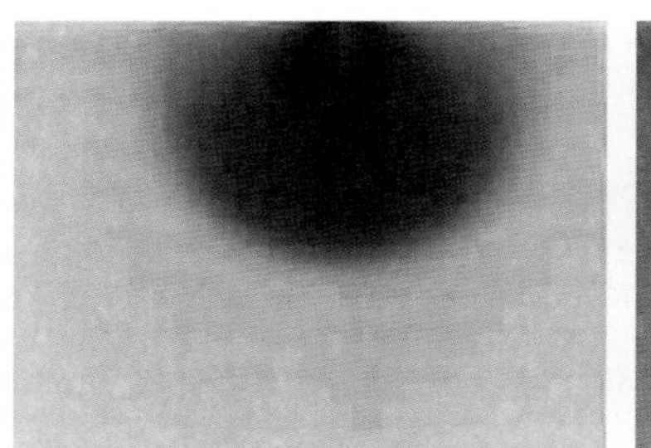

图 2－28　4 MeV 电子束照射到 EBT3 胶片上产生的剂量分布

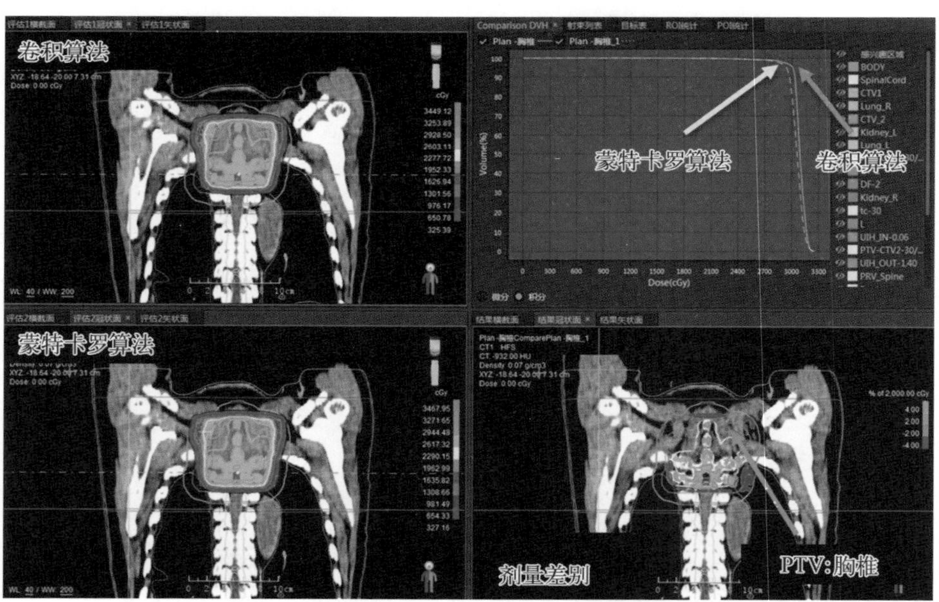

图 4－6　蒙特卡罗算法和卷积算法在含有高密度物质的计算差异

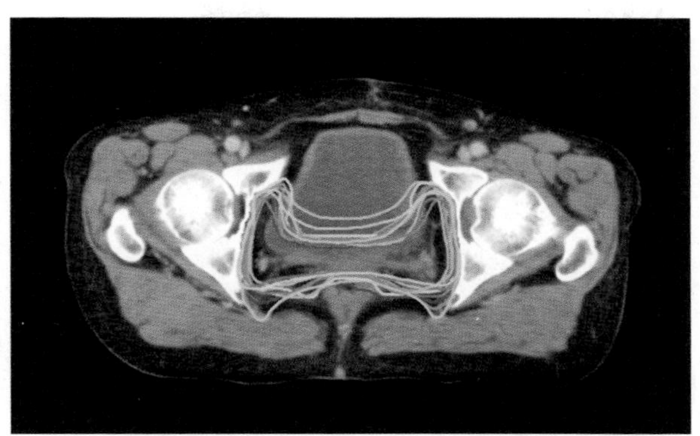

图 4-7　九位医生对同一位宫颈癌患者的靶区勾画结果

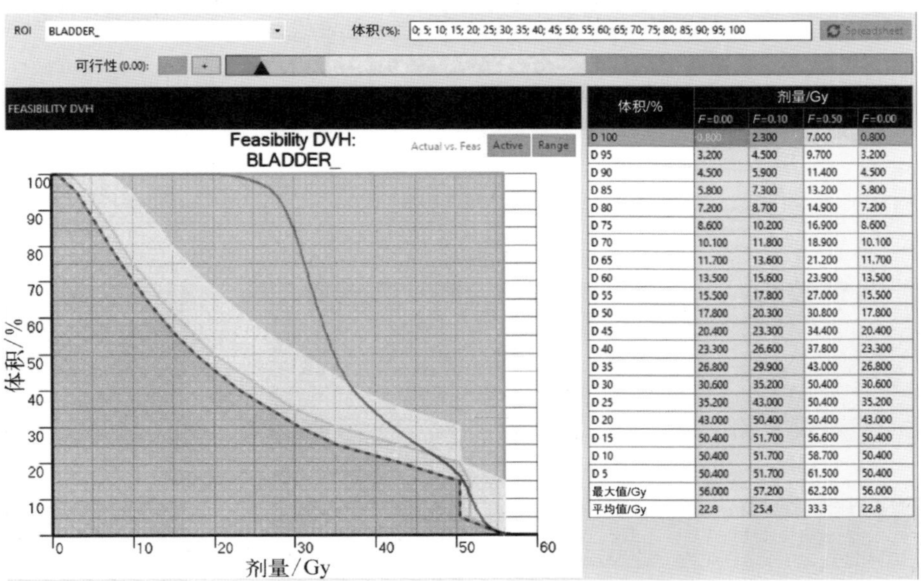

体积/%	剂量/Gy			
	F=0.00	F=0.10	F=0.50	F=0.00
D 100	0.800	2.300	7.000	0.800
D 95	3.200	4.500	9.700	3.200
D 90	4.500	5.900	11.400	4.500
D 85	5.800	7.300	13.200	5.800
D 80	7.200	8.700	14.900	7.200
D 75	8.600	10.200	16.900	8.600
D 70	10.100	11.800	18.900	10.100
D 65	11.700	13.600	21.200	11.700
D 60	13.500	15.600	23.900	13.500
D 55	15.500	17.800	27.000	15.500
D 50	17.800	20.300	30.800	17.800
D 45	20.400	23.300	34.400	20.400
D 40	23.300	26.600	37.800	23.300
D 35	26.800	29.900	43.000	26.800
D 30	30.600	35.200	50.400	30.600
D 25	35.200	43.000	50.400	35.200
D 20	43.000	50.400	50.400	43.000
D 15	50.400	51.700	56.600	50.400
D 10	50.400	51.700	58.700	50.400
D 5	50.400	51.700	61.500	50.400
最大值/Gy	56.000	57.200	62.200	56.000
平均值/Gy	22.8	25.4	33.3	22.8

图 4-10　PlanIQ Feasibility 界面示意图

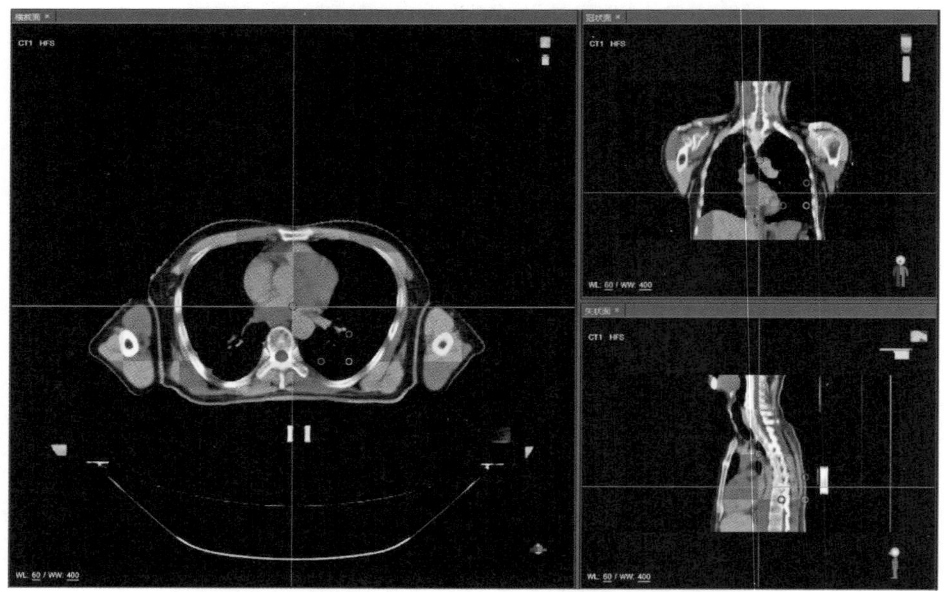

图 5－39　CT 影像引导原定位图像与当次治疗图像配准

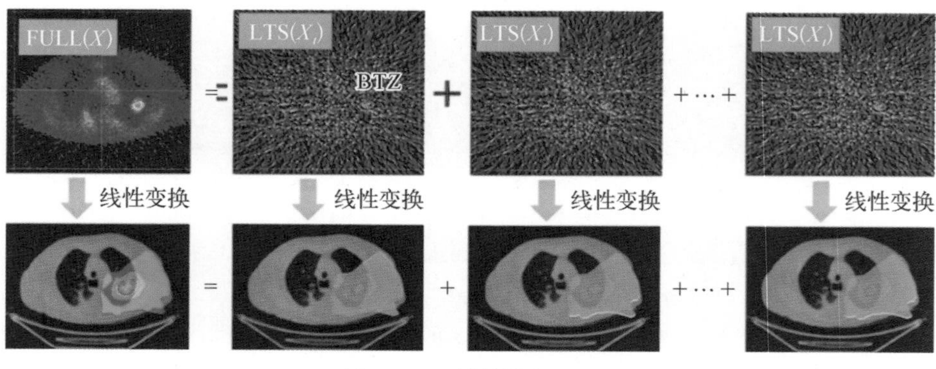

图 5－56　线性叠加原理

索　引

核能与核技术出版工程

书　目

第一期　“十二五”国家重点图书出版规划项目

最新核燃料循环
电离辐射防护基础与应用
辐射技术与先进材料
电离辐射环境安全
核医学与分子影像
中国核农学通论
核反应堆严重事故机理研究
核电大型锻件 SA508Gr. 3 钢的金相图谱
船用核动力
空间核动力
核技术的军事应用——核武器
混合能谱超临界水堆的设计与关键技术（英文版）

第二期　“十三五”国家重点图书出版规划项目

中国能源研究概览
核反应堆材料（上中下册）
原子核物理新进展
大型先进非能动压水堆 CAP1400（上下册）
核工程中的流致振动理论与应用
X 射线诊断的医疗照射防护技术
核安全级控制机柜电子装联工艺技术
动力与过程装备部件的流致振动
核火箭发动机
船用核动力技术（英文版）
辐射技术与先进材料（英文版）
肿瘤核医学——分子影像与靶向治疗（英文版）